高等学校建筑环境与能源应用工程专业规划教材

燃 气 工 程 施 工

黄 国 洪 编

中国建筑工业出版社

图书在版编目（CIP）数据

燃气工程施工/黄国洪编 .—北京：中国建筑工业出版
社，1994（2006 重印）
高等学校建筑环境与能源应用工程专业规划教材
ISBN 978-7-112-02169-7

Ⅰ. 燃…　Ⅱ. 黄…　Ⅲ. 煤气供给系统-工程施工-高等学
校-教材　Ⅳ. TU996.7

中国版本图书馆 CIP 数据核字（2006）第 089398 号

本书是高等工科院校城市燃气工程专业的试用教材。

　　教材内容包括：常用钢材、管材和配件，土方工程，燃气工程构筑物的施工，起重吊装与简易运输，管道和储罐的焊接，防腐层与绝热层施工，管道和配件的安装，管道穿越障碍的施工方法，室内燃气系统施工，燃气设备安装，球形储罐安装，螺旋导轨式储气罐的施工，定额和预算，施工企业管理与施工组织设计等。

　　本书也可供从事城市和工业企业煤气、天然气和液化石油气工程的施工、设计、科研以及运行管理的工程技术人员参考。

高等学校建筑环境与能源应用工程专业规划教材

燃 气 工 程 施 工

黄国洪　编

*

中国建筑工业出版社出版、发行（北京西郊百万庄）
各地新华书店、建筑书店经销
廊坊市海涛印刷有限公司印刷

*

开本：787×1092 毫米　1/16　印张：19¼　字数：465 千字
1994 年 6 月第一版　　2018 年 11 月第十六次印刷
定价：**33. 00 元**
ISBN 978-7-112-02169-7
（20967）

前　言

　　本书是根据1991年4月全国高等学校供热通风空调及燃气工程学科专业指导委员会的决定，按照城市燃气工程专业的《燃气工程施工》教学大纲编写的。使用时可根据课堂教学和生产实习具体情况安排学时。

　　提高燃气工程的施工技术水平和管理水平，对发展城市燃气事业，适应社会主义市场经济发展的需要具有重要意义。本书较完整地论述了燃气工程施工的理论和方法，结合工程实际，并注意吸收国外的先进施工技术和施工管理方法。

　　本书承北京市建设工程质量监督总站第六分站邢国宝细致审阅，又承山东省建筑工程学院薛世达，北京建筑工程学院钱申贤，北京市天然气工程指挥部张元善、松长茂，北京市煤气工程公司孙牧，北京市城乡建设第二建筑工程公司管道设备安装工程处马洪权，北京市市政工程局董铁珊，以及北京市煤气公司、北京市天然气公司和北京市液化石油气公司等单位提供资料和宝贵意见，在此致以衷心感谢。

　　由于编者水平所限，书中错误和不妥之处，恳切希望读者批评指正。

目　录

第一章 燃气工程常用钢材、管材和配件

第一节 钢 材

钢材具有品质均匀，强度高，较好的塑性和韧性，承受冲击和振动荷载的能力较强，可采用焊接方法施工，便于安装，故燃气工程广泛采用。但钢材易腐蚀，工程维护费用大，故使用上又受到某些限制。

一、钢的分类及冶炼对钢材质量的影响

（一）钢的分类

钢的主要成分是铁和碳，其含碳量在 2％以下。

按照钢的化学成分可分为碳素钢和合金钢两大类。

碳素钢中除铁和碳以外，还含有在冶炼中难以除尽的少量硅、锰、磷、硫、氧和氮等。其中磷、硫、氧、氮等对钢材性能产生不利影响，为有害杂质。碳素钢根据含碳量可分为：低碳钢（含碳小于0.25％），中碳钢（含碳0.25～0.6％）和高碳钢（含碳大于0.6％）。

合金钢中含有一种或多种特意加入或超过碳素钢限量的化学元素，如锰、硅、钒、钛等，这些元素称为合金元素。合金元素的作用是改善钢的性能，或者使钢获得某些特殊性能。合金钢按合金元素的总含量可分为低合金钢（合金元素总含量小于5％）、中合金钢（合金元素总含量为5％～10％）和高合金钢（合金元素含量大于10％）。

根据钢中有害杂质的含量，工程上所用的钢可分为普通钢、优质钢和高级优质钢。

根据用途的不同，工程用钢常分为结构钢、工具钢和特殊性能钢。

燃气工程常用的钢主要是低碳钢、优质碳素结构钢和低合金结构钢。

（二）冶炼方法对钢材质量的影响

炼钢的原理是把熔融的生铁进行氧化，使碳的含量降低到预定范围，其他杂质含量也降低到允许范围内。炼钢过程中，碳被氧化形成一氧化碳气体而逸出，硅和锰等被氧化形成氧化硅和氧化锰进入渣中除去；磷和硫在石灰的作用下，亦进入渣中被排除。

由于精炼中必须供给足够的氧以保证杂质元素被氧化，故精炼后的钢液中仍留有一定量的氧化铁，使钢的质量降低。为了消除其影响，在精炼结束后加入脱氧剂以去除钢液中的氧，这个步骤称为"脱氧"。

常用的炼钢方法有空气转炉法、氧气转炉法、平炉法和电炉法等。燃气工程常用钢材主要为前三种方法所炼得。

空气转炉钢的冶炼特点是用吹入铁液的空气将碳和杂质氧化。由于吹炼中混入有害气

体氮和氢等，以及冶炼时间短，不易准确控制成分，故其质量较差。但空气转炉钢的设备投资少，不需燃料、速度快，故其成本较低。

氧气转炉钢的冶炼是利用纯氧进行吹炼，所以能有效地去除磷和硫，钢中所含气体很低、非金属夹杂物亦较少，故质量较好。

平炉钢的冶炼是以煤油或重油作燃料，原料为铁液或固体生铁、废钢铁和适量的铁矿石，利用空气中的氧（或吹入的氧气）和铁矿石中的氧使杂质氧化。平炉钢的冶炼时间长，有足够时间调整和控制其成分，去除杂质和气体较完全，故质量较好，也较稳定。但设备投资较大，燃料热效率不高，冶炼时间较长，故其成本较高。

根据脱氧程度的不同，钢可分为沸腾钢、镇静钢和介于二者之间的半镇静钢。沸腾钢脱氧不彻底，浇铸后在钢液冷却时有大量一氧化碳气体外逸，引起钢液激烈沸腾，故称沸腾钢。镇静钢则在浇铸时钢液平静地冷却凝固。沸腾钢和镇静钢相比较，沸腾钢中碳和有害杂质磷和硫的偏析较严重，使钢的致密程度较差，冲击韧性和可焊性较差，尤其是低温冲击韧性显著降低。从经济方面比较，沸腾钢消耗的脱氧剂较少，钢锭的收缩孔减少，成品率较高，故成本较低。

综上所述，冶炼和浇铸都对钢材质量产生影响，选材时应予注意。

二、钢中化学元素对钢材性能的影响

燃气工程中的不同钢结构，对钢材的抗拉、冷弯、冲击韧性和硬度等性能均有不同的要求。不同化学元素对钢材性能有重要影响，某些钢材在一定条件下，其性能亦会逐渐发生变化。

（一）化学元素成分的影响

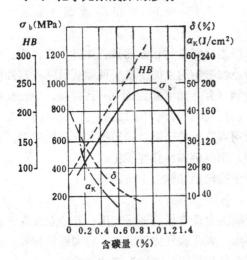

图 1-1　含碳量对碳素钢性能的影响

钢中的铁和碳对钢材性能起主导作用，它们组成钢中的奥氏体、铁素体、渗碳体和珠光体等基本组分。化学元素对钢材性能的影响是通过它们对基本组分的影响而体现的。

碳　含量提高，钢中的强化组分渗碳体随之增多，抗拉强度（σ_b）和硬度（HB）相应提高，伸长率（δ）和冲击韧性（α_K）则相应降低（图1-1）。碳是显著降低钢材可焊性元素之一，含碳量超过0.3%时，钢的可焊性显著降低。

硅　硅在钢中除少量呈非金属夹杂物外，大部分溶于铁素体中，当含量小于1%时，可提高钢材的强度。在低合金钢中，硅的作用主要是提高钢材的强度。

锰　锰能消减硫和氧所引起的热脆性，使钢材的热加工性质改善。作为低合金钢的合金元素，锰含量一般在1%～2%范围内，其主要作用是溶于铁素体中使铁素体强化，降低奥氏体的分解温度，使珠光体细化，使钢材强度提高。

磷　是碳钢中的有害杂质。主要溶于铁素体起强化作用。含量提高，钢材的强度虽有提高，但塑性和韧性显著下降。尤其是温度愈低，对塑性和韧性的影响愈大。磷在钢中的偏折倾向强烈，一般认为，磷的偏析富集，使铁素体晶格严重畸变，导致钢材冷脆性显著增大，从而降低钢材的可焊性。

硫　是很有害的元素。呈非金属硫化物夹杂于钢中，降低钢的各种机械性能。硫化物所造成的低熔点使钢在焊接时易于产生热裂纹，显著降低可焊性。硫也有强烈的偏析作用，增加了危害性。

氧　是钢中的有害杂质。主要存在于非金属夹杂物内，少量容于铁素体中。非金属夹杂物降低钢的机械性能，尤其是韧性。氧有促进时效倾向的作用。氧化物所造成的低熔点使钢的可焊性变坏。

氮　主要嵌溶于铁素体中，也可呈化合物形式存在。氮对钢材性质的影响与碳相似，使钢材的强度提高，塑性和韧性显著下降，降低可焊性。在用铝或钛补充脱氧的镇静钢中，氮主要以氮化铝或氮化钛等形式存在，可减少氮的不利影响，并能细化晶粒，改善性能。

钛　是强脱氧剂，能细化晶粒。钛能显著提高强度，对降低塑性略有影响，由于晶粒细化，故可改善韧性，提高可焊性。是常用的合金元素。

钒　是强烈形成碳化物和氮化物的元素。钒能细化晶粒，有效地提高强度；但焊接时增加淬硬倾向。

（二）应变时效与时效冲击值

碳钢和低合金钢均具有明显的屈服点，经过塑性变形后，在室温下放置一段时间（几个月或几年），或经一定温度加热处理后，屈服点会提高，塑性和韧性则相应降低，这种现象称应变时效效应，简称时效。若在空气温度下放置称为自然时效，若是经加热处理称为人工时效。

一般认为，产生应变时效的原因，主要是溶于 α—Fe晶格中的氮原子有向缺陷移动、集中、甚至呈氮化物析出的倾向。当钢材在冷塑性变形后，或者在使用中受到强力冷变形后，则氮原子的移动、集中大大加快，造成缺陷处氮原子富集，使晶格畸变加快，因而脆性增加。

应变时效对超高压（$P_g > 0.8\text{MPa}$）燃气储罐和燃气管道的安全使用构成威胁，甚至可能导致脆性破坏。

应变时效的敏感性可用"应变时效敏感系数 C"来表示。

$$C = \frac{a_k - a_{ks}}{a_k} \times 100\% \tag{1-1}$$

式中　a_k——时效前的冲击值；

　　　a_{ks}——经10%冷变形后，加热至250℃，保温一小时后在空气中冷却至室温所测得的冲击值。

三、常用钢材的标准和选用

燃气工程常用钢材主要是钢结构（管道和储罐等）用钢材和少量钢筋混凝土结构（地沟和闸井等）用钢筋。

（一）钢结构用钢材

1. 普通碳素结构钢与钢号

根据《普通碳素结构钢技术条件》（GB700-79），普通碳素结构钢按供应时的保证条件不同分为甲类钢（代号A），乙类钢（代号B）和特类钢（代号C）三类。

甲类钢　按机械性能供应。其基本保证条件有抗拉强度和伸长率，其值应符合表1-1的要求；磷与硫含量应符合乙类钢的要求；氮含量不大于0.008%等。根据用户要求，可补充保证若干附加条件，如屈服点或冷弯试验应符合表1-1要求；焊接结构用钢的碳含量应不大于同号乙类钢的上限。

甲类和特类钢材的机械性能和冷弯试验指标要求　　　　表 1-1

序号	钢号						机械性能						180度冷弯试验 d=弯心直径 a=试样厚度	
	平炉钢		氧气转炉钢		空气转炉钢		屈服点σ_s(MPa)不小于 按尺寸分组			抗拉强度σ_b(MPa)	伸长率(%)不小于			
	甲类钢	特类钢	甲类钢	特类钢	甲类钢	特类钢	第1组	第2组	第3组	不小于	δ_5	δ_{10}	型钢	钢板
1	A1 A1F		AY1 AY1F		—		—	—	—	320～400	33	28	d=0	d=0.5a
2	A2 A2F	C2 C2F	AY2 AY2F	CY2 CY2F	AJ2 AJ2F	CJ2 CJ2F	220	200	190	340～420	31	26	d=0	d=a
3	A3 A3F	C3 C3F	AY3 AY3F	CY3 CY3F	AJ3 AJ3F	CJ3 CJ3F	240 240	230 220	220 210	380～470	26	22	d= 0.5a	d=1.5a
4	A4 A4F	C4 C4F	AY4 AY4F	CY4 CY4F	AJ4 AJ4F	CJ4 CJ4F	260	250	240	420～520	24	20		d=2a
5	A5	C5	AY5	CY5	AJ5	CJ5	280	270	260	500～620	20	16		d=3a
6	A6	—	AY6		AJ6		310	300	300	600～720	15	12		
7	A7	—	AY7							≥700	10	8		

乙类钢　按化学成分供应。

特类钢　按机械性能和化学成分供应，是保证技术指标最全面的钢类。

各类钢均按性能差别划分钢号，随钢号增大，强度增高，伸长率降低。

各类钢还应标出冶炼方法的代号，例如碱性空气转炉钢为"J"，氧气转炉钢为"Y"。

2. 优质碳素结构钢与钢号

根据《优质碳素结构钢钢号和一般技术规定》（GB699—65），优质碳素结构钢除保证机械性能和化学成分外，还应保证$S \leqslant 0.045\%$，$P \leqslant 0.040\%$。其钢号以平均含碳量的万分数表示，沸腾钢和半镇静钢应特别标明。例如，平均含碳量为0.10%的沸腾钢，其钢号写为"10F"。

3. 低合金结构钢与钢号

根据《低合金结构钢技术条件》（GB1591-79），低合金结构钢共有18个钢号，钢号的表示方法为：前面数字表示平均含碳量的万分数，其后元素名称为所加合金元素，如合金元素后面未附数字，表示其平均含量在1.5%以下；如附有数字"2"表示其平均含量超过1.5%，而低于2.5%；最后如附有"b"，表示为半镇静钢；如采用空气转炉冶炼，应于钢号前标"J"。例如，16Mn表示为平炉或氧气转炉镇静钢，其平均含碳量为0.16%，平均含锰量低于1.5%。

4

4．高压燃气储罐用钢材的特点

各类高压燃气储罐均属钢制压力容器，必须采用压力容器专用钢。压力容器专用钢在钢号尾部均标有汉语拼音字母"R"，例如，16MnR、15MnVR等。高压燃气储罐用钢材和一般结构用钢材有下述区别。

（1）不能用空气转炉冶炼，因为空气转炉钢含氮量高，时效倾向严重，析出氮化物后，塑性和韧性明显下降。

（2）一般应将含碳量控制在0.24%以下。对高压燃气储罐用钢材除必须保证强度指标外，尤其重要的是要保证塑性和韧性指标以及良好的焊接性，而提高含碳量会使钢材的强度和硬度提高，塑性和韧性下降，焊接性变坏。

（3）硫和磷含量应尽量低，一般要求 是 $S \leqslant 0.035\%$，$P \leqslant 0.03\%$。以尽量减小钢的热脆和冷脆倾向。此外，氧、氮和氢等元素含量也应控制在尽可能低的水平。

（4）钢板结构要保证内部质量，出厂前必须进行超声波探伤，低合金钢板应符合《压力容器用钢板超声波探伤》(JB1153—73)的Ⅱ级要求。

（5）要比普通结构钢增加试验取样组数。

燃气工程钢结构用的主要钢材品种有钢轨、型钢、钢板和钢管。型钢是角钢、工字钢、槽钢、圆钢、扁钢和方钢等不同断面形状的钢材的总称。钢板又分薄钢板（厚度≤4mm）和中厚钢板（厚度＞4mm）。

（二）钢筋

常用的钢筋按生产工艺不同分为热轧钢筋和冷拔低碳钢丝二种；按钢筋表面形状分为光面、人字纹和螺纹钢筋三种。

1．热轧钢筋

根据《钢筋混凝土用钢筋》(GB1499—84)的规定，热轧钢筋按机械性能划分为四个级别，如表1-2所示。Ⅰ～Ⅲ级钢筋一般用作非预应力钢筋，Ⅱ～Ⅳ级钢筋经冷拉加工可用作预应力钢筋。

热 轧 钢 筋 的 机 械 性 能   表 1-2

品　种		牌　号	公称直径	屈服点σ_s (MPa)	抗拉强度σ_b (MPa)	伸长率δ_5 (%)	冷　弯 d=弯心直径 a=钢筋直径
外形	强度等级		(mm)	不　　小　　于			
光面	Ⅰ	A3, AY3	8～25 28～50	240	380	25	180° $d=a$ 180° $d=2a$
人字纹 或螺纹	Ⅱ	20MnSi 20MnNbb	8～25 28～50	340	520	16	180° $d=3a$ 180° $d=4a$
	Ⅲ	25MnSi		380	580	14	90° $d=3a$
	Ⅳ	40SiMnV 45SiMnV 45Si2MnTi	10～25 28～32	550	850	10	90° $d=5a$ 90° $d=6a$

2．冷拔低碳钢丝

冷拔低碳钢丝是用直径为6.5～8mm的A_3(或A_2)盘条经冷拔制成的。冷拔低碳钢丝分为甲、乙两级，甲级钢丝主要用作预应力钢筋，乙级钢丝用于焊接钢筋网，箍筋和构造钢筋。

第二节 管 道 标 准

管道标准的作用是为了简化管子、管件、阀门和法兰等的品种规格，便于成批生产，使管道具有互换性，有利于设计和安装时选用。标准化的主要内容之一就是统一规定管子、管件、阀门和法兰的主要结构尺寸与性能参数，如公称直径和公称压力。凡有相同公称直径与公称压力的管子、管件、阀门和法兰，可以互相配套，倘若材质相同，其结构尺寸也相同时，可以互换使用。

一、公称直径

管道和工艺设备的公称直径是为了设计、制造、安装和检修方便而人为规定的一种标准直径，通常以DN表示。DN后附加以mm为单位的公称直径数字。对于钢管和塑料管及其同材质管件等，DN后的数值不一定是管子的内径（D），也不一定是管子的外径（D_w），而是与D或D_w接近的整数。对制造而言，一般D_w是固定的系列数值，壁厚（δ）增加，则D减小；对于铸铁管及其管件和阀门，DN等于内径，对于法兰，DN仅是与D或D_w接近的整数；对工艺设备（例如压缩机、液化石油气泵和燃气调压器等），DN就是设备接口的内径。

管道中的管子及其附件均根据《管子及管路附件的公称通径》（GB1047—70）制造。

二、公称压力和试验压力

管道和工艺设备的公称压力是为了设计、制造和使用方便而人为规定的一种标准压力，通常用P_g表示，其后附加以MPa为单位的公称压力数值。

试验压力是为了保证安全使用对管道和工艺设备进行强度和密封性（严密性）试验而规定的一种压力，通常以P_s表示，P_s后附加以MPa为单位的试验压力数值。一般情况下，强度试验时$P_s=1.5P_g$，严密性试验时$P_s=P_g$。

管道和工艺设备产品均根据《管子与管路附件的公称压力和试验压力》（GB1048—70）制造。根据P_g（MPa），工业上通常将管道分为低压管道（$P_g \leqslant 2.5$）、中压管道（$4 \leqslant P_g \leqslant 6.4$）、高压管道（$10 \leqslant P_g \leqslant 100$）和超高压管道（$P_g > 100$）。这和城市燃气管道根据输气压力分级的标准称呼完全不同。

三、工作压力和公称压力的关系

制造管子和工艺设备的材料，其许用应力值的大小受温度影响，材料在低于某温度下使用，温度变化对许用应力的影响可忽略不计，此温度称为基准温度。当操作温度高于基准温度时，随操作温度升高，材料许用应力下降。因此，一定公称压力的管子或工艺设备可以承受的最大工作压力（操作压力）随操作温度升高而下降。对于碳素钢和低合金结构钢制品，其公称压力与允许最大工作压力P_{max}的关系可用下式换算

$$P_{max} = \frac{[\sigma]_t}{[\sigma]_j} \cdot P_g \tag{1-2}$$

式中 $[\sigma]_t$——工作温度下的材料额定许用应力；
    $[\sigma]_j$——基准温度下的材料额定许用应力。

对于铸铁制品，当$t \leqslant 120℃$时，$P_{max} = P_g$，当$t = 350℃$时，$P_{max} = 0.7P_g$。

根据管道内介质温度大小，通常分为常温管道（$t = -40 \sim 120℃$），低温管道（$t <$

－40℃)，中温管道（$t = 121\sim450℃$）和高温管道（$t > 450℃$）。若燃气管道在非常温下工作，对管材及配件的额定压力应进行温度校核，看其是否符合最高工作压力的要求。

燃气管道属有毒，有火灾危险的管道，根据《工业管道工程施工及验收规范（金属管道篇）》（GBJ235—82），选用管子及配件时，可以比普通介质管道提高一个压力级别。

第三节　管　材

燃气工程主要使用钢管和铸铁管，其次是塑料管。

一、钢管

钢管是燃气工程中应用最多的管材，按照制造方法分为无缝钢管和焊接钢管。一般钢管规格的习惯表示方法是$D_w \times \delta$，低压流体输送用焊接钢管经常用DN表示规格。

（一）无缝钢管

一般无缝钢管用普通碳素钢、优质碳素钢或低合金结构钢制造。普通碳素钢管按保证机械性能供货；优质碳素钢管和低合金钢管按同时保证化学成分和机械性能供货。此外，还有按水压试验供应的无缝钢管，即轧钢厂根据需方要求保证水压试验，而化学成分和机械性能不予规定。

根据制造方法，无缝钢管还有热轧和冷拔（轧）之分。热轧管的最大D_w为630mm，冷拔（轧）管的最大D_w为219mm。一般情况下，$D_w > 57$mm时常选用热轧管。

钢管出厂长度分为普通长度、定尺长度和倍尺长度。普通长度即不定尺长度，热轧管为3～12.5m，冷拔管为1.5～9m 定尺长度即在普通长度范围内规定一个或几个固定长度供货；倍尺长度是在普通长度范围内按某一长度的倍数供货。

一般无缝钢管适用于各种压力级别的城市燃气管道和制气厂的工艺管道。对于具有高压高温要求的制气厂设备，例如炉管、热交换器管等可根据不同的技术要求分别选用专用无缝钢管，如《锅炉用无缝钢管》、《锅炉用高压无缝钢管》、《化肥用高压无缝钢管》或《石油裂化用无缝钢管》等等。

（二）焊接钢管

焊接钢管亦称有缝钢管，其品种有低压流体输送用焊接钢管，螺旋缝电焊钢管和钢板卷制直缝电焊钢管。

1. 低压流体输送用焊接钢管

此种钢管用焊接性较好的低碳钢制造，钢号和焊接方法均由制造厂选择。其管壁有一条纵向焊缝，一般用炉焊法或高频电焊法焊成，所以又称炉焊对缝钢管或高频电焊对缝钢管。钢管表面有镀锌（俗称白铁管）和不镀锌（俗称黑铁管）两种。按出厂壁厚不同分为普通管（适用于$P_g \leqslant 1.0$MPa）和加厚管（适用于$P_g \leqslant 1.6$MPa），两种都可用于燃气工程。

钢管最小DN为6mm，最大DN为150mm,普通长度为4～12m。管子两端一般带有管螺纹。采用螺纹连接的燃气管网，一般使用的最大DN为50mm。镀锌钢管安装时不需涂刷防锈漆，其理论重量比不镀锌钢管重3%～6%。

2. 钢板卷制直缝电焊钢管

此种焊接钢管用中厚钢板采用直缝卷制，以电弧焊方法焊接而成。钢板的弯卷常用三辊或四辊对称式卷板机，钢管展开下料长度可按下式计算。

$$L = \pi(D + \delta) + S \qquad (1-3)$$

式中　L——钢管展开下料长度，mm；

　　　D——钢管内径，mm；

　　　δ——钢板厚度，mm；

　　　S——加工余量，采用剪切机剪切，刨床加工坡口时，$S \approx 2mm$；用半自动切割机切割，再用刨床加工时 $S \approx 5mm$；用半自动切割机直接从钢板上割出坡口时，$S = 0$。

钢板卷制直缝电焊钢管的最小 D_w 为159mm。

3．螺旋缝电焊钢管

此种钢管一般用带钢螺旋卷制后焊接而成。钢号一般为 A_2，A_3，A_4 或 B_2，B_3 的普通碳素钢，也可采用16Mn低合金结构钢焊制。管子的最大工作压力一般不超过2.0MPa，最小 D_w 为219mm，最大 D_w 在当前为820mm。管子普通长度为8～18m。

（三）钢管检验

各类钢管出厂时都应附有出厂合格证明书，证明书上应注明钢号（或钢的化学成分），水压试验和机械性能试验等内容。水压试验压力（MPa）按下式确定。

$$P_s = \frac{200\delta R}{D_w - 2\delta} \qquad (1-4)$$

式中　R——管材允许工作压力（MPa）。

其余符号意义同前所述。

钢管出厂时要进行外观检查，管子表面应平滑，没有斑疤、沙眼、夹皮及裂纹；钢管外径的偏差不得超过允许值；管子椭圆度公差不得超过外径允许偏差范围；管子端面与轴线应垂直。

对于直缝电焊钢管，管段互相焊接时，两管段的轴向焊缝应按轴线45°角互相错开。$DN \leqslant 600mm$ 的长管，每段管只允许有一条焊缝，此外，管子端面的坡口形状、焊缝错口和焊缝质量均应符合焊接规范要求。

钢管重力可按下式计算

$$G = 0.2419\delta(D_w - \delta) \qquad (1-5)$$

式中　G——钢管每米重力，N/m；

其余符号意义同前所述。

二、铸铁管

铸铁管规格习惯以公称直径 DN 表示，国内生产的铸铁管直径在 $DN50 \sim DN1500$ 之间。

（一）铸铁管的种类

铸铁管按材质分为普通铸铁管、高级铸铁管和球墨铸铁管。

普通铸铁管的材质为普通灰铸铁，化学成分中 $C = 3 \sim 3.3\%$，$Si = 1.5 \sim 2.2\%$，$Mn = 0.5 \sim 0.9\%$，$S \leqslant 0.12\%$，$P \leqslant 0.4\%$。抗拉强度应不小于140MPa。按工作压力大小分为高压管（$P_g \leqslant 1.0MPa$），普压管（$P_g \leqslant 0.75MPa$）和低压管（$P_g \leqslant 0.45MPa$）。燃气管道可采用高压管和普压管。

高级铸铁管（又称可锻铸铁管）对铸铁化学成分提出了严格要求，进一步采取脱硫和脱磷措施，铸造方法上亦有适当改进。铸铁组织致密，韧性增强，抗拉强度可达250MPa。

球墨铸铁管（简称球铁管）被认为是耐腐蚀性好，强度高，具有较强韧性的较理想管材，正逐步替代普通铸铁管。

球墨铸铁是在原材料经严格选择的铁水中，添加了镁、钙等碱土金属或稀土金属，使铸铁中的石墨组织呈球状，表面积最小，从而消除了普通铸铁或高级铸铁中由片状石墨所引起的金属晶体连续性被割断的缺陷，使抗拉强度提高到380～450MPa。这种管材经热处理后，显微组织中铁素体的形成，使管材具有良好的延伸率，冲击韧性比高级铸铁管还高出10倍以上。

（二）铸铁管的铸造方法

铸铁管可采用离心铸造法或连续铸造法在铸管厂铸造。

离心铸造法适用于各种直径的铸铁管铸造。铸造模型可采用砂模型或金属模型。砂模型是在钢模内用含酚醛树脂和型砂的拌合物涂成一定厚度的衬里，或在钢模内制成一定厚度的铸造砂衬，然后离心铸造。砂模型适用于较大直径。采用金属模型时，可在模型外采用喷水或设置水套的降温措施，管材铸造后需经热处理，一般用于小直径铸铁管的铸造。离心铸铁管插口端有凸缘。

连续铸造法是将熔融的铁水，连续浇入称作结晶器的特制水冷金属模中，铁水经冷凝形成的管子不断从结晶器中拉出。生产中，一般只间断地浇铸一定长度的管子，实际为半连续铸造。连续铸铁管插口端无凸缘。

铸铁管的连接一般为承插，螺栓压盖和法兰三种方式。

三、塑料管

与钢管和铸铁管相比较，塑料管具有材质轻，较强的耐腐蚀性，良好的气密性和施工非常方便等优点。但塑料管机械强度较低（中密度聚乙烯管的抗拉强度仅19MPa），只有60℃以下才能保证适当的强度，当温度在70℃以上时，强度显著降低，高于90℃则不能作管材使用。

国内燃气输配工程中曾经使用硬质聚氯乙烯、中密度或高密度聚乙烯，以及尼龙-11等各种材质的塑料管。不同材质的塑料管是采用**不同材质**的树脂，掺加增塑剂，稳定剂，填料及着色剂等，经搅拌、加热、挤压成粒状，再经风冷却制成塑料粒料，将粒料送入制管机中，先加热到150～160℃，使粒料熔化，然后挤压成管形，通过水冷却而硬化成塑料管。

塑料管的尺寸根据其外径和壁厚来确定。外径与壁厚的比值（SDR）又取决于树脂的质量和塑料管的使用条件。对于中、高密度聚乙烯塑料管，若是加厚管，$SDR = 11$，$P_g \leqslant 0.4$MPa；若是普通管，$SDR = 17$，$P_g \leqslant 0.25$MPa。我国某些厂家目前生产的中密度聚乙烯管$SDR = 17.63$；加厚型$SDR = 9.33～12.11$，可用于中低压燃气管道。国产硬质聚氯乙烯管的最大管径可达$DN400$，聚乙烯管最大为$DN200$，尼龙-11最大为$DN100$。

$DN < 63$mm的聚乙烯管出厂时通常被卷成盘管；DN在65～150mm范围内则被绕在大线轮上供应；$DN > 150$时一般均以直管段供应，每根管子长4～12m。直管段堆放时要放平整，防止日晒、冷冻和因重力而自然弯曲。

塑料管的颜色有黄、黑、灰或绿等，可在定货时提出要求。例如，法国煤气公司规定聚乙烯塑料管为黑色，沿长度方向衬黄色线条，以利辨认。

塑料管出厂时应对尺寸、表面光洁度、承压能力和抗压裂性能进行检验和测试。

塑料管的最佳施工温度为$-20\sim35℃$。目前，塑料管主要用于室外埋地天然气输送管线，当人工燃气中芳香烃含量较多时，对降低管材屈服点影响较严重，不易使用。塑料管的热膨胀系数一般为$0.15\sim0.18mm/m\cdot℃$，是钢管的$7\sim8$倍，使用环境温度不易过高，例如，硬质聚氯乙烯管用于室内燃气管道时，环境温度不易超过$38℃$。

不同材质的塑料管，其接头可分别采用螺纹连接，承插粘接，承插焊接和电热熔连接等方法。

第四节 管 件

管件又名异形管，是管道安装中的连接配件，用于管道变径，引出分支，改变管道走向，管道末端封堵等。有的管件则是为了安装维修时折卸方便，或为管道与设备的连接而设置。

管件的种类和规格随管子材质，管件用途和加工制作方法而变化。本节只介绍低压流体输送用焊接钢管上用的螺纹连接管件，铸铁燃气管道上用的铸铁管件，无缝钢制管件和塑料管件。

一、螺纹连接管件

室内燃气管道的管径不大于50mm时，一般均采用螺纹连接管件。管件有两种材质，可锻铸铁（玛铁）异形管件（$P_g\leqslant1.0MPa$）和钢制管件（$P_g\leqslant1.6MPa$）。钢制管件有镀锌与不镀锌之分，管件上均带有圆锥形或圆柱形管螺纹。

可锻铸铁管件外观上的特点是较厚，端部有加厚边；钢制管件的管壁较薄。端部平整无加厚边。

经常使用的螺纹连接管件有管箍、活接头、外螺纹接头、内外螺母、锁紧螺母、弯头、三通、四通和丝堵等，如图1-2所示。根据管件端部直径是否相等可分为等径管件和异径管件，异径管件可连接不同管径的管子。螺纹连接弯头有90°和45°两种规格。

管件应该具有规则的外形、平滑的内外表面没有裂纹、砂眼等缺陷。管件端面应平整，并垂直于连接中心线。管件的内外螺纹应根据管件连接中心线精确加工，螺纹不应有偏扣或损伤。

二、铸铁管管件

同铸铁管配套的管件，一般用普通灰铸铁铸造，也可采用高级铸铁或球墨铸铁。采用灰铸铁铸造时，管件壁厚比同直径的管子壁厚增加10%～20%，壁厚尺寸的增加应保证管承口内径和管插口外径符合管子的标准尺寸。

管件外表面应铸有规格、额定工作压力、制造日期和商标。内外壁均涂刷热沥青防锈。

管件承插口填料作业面的铁瘤必须修剔平整。法兰盘在铸造成型后应按标准进行机械加工。法兰背面的螺帽接触面必须平整。其他不妨碍使用的部位允许有不超过5mm高的铸瘤。管件内外表面不应有任何细微裂纹。

所有管件出厂前均应通过气压法检验，检验压力为0.3MPa。要求承压十分钟不渗漏为合格。

常用的铸铁管管件有双承套管、承盘短管、插盘短管、承插乙字管、承堵或插堵，以及三通、四通、渐缩管（同心与偏心）和弯头等，部分部件如图1-3所示。铸铁管件承插口的选择应便于施工操作。

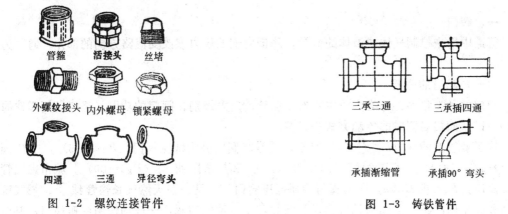

图 1-2　螺纹连接管件　　　　　　　　图 1-3　铸铁管件

三、无缝钢制管件

把无缝管段放于特制的模型中，借助液压传动机将管段冲压或拔制成管件。由于管件内壁光滑，无接缝，所以介质流动阻力小，可承受较高的工作压力。

目前生产的无缝钢制管件有弯头、大小头和三通，如图1-4所示。无缝弯头的规格为 $DN40 \sim DN400$，弯曲半径 $R=(1 \sim 1.5)DN$，弯曲角度有45°、60°和90°三种，工地使用时可切割成任意角度。

无缝大小头有同心和偏心两种，因受冲压限制，大头和小头的 DN 相差不超过两个连续等级，例如 $DN200 \times DN150$，$DN200 \times DN125$，而难于制造成 $DN200 \times DN100$。

三通的主管与支管的公称直径差也不超过两个连续等级。

四、塑料管件

塑料管件有注压管件和热熔焊接管件，两者均可用于塑料燃气管道的安装。

注压管件分螺纹连接和承插连接两种，螺纹管件上带有内螺纹或外螺纹，是可拆卸接头，用于室内塑料燃气管道上。承插连接管件上带有承口或插口，例如，带承口的三通、带插口的90°弯头等。承口内表面和插口外表面涂以粘接剂，插入干固后形成不可拆卸接头。不可拆卸接头一般用于室外埋地塑料燃气管道。

对于聚乙烯管道的连接主要采用电热熔解焊接，接头管件有两种，一种是承口式，且承口内表面缠有电热丝，另一种是插口式。承口式和插口式都可制造成三通、弯头和大小头等形状，如图1-5所示。

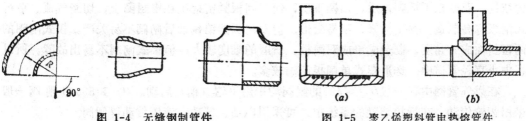

图 1-4　无缝钢制管件　　　　图 1-5　聚乙烯塑料管电热熔管件
　　　　　　　　　　　　　　　(a) 承口式；(b) 插口式

11

第五节 阀门与法兰

一、阀门

管道中用来控制气体或液体的流量，降低它们的压力或改变流路方向的部件，通称为阀门。

（一）阀门的分类

阀门的种类很多，分类方法主要按工业管道压力级别，阀门的功用，阀门启闭零件的结构，以及阀门启闭时的传动方式来区分。

按工业管道的压力 P_g（MPa）级别，通常将阀门分为低压阀门（$P_g \leqslant 2.5$）；中压阀门（$4 \leqslant P_g \leqslant 6.4$）；高压阀门（$10 \leqslant P_g \leqslant 100$）和超高压阀门（$P_g > 100$）。城市燃气管道最高压力 $P_g \leqslant 0.8$MPa，所用阀门均属低压阀门。但是，在天然气长输管线上，燃气压送站和高压储配站，液化石油气输送管线和液化石油气灌瓶厂一般均使用中压阀门，甚至可能使用高压阀门。

按阀门的功用分闭路阀、止回阀、安全阀和减压阀等。

按阀门启闭零件的结构分闸阀、截止阀、球阀、蝶阀和旋塞阀等。

按阀门启闭时的传动方式可分成人工控制阀门（手动传动和齿轮传动）、电动控制阀门、电磁控制阀门、气动控制阀门和液压控制阀门等。除人工控制阀门外，其余阀门均可用于自动控制和自动调节的燃气管路中。

（二）常用阀门介绍

1．闸阀　闸板启闭方向和闸板平面方向平行的阀门称为闸阀，其构造如图1-6所示。它是燃气工程中使用最多的一种阀门。闸阀具有阻力小，启闭力较小，燃气可反向流动等优点。但其结构复杂，体积大而笨重，密封面容易擦伤而又难以修复。

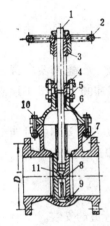

图 1-6　明杆平行式双闸板闸阀
1—阀杆；2—手轮；3—轴套；4—填料压盖；5—填料；6—阀盖；7—阀体；8—闸板；9—密封圈；10—螺栓螺母；11—顶楔

闸阀就其阀杆运行状况分明杆及暗杆两种。明杆闸阀在开启时，阀杆上行，由于阀杆露出可以表明闸阀的开启程度，适用于地上燃气管道，但需经常向阀杆刷油保护，对埋地燃气管道不宜使用。暗杆闸阀开启时，阀杆不上行，因此适用于城市地下燃气管道。

闸阀按闸板结构分平行式及楔式两种。平行式闸阀的两密封面互相平行，采用双闸板的结构，双闸板下抵阀体后，顶楔下压，使二闸板紧密地压在密封圈上，切断气流。平行式闸板容易制造，便于检修，不易变形；但双闸板挂销锈蚀后闸阀不易关严。楔式闸阀的两密封面成一角度，制造成单或双闸板，研磨的难度较大；但楔式闸阀不易出故障，所以在中小直径管道中，选用楔式单闸板闸阀较多。

在燃气管网中，一般 $DN \leqslant 400$ 的闸阀均采用手轮（柄）启动。$DN \geqslant 500$ 的闸阀一般采用齿轮传动。在远控装置的系统中，可采用电动、气动、液压传动等闸阀。

2．蝶阀　蝶阀的阀瓣利用偏心轴或同心轴的旋转进行启闭。阀瓣和阀体之间两端相连，在半启闭状态下，阀瓣受力较好，适用于流量调节。

蝶阀具有体小轻巧，拆装容易，操作灵活轻便，结构简单，造价低廉等优点，管道埋深较浅或管道间距较小时易采用蝶阀。在城市燃气系统中，是一种较好的阀门，但是关闭严密性较差。图1-7是一种可用于燃气管道上的D43W-10型蝶阀。

3. 截止阀　也是一种使用较广泛的阀门。阀瓣启闭时的移动方向和阀瓣平面垂直。截止阀不能适应气流方向改变，因此，安装时应注意方向性。它与闸阀比较，具有结构简单、密封性好，制造维修方便等优点。但阻力较大。

阀体的形式分直通式、直流式和角式三种。直通式截止阀安装在直线管道上，阻力较大。直流式截止阀的阀杆处于倾斜的位置，上升高度较直通式大，操作不便，但阻力小。角式截止阀只能安装在垂直相交的管道上，阻力近于直通式。

截止阀的阀杆有明杆与暗杆之分。小直径截止阀因其结构尺寸小，通常采用暗杆，大直径截止阀采用明杆。

截止阀的密封面有平面和锥面两种形式。平面密封擦伤少，易研磨，一般用在大直径的截止阀中；锥形密封面易擦伤，需专用研磨工具，但结构紧凑，一般用在小直径截止阀上。

液化石油气管道上常用的J41H-40截止阀如图1-8所示。

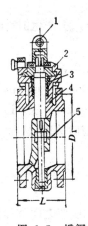

图 1-7　蝶阀

1—手柄；2—压盖；3—填料；4—阀体；5—阀瓣

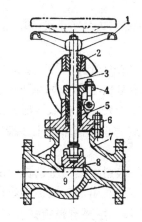

图 1-8　截止阀

1—手轮；2—轴套；3—阀杆；4—压盖；5—填料；6—阀盖；7—阀体；8—密封圈；9—阀瓣

4. 球阀　球阀的阀杆上连接一个具有孔道的球体芯，靠旋转球体芯开启或关闭阀门。球体形式目前有浮动球体和刚性支承球体。浮动球体适用于小直径及低压管道，刚性支承球体适用于大直径及高中压管道。

球阀的优点是结构较闸阀或截止阀简单，体积小，阻力小，孔道直径一般与其连接管道内径相等；缺点是球体的制造及维修难度大。图1-9为可用于液化石油气或天然气管道的Q847F-64型球阀。

5. 旋塞　是一种最古老的阀门品种，具有结构简单，外形尺寸小，启闭迅速和密封性能好等优点。但密封面容易磨损，启闭用力较大，适用在小直径的管道上。图1-10所示为几种常用的燃气旋塞。

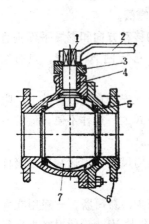

图 1-9　球阀
1—阀杆；2—手柄；3—填料压盖；4—填料；5—密封
圈；6—阀体；7—球

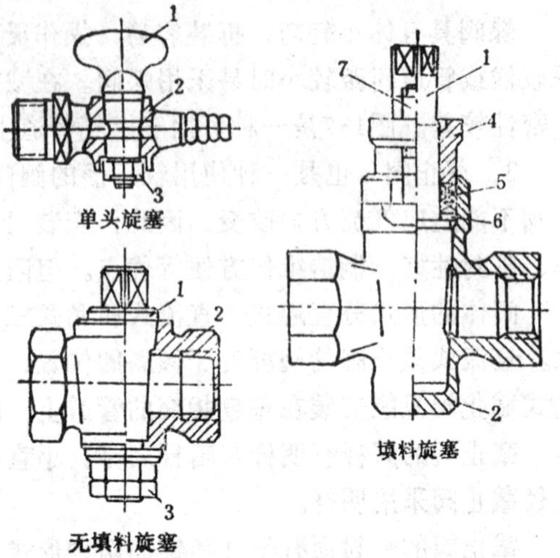

图 1-10　燃气旋塞
1—阀芯；2—阀体；3—拉紧螺母；4—压盖；5—填料；
6—垫圈；7—螺栓螺母

6．止回阀　又名逆止阀或单向阀，用来防止管道中气流倒流。当产生倒流时，阀瓣自动关闭。

止回阀主要有升降式和旋启式两大类。升降式止回阀的阀瓣垂直于阀体的通道而作升降运动，一般只用于 $DN200$ 以下的管道上。旋启式止回阀（图1-11）的阀瓣围绕密封面作旋转运动，阻力较小，在低压时密封性能较差，多用于大直径的或高、中压管道上。$DN\geqslant 600mm$ 的旋启式止回阀常采用多瓣式，当燃气倒流时，阀瓣不同时关闭，从而减轻关闭时的冲击力。

止回阀一般用在燃气压送机的出口管道上，在停机或突然停电时，防止管内燃气倒流，这种倒流往往引起压送机高速反转，形成机械故障。

7．安全阀　主要有弹簧式及杠杆式两种。弹簧式是指阀瓣和阀座之间靠弹簧力密封，杠杆式则是靠杠杆和重锤的作用力密封。当管道或燃气贮罐内的压力超过规定值时，气压对阀瓣的作用力大于弹簧或杠杆重锤的作用力，致使阀瓣开启，过高的气压即被消除。随着气压作用于阀瓣的力逐渐小于弹簧或杠杆重锤的作用力，阀瓣又被压回到阀座上。

按阀瓣升启高度不同，分全启型和微启型。全启型的阀瓣开启高度大于阀口喷嘴直径的1/4，微启型的阀瓣开启高度为喷嘴直径的1/40～1/4。全启型安全阀泄放量大，回座性能好，燃气系统多采用全启型安全阀。

据据安全阀结构不同可分为封闭式和不封闭式。燃气系统多采用封闭式。有的安全阀上带有扳手，扳手的主要作用是检查阀瓣开启的灵活程度，有时还可作人工紧急泄压用。图1-12为 A48H-16型带扳手的全封闭式弹簧安全阀。

（三）阀门产品型号及选用参数

1．阀门产品型号说明

阀门种类繁多，为便于选用和简化表达，每种阀门都有一个特定的型号，用该型号来

14

说明：（1）阀门类别；（2）驱动方式；（3）连接形式；（4）结构形式；（5）密封面或衬里材料；（6）公称压力和（7）阀体材料等七项内容。根据《阀门型号编制方法》（JB308-75）的规定，每项内容均以汉语拼音字母或数字作代号来表达。七项内容的代

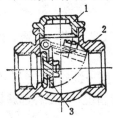

图 1-11　旋启式止回阀

1—阀盖；2—阀体；3—阀瓣

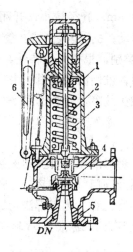

图 1-12　弹簧安全阀

1—阀体；2—阀杆；3—弹簧；4—阀芯；5—阀座；6—扳手

号按上述顺序排列，并将第五项代号与第六项代号用横线隔开，构成表达阀门特征的完整型号，即

| 1 | 2 | 3 | 4 | 5 — 6 | 7 |

阀门类别的代号用汉语拼音字母表示。如闸阀代号为 Z，截止阀代号为 J，球阀代号为 Q，旋塞阀代号为 X，安全阀代号为 A，等等。

驱动方式代号用阿拉伯数字表示。对于手轮或扳手驱动的阀门，可不必用代号表示，而电动代号为9，气动代号为6，等等。

阀门与管路的连接形式代号用阿拉伯数字表示。如内螺纹连接代号为1，法兰连接代号为4，等等。

阀门结构形式主要指启闭零件等的结构。其代号用阿拉伯数字表示，如明杆平行式双闸板的代号为4，暗杆楔式单闸板的代号为5，直通式截止阀代号为1，等等。

阀瓣（闸板）和阀座的密封面或衬里材料的代号用汉语拼音字母表示，如由阀体上直接加工出来的密封面的代号为 W，不锈钢的代号为 H，聚四氟乙烯塑料的代号为 F，等等。

公称压力代号直接用数字表示，单位为0.1MPa。

阀体材料代号用汉语拼音字母，如灰铸铁代号为 Z，碳素钢代号为 C 等。对常用的 $P_g \leqslant 1.6\text{MPa}$ 的灰铸铁阀门和 $P_g \leqslant 2.5\text{MPa}$ 的碳钢阀门可省略代号。

2．闭路阀门型号的选用

闭路阀门应用最广泛，应对照阀门产品样本或阀门参数表，根据阀门产品的类型、性能、规格，按照燃气性质和工作参数，以及安装和使用条件正确地选用。

【例1-1】　天然气输送管道工作压力为0.3MPa，地上敷设，公称直径 $DN = 200\text{mm}$，使用无缝钢管，请选择闭路阀门。

【解】　1．阀体材料：根据工作压力0.3MPa，地上敷设为常温，选用灰铸铁即可；2．公称压力：根据灰铸铁和燃气的压力和温度，阀门的 $P_g = 1.0\text{MPa}$；3．密封材料：根据确定的 P_g 和 t，密封材料可选用在铸铁阀体上直接加工（代号为 W）；4．驱动方式：

15

给定$DN=200mm$，管径较小，开闭时所需扭矩不大，又未提出操作方式的特殊要求，故可选用手轮驱动；5．连接形式：管材提出采用无缝钢管，可焊接法兰盘，故阀门为法兰连接；6．阀门类别：根据介质特性，公称压力较小，对照阀门参数表或阀门产品样本，没有截止阀可选用，唯闸阀最适用。由于地上安装，为便于明察启闭程度，阀杆选用明杆，为关闭严密，减少故障，闸板选用平行式双闸板。

综上所述，本例选用阀门为：明杆平行式双闸板闸阀，其型号为$Z44W-10$，$DN200$。

二、法兰

法兰是一种标准化的可拆卸连接形式，广泛用于燃气管道与工艺设备、机泵、燃气压缩机、调压器及阀门等的连接。

法兰标准有三种，化工部法兰标准（HG5008～5028-58），原一机部法兰标准（JB78～85-59）和石油部标准（SYJ4-64）。对燃气工程而言，一般情况下，三种部颁标准具有互换性。

（一）法兰类型

依据法兰与管道的固定方式可分为平焊法兰、对焊法兰和螺纹法兰三类。

1．平焊法兰　将管子插入法兰内径一定深度后，法兰与管端采用焊接固定。法兰本身呈平盘状，采用普通碳素钢制造，成本低，刚度较差，一般用于$P_g\leqslant1.6MPa$。$t\leqslant250℃$的条件下，是燃气工程应用最多的一种。法兰密封面有光滑面和凹凸面两种型式，如图1-13所示。光滑面安装简单，但密封性较差，为提高密封效果，在密封面上一般都车制2～3条密封线（俗称水线）。凹凸式密封面的优点在于凹面可使垫片定位并嵌住，具有较高的密封性。

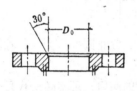

光滑面平焊钢法兰

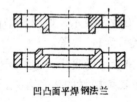

凹凸面平焊钢法兰

图1-13　平焊法兰

2．对焊法兰　法兰与管端采用对口焊接，刚度较大，适用于较高压力和较高温度。密封面也有光滑面和凹凸面两种形式。

3．螺纹法兰　法兰内径表面加工成管螺纹，可用于$DN\leqslant50mm$的低压燃气管道。

（二）法兰选用

标准法兰应按照公称直径和公称压力来选用，当与设备连接时，应与设备的公称直径和公称压力相等。燃气管道上的法兰，其公称压力一般不低于1.0MPa。当已知工作压力时，需依据法兰材质和工作温度，把工作压力换算成公称压力。

法兰材质一般应与钢管材质一致或接近，常用钢号为A_3，10#和20#碳素结构钢。

法兰的结构尺寸按所选用的法兰标准号确定。在选用法兰标准号时须注意法兰内孔尺寸D_0是大外径还是小外径。例如，$DN100$的法兰，石油部标准曾有108mm和114mm两种尺寸，法兰内孔应略大于实际安装的管子外径。

法兰结构尺寸符合法兰标准号，其内孔尺寸却小于标准号规定的法兰称为异径法兰。

不具有内孔的法兰称为法兰盖（堵）。

第二章 土 方 工 程

第一节 土的分类与性质

一、土的分类与土方工程的概念

地壳主要由土和岩石组成。

在工程上通常把地壳表层所有的松散堆积物都称为土，按其堆积条件可分为残积土、沉积土和人工填土三大类。残积土是指地表岩石经强烈的物理、化学及生物风化作用，并经成土作用残留在原地而组成的土。沉积土是指地表岩石的风化产物，经风、水、冰或重力等因素搬运，在特定环境下沉积而成的土。人工填土则是指人工填筑的土。

土是颗粒（固相）、水（液相）和气体（气相）组成的三相分散体系。建筑工程上根据土的颗粒联结特征将土分成砂土、粘土和黄土。黄土是在干旱条件下由砂和粘土组成的特种土，凡是具有遇水下沉特性的黄土称为湿陷性黄土。具有一定体积岩土层或若干土层的综合体称为土体。

岩石是由单体矿物在一定地质条件作用下，按一定规律组合成具有某种联结作用的集合体。按其成因可分为沉积岩、变质岩和岩浆岩三大类。

土方工程主要指土体的开挖和填筑，也包括岩石的爆破法开挖。

工程预算定额中，按土的人工开挖难易程度将土体分为松软土（一类）、普通土（二类）、坚土（三类）和砂砾坚土（四类）。按岩石的坚硬程度分为软石（五类）、次坚石（六类）、坚石（七类）和特坚石（八类）。

二、土的工程性质

（一）天然密度 ρ　是指土体在天然状态下单位体积的质量，即 $\rho = Q/V$。

不同土体的天然密度各不相同，与密实程度和含水量等因素有关。一般土体的天然密度在 $1600 \sim 2200\text{kg/m}^3$ 之间。

天然密度可用体积为 V 的环刀切土一块称得质量为 Q 直接测出。

（二）颗粒密度 ρ_0　颗粒密度指颗粒矿物单位体积的质量，即 $\rho_0 = Q_0/V_0$。土体的颗粒密度与同体积水的密度 ρ_1 之比称为颗粒相对密度，即 $g_0 = Q_0/V_0\rho_1$。一般土体的颗粒相对密度为 $2.65 \sim 2.80$。

（三）天然含水量 W　天然状态下土中水的质量 Q_1 与土颗粒质量 Q_0 的比值，以百分数表示，即 $W = Q_1/Q_0 \times 100$（%）。土的含水量可用烘干法测定。

（四）孔隙比 e　土中孔隙体积 V_2 与土颗粒体积的比值，即 $e = V_2/V_0$。孔隙比越大，土越松，孔隙比越小，土越密实。

土的孔隙比可用 ρ、g_0（或 ρ_0）和 W 来表达。取一土样，令其 $V_0 = 1$，并绘出如图2-1所示的三相简化图。由图可得 $V_2 = eV_0 = e$，$V = V_0 + V_2 = 1 + e$，$Q_0 = \rho_0 V_0 = \rho_0$，$Q_1 = WQ_0 =$

$W\rho_0$。土样质量为

$$Q = \rho_0(1+W) \qquad (2\text{-}1)$$

因为

$$V = \frac{\rho_0(1+W)}{\rho} \qquad (2\text{-}2)$$

所以

$$e = \frac{\rho_0(1+W)}{\rho} - 1 \qquad (2\text{-}3)$$

土中孔隙体积与土的总体积之比称为土的孔隙度 n，即 $n = V_2/V$ 或 $n = e/(1+e)$。

单粒结构砂土的孔隙比约为 $0.4 \sim 0.8$。

（五）饱和度 S_r 土中水的体积与孔隙体积的比值，即 $S_r = V_1/V_2$。表示土的孔隙为水所充满的程度。

据图 2-1 经推导可得

$$S_r = \frac{Wg_0}{e} \qquad (2\text{-}4)$$

$S_r = 100\%$ 时孔隙充满水呈饱和土；$S_r = 0$ 时属绝对干燥土。

（六）干密度 ρ_d 单位土体积中土颗粒的质量，即 $\rho_d = Q_0/V$。据图2-1可表达为

$$\rho_d = \frac{\rho_0}{1+e} \qquad (2\text{-}5)$$

将（2-3）式代入（2-5）化简后得

$$\rho_d = \frac{\rho}{1+W} \qquad (2\text{-}6)$$

土的 ρ_d 是衡量填土质量的基本指标，ρ_d 越大，表示土越密实。但 ρ 值增大，土不一定密实，因为有可能是含水量高。填土夯实或辗压时能使填土达到最大干密度的含水量称为最佳含水量（图2-2），最佳含水量因土的性质和压实方法而异。

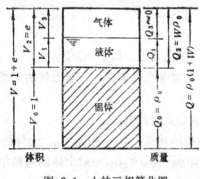

图 2-1 土的三相简化图

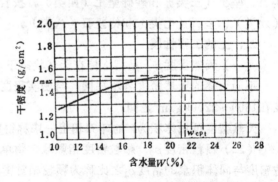

图 2-2 土的干密度与含水量关系

（七）粘性土的可塑性   可 塑 性 是 指粘性土在外力作用下可以塑成任何形状而不发生裂缝，外力解除后仍保持已有变形而不恢复原状的一种性质。工程中按粘性土含水量不同，将粘性土分为干硬、半干硬、可塑和流塑四种基本状态。使粘性土从一种状态转变为另一种状态的含水量称为土的界限含水量。工程上常用的界限含水量主要有流性界限（流限）W_L，塑性界限（塑限）W_p 和收缩界限（缩限）W_c。流限与塑限说明土体 具有可塑

18

性的含水量变化范围。产生塑性的原因，主要是土颗粒间的公共水膜之间的电吸引力所致。土粒间的距离小于引力作用半径，公共水膜则使土粒间保持连续性。土体中粘土颗粒含量越多，可塑性愈好。可塑性大小可以用可塑状态土的含水量变化范围来表示，流限与塑限分别是可塑状态的最大含水量与最小含水量，因此

$$I_p = W_L - W_p \qquad (2-7)$$

I_p 称为土的塑性指数。不同粘性土，I_p 值亦不同。轻亚粘土 $3 < I_p \leqslant 10$，亚粘土 $10 < I_p \leqslant 17$，粘土 $I_p > 17$。

（八）土的可松性　土经挖掘后，颗粒间的联结遭到破坏，其体积增加值用最初可松系数 K_1 表示，$K_1 = V_2/V_1$。土经回填后体积增加值用最后可松系数 K_2 表示，$K_2 = V_3/V_1$。V_1 表示开挖前土体的自然密实体积；V_2 表示开挖后土体的松散体积；V_3 表示压实后土体的体积。

（九）土的渗透性　土中孔隙是相互连通的，假如饱和土中孔隙水为自由水，且土中两点存在水头差，水头高处的水会向水头低处渗流，渗流速度与土颗粒粗细、孔隙大小和形状、以及水力梯度等因素有关。试验证明，土体中全断面平均流速 V 与水力梯度 i 具有正比关系，即

$$V = Ki \qquad (2-8)$$

式中 K 为渗透系数，其量纲与流速相同。渗透系数可理解为单位水力梯度下的流速。不同透水性质的土，在相同水力梯度下，具有不同的渗透系数 K。因此，K 值可当作衡量土的渗透性能的主要指标。

K 值可通过取原状土在试验室内测定，或现场进行抽水试验确定。试验室可采用变水头法，试验装置如图 2-3 所示。圆筒容器之上端接一断面为 A' 的细玻璃管，水由该细管注入，停止注水后，在变水头 h 的作用下，水流经断面为 A，长度为 L 的土样。在测试过程中，水头是变化的。设在 dt 时间内，细管中之水面下降 dh，则流经土样的水量为 $A'dh$。设土样渗流速度为 v，则可建立下列恒等式

$$A \cdot v \cdot dt = -A'dh \qquad (2-9)$$

但是

$$A \cdot v \cdot dt = A \cdot K \cdot \frac{h}{L} \cdot dt \qquad (2-10)$$

于是

$$-A'dh = A \cdot K \cdot \frac{h}{L} \cdot dt \qquad (2-11)$$

或

$$-\frac{dh}{h} = \frac{A \cdot K}{A'L} dt \qquad (2-12)$$

经时间 t，水头由 h_1 降到 h_2，对 (2-12) 式积分可得

$$\ln \frac{h_1}{h_2} = \frac{AK}{A'L} t \qquad (2-13)$$

由 (2-13) 式可写出渗透系数 K 为

$$K = \frac{A'L}{At} \cdot \ln \frac{h_1}{h_2} \qquad (2-14)$$

由于土颗粒粗细、形状、密实程度等因素不同，它们的渗透系数必然有很大差别。即使是同类土，在天然状态下，其垂直方向和水平方向的 K 值也往往不相同。

（十）土的抗剪强度　土体的强度破坏理论的基本要点是，若土体中任一截面上的剪应力等于该截面的抗剪强度，剪切破坏就要顺此面发生。抗剪强度 S 是剪切面上法向应力 σ 的函数，即 $S = f(\sigma)$。

土的抗剪强度可通过直接剪切法来建立。直接剪切试验装置如图2-4所示。土样置于分成上下两段的钢环中，下段固定，上段可以顺着分离面 a-a 滑动。土样上下置透水石以利排水。设土样断面为 F，在土样上加压力 N，然后在上段钢环上逐渐加水平推力 T，直到土样顺截面 a-a 错动，土样被破坏。在 a-a 截面上，法向应力 $\sigma = N/F$，剪应力 $\tau = T/F$，在 σ 不变的条件下，逐渐增加 τ，则可测定土的抗剪强度 $S = \tau_{max}$。在不同法向压力下进行若干剪切试验，从而获得若干组 S 和 σ 的数据，这些数据绘于坐标图上，即可得到土的强度曲线。

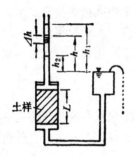

图 2-3　变水头法渗透试验装置示意图

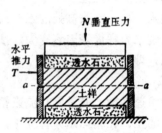

图 2-4　直接剪切仪示意图

纯砂土的抗剪强度线如图2-5所示，抗剪强度与法向应力具有如下关系。

$$S = \sigma \cdot \mathrm{tg}\,\phi \tag{2-15}$$

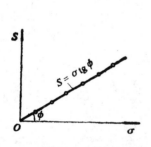

图 2-5　砂土的抗剪强度线

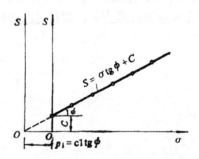

图 2-6　粘性土的抗剪强度线

粘性土抗剪强度线如图2-6所示，强度线不通过坐标原点，在纵轴上有一截距 C，强度线方程式为

$$S = \sigma \cdot \mathrm{tg}\,\phi + C \tag{2-16}$$

上述式中 ϕ 值为土壤的内摩擦角。砂土的抗剪强度主要取决于 ϕ 值。影响粘性土抗剪强度的因素除内摩擦角 ϕ 值外，还有粘聚力 C。当 $\sigma = 0$ 时，$S = C$，这是因为粘土颗粒之间具有分子粘结力，而结合水在颗粒之间又起着联结作用，这些力的总和构成粘性土的内（粘）聚力。各种土体的 ϕ 和 C 值详见表2-1和表2-2。

土 体 名 称	砾砂和粗砂			中　　　砂			细　　　砂			粉　　　砂		
孔 隙 比 e	0.5	0.6	0.7	0.5	0.6	0.7	0.5	0.6	0.7	0.5	0.6	0.7
内摩擦角 φ	41	38	36	38	36	33	36	34	30	34	32	28

粘性土的内摩擦角φ与粘聚力C　　　　　　　表 2-2

土体状态 \ 指标 \ 土体名称	φ （度）			C（MPa）		
	轻亚粘土	亚粘土	粘　土	轻亚粘土	亚粘土	粘　土
干 硬 状 态	28	25	22	0.020	0.060	0.100
半干硬状态	26	23	20	0.015	0.040	0.060
可 塑 状 态	24	21	18	0.010	0.025	0.040
流 塑 状 态	18	13	8	0.020	0.010	0.010

第二节　沟槽断面选择及土方量计算

施工中合理地选择沟槽开挖断面是安全与经济之需要。

一、沟槽的断面形式

常用沟槽断面有直槽、梯形槽、混合槽和联合槽四种形式（图2-7）。选择沟槽断面的形式，通常应考虑土壤性质，地下水状况，施工作业面宽窄，施工方法和管材类别，管子直径和沟槽深度等因素。

施工方法和沟槽断面是互为影响的，可以按照沟槽断面选用施工方法，也可按施工方法选用沟槽断面。机械化施工选用边坡较大的梯形槽时，要增加开挖土方量，并要求起重机械的起重杆具备足够的长度，但在施工中进行后续工序作业较为方便，陡边坡梯形槽虽可避免上述缺点，但对较深的沟槽需设置支撑，从而引起吊装、运输、下管等困难，并增加支撑费用。对于很深的沟槽，需人工开挖时，有时选用混合槽的断面形式，有利于人工向地

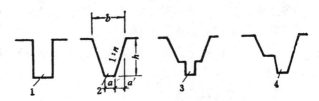

图 2-7　沟槽断面形式
1—直槽；2—梯形槽；3—混合槽；4—联合槽

面倒运土。多管道同沟敷设时，若各管道的管底不在同一标高上，可采取联合槽的形式。

二、沟槽断面尺寸的确定

沟槽断面尺寸与沟槽断面形式有关。梯形槽是沟槽断面的基本形式，其他断面形式均由梯形槽演变而成。沟槽断面尺寸主要指挖深 h，沟底宽度 a，沟槽上口宽度 b 和沟槽边坡率 n。

（一）挖深

一般应遵照断面设计图的规定，即挖深应等于现状地面标高与管底设计标高之差。若设计图与施工现状有较大误差时，应与设计人员协商后确定。

（二）沟底宽度

沟底宽度主要取决于管径和管道安装方式。《城镇燃气输配工程施工及验收规范》（CJJ33-89）作如下推荐。

1. 铸铁管或单管沟底组装的钢管按表2-3确定。

表 2-3

沟底宽度尺寸表

管子公称直径 (mm)	50~80	100~200	250~350	400~450	500~600	700~800	900~1000
沟底宽度（m）	0.6	0.7	0.8	1.0	1.30	1.60	1.80

2. 单管沟边组装的钢管

$$a = D + 0.3 \tag{2-17}$$

3. 双管同沟敷设的钢管

$$a = D_1 + D_2 + S + C \tag{2-18}$$

上述式中　a —— 沟底宽度（m）；

D —— 管外径（m）；

D_1 —— 第一条管外径（m）；

D_2 —— 第二条管外径（m）；

S —— 两管之间的设计净距（m）；

C —— 工作宽度，沟底组装时，$C = 0.6 m$；沟边组装时，$C = 0.3 m$。

（三）沟槽边坡坡度

为了保持沟边土壁稳定，必须有一定的边坡坡度，在工程中以$1 : n$表示，边坡率n为边坡水平投影a'和挖深h的比值，即$n = a'/h$。

当土质稳定，沟槽不深，施工周期较短的情况下，原则上可开挖直槽，即$n = 0$。但施工时往往按$1 : 0.05$的微小边坡开挖。

当雨季施工或遇上流砂、填杂土、地下水位较高时，应在采取降水、排水措施的同时，酌情加大边坡或用挡土板支撑。

（四）沟槽上口宽度

$$b = a + 2nh \tag{2-19}$$

式中符号意义同前所述。

三、土方量计算

土方体积是按自然状态下的体积进行计算的。计算沟槽土方量时，根据管道纵断面设计图，综合考虑管道坡度和地形坡度，将沟槽分为若干计算段（图2-8），地形和管道坡度相对平缓，可考虑每50 m一个计算段，每段按实际开挖体积计算，然后累加，即

$$V = \frac{1}{2} \sum_{i=1}^{m} (F_i + F_{i+1}) L_{i-(i+1)} \tag{2-20}$$

式中 V —— m 个计算段的挖方量（m^3）；

F_i，F_{i+1} —— i 计算段两端横断面积（m^2），按沟槽断面尺寸确定，对梯形槽

$$F_i = h_i(a_i + n_i h_i) \tag{2-21}$$

$L_{i-(i+1)}$ —— i 计算段的沟槽长度（m）；

h_i —— i 横断面的槽底深度（m）；

a_i —— i 横断面的槽底宽度（m）；

n_i —— i 横断面的边坡率。

土方开槽后变松了，体积增加，计算运输工具时，必须按下式确定土方量

$$V_2 = K_1 V \tag{2-22}$$

土方回填并压实后的体积为

$$V_3 = K_2 V \tag{2-23}$$

式中符号意义同前述。

沟槽土方量计算是一项细致而繁琐的工作，为了简化计算，土方工程定额一般均作某些规定，实际计算时，可按规定进行。

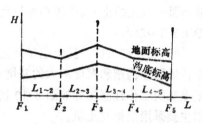

图 2-8　土方计算图示

四、土方的平衡与调配

随着城市环境的改善，许多城市在进行施工时，不允许沟旁暂存土，因此，暂存土的运输和存放成为影响工期和施工成本的重要因素。为了解决这一矛盾，必须对各项工程的施工情况进行综合考虑，即对各工程的开挖和回填进行土方的平衡与调配，使土方运输量和运输成本达到最低的程度，为此，应考虑如下原则。

（一）挖方与填方能基本平衡。

（二）好土用在回填质量较高的工程部位。

（三）合理选择调配位置、运输路线和运输机具。

（四）确定土方的最优调配方案，使总土方运输量为最小值。

第三节　沟槽土方的开挖

燃气工程施工中，沟槽土方开挖可人工作业，机械作业或两者配合的施工方法。开挖时应按设计平面位置和标高，人工开挖且无地下水时，槽底预留50～100mm；机械开挖或有地下水时，槽底预留150mm，管道入沟前用人工清底至设计标高。

一、路面破除

城市街道下埋设管道，路面破除是项艰难的作业，可采用人工或机械两种破路方法。

人工破路时，首先沿沟槽外边线在路面上錾槽。混凝土路面采用钢錾，沥青或碎石路面用十字镐。然后沿錾出的槽将路面层以下的垫层或土层掏空，用大锤或十字镐等将路面逐块击碎。

机械破路时，可按路面材质选择破路机械。小面积混凝土路面可使用内燃凿岩机，这是一种自带汽油发动机的手提冲击镐，镐自重较大，灵活机动，无需空压机等配套设备。也可用风镐作业，风镐操作较轻便，但需移动式空压机配套使用，大面积破除路面时，可

采用汽车牵引的锤击机对路面进行锤击,沥青路面的破碎一般是用松土机或无齿锯把路面拉碎。

二、机械开挖

(一)单斗挖土机

图 2-9　正铲挖土机

燃气工程中广泛采用单斗挖土机开挖沟槽和基坑。单斗挖土机主要由工作、传动、动力和行走等四种装置组成。工作装置又分正向铲、反向铲、拉铲和抓铲(合瓣铲)等。传动装置有液压传动和绳索传动二种,液压装置操作灵活,切土力较大。动力装置一般为内燃机。行走装置有履带和轮胎两种。

1. **正铲挖土机**　其特点是适于开挖机械停留面以上的土方,机械功率较反向铲大,而且易于控制挖掘边坡及基坑尺寸。铲斗容量为0.5~2m³。

2. **反铲挖土机**　反铲适于开挖机械停留面以下的土方,而机身和装土均在地面上操作,适用于沟槽和深度不大的基坑开挖,最大挖土深度4~6m,可挖掘一~四类土。反铲挖土机的工作性能指标如图2-10所示。常用的铲斗容量为0.5~1.0m³。开挖燃气管道沟槽主要采用反铲挖土机。

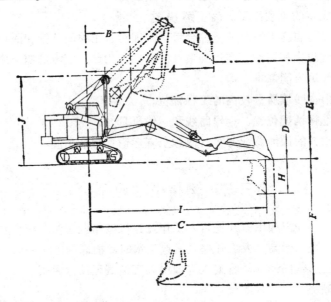

图 2-10　反铲挖土机工作尺寸

A—最大卸土高度时的卸土半径;B—最小卸土半径;C—机械停留面的挖土半径;D—最小卸土高度;E—最大卸土高度;F—最大挖土深度;H—开始挖土深度;I—开始挖土半径;J—支杆高度

反铲挖土机的挖土作业经常采用沟端开挖法和沟侧开挖法。

采用沟端开挖法时,反铲停在沟端后退挖土,同时往沟一侧卸土或装车运走,如图2-11(a)所示。本法一次开挖宽度可不受反铲最大挖掘半径的限制,臂杆回转角度仅45°~90°。而且可以挖到机械允许的最大深度。对于较宽沟槽可采用图2-11(b)的方法，一次最大挖掘宽度为反铲有效挖掘半径的两倍，但汽车须停在挖土机后装土，回转角度增大，生产率降低。

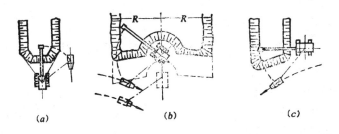

图 2-11　反铲沟端及沟侧开挖法

（a）沟端开挖法；　（b）两旁开挖法；　（c）沟侧开挖法

采用沟侧开挖法时，反铲沿沟侧直线移动，如图2-11（c）所示。汽车停在机旁装土，臂杆回转角度小，能将土弃于距沟边较远的地方。但挖土宽度小于挖掘半径，不易控制边坡，机身靠近沟边停放，稳定性较差。在横向挖掘和需要将土弃于距沟槽较远的距离时，可以采用此法。

3．拉铲挖土机　其功能与反铲基本相同，但挖掘半径和挖掘深度比反铲大，适用于在松软的土层中开挖较深的大面积基坑，沟槽和水下开挖等。

4．抓铲挖土机　抓铲适用于开挖面积较小，深度较大的基坑或沟槽，由于提土时土斗闭合，可开挖含水量较大的土层，如将其放置在驳船上，可进行水下开挖。

5．液压挖掘装载机　这是一种装有数种不同功能的工作装置的施工机械，如反向铲土、装载、起重、推土等。

6．铲运机　是平整场地中使用最广泛的一种土方机械，不需其他机械配合，就能综合完成铲土、运土、卸土、填筑、压实等多项工序，行驶速度较快，适用于大面积场地平整，开挖大面积浅基坑和沟槽等挖运土方工程。

（二）多斗挖土机

多斗挖土机又称挖沟机，与单斗挖土机比较，其优点是挖土作业是连续的，在同样条件下生产率较高，开挖每单位土方量消耗的能量较少，开挖沟槽的底和壁较整齐，在连续挖土的同时，能将土自动卸在沟槽一侧。

挖沟机不宜开挖坚硬的土和含水量较大的土，宜于开挖亚粘土、亚砂土和黄土等。

挖沟机由工作装置、行走装置、动力装置、操作装置和传动装置等部分组成。挖沟机的类型按工作装置区分，有链斗式和轮斗式两种。挖沟机一般均装有皮带运输器。行走装置有履带式和轮胎式两种，动力装置一般为内燃机。

三、机具数量的确定

（一）挖土机台数　应根据土方量和工期要求，以及经济效益按下式确定。

$$N = \frac{V}{PTCK} \qquad (2-24)$$

式中　N——挖土机数量（台）；

　　　　V——土方量（m^3）；

P ——挖土机生产率（m³/台班），可按定额手册确定，或按下式计算

$$P = \frac{8 \times 3600}{t} q K_1 K_2 \qquad (2-25)$$

t ——每一工作循环时间（秒），根据经验数字决定，对 $W_1 - 0.5$ 反铲挖土机为 30～50 s；

q ——土斗容量（m³）；

K_1 ——土斗利用系数，与土的可松性及土斗充满度有关，装砂土时为0.8～0.9，装粘土时为0.85～0.95；

K_2 ——工作时间利用系数，向汽车装土时为0.68～0.72，沟旁堆土时为0.78～0.88，挖爆破后的岩石时为0.6；

T ——工期（日）；

C ——每台挖土机每天工作班数（班/日·台）；

K ——台班时间利用系数，一般为0.75～0.95。

（二）自卸汽车数量 自卸汽车在保证挖土机连续工作时的数量为

$$N_1 = \frac{P}{P_1} \qquad (2-26)$$

式中 N_1 ——自卸汽车数量（辆）；

P_1 ——自卸汽车生产率（m³/台·班）；

P ——意义同前述。

第四节 土石方爆破

在坚硬土层或岩石上开挖沟槽、基坑或清除地面及水下障碍物等采用炸药爆破方法可加速施工速度，节省人力和物力。

一、炸药和引爆材料

（一）硝铵炸药（岩石炸药） 其组成成份是硝酸铵（NH_4NO_3）、梯恩梯（三硝基甲苯）和木粉或煤粉等。

（二）铵油炸药 由硝酸铵与少量液体燃料（柴油、煤油等）和木粉等按比例混合而成。

（三）硝化甘油类炸药 由硝化甘油、硝酸钾、硝化棉和木粉等按比例混合而成。作成胶质炸药具有防水性，适用于坚硬岩石和水下爆破。

（四）黑火药 由硝酸钾，硫黄和木炭按一定比例混合而成的粉末状炸药，爆破力较小，适宜松软岩石，不宜裸露爆破药包。

上述主要炸药需有敏感度更高的引爆炸药引爆。引爆炸药有雷汞、迭氮铅、黑索金和泰安等。引爆炸药一般放置在雷管中。除雷管外，引爆材料还可采用导火索或传爆线。导火索内部为黑火药芯，在爆破工程中传递火焰引燃普通雷管或药包之用；传爆线线芯为泰安、黑索金等高锰炸药，一般用于药包间连接，以利于全部药包同时爆炸。

二、药包与药包量的计算

（一）药包的种类

装有引爆炸药或雷管，以及一定数量炸药的包称为药包。根据爆破作用，药包分为裸露药包、抛掷药包和松动药包等。裸露药包是指放在被爆破体表面上的药包。抛掷药包是将药包放在被爆破体内，爆破能量突破临空面（自由面），将炸碎的岩石抛散在其周围，形成爆破漏斗，如图2-12（ *a* ）所示。漏斗形状及大小以爆破作用指数 *n* 表示，即

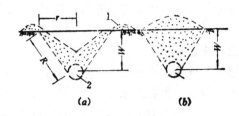

图 2-12　药包分类

（*a*）抛掷药包；（*b*）松动药包；
W—最小抵抗线；*R*—破坏作用半径；*r*—漏斗半径
1—临空面；2—药包

$$n = \frac{r}{W} \tag{2-27}$$

式中　*r*——漏斗半径；

　　　W——最小抵抗线，即药包距临空面的最短距离。

当$n = 1$，称标准抛掷爆破药包；$n < 1$称减弱抛掷爆破药包；$n > 1$称加强抛掷爆破药包。

松动药包的爆破作用与抛掷药包相同，但破坏作用只从内部破坏到临空面，不产生抛掷运动。当$r = W$时称为标准破碎药包。

（二）药包量的计算

1. 标准抛掷药包量

$$Q = e \cdot q W^3 \tag{2-28}$$

式中　*Q*——所需药包质量（kg）；

　　　W——最小抵抗线（m）；

　　　q——岩石单位体积炸药消耗量（kg/m³）；

　　　e——与炸药有关的换算系数，普通混合胶质炸药，$e = 1$。

2. 加强抛掷药包量

当$W < 25$m时

$$Q = (0.4 + 0.6n^3)e \cdot q W^3 \tag{2-29}$$

当$W > 25$m时

$$Q = (0.4 + 0.6n^3)e \cdot q W^3 \cdot \sqrt{\frac{W}{25}} \tag{2-30}$$

对斜坡地形

$$Q = (0.4 + 0.6n^3)e \cdot q W^3 \cdot \sqrt{\frac{W \cdot \cos\theta}{25}} \tag{2-31}$$

3. 松动爆破药包

$$Q = 0.33e \cdot qW^3 \tag{2-32}$$

上述式中　　θ——斜坡与水平面的交角；

其余符号意义同前述。

三、爆破施工

燃气工程的岩石开挖，一般为小面积爆破，而且多用钢钎炮眼爆破法施工。爆破施工要求用少量的人力物力来爆破大量石方，清石方容易，保证安全。

炮孔应选设在岩石结构坚实和临空面较多之处，避免穿越裂纹，以免漏气。临空面越大，阻力越小，爆破效果越好。炮孔最好与水平临空面斜交45°（图2-13），与垂直临空面成30°，使炸药威力易在临空面发挥。但应避免炮孔垂直于临空面，或顺岩层和裂缝钻孔。

布置炮孔时，间距过大会留埂，并形成不易清除的大岩块；间距过小，岩土破碎飞散，炮孔作用减弱。炮孔一般按三角形交错布置，如图2-14所示。用火花起爆时，孔距 $a = (1.4\sim2.0)W$；用电力起爆时，$a = (0.8\sim2.0)W$；排距 $b = (0.8\sim1.2)W$。

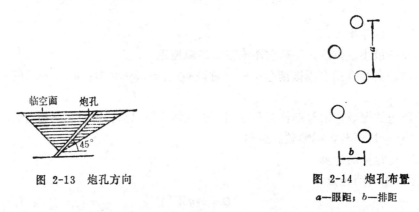

图 2-13　炮孔方向　　　　　　　　　图 2-14　炮孔布置

　　　　　　　　　　　　　　　　　　　a—眼距；b—排距

炮孔深度与岩石硬度有关，在次坚石中孔深约等于爆破层厚度。在特坚石中，孔深比爆破层厚度大10%～15%，因为爆破后，经常存留一定深度的炮根。台阶地形的炮孔深度以不超过2.5m为宜，地面平坦时，1.5m即可。炮孔深度必须大于最小抵抗线。炮孔用钢钎或凿眼机钻凿。

填装炸药前，应检查炮孔深度是否合格，并应将炮孔清理干净。填装黑火药时，用木棒或铜棒分层捣实，然后插入导火索，用干土压在药包上，并用粘土封堵炮孔。装药时，如在孔底留点空隙或将药包底部做成凹面，爆炸时，气流在空隙处产生聚能作用，可增大爆破效果。

起爆后，应及时掌握爆破情况，只有在处理完毕拒爆药包后，方可进行清方工作。如遇大石块可再进行裸露爆破将其破碎，再行清除。

四、沟槽的爆破开挖

根据沟槽宽度及堆土要求，爆破施工可分为单列纵药包双向爆破（图2-15）和多列纵药包双向爆破（图2-16）等。多列纵药包爆破时，需分两次进行，先爆破边沿部分，后爆破中间部分。一侧堆土也需分二次进行，其第二次爆破应待第一次抛起的土落到地面后开始。

五、水下爆破

在水下坚硬土质或岩石的地层上开挖沟槽或除去障碍物时，可采用水下爆破法。水下

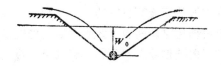

图 2-15　单列药包双向爆破
W_0—埋深

图 2-16　多列药包双向爆破
W_0—埋深

爆破采用**防水炸药**，例如胶质炸药，**其药包量可按试验结果确定。**

水下爆破可采用裸露爆破及钻孔爆破两种方法。裸露爆破一般在水深，而爆破深度要求较浅，或爆破量较小时采用。药包绑在绳上，用小船或潜水员投放。开挖沟槽或爆破礁石可用绳网将药包连接成长串，如图2-17所示。钻孔爆破采用钻眼机在水中直接钻孔，应用套管钻杆可防止覆盖层孔壁坍塌。炮孔深度根据地质、水深和挖深等因素确定。炮孔可按稀孔密距及密孔稀距两种方式布置，如图2-18所示。前者炮孔布置均匀，岩石破碎均匀，易于清除；后者炮孔较少但集中，可少钻孔，**少放炸药**，但能加大挖方量。

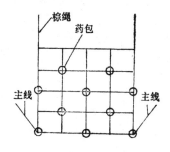

图 2-17　用棕绳网连接药包

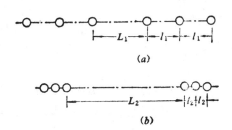

图 2-18　水下爆破的钻孔布置
(a) 稀孔密距；　**(b)** 密孔稀距；l_1、l_2—钻孔间距；
L_1、L_2—钻孔组间距

六、无声爆破

又称静态爆破，是国内外近年发展的一种爆破混凝土和岩石的**新技术**。适用于混凝土、钢筋混凝土构筑物、基础的拆除和**解体**，闹市区建筑物的拆除以及石材开采。

静态爆破不用炸药和雷管，而是采用**静态破碎剂**加入适量水调成浆体，填充到炮孔中后，经一定时间，由于水化反应，体积膨胀产生较大的静横向膨胀力，而将混凝土或岩石胀裂。也可采用金属燃烧剂在炮孔中燃烧，释放出大量热使气体膨胀产生极大压力将混凝土或岩石破碎。

七、爆破安全技术

爆破施工必须绝对安全，操作中要加强安全技术交底和检查，认真执行有关规程，建立爆破过程中的指挥系统和指挥信号。

爆破用炸药和雷管等材料的储存和装运工作必须严格执行公安部门的有关规定。

施工爆破区域必须有醒目的危险区标志，设专人警戒守卫。

装填炸药应根据设计规定的炸药品种，数量和位置进行，装药过程中严格遵守操作规程，遇有雷雨闪电应禁止任何爆破作业。

对瞎炮（拒爆）的处理：在判明拒爆原因后，可根据具体情况采用重新接线起爆，表面爆破法，浸泡冲洗药孔并销毁雷管等方法清除，操作人员不能盲目行动。

水下爆破应在光线良好的条件下进行。用小船投放药包时，药包沉入水中后，船应退出危险区。当有潜水员工作时，3km的半径内不得进行爆破作业。水下拒爆药包可用爆破两旁药包的方法清除。

第五节 沟 槽 支 撑

一、支撑的作用

沟槽内设置支撑是**防止土壁坍塌**的一种临时性安全措施，是用木材或钢材制成的挡土结构。有支撑的直槽，可以减少土方量，缩小施工面积，在有地下水的沟槽里设置板桩时，板桩下端低于槽底，使地下水渗入沟槽的途径加长，具有阻水作用。但安装支撑增加了材料消耗，给后续作业带来不便。因此，是否设支撑应按具体条件进行技术经济比较后确定。粘性土直槽的最大开挖深度可按下式计算。

$$h_{max} = \frac{0.2c}{k\rho \mathrm{tg}\left(45° - \dfrac{\phi}{2}\right)} - \frac{0.1q}{\rho} \tag{2-33}$$

式中 h_{max}——粘性土直槽最大开挖深度（m）；

c——沟壁土的粘聚力（kN/m²）；

k——安全系数，一般取1.2～1.4；

ρ——沟壁土的密度（kg/m³）；

ϕ——沟槽土的内摩擦角（°）；

q——沟槽顶部的均布荷载（kN/m²）。

二、支撑的结构

支撑材料要坚实耐用，支撑结构要稳固可靠，较深的沟槽要进行稳定性验算。在保证安全前提下，尽量节约用量，使支撑板尺寸标准化，通用化，以便重复利用。

支撑结构主要由横撑、垫板和撑板等组成。

（一）横撑 是支撑架中的撑杆，其长度取决于沟槽宽度，可用圆木或方木。横撑两端下方垫托木，用扒钉固位。若用图2-19所示的可伸缩支撑调节器作横撑，长度可任意调整。

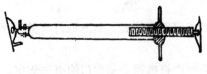

图 2-19 支撑调节器

（二）撑板 是指同沟壁接触的支撑构件，按设置方法不同，分水平撑板及垂直撑板。水平撑板在敷管时可临时拆除局部横撑，撑板长度一般为5～6m，板厚约50mm。采用钢构件时一般用22#或24#槽钢，垂直撑板长度应略长于沟槽深度。

（三）垫板 是横撑与撑板之间的传力构件，按设置方法不同，分水平垫板和垂直垫

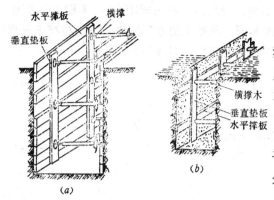

图 2-20 水平撑板式支撑

(a) 混合式支撑; (b) 井字支撑

密撑和稀疏撑。用于土质较差, 地下水位较高的情况。撑板按垂直排列, 一般采用平口板。撑板应插入沟底约300mm。

（三）板桩式支撑 对于地下水位很高或流砂现象严重的地区, 主要采用板桩支撑。按材料区分有木板桩和钢板桩两种。木板桩支撑用企口形板, 下端呈尖角状, 挖槽前沿沟边线将板桩打入土内0.3～1.0m深, 然后边挖槽, 边将板桩

板。水平垫板和垂直撑板配套, 反之亦可。

三、支撑的种类及其运用条件

按照土质、地下水状况、沟深、开挖方法、敞露时间、地面荷载等因素和安全经济原则, 选用合适的支撑形式。常用的支撑有水平撑板式、垂直撑板式和板桩式。

（一）水平撑板式 用于土质较好, 地下水对沟壁的威胁性较小的情况。撑板按水平排列, 支撑设立比较容易。水平式支撑又分密撑、稀疏撑、混合式撑和井字撑, 分别用于不同土质, 不同深度的沟槽。混合式撑和井字撑示于图2-20。

（二）垂直撑板式 又称立板撑, 也分

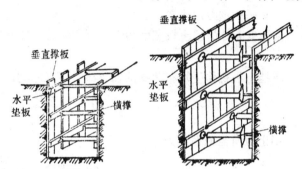

图 2-21 垂直撑板式支撑

(a) 立板疏撑; (b) 立板密撑

打入更深的部位。钢板桩用于沟槽深度超过4m, 土质不好, 或河边及水中作业。钢板桩断面如图2-22所示。一般用槽钢, 在开挖前将钢板桩用打桩机打入土中, 然后边挖土, 边加横撑稳固。槽钢之间采用搭接组合, 按组合方式分稀疏搭接及密搭接。密搭接可有效地阻止流砂及塌方。

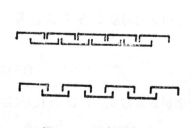

图 2-22 钢板桩断面

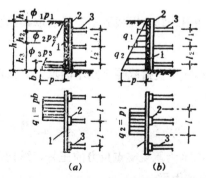

图 2-23 水平板式密撑计算简图

(a) 水平木板受力情况; (b) 立木受力情况; 1—水平挡土板; 2—立木; 3—横撑木

四、支撑计算

以水平板式密撑的计算为例。计算简图如图2-23所示。横撑间距为l_1、l_2随立木强度及坑内工作条件而定。水平挡土板与梁的作用相同，承受土的水平压力，设土与挡土板间的摩擦力不计，则深度h处的挡土板所承受的主动土压力$p(\text{N}/\text{m}^2)$为：

$$P = \rho h g \operatorname{tg}^2 \left(45° - \frac{\phi}{2} \right) \tag{2-34}$$

式中　　ρ——沟壁土的平均密度（kg/m^3）；

$$\rho = \frac{\rho_1 h_1 + \rho_2 h_2 + \rho_3 h_3}{h_1 + h_2 + h_3} \tag{2-35}$$

　　　　h——沟槽深度（m）；

　　　　ϕ——沟壁土的平均内摩擦角（°）；

$$\phi = \frac{\phi_1 h_1 + \phi_2 h_2 + \phi_3 h_3}{h_1 + h_2 + h_3} \tag{2-36}$$

　　　　g——重力加速度。

设深度h处的挡土板宽度为b，则主动土压力作用在该板上的荷载为

$$q_1 = Pb \tag{2-37}$$

将挡土板视作受均布荷载的简支梁，若立木间距为l，则挡土板承受的最大弯矩为

$$M_{\max} = \frac{q_1 l^2}{8} = \frac{Pbl^2}{8} \tag{2-38}$$

挡土板所需截面矩为

$$W = \frac{M_{\max}}{[\sigma]} = \frac{Pbl^2}{8[\sigma]} \tag{2-39}$$

挡土板需用的厚度d为

$$d = \sqrt{\frac{6W}{b}} = 0.866 l \sqrt{\frac{P}{[\sigma]}} \tag{2-40}$$

式中　$[\sigma]$——木材的抗弯强度设计值（N/m^2）。

立木系承受三角形荷载。视水平横撑木的层数，亦按单跨或多跨简支梁计算，并按控制跨度设计其尺寸。计算时，可将各跨间梯形分布荷载简化为均匀荷载q_1（等于其平均值），如图2-23中虚线所示，然后取其控制跨度求最大弯矩$\left(M_{\max} = \dfrac{q_2 l_2^2}{8} \right)$，即可确定立木尺寸。

横撑木所受荷载等于立木的反力，支点反力可按承受相邻两跨度上各半跨的荷载计算，即

$$R = \frac{q_1 l_1 + q_2 l_2}{2} \tag{2-41}$$

横撑木为承受支点反力的压杆，纵向弯曲时，应考虑折减系数ϕ，而长细比λ是影响ϕ值的主要因素。

当$\lambda \leqslant 80$时　$\phi = 1.02 - 0.55 \left(\frac{\lambda + 20}{100} \right)^2 \tag{2-42}$

当 $\lambda > 80$ 时， $\qquad \phi = \dfrac{3000}{\lambda^2}$ $\qquad\qquad\qquad\qquad$ (2-43)

满足横撑木稳定的截面积 A (m²) 为

$$A = \frac{R}{[\sigma_1]\phi} \qquad\qquad\qquad (2-44)$$

上列式中　　λ——横撑木的长细比， $\lambda = \dfrac{l_0}{r}$ ；

$\qquad\qquad l_0$——横撑木的计算长度 （m）；

$\qquad\qquad r$——横撑木截面的最小回转半径(m)， $r = \sqrt{\dfrac{I_m}{A_m}}$ ；

$\qquad\qquad I_m$——横撑木截面惯性矩 （m⁴）；

$\qquad\qquad A_m$——横撑木截面积 （m²）；

$\qquad\qquad [\sigma_1]$——横撑木顺木纹抗压强度设计值， （kN/m²）。

若施工现场既有撑木的尺寸小于计算尺寸，可适当增加撑木数量。

第六节　施　工　排　水

沟槽开挖后，饱和土壤中的水由于水力坡降而从沟壁和沟底流入沟槽，使槽内施工条件恶化。在砂性土、粉土和粘性土中开挖沟槽时，由于地下水渗出面产生流沙，可能造成塌方、滑坡、槽底隆起冒水、土体变松等现象。流砂导致虚方开挖量，附近地层中空，槽底深度扰动。冒水和土体变松都会导致地基承载力下降。工作人员和施工机具对含水土层的扰动也会使地基承载力下降。上述现象不仅严重影响施工，还可能导致新建构筑物或附近已建构筑物遭到破坏。因此，施工时必须及时消除地下水的影响。

施工排水还包括地表水和雨水的排除。

燃气工程中常用的排水方法有明沟排水法和轻型井点法。不管采用那种方法，施工排水都应达到将水降到槽底以下一定深度，改善槽底的施工条件；稳定边坡，防止塌方或滑坡；稳定槽底，防止地基承载力下降。

一、明沟排水

明沟排水是把流入沟槽的地下水或地表水（包括雨水）汇集到集水井，然后用水泵排出槽外。这是施工现场普遍应用的一种排水方法，具有施工方便，设备简单，并可应用于各种施工场合和除细砂以外的各种土质情况。

明沟排水系统如图2-24所示。沟槽开挖到接近地下水位时，修建集水井并安装水泵，然后继续开挖沟槽到地下水位时，首先在槽底中线处挖排水沟，使水流向集水井。当挖深接近槽底时，将排水沟改设在槽底两侧。排水沟的断面尺寸根据排水量而定，一般为 300×300mm，沟底坡度坡向集水井。

集水井通常设在地下水来水方向的沟槽一侧。集水井与沟槽之间设进水口，防止地下水对槽底和集水井的冲刷，进水口两侧用密撑或板撑加固。

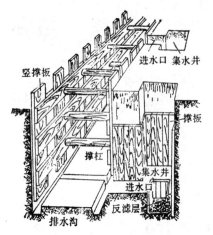

竖撑板

进水口 集水井

撑板

撑杠

集水井

进水口

反滤层

排水沟

图 2-24 明沟排水系统

槽底为粘土或亚粘土时，通常开挖土集水井，或再加设木框支撑，也可设置直径不小于600mm的混凝土管集水井。井底一般在槽底以下一米。

土质为粉土、砂土、亚砂土或不稳定的亚粘土时，通常采用混凝土管集水井。混凝土管直径通常为1500mm，并且用沉井方法修建，也可用水射振动法下管，井底深度在槽底以下1.5～2.0m处。

混凝土管集水井一般应进行封底，以免井底管涌。井底为粘土层时可采用干封底的方法，但封底粘土层应有足够厚度，并满足下列计算条件

$$h(A\gamma + cu) < A\gamma_w H_w \qquad (2-45)$$

式中　h —— 井底不透水粘土层厚度（m）；

A —— 井底面积（m²）；

γ' —— 井底土的实际重度（kN/m³）；

c —— 粘性土的粘聚力（kN/m²）；

u —— 井底管内壁周长（m）；

γ_w —— 水的重度（kN/m³）；

H_w —— 井管外的水头高度。

当井底涌水量大或出现流砂现象，则必须采用混凝土封底，封底厚度按下式计算

$$h = \sqrt{\frac{3.5KM}{b \cdot [\sigma]}} + D \qquad (2-46)$$

式中　h —— 封底混凝土厚度（mm）；

K —— 安全系数，一般取2.65；

M —— 井底板的最大弯矩（N-mm）；对圆形井底板 $M_{max} = 198pr^2$ 　(2-47)

p —— 静水压力（N/mm²）

r —— 圆井底板半径（mm）；

b —— 底板计算宽度，一般取 $b = 1000mm$；

$[\sigma]$ —— 混凝土抗拉强度设计值（MPa）；

D —— 井底混凝土可能与泥土掺混的增加厚度，一般取300～500mm。

混凝土管外壁回填土后，可能受到地下水浮力作用的稳定条件应满足下式要求。

$$K = \frac{G + f}{F} \geqslant 1.25 \qquad (2-48)$$

式中　G —— 沉井自重力；

F —— 地下水的向上浮力；

f —— 井壁与土壤的摩阻力。

集水井间距根据土质及地下水量而定，燃气管线施工时，集水井可设在凝水罐旁。

二、轻型井点法

轻型井点是沿沟槽一侧或两侧沉入深于槽底的多个针滤井点管，地上以总管连接抽水，井点管处及其附近的地下水就会降落，降落水位线形成降落漏斗形。如果沟槽位于降

落漏斗范围内，就基本上消除了地下水对施工的影响

（一）轻型井点系统主要设备

轻型井点系统主要由井点管，连接管，集水总管及抽水设备等组成。轻型井点降低地下水位情况如图2-25所示。

1. 井点管 直径为50mm的镀锌钢管，长度一般为5～7m。井点管下端连接滤管，其构造如图2-26所示。滤管长度一般为1.0～1.7m，管壁上钻孔呈梅花形布置，孔径12～18mm。管壁外包两层滤网，内层为细滤网，采用黄铜丝布或生丝布；外层为粗滤网，采用铁丝布或尼龙丝布。为避免滤孔淤塞，在管壁与滤网间用铁丝绕成螺旋形隔开，滤网外再围一层8′粗铁丝保护网。滤网下端接一个锥形铸铁头。

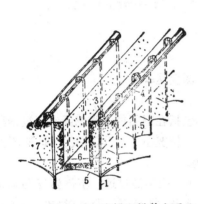

图 2-25 沟槽双排井点系统

1—滤管；2—直管；3—橡胶弯联管；4—总管；5—地下水降落曲线；6—沟槽；7—原有地下水位线

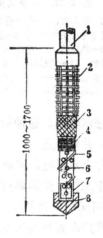

图 2-26 滤管构造

1—井点管；2—粗铁丝保护网；3—粗滤网；4—细滤网；5—缠绕的粗铁丝；6—进水孔眼；7—钢管；8—铸铁头

2. 连接管与集水总管 连接管用橡胶管、塑料管或钢管制成，直径与井点管相同，每根连接管上可根据需要安装阀门，以便于检修井点。集水总管一般用$DN150$的钢管分节连接，每节长4～6m，一般每隔0.8～1.6m设一个连接井点管的接头。

3. 抽水设备 轻型井点系统一般采用真空式或射流式抽水设备。降水深度较小时也可采用自吸式抽水设备。

自吸式抽水设备是用离心水泵与总管直接抽水，地下水位降落深度为2～4m。

真空式抽水设备为真空泵—离心泵联合机组，工作过程如图2-27所示。启动真空泵6，使副气水分离室4内形成一定真空度，进而使气水分离室3和井点管路产生真空，地下水和土中气体一起进入井点管，经过总管至水气分离室3。分离室3内的水用水泵7排出，气体经副气水分离室4由真空泵6排出。在副气水分离室4中再一次水气分离，剩余水泄入沉淀罐5，防止水进入真空泵6。此外，真空泵还附带冷却循环系统。使用真空抽水设备可使地下水位降落深度为5.5～6.5m。

射流式抽水设备的工作过程如图2-28所示。离心泵1从水箱6内抽水，高压水在喷射器2的喷口形成射流，产生真空度，使地下水经由井点管5，总管4而至射流器，经过能量

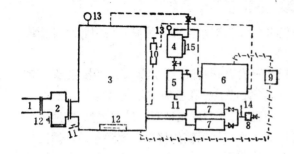

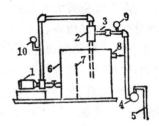

图 2-27　真空式抽水设备

1—总管；2—单向阀；3—气水分离室；4—副气水分离室（又名真空罐、集气罐）；5—沉砂罐；6—真空泵；7—水泵；8—稳压罐；9—冷却水循环水泵；10—水箱；11—泄水管嘴；12—清扫口；13—真空表；14—压力表管；15—液面计；————空气，—/—/—/—冷却循环水，------冷却循环回水

图 2-28　射流式抽水设备

1—水泵；2—喷射器；3—进水管；4—集水总管；5—井点管；6—循环水箱；7—隔板；8—排水口；9—真空表；10—压力表

转换，抽进水箱内。这种抽水设备可使地下水位降落深度达9m。

（二）井点布置

布置井点系统时，应将所有需降低水位的范围都包括在围圈内。沟槽降水应根据沟槽宽度和地下水量，采用单排或双排布置。一般情况下，槽宽小于2.5m，要求降深不大于4.0m时，可采用单排井点，并布置在地下水上游一侧。

井点管应布置在基坑或沟槽上口边缘外1.0～1.5m，距沟边过近，不但施工与运输不便，而且可能使井点与大气连通，破坏井点真空系统工作。井点管间距一般为0.8～1.6m。

井点管入土深度应根据降水深度及地下水层所在位置等因素决定。但必须将滤管埋在地下水层内，并且比所挖沟槽底深0.9～1.2m。

为了提高降水深度，总管埋设高度应尽量接近原地下水位。一般情况下，总管位于原地下水位以上0.2～0.3m。为此，总管和井点管通常是开挖小沟进行埋设，或敷设在基坑分层开挖的平台上。总管以0.1%～0.2%的坡度高向水泵。当环围井点采用数台抽水设备时，应在每台抽水设备的抽水半径分界处将总管断开，或设置阀门，以便分组抽汲。

抽水设备常设置在总管中部，水泵进水管轴线尽量与地下水位接近，轴线一般高于总管0.5m，但需高出原地下水位0.5～0.8m。

为了观测水位降落情况，应在降水范围内设置若干个观察井，观察井位置和数量视需要而定，间距亦可不等。

（三）井点管埋设

可根据施工设备条件及土层情况选用不同埋设方法。

1. 射水法　射水式井点管（图2-29）下端有射水球阀，上端连接可旋动管节、高压胶管和水泵等。埋设时，先在地面挖一小坑，将井点管插入后，利用高压水在井管下端冲刷土体，使井点管下沉。射水压力一般为0.4～0.6MPa。井点管沉至设计深度后取下胶管，再与集中总管连接。冲孔直径一般为300mm，井点管与孔壁之间要及时灌实粗砂。灌砂时，管内水面应同时上升，否则向管内注水，水能很快下降时认为埋管合格。

2. 冲（钻）孔法　利用冲水管或套管式高压水枪冲孔，或用机械、人工钻孔后再沉放井点管。

3.套管法 将直径150～200mm的套管，用水冲法沉至设计深度后，在孔底填一层级配砂石，再将井点管从中插入，套管与井点管之间分层填入粘土的同时，逐步拔出套管。

所有井点管在距地面下0.5～1.0m的深度内用粘土填塞严密，防止抽水时漏气。

（四）井点系统的涌水量计算

井点系统是各单井之间相互干涉的井群。井点系统的涌水量显然要比数量相等且互不干涉的单井的各井涌水量总和要小。工程上为了应用方便，按单井涌水量作为井点系统的井群的总涌水量。而"单井"的直径按井点管所环围的面积的直径计算。

井点管沉到潜水层底部时，称潜水完整井，否则称潜水不完整井（图2-30）。燃气工程中的集水钻井一般不需要达到潜水层的全部深度，只需达到有效深度，即把涌水量即时抽出，使地下水位降至低于槽底一定深度即可。这种潜水不完整井涌水量的计算公式为

$$Q = \frac{1.366 K (2H_0 - S_0) S_0}{\lg R - \lg r} \tag{2-49}$$

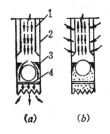

图 2-29 射水法沉管时的阀门位置

（a）井点管入土时阀门位置；（b）井点管抽水时阀门位置
1—内管；2—孔眼套管；3—球阀；4—球阀承架

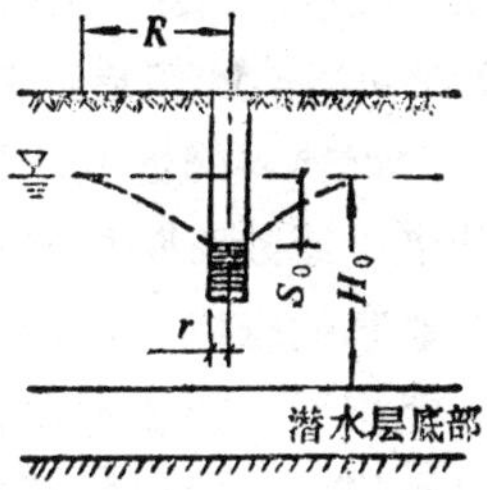

图 2-30 潜水不完整井涌水量的计算图示

式中　Q——涌水量（m³/昼夜）；

　　　K——渗透系数（m/昼夜）；

　　　S_0——降水深度（m）；

　　　R——抽水影响半径（m）；

　　　r——井点管的半径（m）；若为井群，可用井点管环围的假想半径代替r；

　　　H_0——含水层厚度（m）。

（2-49）式中的K和R值一般按现场实测确定。由于地下水动水影响因素复杂,(2-49)式计算值往往与实际有较大误差，实际工程中经常用试抽实测水量来校核计算结果。

第七节　管道地基处理与土方回填

一、管道地基处理

（一）地基处理的必要性

由于管道本身加给底层土壤的压力很小，天然土基的承载能力通常能满足要求。因

此，燃气管道只要敷设在未被扰动的土层上，一般不必进行特殊的加固处理。

当管道通过旧河床、旧池塘和洼地等松软土层时，管道上面又要压盖一定厚度的覆土，必然给松软土层增加了压力，如若沟底土层不进行加固处理，往往使管道产生不均匀沉降而倒坡，严重时可能导致管道接口断裂。

当管底位于地下水位以下，施工中排水不慎而发生流砂现象时，沟底土层的承载能力减弱，也要进行局部加固处理。

在施工过程中判别沟底土层是否扰动的简易办法是用直径为12～16mm的钢钎人力插入沟底土中，若插入深度仅100～200mm，则说明沟底土层良好，未被扰动，不必加固。而当沟底土层扰动时，从地下水上涌的泉眼内可插入深度达1.0m以上，严重时可在任何部位插入较大深度，这时沟底土层应进行相应的加固处理。

（二）地基处理方法

沟底土层加固处理方法必须根据实际土层情况，土壤扰动程度，施工排水方法，以及管道结构形式等因素综合考虑。通常采用砂垫层，天然级配砂石垫层，灰土垫层，混凝土或钢筋混凝土地基，换土夯实，以及打桩等方法。

1. 砂垫层和砂石垫层　当在坚硬的岩石或卵（碎）石上铺设燃气管道时，应在地基表面垫0.10～0.15m厚的砂垫层，防止管道防腐绝缘层受重压而损伤。

对承载能力较软弱的地基，例如杂填土或淤泥层等，可将地基下一定厚度的软弱土层挖除，再用砂垫层或砂石垫层来进行加固。其作用可使管道荷载通过垫层将基底压力分散，以降低对地基的压应力，减少管道下沉或挠曲。垫层厚度一般为0.15～0.20m，垫层宽度一般与管径相同。对于湿陷性黄土地基和饱和度较大的粘土地基，因其透水性差，管道沉降不能很快稳定，所以垫层应加厚。

2. 灰土地基　位于地下水位以上的软弱土质可采用灰土垫层加固地基，也可采用换土夯实办法对地基进行处理。

灰土的土料应采用有机质含量少的粘性土，不得采用表面耕植土或冻土。土料使用前应过筛，其粒径不得大于15mm；石灰需用块灰，使用前24小时浇水粉化，过筛后的粒径不得大于5mm。灰与土常用的体积比为3：7或2：8。使用时应拌匀，含水量适当，分层铺垫并夯实，每层虚铺厚度0.2～0.25m。夯打遍数根据设计要求的干密度由试验确定，一般不少于4遍。夯实应及时，防日晒雨淋，稍受浸湿的灰土，可晾干后补夯。

3. 混凝土或钢筋混凝土　在流砂或涌土现象严重的地段可采用混凝土或钢筋混凝土地基。

4. 打桩处理法　长桩可把管道的荷载传至未扰动的深层土中去，短桩则是使扰动的土层挤密，恢复其承载力。桩的材料可用木桩，钢筋混凝土桩和砂桩。桩的布置分密桩及疏桩。

长桩适用于扰动土层深度达2.0m以上的情况，桩的长度可至4.0m以上。每米管道上可根据管直径及荷重情况，择用2～4根，具体数据按设计计算。长桩一般采用直径0.2～0.3m的钢筋混凝土桩。

短桩适用于扰动土层深度0.8～2.0m之间，可用木桩或砂桩。桩的直径约0.15m，机距0.5～1.0m，桩长度应使桩打入深度比土层的扰动深度大1.0m，一般桩长为1.5～3.0m。桩和桩之间若土质松软可挤入块石卡严。

长、短桩均可采用打桩机的桩锤把桩打入土中，短桩也可用重锤人工击打。

砂桩的主要作用是挤密桩周围的软弱或松散土层，使土层与桩共同组成地基的持力层。施工时可采用振动式打桩机把底端加木桩塞的钢管打入土中，然后将中、粗砂灌入钢管，并进行捣实，灌砂时逐步拔出钢管，木桩塞留在砂桩底端。

采用打桩处理法加固地基时，一般应在管底作相应的混凝土或钢筋混凝土垫层，也可构筑管座。

在管基加固处理段和不作处理段的交接处，以及地层变化地段，铸铁燃气管道应设置柔性接口，否则应将管道地基作延伸过渡处理。

二、土方回填

管道安装完毕并经隐蔽工程验收后，沟槽应及时进行回填。

（一）填方质量要求

土方回填质量主要是正确选择土料和控制填方密实度。

1. 土料选择　管道两侧和管顶以上0.5m内的回填土中，不要含有碎石、砖块和垃圾等杂物，也不要用大于10mm的冻土颗粒回填。距离管顶0.5m以上的回填土内，粒径大于0.1m的石块或冻土块不要过多，否则回填土不易夯实，而且大颗粒土块在夯实时容易损伤防腐绝缘层。

2. 回填土密实度要求　土的压实或夯实程度用密实度D(%)表示，即

$$D = \frac{\rho_d}{\rho_d^{max}} \cdot 100\% \qquad (2-50)$$

式中　ρ_d——回填土夯（压）实后的干密度；

ρ_d^{max}——标准击实仪所测定的最大干密度。

回填土应分层夯实，分层检查密实度。沟槽各部位（图2-31）的密实度应符合下列要求：管子两侧填土（Ⅰ）为$D \geqslant 95\%$；管顶以上0.5m范围内（Ⅱ）$D \geqslant 85\%$；管顶0.5m以上至地面（Ⅲ），对城区范围内的沟槽$D \geqslant 95\%$；对耕地$D \geqslant 90\%$。

回填土含水量大小，直接影响夯（压）

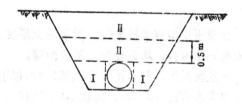

图 2-31　回填土部位

实质量，应取土样予以试验，以确定最佳含水量与相应的最大干密度，当不具备击实试验条件时，可按下式计算。

$$\rho_d^{max} = \eta \frac{\rho_w g_0}{1 + 0.01 W_{opt} g_0} \qquad (2-51)$$

式中　η——经验系数，可按表2-4选用；

g_0——土颗粒的相对密度，可按表2-4选用，或实验确定；

W_{opt}——土的最佳含水量（%），可按当地经验数，或$W_{opt} = W_p + 2$；

W_p——土的塑限（%）；

其他符号意义同前述。

经验测定土的最佳含水量，一般以手握成团，落地松散为宜。当含水量过大，可采取晾干，风干，换土回填，也可掺入干土或其他吸水材料等措施。如土料过干，则应洒水润

湿，需要补充的水量可按下式计算

η 和 g₀ 数值表

η 和 g_0 数值表　　　　表 2-4

土 的 类 别	η	g_0
砂　　　　土	—	2.65～2.69
轻 亚 粘 土	0.97	2.70～2.71
亚 粘 土	0.96	2.72～2.73
粘　　　　土	0.95	2.74～2.76

$$V = \frac{\rho}{1+W}(W_{opt} - W) \tag{2-52}$$

式中　V——需要喷洒的水量（l/m³）；

ρ——夯（压）实前土的密度（kg/m³）；

其余符号意义同前述。

（二）夯（压）实方法与机械

1．人工夯实　适用于缺乏电源动力或机械不能操作的部位，夯实工具可采用木夯，石夯或铁夯。对于Ⅰ和Ⅱ两部位一般均采用人工分层夯实，每层填土厚度0.2～0.25m。打夯时沿一定方向进行，一夯压半夯，夯夯相接，行行相连，纵横交错，分层夯打。管道两侧夯实要同时进行，夯实过程中要防止管道中心线位移，或损坏钢管绝缘层。

2．机械夯（压）实　只有Ⅲ部位才可使用机械夯（压）实。常用的夯实机械有蛙式打夯机，振动夯实机，内燃打夯机和电动立式打夯机等；常用的压实机械有推土机和碾压机等。

当使用小型夯实机械时，每层铺土厚度为0.25～0.4m。打夯之前对填土初步平整，打夯机依次夯打，均匀分布，不留间隙。

一般情况下，只有在管道顶部1.0m以上的填土才可使用小型压碾机或推土机，每层填土厚度不宜超过0.5m。每次碾压应有0.15～0.20m的重叠。

推土机用于推土时的生产率可按下式计算

$$Q_h = \frac{1800H^2b}{tK_1 \mathrm{tg}\phi} \tag{2-53}$$

式中　Q——推土机小时生产率（m³/h）；

H——铲刀高度(m)；

b——铲刀宽度(m)；

t——推土机每一工作循环延续的时间（s）；

K_1——土的最初可松系数；

ϕ——土堆自然坡角（°）。

第三章　燃气工程构筑物的施工

第一节　构筑物的分类和施工特点

一、构筑物的分类

按照构筑物在燃气工程中的主要功能，可以进行如下分类。

（一）支承类构筑物

这种构筑物主要用于承受作用其上的重力荷载，使压在其上面的设备和管道等在运行过程中牢固而稳定。例如，燃气储罐和压送机等设备的基础，管道的地基或支座，阀门和调压器等设备的支座，等等。

（二）保护类构筑物

这类构筑物的主要作用是保护设备和管道免受各种因素的破坏，保证顺利操作和安全运行。例如，地下闸门井，排水器防护井，过街管沟，水下燃气管道的混凝土抗浮块和北方地区地上引入管的保温台，等等。

（三）应用设备类构筑物

这类构筑物一般属于应用设备或附属设备，直接为用户所使用。例如，各种不带支架的家用燃具的砌筑灶台，各种公用型砌筑炉灶和各种砌筑的工业加热炉等等。

二、构筑物的结构特点

燃气工程中各类构筑物的形状结构均不相同，即使同一类构筑物由于其用途不同，形状结构亦不相同。

支承类构筑物的结构形状较简单，结构材料往往是单一的，即为混凝土、钢筋混凝土或砌砖体三种结构之一。例如图3-1所示为球形燃气储罐的支柱基础，根据球罐大小及埋地或半埋地等条件可以采用混凝土或钢筋混凝土，其形状为方形实体，实体上仅有几个地脚螺栓孔。图3-2所示的燃气压缩机基础，其形状也很简单，仅在表面要求抹一层水泥砂浆，但结构尺寸必须与机座相吻合。而管道和阀门的支座仅仅是一个形状简单的墩子。

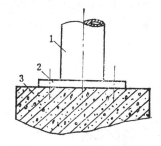

图 3-1　球形燃气储罐基础
1—支柱；2—底板；3—基础

保护类构筑物不仅形状复杂，而且材料上一般都是混合结构。例如，地下闸门井（图3-3）的底板和盖板为钢筋混凝土结构，井墙和井脖为砌砖结构，井墙外表面为防水层结构。

设备类的民用构筑物，其外表面一般都需进行装饰，主体一般为砌砖结构，炉膛内部为耐火材料结构，而炉顶表面则可根据用途或采用建筑陶瓷修饰，或铺筑铸铁灶面板；设备类的工业炉一般均为钢框架与砌筑体的混合结构，构造复杂，炉内要求耐高温，围护结构要求具有良好的绝热性能。

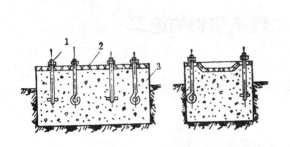

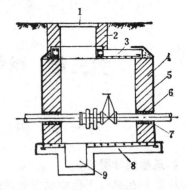

图 3-2 压缩机基础
1—地脚螺栓；2—面层；3—混凝土基础

图 3-3 地下闸门井构造
1—铸铁井盖；2—砖砌井脖；3—盖板；4—井墙；5—防水层；6—浸沥青线麻；7—沥青砂浆；8—底板；9—集水坑

综上所述，燃气工程的各类构筑物，其主体结构一般为混凝土、钢筋混凝土、砌砖或者混合结构。

三、构筑物的施工特点

燃气工程构筑物的结构尺寸一般很小，分布非常分散，种类较多，数量较少，某些构筑物的结构比较复杂，因此，有如下施工特点。

（一）工程量小，工地分散，因此，只适于3～5人的施工小组进行作业；

（二）技术工种要求配套齐全。例如，一座地下闸门井，按常规需模板工、钢筋工、混凝土工、砌砖工、抹灰工和辅助工等，而工程量又少，这就要求技术工人应一专多能。

（三）土建与安装需交叉进行。例如，设备基础完工后可进行设备底座安装；而设备安装又需待地脚螺栓二次灌浆完成并达到一定强度后方可进行。又如一座地下闸门井的施工，要达到各工种互不干扰，又能确保工程质量，其工序安排复杂交错竟达十三道之多。

（四）施工周期长。因为混凝土现场灌注需要一定的养护时间，致使工程施工周期延长。因此，构筑物的施工纳入整个工程中进行合理组织安排，对混凝土构件尽量采用预制。

第二节 模板与钢筋

一、模板工程

（一）模板分类

燃气工程构筑物施工所使用的模板按构造类型分整体式结构模板，工具式模板和预制构件式模板。按模板材料分木模板、钢模板、钢木模板和土模板等，可根据施工具体条件，因地制宜使用。

整体式结构模板采用木板、纤维板或薄钢板做底模和侧模，方木、钢管和钢卡具做支撑件拼装而成。图3-4所示为低压湿式贮气罐的环形基础模板构造。支模时应保证模板有足够的整体稳定性。

工具式模板可根据不同用途，采用相应材料制作成通用规格尺寸，作为工具多次周转使用。图3-5所示定型支座钢模板即为工具式模板。

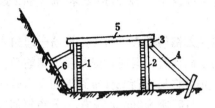

图 3-4　环形基础模板构造

1—侧板；2—立挡；3—横挡；4—斜撑；5—拉条；6—垫板

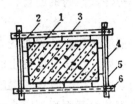

图 3-5　定型支座钢模板

1—定型钢模板；2—角模；3、4—拉紧螺栓；
5、6—钢管或槽钢

预制构件式模板可采用各种材料将模板制作成固定胎具或其他形式，用钢木材料时，可以制作适用于定型大批量生产的各种预制构件模板；采用土料作成固定胎具则具有明显的经济性。图3-6为地下式原槽成型土模，这种土模很适用于小型燃气机泵的基础模板。

（二）模板隔离剂

为防止混凝土与模板粘结而影响拆模，模板与混凝土的接触面应涂刷隔离剂。常用隔离剂有肥皂液、废机油。肥皂液可保持混凝土表面整洁光滑，但冬季不能用，而废机油恰相反。为此，冬季可将二者按一定比例混合使用。

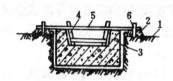

图 3-6　地下式原槽成型土模

1—地面；2—培土夯实；3—抹面；
4—木芯模；5—支撑方木

（三）模板的拆除

模板拆除时间，应根据构筑物类型及混凝土龄期等因素来确定。防止过早拆模，造成构筑物裂缝或断裂，甚至引起人身伤亡事故，因此，只有混凝土达到规定的强度后才能拆模。对于不承重的模板，当混凝土强度能保证表面不损坏，不掉棱角时可拆模，对于承重的模板则应达到设计拆模强度后才能拆模。

（四）模板强度校核

校核承重模板强度时，应在分析荷载的基础上，选择最不利的荷载组合，计算模板的最大弯曲应力是否小于材料允许弯曲应力。计算方法同《支撑计算》。

二、钢筋工程

（一）钢筋的作用

钢筋主要用于受弯的钢筋混凝土构件中，燃气工程中最常见的受弯构件是盖板和底板。根据板的受力方向不同又分为单向板和双向板。

1．单向板　仅按一个方向受力进行计算的板称为单向板，例如，两边支撑的管沟盖板。单向板只在沿跨度方向配置受力钢筋，另一方向考虑温度变化对板的影响，以及为将荷载均匀地分布给受力钢筋，需配置一些构造钢筋（或分布钢筋）。

2．双向板　四边支撑，且长边不大于短边两倍的板称为双向板，其特点是两个方向弯曲受力，如闸门井盖板，需要在两个方向配置受力钢筋。倘若长边不小于短边两倍，这种板主要是短向边受力，长向边受力较小可略去不计，仍可按单向板考虑配筋。

由上述概念可知，在施工中不能随意增加或减少板的支撑点，以免改变板的受力状况

43

而发生事故。

受力钢筋一般应放在靠近受拉区边缘,以便更有效地承担由外部荷载引起的截面拉力。同一构件截面的钢筋直径一般不多于两种,且应交替放置。受力钢筋末端应加工成弯钩。

分布钢筋一般应布置在受力钢筋的内侧,方向与受力钢筋垂直,与受力钢筋一起组成钢筋网。这样,在灌筑混凝土时就可保持受力钢筋的正确位置,同时承受与受力钢筋垂直方向上的混凝土由于收缩和温度变化所产生的内力,并可将局部荷载分布到板的受力钢筋上。分布钢筋的截面积不应小于受力钢筋面积的10%,且间距为20mm左右。分布钢筋末端一般不设弯钩。

(二)钢筋配料

钢筋配料根据配料表进行,配料表则根据构件设计图和配料计算结果填写。配料表上应分别注明工程名称、构件名称、构件数量、钢筋形状、尺寸、编号、根数、直径和钢筋的级别。

1. 钢筋下料长度计算

钢筋因弯曲或弯钩等因素会使其长度变化,因此配料时不能根据图纸尺寸直接下料,必须先了解有关混凝土保护层、钢筋弯曲、弯钩设置等规定,然后根据图纸尺寸计算其下料长度。

(1)常用钢筋下料长度计算

$$直钢筋 = 构件长度 - 保护层厚度 + 弯钩增加长度 \qquad (3-1)$$

$$弯起钢筋 = 直段长度 + 斜段长度 + 弯钩增加长度 - 弯曲调整值 \qquad (3-2)$$

$$箍筋 = 箍筋周长 + 弯钩增加长度 \pm 弯曲调整值 \qquad (3-3)$$

$$圆钢筋 = 圆周长 + 弯钩增加长度 + 绑扎长度 \pm 弯曲调整值 \qquad (3-4)$$

(2)保护层厚度 为保护钢筋不锈蚀及其他因素的影响,并保证钢筋和混凝土紧密地结合,在靠近构件边缘的钢筋外侧应留有一定厚度的混凝土,此厚度称为保护层厚度。燃气工程构筑物的钢筋保护层厚度为10~20mm。构件越厚,保护层越厚。

(3)弯钩增加长度 钢筋弯钩有半圆弯钩、直弯钩和斜弯钩三种型式,如图3-7所示。半圆弯钩是最常用的一种弯钩,用人工弯钩时,为保证180°弯曲,可带有适当长度的平直部分;用机械弯钩时,可省去平直部分。直弯钩仅用在箍筋和支座中的构造钢筋。斜弯钩仅用在$\phi12mm$以下的受拉主筋和箍筋中。弯钩增加长度按下述方法计算。

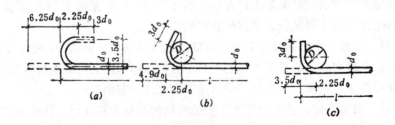

图 3-7 钢筋弯钩形式

(a)半圆(180°)弯钩; (b)斜(135°)弯钩; (c)直(90°)弯钩

l—设计长度; d_0—钢筋直径; D—弯心直径

$$半圆弯钩 = 3d_0 + \frac{3.5d_0\pi}{2} - 2.25d_0 = 6.25d_0 \qquad (3\text{-}5)$$

$$直弯钩 = 3d_0 + \frac{3.5d_0\pi}{4} - 2.25d_0 = 3.5d_0 \qquad (3\text{-}6)$$

$$斜弯钩 = 3d_0 + \frac{1.5 \times 3.5d_0\pi}{4} - 2.25d_0 = 4.9d_0 \qquad (3\text{-}7)$$

（4）弯曲调整值　钢筋弯曲时，内皮缩短，外皮延长，而中心线长度不变，弯曲处形成圆弧。一般钢筋的量度方法是沿直线量外包尺寸。因此，弯曲钢筋的量度尺寸大于下料尺寸，若沿内包尺寸量度则相反，两者之间的差值称为弯曲调整值。各种角度的弯曲调整值参见表3-1，表中d_0为弯曲钢筋直径（mm）。

钢筋弯曲调整值　　　　　　　　　　表 3-1

角　　度	30°	45°	60°	90°	135°
调 整 值	$0.35d_0$	$0.5d_0$	$0.85d_0$	$2d_0$	$2.5d_0$

（5）绑扎长度　混凝土结构中，钢筋绑扎接头的最小搭接长度根据钢筋级别，钢筋位于构件的受拉区或受压区而采用不同值，如表3-2所示，表中d表示钢筋直径（mm）。

钢筋绑扎接头的最小搭接长度　　　　　表 3-2

钢 筋 级 别	受 拉 区	受 压 区
Ⅰ　　　级	$30d$	$20d$
Ⅱ　　　级	$35d$	$25d$
Ⅲ　　　级	$40d$	$30d$
冷拔低碳钢丝	250mm	200mm

2. 钢筋代用

当施工现场库存钢筋的规格性能与设计图纸不符时，可以进行代用，但应符合代用原则。例如，必须充分了解设计意图和代用钢材性能，严格遵守有关技术规定，凡重要结构，在代用时应征得设计者同意；钢筋代用后，应满足必要的配筋构造规定，钢筋用量不宜大于原设计用量的5%，也不低于原设计用量的2%，等等。

代用时可根据等强度或等截面的原则进行换算，当构件是按强度控制时，可按等强度原则代用，即

$$A_{g1}R_{g1} = A_{g2}R_{g2} \qquad (3\text{-}8)$$

或

$$n_1 d_1^2 R_{g1} = n_2 d_2^2 R_{g2} \qquad (3\text{-}9)$$

钢筋规格多种时

$$\Sigma n_1 d_1^2 R_{g1} = \Sigma n_2 d_2^2 R_{g2} \qquad (3\text{-}10)$$

当构件按最小配筋控制时，可按等截面的原则代用，即

$$A_{g1} = A_{g2} \qquad (3\text{-}11)$$

或

$$n_1 d_1^2 = n_2 d_2^2 \qquad (3\text{-}12)$$

式中　A_{g1}、n_1、d_1、R_{g1} ——分别为原设计钢筋的计算面积(cm^2)，根数，直径（mm）和设计强度（MPa）；

　　A_{g2}、n_2、d_2、R_{g2} ——分别为拟代用钢筋的计算面积、根数、直径和设计强度，单位同上。

（三）钢筋的加工

钢筋的成型加工过程如图3-8所示。

把钢筋拉长时，必产生残留应变，如果钢筋重新承受拉力，将产生较高的新屈服强度。为了精确控制冷拉后的钢筋强度，冷拉时应对钢筋应力或冷拉率进行控制。

钢筋冷拉在下料切断前完成，冷拉同时得到调直。直条钢筋较短，必要时应在切断前完成对接接长。

钢筋表面浮锈会降低钢筋与混凝土的握裹力，应采用转盘钢丝刷或化学清洗酸除锈。

直径4～14mm热轧碳钢钢筋，可采用调直切断机（图3-9）加工。机械前部设矫直筒筒内装有调直模具，筒以高速旋转，钢筋穿过后即可调直并除锈。然后，钢筋由送料辊带动前进，触动定长机构的电路开关，开动剪切辊，把一定长度的钢筋切断。

钢筋连接可采用焊接和手工绑扎两种方法。焊接方法一般只用于中碳钢、低碳钢、直径为3～10mm的低碳冷拉钢筋及冷拔钢丝。

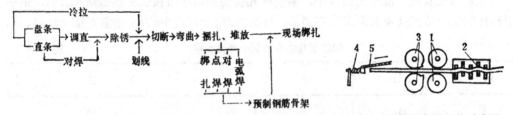

图 3-8　钢筋成型加工流程图　　　　图 3-9　调直切断机工作示意图

1—送料辊；2—调直模具；3—剪切辊；4—定长机构；5—电线

第三节　混凝土的组成材料

混凝土是由水泥、骨料（砂子、石子等）和水按适当比例配合拌制成混合物，经一定时间硬化而成的人造石材。

一、水泥

水泥呈粉末状，与水混合后，经过物理化学过程能由可塑性浆体变成坚硬的石状体，并能将散粒状材料胶结成为整体，所以水泥是一种良好的矿物胶凝材料。就硬化条件而言，水泥浆体不但能在空气中硬化，还能更好地在水中硬化，保持并继续增长其强度，故水泥属于水硬性胶凝材料。

（一）水泥的种类

目前，我国水泥品种有200多个，现将燃气工程常用的几个主要品种作些简单介绍。

1．硅酸盐水泥

凡以适当成分的生料烧至部分熔融，所得以硅酸钙为主要成分的硅酸盐水泥熟料，加入适量石膏，磨细制成的水硬性胶凝材料，称为硅酸盐水泥。

生料在煅烧过程中，分化出氧化钙、氧化硅、氧化铝和氧化铁。在更高温度下，氧化钙将与氧化硅、氧化铝、氧化铁相结合，形成以硅酸钙为主要成分的熟料矿物。主要熟料矿物的名称和含量范围如下：

硅酸三钙　$3CaO \cdot SiO_2$，简写为 C_3S，含量 36%～37%；

硅酸二钙　$2CaO \cdot SiO_2$，简写为 C_2S，含量 15%～37%；

铝酸三钙　$3CaO \cdot Al_2O_3$，简写为 C_3A，含量 7%～15%；

铁铝酸四钙　$4CaO \cdot Al_2O_3 \cdot Fe_2O_3$，简写为 C_4AF，含量 10%～18%。

各种熟料矿物单独与水作用时表现出的特性如表3-3所示。

硅酸盐水泥熟料矿物成分的特性　　　　表 3-3

名　　　称	硅酸三钙	硅酸二钙	铝酸三钙	铁铝酸四钙
凝结硬化速度	快	慢	最快	快
28天水化放热量	多	少	最多	中
强　度	高	早期低 后期高	低	低

水泥是几种熟料矿物的混合物，改变熟料矿物成分间的比例时，水泥性质即发生相应变化。例如，提高 C_3S 的含量，可以制得高强度水泥；又如降低 C_3A 和 C_3S 的含量，提高 C_2S 的含量，可以制得水化热低的水泥。

2．普通硅酸盐水泥

凡由硅酸盐水泥熟料，少量混合材料，适量石膏磨细制成的水硬性胶凝材料，称为普通硅酸盐水泥，简称普通水泥。水泥中混合材料掺加量按重量百分比计，掺活性混合材料时，不得超过15%；掺非活性混合材料时，不得超过10%；同时掺活性和非活性混合材料时，总量不得超过15%，其中非活性混合材料不得超过10%。

混合材料一般都是就地的天然岩矿或工业废渣等。混合材料按其水化作用分活性和非活性两种。非活性混合材料与水泥成分不起化学作用（无化学活性）或化学作用很小，如磨细的石英砂、石灰石、粘土、慢冷矿渣及各种废渣等。非活性混合材料又称填充性混合材料，掺入硅酸盐水泥中仅起提高水泥产量，降低水泥标号和减少水化热等作用。当在工地用高标号水泥拌制砂浆或低标号混凝土时，可掺入非活性混合材料以代替部分水泥，起到降低成本，改善砂浆或混凝土和易性的作用。火山灰质混合材料和粒化高炉矿渣等属于活性混合材料，活性混合材料与水调和后，本身不会硬化或硬化极为缓慢，强度很低。但在氢氧化钙溶液中，就会发生显著的水化，而在饱和的氢氧化钙溶液中水化更快。

3．矿渣硅酸盐水泥

凡由硅酸盐水泥熟料和粒化高炉矿渣，适量石膏磨细制成的水硬性胶凝材料称为矿渣硅酸盐水泥，简称矿渣水泥。水泥中粒化高炉矿渣掺加量按重量计为20%～70%。

4．火山灰质硅酸盐水泥

凡由硅酸盐水泥熟料和火山灰质混合材料，适量石膏磨细制成的水硬性胶凝材料称为火山灰质硅酸盐水泥，简称火山灰水泥。水泥中火山灰质混合材料掺加量按重量计为

20%～50%，允许掺加不超过混合材料总掺量1/3的粒化高炉矿渣代替部分火山灰质混合材料。

5．粉煤灰硅酸盐水泥

凡由硅酸盐水泥熟料和粉煤灰，适量石膏磨细制成的水硬性胶凝材料称为粉煤灰硅酸盐水泥，简称粉煤灰水泥。水泥中粉煤灰掺加量按重量计为20%～40%。允许掺加不超过混合材料总掺量1/3的粒化高炉矿渣。此时，混合材料总掺量可达50%，但粉煤灰掺量仍不得超过40%。

6．膨胀硅酸盐水泥及自应力水泥

膨胀硅酸盐水泥及自应力水泥是由硅酸盐水泥、高铝水泥和石膏按一定比例共同粉磨或分别粉磨再经混合均匀而成。

膨胀硅酸盐水泥的膨胀作用是基于硬化初期，高铝水泥中的铝酸盐和石膏遇水化合，生成高硫型水化硫铝酸钙晶体（钙矾石），晶体起初填充水泥石内部孔隙，强度有所增长。随着水泥不断水化，钙矾石数量增多，晶体长大，就会产生膨胀。在一定范围内，高铝水泥和石膏含量越多，膨胀硅酸盐水泥的膨胀越大。

膨胀硅酸盐水泥适用于防水砂浆和防水混凝土，浇灌装配式钢筋混凝土构件的接缝、管道接头、设备底座、地脚螺栓及修补工程。但不得有硫酸盐腐蚀的工程中使用。

如膨胀硅酸盐水泥中膨胀组分含量较多，膨胀值较大，在膨胀过程中又受到限制（如钢筋）时，则构件本身就会受到压应力，该压应力是依靠水泥本身的水化而产生的，所以称为"自应力"。自应力值大于2MPa的水泥称为自应力硅酸盐水泥。某些地区曾经使用自应力钢筋混凝土燃气管道，其胶凝材料就是自应力硅酸盐水泥。

7．明矾石膨胀水泥

明矾石膨胀水泥是以硅酸盐水泥，天然明矾石、石膏和粒化高炉矿渣或粉煤灰，按适当比例磨细制成的具有膨胀性能的水硬性胶凝材料，其性能与膨胀硅酸盐水泥类似。主要用在补偿收缩混凝土结构工程，防渗混凝土工程，补强和防渗抹面工程，管道接头，固结设备底座和地脚螺栓等。

（二）硅酸盐水泥的凝结硬化

水化物中，水化硅酸钙是胶凝性和强度都很高的胶凝体，氢氧化钙是强度较高的结晶体，水化铝酸三钙是强度较低的结晶体，水化铁酸钙是胶凝性小，强度低的胶凝体。水泥中的石膏成分主要是起缓凝作用（若掺入量过多则起速凝作用），各种水化物的溶解度都很小。

反应初始阶段，水化物的生成速度大于溶解速度，水泥颗粒表面的水化物愈积愈多，达到饱和状态，凝聚物包在颗粒表面形成半渗透膜。这种以水化硅酸钙凝胶为主，并有氢氧化钙分布的水化物结构称为水泥凝胶体。由于水分渗入膜层内的速度大于水化物透过膜层向外扩散的速度，产生渗透压力，使膜层破裂，水化速度重新加快，直至新的凝胶体填补了膜层的破裂。由于膜层不断破裂和增厚，使水泥颗粒之间被水充满的空间逐渐减小，以致膜层增厚到使颗粒间相互接触并粘结，水泥浆逐渐变稠，失去塑性，但尚不具有强度，形成水泥凝结阶段。当形成的凝胶体继续增加，进一步填充水泥颗粒之间的空隙，就使浆体逐渐产生强度，形成水泥硬化阶段。凝结和硬化是人为地划分的，实际上是一个连续而复杂的物理化学变化过程。

（三）水泥的技术性质

1．细度　水泥颗粒的粗细对水泥的性质有很大影响。颗粒愈细,水化反应的表面积愈大，水化反应较快而且较完全，所以水泥的早期强度和后期强度都较高，但在空气中的硬化收缩性也较大，而且粉磨能量消耗大，成本较高。如水泥颗粒过粗则不利于水泥活性的发挥。国家标准规定水泥的细度用筛析法检验。即在0.080mm方孔标准筛上的筛余量不得超过12%。

2．凝结时间　凝结时间分初凝和终凝。初凝为水泥加水拌和时至水泥浆开始失去可塑性所需的时间；终凝为水泥加水拌和时至水泥浆完全失去可塑性并开始产生强度所需的时间。为使混凝土和砂浆有充分的时间进行搅拌、运输、浇捣或砌筑，水泥初凝时间不能过短。当施工完毕，则要求尽快硬化，具有强度，故终凝时间不能太长。

国家标准规定，水泥的凝结时间是以标准稠度的水泥净浆在规定温度及湿度环境下，用水泥净浆凝结时间测定仪测定。硅酸盐水泥的初凝时间不得早于45分钟，终凝时间不得迟于12小时。

3．体积安定性　如果水泥硬化后产生不均匀的体积变化，即所谓体积安定性不良，就会使构件产生膨胀性裂缝，降低构筑物质量，甚至产生严重事故。

国家标准规定，用沸煮法检验水泥的体积安定性。水泥净浆试饼沸煮4小时后，经肉眼观察未发现裂纹，用直尺检查没有弯曲，则称为体积安定性合格。

4．强度　硅酸盐水泥的强度决定于熟料的矿物成分和细度。如前所述，四种主要熟料矿物的强度各不相同，因此，它们的相对含量改变时，水泥的强度及其增长速度也随之改变。从水泥凝结硬化过程中的物理化学变化不难理解，颗粒较细的水泥，水化进行较快，水化较完全，强度增长快，最终强度也较高。

国家标准《硅酸盐、普通硅酸盐水泥》（GB175-85》规定，水泥和标准砂按1:2.5混合，加入规定数量的水，按规定的方法制成试件，在标准温度（20±2℃）的水中养护，测定其3天、7天和28天的强度，并以28天的抗压强度（单位为0.1MPa）作为水泥标号。不同养护天数（龄期）具有不同强度。相同标号水泥，若早期强度较高，则在标号后标注字母"R"，常用水泥标号及各龄期的抗压强度指标如表3-4所示。

常用水泥标号及各龄期抗压强度指标(MPa)　　　　　　表 3-4

水泥标号	硅酸盐水泥			普通水泥			矿渣水泥火山灰水泥粉煤灰水泥	
	3天	7天	28天	3天	7天	28天	7天	28天
225	—	—	—	—	13.0	22.5	11.0	22.5
275	—	—	—	—	16.0	27.5	13.0	27.5
325	—	—	—	12.0	19.0	32.5	15.0	32.5
425	18.0	27.0	42.5	16.0	25.0	42.5	21.0	42.5
525	23.0	34.0	52.5	21.0	32.0	52.5	29.0	52.5
625	29.0	43.0	62.5	27.0	41.0	62.5	—	—

5．水化热　水泥的水化是放热反应，在凝结硬化过程中放出大量的热，称为水泥的水化热。大体积混凝土构筑物由于水化热积聚在内部不易发散，内部温度可能上升到50～60℃以上，内外温差所引起的应力可使混凝土产生裂缝，因此，水化热对大体积混凝土是

有害因素。在大体积混凝土工程中不宜采用硅酸盐水泥。

6. 颗粒相对密度　水泥颗粒的相对密度在3.05～3.20之间。

（四）水泥存放

贮存水泥要按不同品种、标号和出厂日期分别存放，并加以标志。散装水泥应分库存放；袋装水泥一般堆放高度不应超过10袋，平均每m²可堆放一吨，并应考虑先存先用。在一般贮存条件下，经3个月后，水泥强度约降低10%～20%；经6个月后，约降低15%～30%；一年后，约降低25%～40%。受潮水泥多出现结块，同时强度降低。可通过重磨恢复受潮水泥的部分活性。轻微结块能用手指捏碎的，强度约降低10%～20%，以适当方法压碎后可用于次要工程。

二、骨料

在普通混凝土中，砂、石起骨架作用，称为骨料。砂为细骨料，石子为粗骨料。

（一）细骨料

粒径在0.16～5mm之间的骨料为细骨料。一般采用天然砂，如河砂，海砂及山砂。

1. 细度模数M_x　砂的粗细程度是指不同粒径的砂粒混合在一起后的总体的粗细程度，通常有粗砂、中砂和细砂之分。在相同重量条件下，细砂的总表面积大，粗砂的总表面积小。在混凝土中砂的表面需由水泥浆包裹，砂的总表面积愈大则水泥浆用量愈多。

砂的粗细程度常用筛分法测定，用细度模数表示砂的粗细。筛分法是用一套净孔径为5、2.50、1.25、0.63、0.315及0.16mm的标准筛，将500g干砂试样由粗到细依次过筛，然后称得余留在各个筛上的砂子质量，并算出各次筛后的分计筛余百分率a_1、a_2、a_3、a_4、a_5和a_6，以及累计筛余百分率A_1、A_2、A_3、A_4、A_5和A_6。细度模数M_x可按下式计算

$$M_x = \frac{(A_2 + A_3 + A_4 + A_5 + A_6) - 5A_1}{100 - A_1} \tag{3-13}$$

M_x愈大，表示砂愈粗。普通混凝土用砂的M_x值在3.7～0.7之间，$M_x = 3.7～3.1$为粗砂，$M_x = 3.0～2.3$为中砂，$M_x = 2.2～1.6$为细砂，$M_x = 1.5～0.7$为特细砂。

2. 颗粒级配　砂的颗粒级配表示砂子大小颗粒搭配情况。在混凝土中砂粒之间的空隙由水泥浆所填充，为达到节约水泥和提高强度的目的应尽量减小砂粒之间的空隙。为此，必须有大小不同的颗粒搭配。

对$M_x = 3.7～1.6$的普通混凝土用砂，根据0.63mm筛孔的累计筛余量分成三个级配区，如表3-5所示，混凝土用砂的颗粒级配应处于表中任何一个级配区内。如果砂的自然

砂 级 配 区 的 规 定　　　　　　　　　　表 3-5

筛 孔 尺 寸	级 配 区 累 计 筛 余（重量%）		
（mm）	1 区	2 区	3 区
10.000	0	0	0
5.00	10～0	10～0	10～0
2.50	35～5	25～5	15～0
1.25	65～35	50～10	25～0
0.63	85～71	70～41	40～16
0.315	95～80	92～70	85～55
0.16	100～90	100～90	100～90

级配不合适，就要采用人工级配的方法来改善，最简单的措施是将粗、细砂按适当比例进行试配，掺合使用。

3．质量要求　混凝土用砂应坚硬、洁净，砂中尘屑、淤泥、粘土、云母、有机质和硫化物的含量都应低于有关的技术要求。

（二）粗骨料

粒径大于5mm的碎石与卵石为粗骨料。碎石是由各种硬质岩石经轧碎，筛分而成；卵石为天然岩石风化而成，按其来源不同可分为河卵石、海卵石和山卵石。

1．最大粒径　粗骨料粒径一般在5～80mm之间，按粒径大小分粗石子（40～80mm），中石子（20～40mm），细石子（5～20mm）和特细石子（5～10mm）四级。每粒级的上限称为该粒级的最大粒径。

当骨料粒径增大时其总表面积相应减小。因此，保证一定厚度润滑层所需的水泥浆或砂浆的数量相应减少，所以，在条件许可的情况下粗骨料粒径应尽量选得大些。但又不能过大，应取决于构件的截面尺寸和配筋疏密等因素。一般，粗骨料最大粒径不得超过构件截面最小尺寸的1/4，同时不得大于钢筋最小间距的3/4。对于混凝土实心板，可允许极少量的粗骨料粒径达1/2板厚，但最大粒径不得超过50mm。

2．颗粒级配　石子级配得当对节约水泥和保证混凝土具有良好的和易性有很大关系。尤其是拌制高标号混凝土，石子级配更为重要。石子级配也通过筛分试验确定，标准筛孔径为2.5、5、10、15、20、25、30、40、50、60、80及100mm等12种尺寸。普通混凝土用碎石或卵石的颗粒级配应符合表3-6的规定。

碎石或卵石级配范围的规定　　　　表 3-6

级配	公称粒径 (mm)	不同筛孔尺寸的累计筛余（重量%）											
		2.5	5	10	15	20	25	30	40	50	60	80	100
连续粒级	5～10	95～100	80～100	0～15	0								
	5～15	95～100	90～100	30～60	0～10	0							
	5～20	95～100	90～100	40～70		0～10	0						
	5～30	95～100	90～100	70～90		15～45		0～5	0				
	5～40		95～100	75～90		30～65			0～5				
单粒级	10～20		95～100	85～100		0～15			0				
	15～30		95～100		85～100			0～10	0				
	20～40			95～100		80～100			0～10		0		
	30～60				95～100			75～100	40～75		0～10	0	
	40～80					95～100			70～100		30～60	0～10	0

3．质量要求　石子抗压强度一般不应小于混凝土标号的150%，但最低强度不应小于30MPa。针状和片状颗粒含量及其他杂质含量都应符合有关技术规定的要求。

（三）骨料的饱和面干吸水率

当骨料的颗粒表面干燥，而颗粒内部的孔隙含水饱和时，称为饱和面干状态。骨料在饱和面干状态的含水率，称为饱和面干吸水率。计算混凝土中各项材料的配合比时，一般以干燥骨料为基准。

三、水

凡可饮用的水及洁净的天然水，都可作为拌制混凝土和养护用水。要求水中不能含有影响水泥正常凝结和硬化的有害杂质或油脂、糖类等。对于工业废水，pH 值小于 4 的酸性水，含硫酸盐按 SO_4 计超过水重1%的水，以及海水均不允许使用。

第四节 混凝土的性质和配合比设计

一、混凝土的性质

（一）混凝土的分类

混凝土常按重度的大小分类。

重混凝土 重度大于26000N/m³。是用特别密实的骨料制成的，如重晶石混凝土、钢屑混凝土等。宜用于水中燃气管道的抗浮构筑物。

普通混凝土 重度19000～25000N/m³。是用天然的砂、石作骨料制成的。燃气工程构筑物主要采用这类混凝土。

轻混凝土 重度小于19000N/m³。又可分为三类：（1）轻骨料混凝土，重度范围8000～19000N/m³，是用浮石、火山渣、陶粒、膨胀珍珠岩和膨胀矿渣等轻骨料制成；（2）多孔混凝土（泡沫混凝土、加气混凝土），重度范围3000～12000N/m³。泡沫混凝土由水泥或水泥砂浆与稳定的泡沫制成，加气混凝土由水泥、水与发气剂制成，（3）大孔混凝土，其组成不加细骨料。轻混凝土主要作保温绝热层。

此外，还有为满足工程的特殊要求而配制的各种混凝土，如防水混凝土、耐热混凝土、不发火混凝土和抗油渗混凝土等。

（二）普通混凝土的主要技术性质

1．混凝土拌合物的和易性

（1）和易性的概念 和易性是指混凝土拌合物易于施工燥作（拌合、运输、浇灌、捣实）并能获得质量均匀，成型密实的性能。和易性是一项综合的技术性质，包含有流动性、粘聚性和保水性三项意义。

流动性是指混凝土拌合物在本身自重或施工机械振捣的作用下，能产生流动，并均匀密实地填满模板的性能。

粘聚性是指混凝土拌合物在施工过程中其组成材料之间有一定的粘聚力，不致产生分层和离析的现象。

保水性是指混凝土拌合物在施工过程中，具有一定的保水能力，不致产生严重的泌水现象。发生泌水现象的拌合物，易形成透水孔隙而影响混凝土密实性，降低质量。

综上所述，混凝土拌合物的和易性是三项意义在某种具体条件下矛盾统一的概念。

（2）和易性的指标 目前，尚无全面反映和易性的测定方法。在工地和试验室通常是测定流动性，并按直观经验评定粘聚性和保水性。

测定流动性的方法是将拌合物按规定方法装入标准圆锥坍落度筒（无底）内，装满刮平后，垂直向上将筒提起移到一旁。混凝土拌合物由于自重将会产生坍落，量出坍落的高度（mm）称为坍落度，坍落度愈大，流动性愈大。

在做坍落度试验的同时，应观察拌合物的粘聚性和保水性，以更全面地评定和易性，例如，用捣棒在已塌落的拌合物锥体一侧轻敲，如果锥体下沉，表明粘聚性良好，如果崩塌、开裂或离析，表明粘聚性不好。提高塌落度筒后，有水从底部析出，表明泌水。

（3）塌落度的选择 选择拌合物塌落度要根据构件截面大小、钢筋疏密和捣实方法来确定。当构件截面尺寸较小或钢筋较密，或采用人工插捣时，塌落度可选择大些。反之，可选择小些。按《钢筋混凝土工程施工及验收规范》（GBJ204-83）的规定，混凝土灌筑时的塌落度宜按表3-7选用。

混凝土灌筑时的塌落度　　　　表 3-7

项　次	结　　　构　　　种　　　类	塌落度（mm）
1	基础或地面等的垫层；无配筋的厚大结构（挡土墙、或厚大块体等）或配筋稀疏的结构	10～30
2	板、梁、大型及中型截面的柱子等	30～50
3	配筋密列的结构	50～70
4	配筋特密的结构	70～90

表3-7系采用机械振捣时的塌落度，采用人工振捣时可适当增大。

2．混凝土的强度

（1）混凝土的立方体抗压标准强度与强度等级 按照《普通混凝土力学性能试验方法》（GBJ81-85），制作边长150mm的立方体试件，在标准条件（温度20±3℃，相对湿度90%以上）下，养护到28天，测得的抗压强度值为混凝土立方体试件抗压强度，以 R 表示。

立方体抗压标准强度是具有95%的保证率的立方体试件抗压强度，是按数据统计处理方法达到规定保证率的某一数值。

混凝土强度等级是按混凝土立方体抗压标准强度（MPa）来确定的，具有 $C_{7.5}$、C_{10}、C_{15}、C_{20}、C_{25}、C_{30}、C_{35}、C_{40}、C_{45}、C_{50}、C_{55} 和 C_{60} 等十二个等级。

（2）混凝土的抗拉强度（R_1） 混凝土直接受拉时，变形很小就要开裂，抗拉强度只有抗压强度的1/10～1/20，且随着强度等级提高，比值有所下降。因此，混凝土在工作时一般不依靠其抗拉强度。但抗拉强度对开裂现象有重要意义。

3．混凝土的耐久性

混凝土除应具有适当强度，能安全地承受设计荷载外，还应具有适应自然环境及使用上的特殊性能，这些性能决定着混凝土经久耐用的程度，所以统称为耐久性。

（1）抗渗性 是指混凝土抵抗水、油等液体在压力作用下渗透的性能。抗渗性用抗渗标号表示，抗渗标号是以28天龄期的标准试件按规定方法进行试验所能承受的最大水压力（MPa）来计算的，如 S_2、S_4、S_8、……等，即表示能承受 0.2、0.4、0.8MPa……的水压力而不渗漏。

提高混凝土抗渗性的措施是增大混凝土的密实度，改变混凝土的孔隙结构，减小连通孔隙。

（2）抗冻性 是指混凝土在饱和水状态下，能经受多次冻融循环作用而不破坏，同时也不严重降低强度的性能。抗冻性一般以抗冻标号表示。抗冻标号是以龄期为28天的试块在吸水饱和后，承受反复冻融循环，以抗压强度下降不超过25%，而且重量损失不超过

5%时所能承受的最大冻融循环次数来确定，如D_{25}、D_{50}、D_{100}、……分别表示混凝土能够承受反复冻融循环次数为25、50、100，……。

提高混凝土耐久性的主要措施是严格控制水灰比，保证足够的水泥用量，来满足混凝土尽可能达到的最大密实度。因此，凡是有耐久性要求的混凝土，其最大水灰比和最小水泥用量都应符合表3-8的规定。

普通混凝土的最大水灰比和最小水泥用量　　　　表 3-8

项次	混凝土所处的环境条件	最大水灰比	最小水泥用量（kg/m³）	
			配筋混凝土	无筋混凝土
1	不受风雪影响的混凝土	不作规定	225	200
2	（1）受风雪影响的露天混凝土 （2）位于水中及水位升降范围内的混凝土。 （3）在潮湿环境中的混凝土。	0.7	250	225
3	（1）寒冷地区水位升降范围内的混凝土。 （2）受水压作用的混凝土	0.65	275	250
4	严寒地区水位升降范围内的混凝土	0.6	300	275

（三）影响混凝土性质的主要因素

1. 水泥标号与水灰比

水泥是混凝土中的活性组分，在配合比相同的条件下，所用的水泥标号愈高，制成的混凝土强度等级愈高。当水泥标号相同时，混凝土的强度等级主要决定于水灰比。水泥水化时所需的结合水一般只占水泥重量的23%左右，但拌制混凝土拌合物时，为了获得必要的流动性，常需用水量在40%～70%之间，即较大的水灰比。当混凝土硬化后，多余的水分就残留在混凝土中形成水泡或蒸发后形成气孔，大大减少混凝土抵抗荷载的实际有效断面，而且可能在孔隙周围产生应力集中。因此可以认为，在水泥标号相同情况下，水灰比愈小，混凝土强度愈高。但水灰比太小，拌合物流动性差，将会影响浇灌质量，混凝土中可能出现较多的蜂窝和孔洞，强度也将下降。根据《普通混凝土配合比设计技术规定》（JGJ55-81），混凝土用水量可按表3-9选用。

混凝土用水量选用表(kg/m³)　　　　表 3-9

所需塌落度 （mm）	卵石最大粒径（mm）			碎石最大粒径（mm）		
	10	20	40	15	20	40
10～30	190	170	160	205	185	170
30～50	200	180	170	215	195	180
50～70	210	190	180	225	205	190
70～90	215	195	185	235	215	200

2. 骨料种类

水泥与骨料的粘结力与骨料的表面状况有关，碎石表面粗糙，粘结力较大，卵石表面光滑，粘结力较小。因而在水泥标号和水灰比相同的条件下，碎石混凝土强度高于卵石混凝土，但拌合物的和易性较卵石混凝土差。

根据工程实践经验，混凝土强度与水灰比、水泥标号以及骨料种类等因素具有如下恒定关系。

$$R_{28} = AR_0 \left(\frac{C}{W} - B \right) \tag{3-14}$$

式中　R_{28}——混凝土28天抗压强度（MPa）；

　　　R_0——水泥的实际强度（MPa）；

　　　C——每m³混凝土的水泥用量（kg）；

　　　W——每m³混凝土的用水量（kg）；

　　A、B——经验系数，采用碎石时，$A = 0.46$、$B = 0.52$；采用卵石时，$A = 0.48$、$B = 0.61$。

（3-14）式一般只适用于流动性或低流动性混凝土，对干硬性混凝土则不适用。

3. 砂率

砂率是指混凝土中砂的重量占砂、石总重量的百分率。砂率变化会使骨料的空隙率和骨料的总表面积有显著改变，因而对混凝土拌合物的和易性产生显著影响。砂率过大，骨料总表面积及空隙率增大，若水泥浆量不变，水泥浆的润滑作用将减弱，使拌合物流动性降低，而且会严重影响其粘聚性和保水性，容易产生离析、流浆等现象。因此，在用水量和水泥用量不变的条件下，应有一个合理砂率，使拌合物获得所要求的流动性及良好的粘聚性与保水性。合理砂率可按经验公式（3-15）计算，也可按表3-10选用。

混凝土合理砂率(S_p)选用表(%)　　　　表 3-10

水 灰 比	碎石最大粒径（mm）			卵石最大粒径（mm）		
（W/C）	15	20	40	10	20	40
0.40	30～35	29～34	27～32	26～32	25～31	24～30
0.50	33～38	32～37	30～35	30～35	23～34	28～33
0.60	36～41	35～40	33～38	33～38	32～37	31～36
0.70	39～44	38～43	36～41	36～41	35～40	34～39

$$S_p = K \cdot \frac{\rho_s n_s}{\rho_s n_g + \rho_g} \tag{3-15}$$

式中　K——系数，机械振捣时$K = 1.0 \sim 1.2$；人工振捣时$K = 1.2 \sim 1.4$；

　　ρ_s, ρ_g——砂子，石子密度（kg/m³）；

　　$n_s、n_g$——砂子、石子空隙度（%）。

骨料级配良好，砂率合理，可组成坚强的混凝土骨架，从而大大提高混凝土强度，改善混凝土的耐久性。

4. 养护条件和龄期

环境温度升高，水泥水化速度加快，混凝土强度发展随之加快。反之，温度降低，混凝土强度发展相应迟缓，温度降至冰点以下时，混凝土强度停止发展。

环境湿度适当，水泥水化便能顺利进行，使混凝土强度得到充分发展。如果湿度不够，混凝土会因失水而影响水化作用的正常进行，甚至停止水化反应。

所以，为了使混凝土正常硬化，必须在成型后一定时间内维持周围环境有一定温度和湿度。混凝土在自然条件下养护称为自然养护。自然养护的温度随气温变化，为保持潮湿状态，在混凝土养护期间表面应覆盖草袋等物并不断浇水。使用硅酸盐水泥、普通水泥和矿渣水泥时浇水保湿应不少于7天；使用火山灰水泥和粉煤灰水泥时，应不少于14天；如用高铝水泥时不得少于3天；对掺用缓凝型外加剂或有抗渗要求的混凝土不少于14天。在夏季应特别注意浇水，保持必要的湿度。在冬季应特别注意保持必要的温度，有条件时可采用蒸汽养护。

混凝土在正常养护条件下，其强度将随着龄期的增加而提高。最初7～14天内强度增长较快，28天以后增长缓慢。但龄期延续很久其强度仍有所增长。由大量试验证实混凝土强度增长情况大致与龄期的对数成正比关系，即

$$R_n = R_{28} \frac{\lg n}{\lg 28} \qquad (3-16)$$

式中　　　R_n——n天龄期的抗压强度（MPa）；

　　　　　R_{28}——28天龄期的抗压强度（MPa）；

　　$\lg n$，$\lg 28$——$n(n \not< 3)$和28的常用对数。

5. 搅拌和振捣

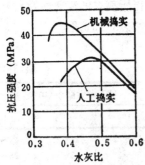

图 3-10　捣实方法对混凝土强度的影响

机械搅拌比人工搅拌更均匀，尤其是对低流动性混凝土拌合物效果更显著。利用振捣器捣实时，在满足施工和易性要求下，其用水量比采用人工捣实少得多，必要时还可降低水灰比，或将砂率减到更小的程度。这是由于振动作用，暂时地破坏了水泥浆的凝聚结构，从而降低了水泥浆的粘度和骨料间的摩阻力，提高了混凝土拌合物的流动性，使混凝土拌合物能很好充满模型，内部孔隙大大减小，从而使混凝土的密实度和强度大大提高，如图3-10所示。

二、普通混凝土配合比设计

混凝土配合比是指混凝土中各组成材料数量之间的比例关系。配合比设计的基本要求是满足构件设计要求的强度和耐久性；符合施工要求的拌合物的和易性；节约水泥，降低混凝土成本。

进行配合比设计时，首先按原材料性能及对混凝土技术要求进行初步计算，得出"初步计算配合比"，并经试验室试拌调整，得出"基准配合比"，然后经强度复核（如有其他性能要求，则须作相应的试验检验），确定满足设计要求和施工要求并比较经济合理的"试验室配合比"。

（一）初步计算配合比

1. 试配强度（R_h）的确定

在试验室配制能满足设计强度等级（R_d）的混凝土，应考虑到实际施工条件的差异。例如，各项材料性能是否符合质量要求，配合比能否准确控制，拌合、运输、浇灌、振捣及养护等工序是否完全符合要求等，这些差异将造成混凝土质量不稳定。为使混凝土强度

保证率能满足要求，应按（3-17）式确定混凝土试配强度。

$$R_h = R_d + t\sigma_0 \qquad (3-17)$$

式中　　R_h——混凝土的试配强度（MPa）；

　　　　R_d——混凝土构件的设计强度等级（MPa）；

　　　　σ_0——混凝土强度等级的施工标准差统计值（MPa）；

　　　　t——强度保证率系数。

如施工单位具有30组以上混凝土试配强度的统计资料时，σ_0可按下式求出。

$$\sigma_0 = \sqrt{\frac{\sum_{i=1} R_i^2 - n\bar{R}_n^2}{n-1}} \qquad (3-18)$$

式中　　n——混凝土试块组数；

　　　　R_i——第i组的试块强度（MPa）；

　　　　$\bar{R}_n$——n组试块强度的平均值（MPa）。

如施工单位无统计资料时，σ_0值可查表3-11。

σ_0 取 值 表　　　　　　表 3-11

R_d	$C_{10} \sim C_{20}$	$C_{25} \sim C_{40}$	$C_{50} \sim C_{60}$
σ_0(MPa)	4	5	6

2．初步确定水灰比值

对（3-14）式略加变换，即可导出水灰比的计算公式

$$\frac{W}{C} = \frac{AR_0}{R_h + ABR_0} \qquad (3-19)$$

式中符号意义同前。

为了保证混凝土必要的耐久性，水灰比不得大于表3-7中规定的最大水灰比值，如计算值大于规定值，则应取表中的规定值。

3．选取每m³混凝土的用水量（W_0）

用水量主要根据所要求的混凝土塌落度，所用的骨料种类和粒径来选择。所以应先考虑结构种类及振捣方法按表3-7确定适宜的塌落度值，再参考表3-9选取每m³混凝土的用水量。

4．计算每m³混凝土的水泥用量（C_0）

$$C_0 = \frac{C}{W} \times W_0 \qquad (3-20)$$

为保证混凝土的耐久性，由（3-20）式确定的水泥用量应满足表3-8的要求，如计算的水泥用量少于表中规定的最小水泥用量，则应取表中规定值。

5．选取合理的砂率（S_p）

合理砂率值应根据混凝土拌合物的坍落度、粘聚性及保水性等特征通过试验来确定。若无使用经验，则可按骨料种类、粒径及混凝土的水灰比，参考表3-10选用。

6. 计算砂、石用量 (S_0) 和 (G_0)。

砂子和石子的用量可用体积法或重度法求出。

体积法是假定混凝土拌合物的体积等于各组成材料绝对体积与拌合物所含空气体积之和，因此，计算1m³混凝土拌合物的各种材料用量时，可列出下式。

$$\frac{C_0}{\rho_c} + \frac{G_0}{\rho_g} + \frac{S_0}{\rho_s} + \frac{W_0}{\rho_w} + 10\alpha = 1000 \tag{3-21}$$

又根据砂率定义可列出下式

$$\frac{S_0}{S_0 + G_0} \times 100\% = S_p \tag{3-22}$$

由 (3-21) 和 (3-22) 式即可求出砂子与石子的用量。

重度法是根据经验，假定混凝土拌合物是一个固定重度值。当组成材料较稳定时可以采用重度法。

上述式中　α——混凝土含气量百分数（%），不使用含气型外加剂时，$\alpha = 1$；

其余符号意义同前所述。

通过上述六个步骤便可将水、水泥、砂和石子的用量全部求出，得到初步计算配合比。

（二）基准配合比的确定

初步计算配合比是借助经验公式和数据算出的，必须通过试拌调整，直到拌合物的和易性符合要求，然后提供检验混凝土强度用的基准配合比。

和易性的调整根据坍落度、粘聚性和保水性相应调整材料用量。当坍落度低于设计要求时，可保持水灰比不变，适当增加水泥浆。如坍落度太大，可在保持砂率不变条件下增加骨料。如出现含砂不足，粘聚性和保水性不良时，可适当增大砂率；反之应减小砂率。每次调整后再试拌，直至符合要求。试拌调整完成后，应测定拌合物的实际重度。

（三）试验室配合比

基准配合比符合和易性要求，不一定符合强度要求。为了检验混凝土强度，一般采用三个不同的配合比，其中一个为基准配合比，另两个的水灰比分别增加和减少 5%，其用水量与基准配合比相同，但砂率可作适当调整。每种配合比制作一组（三块）试块，标准养护28天试压。通过试压，选出既满足强度要求，水泥用量又少的配合比。

若对混凝土有抗渗和抗冻等要求，则应增添相应的检验项目。

第五节　混凝土的施工

一、施工配合比

试验室配合比是以干燥材料为基准的，工地存放的砂石都含有一定的水分。所以现场材料的称量应按工地砂石实际含水量进行修正，修正后的配合比叫做施工配合比。设砂的含水率为 a，石子含水率为 b，则将试验室配合比换算为施工配合比，其材料的称量应为

$$C'_0 = C \tag{3-23}$$

$$S'_0 = S(1 + a) \tag{3-24}$$

$$G' = G(1 + b) \tag{3-25}$$
$$W' = W - S \cdot a - G \cdot b \tag{3-26}$$

二、混凝土搅拌

组成混凝土的各种材料拌合均匀，水泥颗粒分散度高，有助水化作用进行，改善和易性，加快混凝土强度发展。

混凝土搅拌机的搅拌方式有自由降落式，强制式和逆流式等。少量混凝土采用人工搅拌。

自由降落搅拌是水泥和骨料在旋转的搅拌筒内不断被筒内壁叶片卷起，又重力自由落下而进行搅拌（图3-11a）。这种搅拌机多用于塑性混凝土。

强制搅拌（图3-11b）可兼搅拌塑性和干硬性混凝土。这种搅拌机拌合均匀，因此，强制搅拌混凝土三天龄期的强度较同龄期自由降落搅拌混凝土强度提高25%～40%。

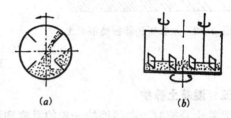

图 3-11 混凝土搅拌方式示意图
（a）自由落降式；（b）强制式

逆流式搅拌与前两种搅拌的区别是上下层混凝土各自拌合，两层之间又作相对拌合，使拌合更为均匀。

混凝土搅拌时，干料加水后水泥砂浆填充粗骨料孔隙拌合物体积小于干料自然总体积，二者之比称为产量系数或出料系数，一般为0.6～0.7。

三、混凝土运输

混凝土运输过程中，不应产生离析，泌水和初凝现象。运输工具分斗式（内燃翻斗运车，自卸汽车等）和非斗式（皮带运输器，混凝土泵等），少量混凝土的短距离运输可采用斗式小推车。

四、混凝土的浇灌和振捣

混凝土浇灌前应对地基、垫层、模板、钢筋、预埋管和预留洞口的尺寸和位置等进行检查，都符合设计与施工要求后才能进行混凝土浇灌。为防止浇灌时产生离析，浇灌高度大于2m时须采用串桶或溜槽等缓降器。

混凝土构件用平板式或插入式振捣器捣固。平板式振捣器的振捣方式如图3-12所示，有效振捣深度一般为200mm，两次振捣点之间应有30～50mm搭接。振入式振捣棒内安装偏心块，电动机通过软轴使偏心块旋转而发生振动，振捣棒的插点布置如图3-13所示，相邻插点应使受振范围有一定重叠。

振捣时间与混凝土稠度有关。混凝土内气泡不再上升，骨料不再显著下沉，表面出现一层均匀水泥砂浆时，振捣就可停止。

混凝土的浇灌与振捣应该保证构筑物的强度与整体性。施工时，相邻混凝土浇灌的时间间隔不超过初凝期，混凝土可以整体凝固硬化，这种浇灌称连续浇灌。相邻混凝土浇灌的时间间隔超过初凝期，先后浇灌的混凝土之间可能出现缝隙，这种缝隙称施工缝，出现施工缝的浇灌称非连续浇灌。要求具有高抗渗性或整体性的构筑物，应该采用连续浇灌。

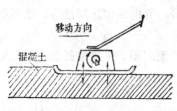

图 3-12 平板振捣器振捣混凝土

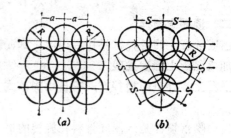

图 3-13 插入式振捣棒的插点布置

(a) 直线行列移动, $a \leqslant 1.5R$; (b) 交联行列移动, $a \leqslant 1.75R$
a—插点间距; R—振捣棒的作用半径; S—插点移动距离

五、混凝土养护

混凝土养护时,必须维持一定的温度和湿度。混凝土达到初凝时开始的湿养护,一般应持续到混凝土达到设计强度的70%。承重构筑物的湿养护应持续到100%的设计强度。

充水不足或混凝土受阳光直射,水分蒸发过多,水化作用不足,混凝土发干呈白色,形成假凝,强度降低。因此,应对混凝土加以覆盖,避免夏日阳光直射,经常喷水补充散失的水分。

将混凝土放在温度低于100℃的常压蒸汽中养护,一般经16～20小时后,其强度可达正常条件下养护28天强度的70%～80%。蒸汽养护的最适宜温度随水泥品种而不同,普通水泥约80℃,矿渣水泥与火山灰水泥约90℃。高温养护水化反应速度快,但水泥颗粒表面过早形成凝胶体膜层,阻碍水分深入内部,经一段时间后,强度增长速度反而下降。因此,蒸汽养护方法主要用来提高混凝土的早期强度。

六、混凝土的质量控制

混凝土质量要通过其性能检验结果来表达。施工中,由于原材料和施工条件以及试验条件等诸多因素的影响,必然造成混凝土质量的波动。在正常情况下,可用数理统计方法来检验混凝土强度或其他技术指标是否达到质量要求。

(一) 强度概率——正态分布

对某种混凝土经随机取样测定其强度,经数据处理绘成强度概率分布曲线,一般均接近于正态分布曲线(图3-14)。曲线高峰正是平均强度$\bar{R}$的概率。以平均强度为对称轴,两边曲线呈对称状。如果概率分布曲线窄而高,说明强度测定值比较集中,施工水平较高;曲线宽而矮,则说明强度值离散程度大,施工水平较差。

(二) 强度平均值、标准差和离差系数

强度平均值$\bar{R}$

$$\bar{R} = \frac{1}{n} \sum_{i=1}^{n} R_i \qquad (3-27)$$

式中　　n——试验组数;

R_i——第i组试验值。

强度平均值代表混凝土强度总体的平均值,但并不说明其强度的波动情况。

标准差表明分布曲线拐点距强度平均值的距离。σ值可按 (3-28) 式计算,其值愈大,

说明其强度离散程度愈大，混凝土质量也愈不稳定。

$$\sigma = \sqrt{\frac{\sum_{i=1}^{n}(R_i - \bar{R})^2}{n-1}}$$ (3-28)

离差系数C_v又称标准差系数。

$$C_v = \sigma / \bar{R}$$ (3-29)

C_v值愈小，说明混凝土质量愈稳定，施工水平愈高。

（三）强度保证率

强度保证率是指混凝土强度总体中大于设计强度等级的概率，以强度正态分布曲线上的阴影部分来表示，如图3-15所示。计算强度保证率$P(t)$时，先算出概率度t（又称保证率系数）

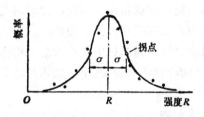

图 3-14 强度正态分布曲线

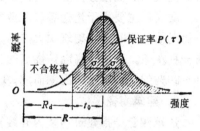

图 3-15 强度保证率

$$t = \frac{\bar{R} - R_d}{\sigma} = \frac{\bar{R} - R_d}{C_v R}$$ (3-30)

再由概率度t，根据正态分布曲线方程求出保证率$P(t)$。

$$P(t) = \frac{1}{\sqrt{2\pi}} \int_t^{\infty} e^{-\frac{t^2}{2}} dt$$ (3-31)

第六节 砌体与防水层

一、砌体

根据不同的材料，砌体分石砌体、砖砌体和各种砌块砌体等。燃气工程构筑物中以砖砌体为主。

（一）砖的分类

1. 普通粘土砖

普通粘土砖的原料以砂质粘土为主，制作砖坯干燥后，在砖窑中焙烧而成。焙烧后不闷窑则制得红砖，若经闷窑则成青砖，青砖较红砖坚实。

普通粘土砖的标准尺寸为240×115×53mm，加上砌筑灰缝10mm，则4块砖长，8块砖宽和16块砖厚均为1m；根据抗压强度（0.1MPa）分为200、150、100、75四个标号；对耐久性（吸水率和抗冻性等）技术指标也有严格的要求。根据砖的标号，耐久性及外观检查，将砖分为特等、一等和二等三个质量等级。

2. 耐火砖

耐火砖是用耐火原料经配料、成型、焙烧而制得的一种能耐燃烧与高温的砖。按耐火度分为普通耐火砖(1580~1770℃)、高级耐火砖（1770~2000℃）和特级耐火砖（2000~3000℃）。耐火砖因原料不同可分为粘土耐火砖、高铝砖、硅砖、半硅砖和镁砖等，其中以粘土耐火砖应用最广。

各种耐火砖均有多种形状，如直形砖、竖楔形砖、侧楔形砖、宽楔形砖、条形砖、平板砖和弧形砖等。而每种形状又有多种尺寸。因此耐火砖的规格相当复杂，一般均有部颁标准规格，施工时应按标准规格采用。常用的标准砖或异形砖一般用砖型代号表示，如标准耐火砖的尺寸为230×113×65mm，砖型代号为T-3。如需特殊尺寸，可另行订货加工。

各种耐火砖在高温下均有足够的强度，而且热膨胀系数小，能抵抗不同气体和炉渣的侵蚀。如粘土耐火砖与高铝砖具有较高的热稳定性，对酸性炉渣和碱性炉渣均有抗蚀性。硅砖抗酸性炉渣侵蚀性强，而镁砖耐碱性炉渣侵蚀性强。

耐火砖主要用于建造各种工业窑炉和民用炉灶的内衬。应该指出，不同品种的耐火砖不能混用，同时，在砌筑耐火砖时，应采用与耐火砖相同品种的耐火泥作胶结料。耐火泥是一种灰浆，采用经高温焙烧后的粘土熟料，或利用耐火砖碎角料碾磨成粉末后，再掺入20~30%的生粘土粉料配制而成，灰浆用水量为400~600kg/m³，砖缝越小，加水量越大。

3. 建筑陶瓷

建筑陶瓷是指建筑物室内外装修用的烧土制品，属精陶或粗瓷类。砖砌燃气炉灶是室内建筑的一部分，需用釉面砖和地砖等对表面进行装修。

（1）釉面砖 釉面砖是用瓷土压制成坯，干燥后上釉焙烧而成，又称瓷砖。通常做成 152×152×6mm 和108×108×5mm 等 正方形块。釉面砖因釉料颜色多样而有 不 同 品种，燃气工程上常用白瓷砖。白瓷砖光亮洁白，热稳定性好。

（2）地砖 又名缸砖，由难熔粘土 烧 成，一 般 为 150×150×10mm或100×100××10mm的正方形块，颜色有棕红或黄，质坚耐磨，抗折强度高，并具有防潮作用。

（二）砂浆

构筑物所用的砂浆是由水泥或石膏等胶凝材料与砂子和水组成的。地下构筑物一般均用水泥砂浆，地面以上对强度要求不高的构筑物可以采用气硬性的石灰砂浆。为了提高石灰砂浆的强度可掺入水泥而制成混合砂浆。

和易性良好的砂浆容易在粗糙的砖石底面上铺设成均匀的薄层并和底面紧密粘结。

砂浆标号是以边长为7.07cm的立方体试块，按标准条件养护至28天的抗压强度值（MPa）确定。常用砂浆标号有1、2.5、5、7.5和10等五种。矿浆经底面吸水后，保留在砂浆中的水量几乎是相同的，因此，砂浆的强度主要取决于水泥标号及水泥用量，而与水灰比无关。

$$R_{28} = K \cdot R_c \cdot Q_c / 1000 \tag{3-32}$$

式中　　R_{28}——砂浆28天的抗压强度（MPa）；

　　　　Q_c——每m³砂中的水泥用量（kg）；

　　　　R_c——水泥标号（MPa）；

　　　　K——经验系数，可由试验确定。

砂浆的抗压强度越高，其粘结力也越大。此外，粘结力与砖石表面清洁程度，湿润情况以及施工养护条件有关，砌砖时先浇水润湿，表面不沾泥土，可以提高砂浆与砖之间的粘结力。

砌筑砂浆应根据工程类别及砌体部位选择砂浆标号，再按标号确定配合比。闸井和地沟等构筑物的抹面砂浆，其水泥与砂子的重量比一般为1:2.5。

（三）砖墙砌筑

1. 一般要求

砖墙是由砖块和填满砂浆的灰缝所构成的整体，灰缝是薄弱环节，因此要求水平缝和竖缝都应灰浆饱满。上下两层砖应采取交错砌筑，避免出现通缝。砌筑过程中墙体每一层砖均应保持水平和垂直。水平度可用水平尺检查（图3-16），垂直度可用靠尺板和线坠检查（图3-17）。

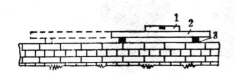

图 3-16　检查砌砖的水平度

1—水平尺；2—靠尺；3—垫板

图 3-17　检查砌砖的垂直度

2. 墙体砌筑方法

先将墙基础表面用砌浆找平，然后按构筑物施工图放线，放线时先放中心线（轴线），再由里向外放出墙身线。按墙身线从底层开始砌筑。

砖的宽表面叫做大面，长侧表面称为顺面，短侧表面称为顶面。两个表面相交处称做棱边。用长边与墙表面垂直砌筑叫做顶砖，顶面外露的砖层叫做顶砌层。用长边与墙表面平行砌筑的砖叫做顺砖，顺面外露的砖层叫做顺砌层，如图3-18所示。

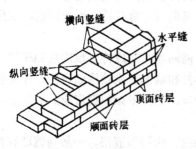

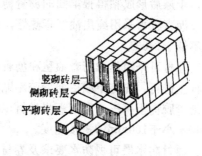

图 3-18　砖层及灰缝名称

图 3-19　平砌、侧砌与竖砌

砌砖时多数采用平砌，但有时也用侧砌或竖砌。如图3-19所示。砌筑红砖时必须先用水润湿，但砌筑炉体的耐火砖不能浸水。

构筑物的墙体厚度一般为一砖、一砖半或两砖。并采用错缝砌法使每层砖的横向竖缝错开，纵向竖缝的交错通常采用顶砌和顺砌砖层互相更替的方法实现，如图3-20所示。墙体砌筑第一层时，一般都采用顶砌，为了使砖层错开$\frac{1}{4}$，在顺砌砖层一端的 第一块砖必

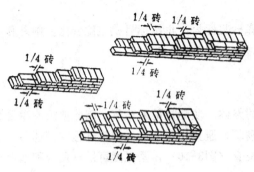

图 3-20 一砖、一砖半和两砖厚的墙体砌法

须采用3/4标准长度的砖。

3.墙角砌筑

墙角砖的错缝至关重要，因为墙角在墙体砌筑过程中具有基准作用。如墙的水平度、垂直度、砖缝厚度、以及横向竖缝的排列都以墙角为基准点。为了错缝，墙角砖一般都采用3/4砖长交错砌筑，如图3-21所示。而且在同一砖层内，如果一面墙的露面砖是顺砖，则另一面墙的露面砖必须是顶砖。

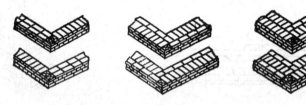

图 3-21 一砖、一砖半和两砖厚的墙角砌筑

二、防水层

防水层多用于地下构筑物，防止地下水顺底板、井墙或盖板渗入井内，影响燃气系统运行管理。防水层按使用材料分卷材防水层（又称柔性防水层）和水泥砂浆防水层（又称刚性防水层）。

（一）卷材防水层

地下构筑物的卷材防水层由冷底油、沥青胶和卷材组成。

冷底油用焦油沥青溶于苯或蒽油中制成，涂刷于基层上，可渗入表面毛细孔和缝隙中，干燥后形成粘得很牢固的沥青薄膜层，能有效地提高沥青胶与基层的粘结力。

沥青胶可采用纯焦油沥青热熔，也可加入部分填充料（如滑石粉）配置而成，使用温度不低于140℃。

卷材可采用焦油沥青油毡和沥青玻璃布油毡等。铺贴卷材时应待基层冷底油干燥后自下向上进行，先将下端用沥青胶粘贴牢固，然后向卷材和墙面交接处涂沥青胶，压紧卷材把沥青胶向上挤压，用刮板将卷材压实压平，封严接口，刮掉多余的沥青胶。各层卷材应保持不小于100mm的搭接宽度。

卷材防水层可视防水要求及卷材质量分别采用三层、四层和五层，一般均铺贴在构筑物外侧。

（二）水泥砂浆防水层

这种防水层仅适用于不受振动和具有一定刚度的混凝土或砖石砌体工程。对于可能变形或可能发生不均匀沉陷的构筑物，不宜采用。

防水砂浆可以用普通水泥砂浆来制作，也可以在水泥砂浆中掺入防水剂来提高砂浆的抗渗能力。

1.多层水泥砂浆防水层

利用不同配合比的水泥砂浆和水泥浆，相互交替抹压均匀密实，由于层数多，层与层之间的渗漏水毛细通路被堵塞，因此具有较高的抗渗能力，可构成多层的整体防水层。例如，"五层抹面法"的具体作法是：第一层为水泥浆层，厚2mm，水灰比0.4～0.5。分二次抹压，基层浇水湿润后，先抹1.0mm厚的结合层，用铁抹子往返用力抹压5～6遍，使水泥浆嵌实基层表面的孔隙，以增加防水层与基层的粘结力，随后再均匀抹1.0mm厚水泥浆找平，并用湿毛刷或排笔将水泥浆层表面按顺序拉成毛纹，使上下层牢固结合。第二层为水泥砂浆层，厚4～5mm，配合比为1:2.5，水灰比为0.4～0.45。待第一层凝结至用手指能按入水泥浆层$\frac{1}{4}$～$\frac{1}{2}$深时，接着抹第二层。抹时要压入水泥浆层深约$\frac{1}{4}$，使第一、二层牢固结合。抹后用扫帚按顺序向一个方向扫出横向条纹。第三层为水泥浆层，厚2mm，水灰比0.37～0.4，待第二层凝固约24小时后，适当喷水润湿，即可按第一层方法进行操作。第四层为水泥砂浆层，厚4～5mm，配合比与操作同第二层，但抹压2～3遍后不扫条纹。第五层为水泥浆，水灰比0.55～0.60，用毛刷均匀涂刷4～5遍，稍干后将表面压光。

· 每次抹压间隔时间应视施工现场湿度大小，气温高低及通风条件等情况确定，通常夏季在12小时内，冬季在14小时内完成。要避免砂浆凝固后再反复抹压，破坏表层水泥结晶，使强度降低和产生起砂现象。

2. 防水剂砂浆防水层。

是在普通水泥砂浆中掺入一定量的防水剂来提高抗渗防水能力。国内生产的防水剂种类繁多，常用的有氯化物金属盐类防水剂（俗称防水浆），金属皂类防水剂和氯化铁防水剂等。防水剂掺入水泥砂浆中，会大大降低水泥的泌水性，减少砂浆在拌制与成型过程中由于泌水沉降而产生毛细孔隙，或生成不溶性物质堵塞毛细管通路，因而提高砂浆的密实性和不透水性，达到防止渗漏的目的。

防水剂砂浆可按表3-12进行配制，先将水泥与砂子拌匀，再加入配制好的防水剂水溶液，反复搅拌均匀。严禁将纯防水剂直接倒入水泥砂浆拌合物中。配制好的防水砂浆应在初凝前用完。

防水剂砂浆施工配合比　　　　　　　　　　　表3-12

掺防水剂砂浆名称	配　合　比						
	防　水　砂　浆				防　水　净　浆		
	水泥	砂	水	防水剂	水泥	水	防水剂
氯化物金属盐类防水砂浆（体积比）	1	2～3	0.5	0.025	1	0.5	0.025
金属皂类防水砂浆（体积比）	1	2～3	0.4～0.5	0.04～0.05	1	0.4	0.04
氯化铁防水砂浆（重量比）	1	2～2.5	0.55	0.03	1	0.55	0.03

防水剂砂浆施工可采用铺抹法或喷射法。当采用铺抹法时，应在表面清理洁净的基础上，刷水泥浆一遍，然后分层铺抹，分层厚度一般5～7mm，总厚度20～30mm。每层应在前一层凝固后随即铺抹，最后一层砂浆抹完后，在凝固前应反复多次抹压密实，并注意

养护条件。

3. 膨胀水泥与无收缩水泥砂浆防水层

这种砂浆的密实性和抗渗性主要是由这两种水泥的良好抗渗性所形成。其体积配合比为水泥∶砂子＝1∶2.5，水灰比为0.4～0.5（重量比）。在常温下配制的砂浆须在1小时内用完。铺抹方法与防水剂砂浆相同。

防水砂浆的水泥标号不应低于325，宜用洁净中细砂。抹时按先盖板，再抹墙，后抹底板的顺序进行，注意各层间良好粘结。抹浆应连续进行，遇穿墙管等部位应在管周围嵌水泥浆再作防水层，防水层抹完应加强养护7～10天。

第四章 起重吊装与简易运输

第一节 索 具 与 设 备

一、绳索

常用绳索有麻绳和钢丝绳两种

（一）麻绳 麻绳具有轻便，容易捆绑等优点，但麻绳强度低，容易磨损和腐蚀，所以在起重作业中往往用于辅助作业和吊装重力小于5000N的管道或设备。

麻绳分素绳和浸脂绳两种。浸脂绳质硬、强度低，但防潮防腐效果好，素绳在干燥状态下，弹性和强度较好，但受潮后强度约降低50%，使用中尽可能避免受潮。麻绳允许承受的拉力S（N）可按下式计算

$$S = \frac{PK_0}{K} \qquad (4-1)$$

式中　P——试验确定的破断力（N）；

　　　K_0——断面充实系数，三股麻绳$K_0 = 0.66$；四股$K_0 = 0.75$；

　　　K——安全系数，新绳$K = 3 \sim 6$；旧绳$K = 9 \sim 12$。

缠绕麻绳的卷筒或滑轮的直径应大于麻绳直径的7倍。

（二）钢丝绳 钢丝绳构造如图4-1所示。它是由多股子绳绕着绳芯捻成。每股有7、19、24、37、61根丝之分，可采用粗细不同的钢丝捻制。

绳的捻绕分同绕法和交绕法。同绕法是指子绳中钢丝的捻转方向和钢丝绳子绳间的捻转方向完全相同。同绕法的绳子柔软易弯，与滑轮槽接触面较大，对滑轮表面压力较小，不易磨损；但绳子容易扭结纠缠，因而只适用于升降机和牵引装置。交绕法是子绳内的钢丝捻向和子绳间的捻向相反，可避免扭结纠缠，起重机上大都采用它。此外，子绳的旋转方向又可分为左旋和右旋，起重机一般都用交绕右旋钢丝绳。

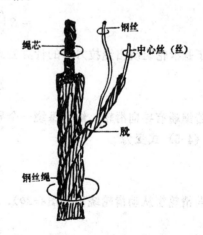

图 4-1 钢丝绳构造

钢丝绳的绳芯通常用麻芯。麻芯具有良好的润滑性能，柔软，易卷绕，不易磨损。高温场合使用的钢丝绳则应采用石棉绳芯。

钢丝绳的规格以股数、丝数和直径来表示，例如6×19-21.5。钢丝绳的许可拉力S（N）为

$$S = \frac{P_g \alpha}{K} \qquad (4\text{-}2)$$

式中 P_g——钢丝绳的钢丝破断拉力总和（N）；

α——钢丝荷载不均匀系数，对 6×19、6×37 和 6×61 的钢丝绳，α 分别为 0.85、0.82 和 0.80；

K——钢丝绳使用时的安全系数，$K = 3.5 \sim 14$，缆风绳 $K = 3.5$，载人升降机 $K = 14$。

使用时，为了减小绳的弯曲应力，应尽量采用直径较大的滑轮或卷筒。

二、滑轮

滑轮的作用在于改变牵引绳索的方向及省力。滑轮按使用方式分定滑轮、动滑轮、滑轮组、导向滑轮和平衡滑轮等。按轮的个数分单滑轮、双滑轮、三滑轮、……八滑轮。滑轮的边缘有线槽，能使绳自由绕动。不同滑轮起吊重物 Q 时，所需牵引力 S 不同。

一个定滑轮 $\qquad\qquad\qquad S = Q \cdot \eta \qquad\qquad\qquad (4\text{-}3)$

一个动滑轮 $\qquad\qquad\qquad S = \frac{Q}{2}\eta \qquad\qquad\qquad (4\text{-}4)$

对于滑轮组，由图4-2可知，$S > S_1 > S_2 \cdots > S_n$，设每个滑轮具有相同的阻力系数 η，为此可写成：

$$S_1 = \frac{S}{\eta}, \quad S_2 = \frac{S_1}{\eta} = \frac{S}{\eta^2}, \quad \cdots, \quad S_n = \frac{S}{\eta^n}$$

若动滑轮与起重物为隔离体，由静力平衡得

$$Q = S_1 + S_2 + \cdots + S_n$$

$$= S\left(\frac{1}{\eta} + \frac{1}{\eta^2} + \cdots + \frac{1}{\eta^n}\right)$$

$$= S\left(\frac{\eta^n - 1}{\eta^n(\eta - 1)}\right)$$

于是滑轮组绕出绳拉力 S 的计算公式为

$$S = \frac{\eta^n(\eta - 1)}{\eta^n - 1}Q \qquad (4\text{-}5)$$

若绳端有导向滑轮，绳子每绕一个导向滑轮，拉力要增加 η 倍，若绕 K 个导向滑轮，则 (4-5) 式变为

$$S = \frac{\eta^n(\eta - 1)}{\eta^n - 1}\eta^K Q \qquad (4\text{-}6)$$

若滑轮组从动滑轮绕出（图4-2b），则工作绳数比滑轮总数多1，于是

$$S = \frac{\eta^{n-1}(\eta - 1)}{\eta^n - 1}\eta^K Q \qquad (4\text{-}7)$$

式中 Q——起吊重物的重力（kN）；

n——滑车组的工作绳数；

η——单个滑车的转动阻力系数，对滚珠或滚柱轴承，$\eta = 1.02$；对青铜衬套轴承，$\eta = 1.04$；对于无轴承的滑轮，$\eta = 1.06$。

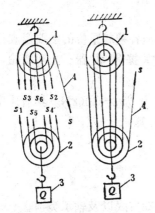

图 4-2 滑轮组受力示意图

1—定滑轮；2—动滑轮；3—构件；4—绕出绳

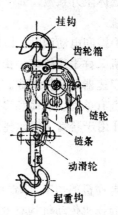

图 4-3 手拉葫芦

根据拉力 S 可以选择钢丝绳的直径和卷扬机的起重力。

三、手拉葫芦

又称链式起重机或导链，它由链条、链轮及差动齿轮等组成，包括索具及施力机构。可分为蜗杆传动和齿轮传动两种装置。齿轮传动的手拉葫芦如图4-3所示。

齿轮传动手拉葫芦的起重量最小为10kN，最大可达300kN，起重高度最大为12m。在燃气工程中，常用来起吊管子、阀门和小型设备。

四、千斤顶

常用的千斤顶有螺旋式和液压式二种

螺旋式千斤顶的起重力在50～500kN，顶推距离130～280mm，最大可达400mm。它有自锁作用，重物不会因停止操作而突然下降或回弹，可向任何方位顶进。在管道施工中用它校正管位，安装柔性接口铸铁管道或铸铁燃气管道试压时做端部堵头的活动支撑等用途。

液压千斤顶的起重力较大，常用的为30～500kN，最大可达5000kN。活塞行程一般是100～200mm，特制千斤顶活塞行程可达1m。一般液压千斤顶由液压泵和活塞组成。

五、绞磨

绞磨由底座、可转动盘体、推杆和回转制动器等部件组成，如图4-4所示。推动推杆旋转盘体，使绳索绕在盘体上，即可拉动管子等重物。绞磨推杆上需施加的力 P_0 按下式计算。

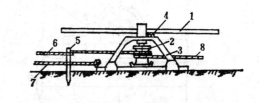

图 4-4 绞磨

1—推杆；2—卷筒；3—架子；4—制动器；5—锚桩；6—拉梢绳；7—地锚绳；8—拉力绳

$$P_0 = \frac{Sr}{R} K \qquad (4-8)$$

式中　R——推力作用点至盘体中心的距离；

　　　r——盘体半径；

　　　S——绳索的拉力；

K——盘体阻力系数，$K = 1.1 \sim 1.2$。

六、卷扬机

卷扬机分手摇和电动两种，既能单独作牵引工具，又是各种起重机的主要组成部份。

手动卷扬机又称手摇绞车，由手柄、卷筒、钢丝绳、摩擦制动器、止动棘轮、小齿轮、大齿轮和变速器等部件组成。起重力为 $5 \sim 100$kN。

电动卷扬机有单筒、双筒和多筒等数种，常用的起重力为 $5 \sim 100$kN。具有速度快和轻便等优点。作用于卷筒上钢丝绳的牵引力 $S(N)$ 按下式计算

$$S = 1020 \frac{P_H \eta}{V} \tag{4-9}$$

式中　P_H——电动机的功率（kW）；

　　　η——卷扬机传动机构总效率，其值取决于齿轮传动方式以及轴承类别。

$$\eta = \eta_0 \cdot \eta_1 \cdot \eta_2 \cdots \eta_n;$$

　　　η_0——卷筒效率。当卷筒安装在滑动轴承上时，$\eta_0 = 0.94$；当卷筒安装在滚动轴承上时，$\eta_0 = 0.96$；

η_1、η_2、$\cdots \eta_n$——传动机件效率，在 $0.93 \sim 0.98$ 之间，可查有关手册；

　　　V——钢丝绳速度（m/s）；

$$V = \pi D n_n \tag{4-10}$$

　　　D——卷筒直径（m）；

　　　n_n——卷筒转速（r/s）；

$$n_n = \frac{n_h i}{60} \tag{4-11}$$

　　　n_h——电动机转速（r/min）；

　　　i——传动比　$i = \dfrac{T_B}{T_P}$ $\tag{4-12}$

　　　T_B——所有主动齿轮的齿数乘积；

　　　T_P——所有被动齿轮的齿数乘积。

使用卷扬机时，必须注意机身稳固，防止起重量较大时发生机身倾翻事故。常用的锚固方式有：

1. 固定基础　将卷扬机安放在混凝土基础上，用地脚螺栓将机座固定。

2. 地锚固定　利用地锚将卷扬机紧紧拉住固定。

3. 压重固定　对拉力不大的卷扬机底座，多采用压重固定。当卷扬机受到钢丝绳倾斜拉力 S 的作用时（图4-5），设绳的倾角为 α，此时卷扬机底座受到钢丝绳水平分力

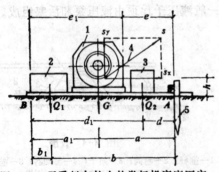

图 4-5　承受斜向拉力的卷扬机底座固定
1—卷扬机，2—后部压重，3—前压重，4—钢丝绳斜拉力，5—锚桩

$S_x = S \cos \alpha$ 作用绕 A 点倾覆，应在后部加压重力 Q_1。底座也受到钢丝绳的垂直分力 $S_y = S \cdot \sin \alpha$ 作用，存在绕 B 点倾覆的可能性，因此必要时，应在底座前部加压重力 Q_2。

当仅加压重力Q_1时，防止底座绕A点倾覆的条件应是：

$$Q_1 \geqslant \frac{K(S \cdot \cos\alpha \cdot h + S \cdot \sin\alpha \cdot e - Ga)}{b}$$ (4-13)

当同时加压重力Q_1和Q_2时，防止底座绕B点倾覆的条件应是：

$$Q_2 \geqslant \frac{K(S \cdot \sin\alpha \cdot e_1 - S \cdot \cos\alpha \cdot h - Ga_1 - Q_1 b_1)}{d_1}$$ (4-14)

防止卷扬机底座水平滑移的条件应是：

$$(Q_1 + Q_2)\mu_1 + (G - S \cdot \sin\alpha)\mu_2 \geqslant S \cdot \cos\alpha$$ (4-15)

当钢丝绳拉力S水平作用于卷扬机时，$\alpha = 0$，卷扬机底座不会绕B点倾覆，故$Q_2 = 0$，此时底座A点稳定的条件应是

$$Q_1 \geqslant \frac{K(Sh - Ga)}{b}$$ (4-16)

$$Q_1\mu_1 + G\mu_2 \geqslant S$$ (4-17)

式中　K——倾覆稳定安全系数，可取$K = 1.5$；

　　　μ_1——重物与土的摩擦系数，钢板与土$\mu_1 = 0.4$；木板与土$\mu_1 = 0.5$；

　　　μ_2——卷扬机底座与土的摩擦系数；

其余符号意义见图4-5。

第二节　地　锚

一、地锚的作用

地锚又称地龙，它在吊装方案的机索吊具平面布置图上的位置常称作锚点。地锚是用来固定缆风绳、卷扬机、绞磨、起重滑轮组的固定轮或导向轮等不可缺少的一种设施，其可靠性直接关系到起重作业的安全性。

二、地锚的分类

常用的地锚有木制、钢制或混凝土制，而以木制使用最多。地锚按受力方式不同分为桩式地锚和水平式地锚两种。

（一）桩式地锚　适用于固定受力不大的情况。按锚入方式又分为埋桩式和打入桩式。

埋桩式地锚是将圆木或方木成一排或两排斜放入挖好的锚坑内，桩的上方和后下方用挡木围住，再回填土夯实，如图4-6（a）所示。桩应设在坚实的土壤内，每根桩的入土深度不少于1.5m。桩应与受力绳保持垂直。

打入桩式地锚是将木桩斜向打入土中，桩长为1.5～2.0m，入土深度不少于1.2m，距地面0.4m处埋入一根挡木。根据需要亦可打入两根或3根桩连在一起，形成二联式或三联式，如图4-6（b）所示。

（二）水平地锚　适用于固定受力较大的情况，又称全埋式地锚。它是将横梁横卧在预先挖好的坑底，用千斤绳的一端从坑前端的槽中引出，埋好后用土回填夯实即成，如图4-7所示。埋入深度及横梁尺寸应根据地锚受力的大小和土质情况而定。这种地锚在吊装作业中应用很普遍。

水平地锚的横梁可以用数根圆木、方木或钢管集束而成。也有的用钢板焊制成横梁，其连接千斤绳的拉耳可以沿耳孔旋转。

　　根据结构，水平地锚分为有挡板地锚和无挡板地锚，后者可增强横向受力。

三、水平地锚的稳定性验算和强度校核

　　由图4-7可知，在缆风绳拉力S的作用下，水平地锚承受垂直分力和水平分力。稳定性验算和强度校核的目的是为了确定地锚的尺寸和埋深，以及材料选用。

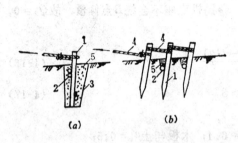

图 4-6　桩式地锚
1—圆木或方木；2—上挡木；3—下挡木；4—钢丝绳；5—填土石夯实

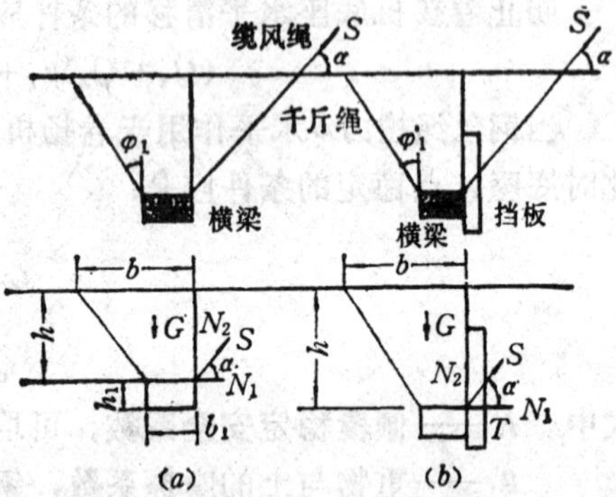

图 4-7　水平地锚的结构与受力分析图
(a)无挡板；(b)有挡板

（一）在垂直分力作用下地锚的稳定性

$$(G + T) \geqslant K N_2 \tag{4-18}$$

式中　G——土体重力（N），其值为

$$G = \frac{b + b_1}{2} k l \rho g \tag{4-19}$$

　　T——摩擦力（N），其值为

$$T = \mu N_1 \tag{4-20}$$

　　K——安全系数，$K = 2 \sim 2.5$

　　N_2——地锚所受的垂直分力（N），其值为

$$N_2 = S \cdot \sin \alpha \tag{4-21}$$

　　h——地锚横梁埋设深度（m）；

　　l——地锚横梁的长度（m）；

　　ρ——地锚上方土的密度（kg/m³）；

　　g——重力加速度；

　　b——有效压力区宽度，与土壤摩擦角ϕ有关，其值为

$$b = b_1 + h \, \mathrm{tg} \, \phi_1 \tag{4-22}$$

　　b_1——地锚横梁宽度（m）；

　　μ——摩擦系数，无挡板时$\mu = 0.5$，地下水位较高，有挡板时$\mu = 0.4$；

　　N_1——地锚所受的水平分力（N），其值为

$$N_1 = S \cdot \cos \alpha \tag{4-23}$$

　　α——千斤绳与水平方向的夹角；

　　ϕ_1——与土壤内摩擦角ϕ_0有关的计算拔角（°）。

（二）在水平分力作用下地锚的稳定性

1. 对无挡板地锚

$$[\sigma]_h > \frac{N_1}{h_1 l} \tag{4-24}$$

式中

$$[\sigma]_h = gh\rho \ \mathrm{tg}^2\left(45° + \frac{\phi_0}{2}\right) + 2C \ \mathrm{tg}\left(45° + \frac{\phi_0}{2}\right) \tag{4-25}$$

h_1 —— 地锚横梁高度（m）；

c —— 土的粘聚力（N/m²）。

其余符号意义同前述。

2. 对有挡板的地锚

$$[\sigma]_h \eta > \frac{N_1}{A} \tag{4-26}$$

式中 A —— 挡板的挡土面积（m²）；

η —— 土壤压力不均匀降低系数，$\eta = 0.5 \sim 0.7$。

（三）地锚的强度校核

1. 单点固定的地锚（图4-8）按下式进行核算

$$\sigma_弯 = \frac{M_{\max}}{W} \leqslant [\sigma]_弯 \tag{4-27}$$

式中

$$M_{\max} = \frac{ql^2}{8} \tag{4-28}$$

q —— 地锚横木上的均布荷载（N/m），$q = S/l$；

S —— 地锚许用拉力（N）；

W —— 地锚横木的抗弯截面系数（m³），对于圆木 $W = 0.1d^3 n$； $\tag{4-29}$

d —— 单根圆木直径（m）；

$[\sigma]_弯$ —— 木料许用弯曲应力（N/m²）；

n —— 地锚横木的根数。

图 4-8 单点固定地锚计算简图

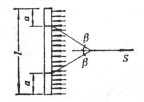

图 4-9 两点固定地锚计算简图

2. 两点固定的地锚（图4-9）按下式进行核算

$$\sigma_{\max} = \left(\frac{N}{F} + \frac{M_{\max}}{W}\right) \leqslant [\sigma] \tag{4-30}$$

式中 $M_{\max}$ —— 地锚横木悬臂部分的弯矩（N·m）；

$$M_{\max} = \frac{qa^2}{2} \tag{4-31}$$

a ——地锚横木悬臂部分长度（m）；

N ——地锚横木所受的轴向压力（N）；

$$N = \frac{S}{2} \text{tg} \beta \tag{4-32}$$

β ——地锚捆绑千斤绳与拉力 S 之间的夹角（°）；

F ——地锚横木的断面积（m²）；

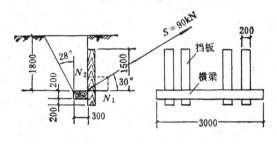

图 4-10　全埋式水平地锚几何尺寸

$[\sigma]$ ——木材许用应力（N/m²）。

其余符号意义同前述。

（四）水平地锚稳定性验算例题

如图4-10所示的全埋式水平地锚，已知土壤密度 $\rho = 1700\text{kg/m}^3$，内摩擦角 $\phi_0 = 38°$，计算抗拔角 $\phi_1 = 28°$，因为属于中砂土质，所以粘聚力 $C = 0$，试验算地锚的稳定性。

【解】1. 垂直分力作用下地锚的稳定性。

由图4-10可知，横梁有效压力区的宽度为

$$b = b_1 + h \cdot \text{tg} \phi_1 = 0.3 + 1.8 \times \text{tg} 28° = 1.257(\text{m})$$

土壤重力

$$G = \frac{b + b_1}{2} hl\rho g$$

$$= \frac{1.257 + 0.3}{2} \times 1.8 \times 3.0 \times 1700 \times 9.81 = 70108(\text{N})$$

摩擦阻力

$$N_1 = S \cdot \cos \alpha = 90 \times \cos 30° = 67.5 \ (\text{kN})$$
$$T = \mu N_1 = 0.5 \times 67.5 = 33.75(\text{kN})$$
$$N_2 = S \cdot \sin \alpha = 90 \times \sin 30° = 45 \ (\text{kN})$$

代入公式（4-18）得实际安全系数

$$K = \frac{G + T}{N_2} = \frac{70.1 + 33.75}{45} = 2.31$$

实际安全系数大于允许安全系数。

2. 水平分力作用下的地锚稳定性

土壤的侧压力（被动土压力）

$$[\sigma]_h = hg\rho \ \text{lg}^2 \left(45° + \frac{\phi_0}{2}\right) + 2c \ \text{tg} \left(45° + \frac{\phi}{2}\right)$$

$$= 1.8 \times 9.81 \times 1700 \times \text{tg}^2 \left(45° + \frac{38°}{2}\right) + 0$$

$$= 12620 \ (\text{N/m}^2)$$

挡板的实际承压能力为

$$\frac{N_1}{A} = \frac{67.5}{0.2 \times 1.5 \times 4} = 56.25 \ (kN/m^2)$$

挡板的有效承压能力为

$$[\sigma]_h \cdot \eta = 126.2 \times 0.5 = 63.10 \ (kN/m^2)$$

有效承压能力大于实际承压能力。

结论：全埋式水平地锚在90kN力的作用下呈稳定状态，可以安全使用。

第三节 起重机与吊装

一、起重机的类型

燃气工程中常用的起重机有汽车式起重机、轮胎式起重机和履带式起重机三种类型，统称为自行式起重机。

（一）汽车式起重机

一般汽车式起重机的起重机构和回转台是安装在载重汽车底盘上的。起重机的动力装置及操纵室与汽车的动力装置及驾驶室是分开的。为了增加起重机的稳定性，底盘两侧增设四个支腿，以扩大支承点。

汽车起重机的优点是机动性高，行驶速度快，Q_2-8型汽车起重机行驶速度可达60km/h，可与汽车编队行驶，转移迅速方便。其缺点是要求较好的路面，汽车需经过转盘和进退操作才能摆好起吊位置。

（二）轮胎式起重机

轮胎式起重机只有一台装在回转台上的动力装置，车身的行驶也依靠同一动力装置来驱动，其底盘坚固牢靠，采用大轮胎，车轮间距大，这些均与汽车式起重机不同。其行驶速度一般在30km/h以下。底盘上设有外伸支腿，所以起重量大，稳定性较好，可用来吊装中小型设备。但它仍要求有较好的路面。

（三）履带式起重机

履带式起重机由回转台和履带行驶机构两部分组成。在回转台上装有起重臂、动力装置、卷扬机和操纵室，在其尾部装有平衡重块。回转台能绕中心枢轴作360°整周旋转。履带架既是行驶机构，也是起重机的支座。

履带式起重机的起重力最大可达1000kN，可在崎岖不平及松软泥泞的施工场地行驶，稳定性好。其缺点是行驶速度慢，自重大，对路面有破坏性。

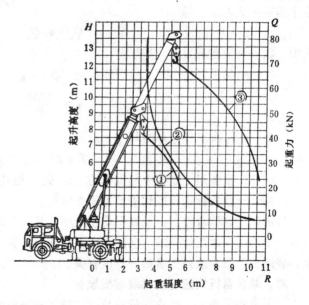

图 4-11 Q_2-8型起重机起重力特性曲线
①起升高度曲线（臂长6.95米）；②起重力特性曲线；③起升高度曲线（臂长11.7米）

75

二、起重机的基本参数

起重机的基本参数主要指起重力 Q、起升高度 H 和起重幅度 R。三项基本参数是安装工地选用和使用起重机的主要技术数据。

（一）起重力 Q 是指起重机起吊重物的最大允许重力 Q_1 与取物装置（绑扎索具等）自重 Q_2 之和，即

$$Q \geqslant Q_1 + Q_2 \tag{4-33}$$

（二）起升高度 H 是指起重机工作场地地面到取物装置上极限位置间的距离，当取物装置可以下放到地面以下时，地面以下部分称为下放深度，两部分之和为总起升高度。

（三）起重幅度 R 又称起重半径或回转半径，可按下式计算

$$R = b + L\cos\alpha \tag{4-34}$$

式中　b ——起重机臂杆支点中心至起重机回转轴中心的距离；

　　　L ——起重机臂杆长度；

　　　α ——起重机臂杆仰角。

起重力、起升高度和起重幅度之间的关系可用起重机性能表或起重机的特性曲线来表示。图4-11为 Q_2-8型汽车起重机的特性曲线。按计算出的 R 值，查特性曲线，复核 Q 及 H 值，如能满足管道或设备的吊装要求，即可根据 R 值确定起重机的停机位置。该位置倾复力矩可按下式计算。

$$M = QR \tag{4-35}$$

在倾复力矩小于额定值的情况下，可通过改变幅度 R 提高起重力 Q，或通过改变幅度来调整取物装置的工作位置，以适应吊装时的需要。

三、起重机生产率

为了表明起重机的工作能力，常综合起重力、工作行程及工作速度等参数，以生产率这个基本参数表示，即

$$Q_h = n \cdot Q_0 \tag{4-36}$$

式中　Q_0 ——有效起重力（kN/次）；

　　　n ——起重机每小时工作循环次数（次/h）。

$$n = \frac{3600}{T} \tag{4-37}$$

　　　T ——每次工作循环时间（s）；

$$T = \Sigma t + t_n \tag{4-38}$$

　　　Σt ——设备起吊过程中起重机的工作时间（起升、回转、…等时间之和）；

　　　t_n ——设备挂钩和脱钩等辅助工作时间。

确定起重机数量时，一般以平均生产率计算。平均生产率是按平均起重力、平均工作行程和平均工作速度计算的。实际生产率往往与计算生产率有较大差别，这种差别与起重、装卸生产条件及操作者熟练程度有关。

四、单台自行式起重机吊装塔类设备

塔类设备很高，一般均接近或超过自行式起重机的有效起升高度，只能在塔的重心上部进行捆绑吊装，如图4-12所示。

吊起的瞬间，塔成倾斜状，倾斜的角度 α 与塔轴线到绑扎点的距离 b 和绑扎点到设备

重心的距离 a 有如下关系。

$$\sin \alpha = \frac{b}{a}$$ (4-39)

为了使塔在基础上就位时成直立状态，必须在设备底座上加一个牵引力 S_2，S_2 的大小可按下式计算

$$S_2 = \frac{Qb}{h}$$ (4-40)

式中 Q ——塔体的重力（kN）；

h ——绑扎点到设备底部的距离（m）。

施力 S_2 后，塔成直立状态，这时吊车的起重绳（起重滑轮组）具有倾斜角 β，由图可知

$$\text{tg} \beta = \frac{S_2}{Q}$$ (4-41)

将（4-41）式代入（4-40）式后

$$\text{tg} \beta = \frac{b}{h}$$ (4-42)

自行式起重机起重滑轮组的倾角一般不能超过3°，为此

$$\text{tg} 3° = \frac{b}{h}$$

或 $$\frac{b}{h} \leqslant 0.05241$$ (4-43)

所以，上述条件只适用于安装高度 H 与直径 D 的比值大于 O 的塔类设备，在制气工艺设备中这种长而细的塔类设备尚不多见。

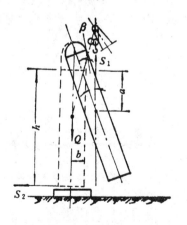

图 4-12 用单台起重机吊装塔类设备时受力分析图

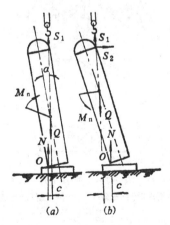

图 4-13 设备在基础上就位时受力图
(a) 重心垂线在底座范围内；(b) 重心垂线在底座范围外

在制气工艺设备中，常见的塔类在吊装就位时，一般均如图4-13（a）的状态。即通过绑扎吊点和塔重心的垂线处于塔的底座范围内，当点 O 与基础相接触时，产生一个使塔翻向直立状态的力矩 M_n，且 M_n 与 S_1 的方向是一致的，所以，不须加任何牵引力就可平稳

77

地将塔就位到基础上。

如果上述的垂线位于基础范围以外，如图4-13（b）状，点O与基础接触后，将产生一个使塔倾角α增大的力矩M_n，且M_n与S_1方向相反。此时，塔要在基础上就位时，就必须使用牵引绳，牵引绳最好加到塔重心以上，牵引拉力S_2用来平衡力矩M_n。

塔体重心可按"瞬时"静力平衡建立计算式。

$$L = \frac{q_1 l_1 + q_2 l_2 + \cdots + q_n l_n}{Q} = \frac{\Sigma q_2 l_i}{Q} \tag{4-44}$$

式中　$q_1, \cdots, q_n; l_1, \cdots, l_n$——塔体各分级的重力与各级重心至塔底端距离；

　　　　L——全塔重心至塔底距离。

第四节　起重桅杆与吊装

起重桅杆是一种土法吊装起重机械，在起重机等比较先进的起重机械不能有效合理使用的情况下采用。起重桅杆主要由桅杆、底座、滑车组和卷扬机等组成。

一、桅杆的分类

桅杆按其构造和吊装形式不同，分为单桅杆、人字桅杆和桅杆式起重机等

（一）单桅杆

采用一根独立的桅杆作承重结构，其长度和截面大小根据起吊件的重量和高度，经计算确定。桅杆材料有木制，钢管制（图4-14）和型钢格构式等数种。桅杆竖立时倾斜5°～10°角，顶部拉5～6根缆风绳锚于地面或其他结构物上，与地面成30°～45°夹角。

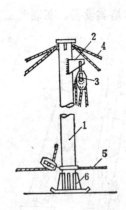

图 4-14　钢管单桅杆

1—钢管；2—钢悬臂板；3—滑车组；4—缆风绳；
5—拉绳；6—底座

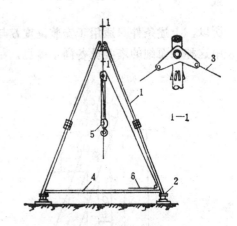

图 4-15　钢管人字桅杆

1—钢管；2—支座；3—缆风绳；4—横拉绳；5—滑车组；
6—通向卷扬机

木制单桅杆一般用整根杉木或红松圆木制成，圆木稍径180～320mm时，起重力30～100kN。

钢管单桅杆直径$DN250$～$DN300$，高度10～20m，起重力100～300kN。

格构式单桅杆由型钢组成一方形截面，用腹杆和缀条联成整体，一般作成数段，用螺栓连接。根据高度及断面尺寸不同，起重力为50～550kN。

(二) 人字桅杆

是用两根圆木，钢管或型钢格构在顶端用钢丝绳捆扎或钢绞组成人字形，在交接处悬挂起重滑轮组，桅杆下端两脚的距离约为高度的 $\frac{1}{2} \sim \frac{1}{3}$，在下部设防滑钢丝绳或横拉杆，以承受水平推力。顶部设置不少于5根缆风绳，底部设木底座或支座，可用卷扬机或绞磨拖动。图4-15所示为钢管人字桅杆。

人字桅杆比单桅杆侧向稳定性好，起重量大，杆件受力均匀，缆风绳少，架立方便，占地小。缺点是移动较麻烦，重物起吊后活动范围较小。

圆木人字桅杆高度3～7m，圆木中径160～300mm，起重力30～310kN。

(三) 桅杆式起重机

在单桅杆下端安装一根可起伏和回转的吊杆，即组成桅杆式起重机，如图4-16所示。桅杆和吊杆的连接可采用多种方式，如将吊杆铰接在桅杆的下端；或者和桅杆分开直接安装在底盘上，桅杆固定不动；也可将吊杆、桅杆连接在一个转盘上，由卷扬机牵动转盘旋转，并共同支承在止推轴承或球型支座上。顶部设6～8根缆风绳，以保持稳定。

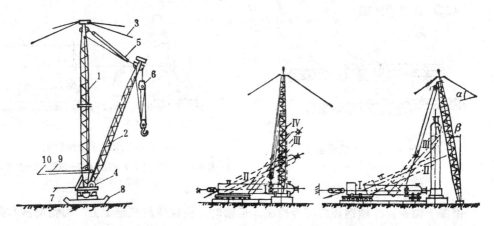

图 4-16　钢格构桅杆式起重机　　　图 4-17　用单桅杆滑移法吊装塔类设备示意图

1—桅杆；2—起重杆；3—缆风绳；4—转盘；5—变幅滑
动组；6—起重滑车组；7—回转索；8—底盘

起重力50kN以下的桅杆式起重机多用圆木制成，可用于吊装地沟盖板等小构件；起重力100kN左右，多用无缝钢管制成，可用于小型设备或圆柱形燃气储罐的安装；起重力在150kN以上时，常用型钢作成格构式截面，主桅杆高度可达25～85m，吊杆长达20～77m，可用于大型燃气储罐的安装。

二、单桅杆滑移法吊装塔类设备

用单桅杆滑移法吊装塔类设备时，应使起重桅杆倾斜一个不太大的 β 角，如图4-17所示，使起重桅杆顶部的起重滑轮组正好对准塔类设备基础的中心。吊装前，塔体应先放置在基础附近的拖排枕木垫上，使设备重心靠近基础，然后按图4-17中Ⅰ、Ⅱ、Ⅲ和Ⅳ的位置稳妥起吊。这种吊装方法要求起重桅杆的高度高于塔体，这是起重桅杆优于自行式起重机之处。因此，起重桅杆在设备安装工程中，更多地是用于吊装塔类设备。

起吊时，应保持塔体平稳地上升，不得有摆动及滑轮卡阻和钢丝绳扭转等现象。为了防止塔体左右摆动，可先在塔顶两侧拴好牵引绳索来控制。起吊过程中，应检查桅杆、拉索和地锚等的工作情况，特别要注意地锚有无松动现象产生。此外，还需注意桅杆底部导向滑轮不要因受水平拉力的作用而带着桅杆向前移动。

第五节　重型设备的简易运输与装卸

一、排子运输

运输排子有木排子和钢排子，木排子适用于滚运，钢排子适用于滑运。

（一）木排子运输

木制排子借助滚杠在道木上滚动来运输。道木可用一定断面尺寸的枕木沿运输路线分两排纵向铺设在滚杠下面，如图1-18所示。滚杠上面放置排木，两根排木之间用定距螺栓和定距木加以固定，排木上横放一定数量的托木将设备托住。对于**圆柱形设备**可在两侧用挤木使设备稳定在托木上。图4-19为木排子运输结构图。运输时，用汽车、拖拉机或卷扬机等牵引，使设备和排子沿水平方向移动。

（二）钢排子运输

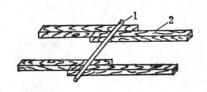

图 4-18　道木放置示意图
1—滚杠；2—道木

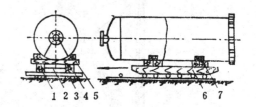

图 4-19　木排子运输结构图
1—排木；2—定距木；3—道木；4—滚杠；5—托木；6—定距螺栓；7—挤木

钢排子由钢管、槽钢和角钢等构成。运输时，将设备放在排子上，两侧用挤木塞紧，就地牵引滑运。其结构形式如图4-20所示。

二、滚杠装卸法

（一）装车法

如图4-21所示，先将滚杠放到排子下面，再由货车3上的平面与设备4之间搭成一个斜道木垛1。货车另一侧安装一台卷扬机2。用钢丝绳把设备连接捆绑好之后，由一人指挥，一人开动卷扬机，再由3、4人摆放滚杠，设备可安全拉到货车上。最后用千斤顶把设备举

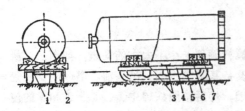

图 4-20　钢排子滑运结构图
1—定距支撑角钢；2—排管；3—托木槽架；4—排面槽钢；5—排侧支管；6—托木；7—挤木

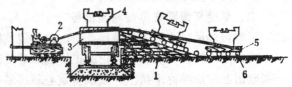

图 4-21　滚杠装车法
1—道木垛；2—卷扬机；3—货车；4—设备；5—木排子；6—滚杠

起，拉出滚杠。

（二）卸车法

如图4-22所示，先搭好木垛和斜道，用千斤顶举起设备，放好道木、滚杠和木排子。卸车时，前面用滑轮组牵引，当设备进入斜坡时，后面溜放滑轮组均匀放松，使设备靠自重逐渐滑下。

三、简易运输的计算

（一）牵引力计算

斜坡上滚运设备时的受力情况如图4-23所示。排子的牵引力可按下式计算。

$$S = K\left[Q_0 \cos\alpha \left(\frac{f_1 + f_2}{D} + \text{tg }\alpha \right) \right] \qquad (4\text{-}45)$$

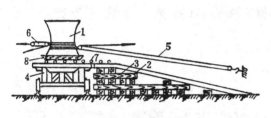

图 4-22　滚杠卸车法

1—设备；2—斜道；3—木垛；4—车皮；5—牵引滑轮组；6—溜滑轮组；7—滚杠；8—木排子

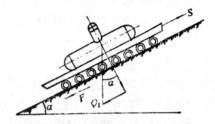

图 4-23　斜坡上滚运设备时受力分析

式中　S ——排子牵引力（N）；

Q_0 ——设备重力（N）；

D ——滚杠直径（cm）；

f_1, f_2 ——滚杠与地面和滚杠与木排之间的滚动摩擦系数（cm），水泥地面$f = 0.08$；土地面$f_1 = 0.15$；排木$f_2 = 0.10$，钢轨上$f_2 = 0.05$；

α ——斜坡坡度角（°）；

K ——起动附加系数，钢滚杠对钢轨$K = 1.5$；钢滚杠对道木$K = 2.5$；钢滚杠对土地$K = 3\sim5$。

牵引机械所需功率为

$$N = \frac{SV}{1000\eta} \qquad (4\text{-}46)$$

式中　N ——牵引机械功率（kW）；

V ——运输速度（m/s）；

η ——传动效率$\eta = 0.8\sim0.85$。

倘若使用轮胎或履带行驶机械牵引，则牵引力应小于行走机械与地面的附着力，否则轮胎或履带将要在地面上打滑。附着力可按下式计算

$$F = \phi Q_1 \qquad (4\text{-}47)$$

式中　F ——轮胎或履带对地面的附着力（N）；

Q_1 ——牵引汽车或拖拉机的总重力（N）；

ϕ ——轮胎或履带对地面的附着系数，详见表4-1。地面潮湿，附着系数小。

行驶机构	附　着　系　数　ϕ						
	混凝土	沥青路面	密实土壤	压实雪地	冰雪地	耕　地	砂　地
轮　胎	0.6~0.85	0.6~0.75	0.35~0.55	0.1~0.3	0.07~0.15		0.65~0.75
履　带		0.35~0.45	0.87	0.65	0.45	0.7	0.4~0.5

牵引力还应大于运输时的阻力，运输阻力 $R(N)$ 可按下式计算。

$$R = W_1 G_1 + W_2(G_2 + G) + W_3(G_1 + G_2 + G) \tag{4-48}$$

式中　W_1——汽车或拖拉机的运动阻力系数 (N/kN)；

　　　W_2——拖车或排子的运动阻力系数 (N/kN)；

　　　W_3——坡度阻力系数 (N/kN)，其值为坡度的百分数，上坡时为正，下坡面为负；

　　　G ——设备自重力 (kN)；

　　　G_1——汽车或拖拉机的自重力 (kN)；

　　　G_2——拖车或排子的自重力 (kN)。

各种运动阻力系数均与路面情况有关，计算结果应为 $R \leqslant F$。

（二）滚杠计算

滚杠受压后，不产生变形的允许最大线荷载 W (N/cm) 通过试验得知，松木滚杠 $W = (40~50)d$；硬木滚杠 $W = 60d$；厚壁钢管 $W = 350d$。式中 d 为滚杠直径 (cm)。

设每副排子所需用的滚杠数量为 m，每根滚杠上有效承压长度为 l (cm)，于是

$$m \geqslant \frac{QK_1K_2}{Wl} \tag{4-49}$$

式中　Q ——设备重力（N）；

　　　K_1——动荷载系数，$K_1 = 1.10~1.35$，运动速度越大，取值越大；

　　　K_2——不均衡荷载系数，一般 $K_2 = 1.2$。

第五章 燃气管道和储气罐的焊接

第一节 焊 接 概 述

一、气焊和气割

气焊是利用可燃气体与氧气混合燃烧的火焰所产生的高热熔化焊件和焊丝而进行金属连接的一种焊接方法。所用的可燃气体主要有乙炔气、液化石油气、天然气及氢气等，目前常用的是乙炔气，因为乙炔在纯氧中燃烧时放出的有效热量最多。

氧气切割是利用金属在高温（金属燃点）下与纯氧燃烧的原理而进行的切割。气割开始时，用氧—乙炔焰（预热火焰）将金属预热到燃点（在纯氧中燃烧的温度），然后通过切割氧（纯氧），使金属剧烈燃烧生成氧化物（熔渣），同时放出大量热，熔渣被氧气流吹掉，所产生的热量和预热火焰一起将下层金属加热到燃点，因此，当氧气流将生成的氧化物吹掉并与未燃金属接触时，这些未燃金属也要开始燃烧，如此继续下去就可将整个厚度切开。

常用的气焊（割）设备及工具有如下数种。

1. 乙炔发生器　是水与电石（CaC_2）相互作用，产生并储存乙炔的设备。按乙炔的压力 P 可分为低压式乙炔发生器（$P<0.045MPa$）和中 压 式 乙 炔 发 生 器（$P=0.045\sim0.15MPa$）。

2. 氧气瓶　储存和运输高压氧的高压容器，外表面涂天蓝色。常用容积为40公升，工作压力15MPa，可容$6Nm^3$氧气。

3. 双气体燃料发生器　这是一种推广使用的新产品，在发生器内可将 水 电解成氢气和氧气，然后按最佳比例混合，从而取代氧气瓶和乙炔发生器。

4. 氧气减压器　用于显示氧气瓶内氧气及减压后氧气的压力，并将高压氧 降 到工作所需要的压力，且保持压力稳定。

5. 焊矩　是气焊时用来混合气体和产生火焰的工具。按可燃气体与氧气 的 混合方式分为射吸式焊矩和等压式焊矩两类。

6. 割矩　是氧—乙炔火焰进行切割的主要工具，火焰中心喷嘴喷射切割氧气流对金属进行切割。也分射吸式和等压式。

气焊所用材料主要有焊丝和电石，其次是气焊粉。焊丝的化学成分直接影响焊缝金属的机械性能，应根据工件成分来选择焊丝。气焊丝的直径为$2\sim4mm$；电石可用 水解法制取乙炔气，为保护熔池与提高焊缝质量需采用气焊粉，其作用是除去气焊时熔池中形成的高熔点氧化物等杂质，并以熔渣覆盖在焊缝表面，使熔池与空气隔离，防 止 熔 池 金属氧化。在焊铸铁、合金钢及各种有色金属时必须采用气焊粉，低碳钢的气焊不必用气焊粉。

气焊规范主要指对焊丝直径、火焰能率、操作时的焊嘴倾斜角和焊接速度根据不同工件正确选用，并严格执行。

二、手工电弧焊

手工电弧焊是利用电弧放电时产生的热量，熔化焊条和焊件，从而获得牢固接头的焊接过程。该过程由引燃电弧、运动焊条和结尾三个动作组成。

电焊机是手工电弧焊的主要设备，是决定电弧稳定燃烧，从而获得优良焊缝的首要因素。电焊机有直流电焊机和交流电焊机（焊接变压器）两类，其中直流电焊机又分旋转式（焊接发电机）和整流式（焊接整流器）两种。

电焊条的质量直接影响焊缝的性能，为此，电焊条应满足下列基本要求。①保证焊缝金属具有一定的化学成分，机械性能和其他物理化学性能；②保证焊缝金属与焊接接头不产生气孔、夹渣、裂纹等缺陷；③具有良好的工艺性能。电焊条由钢芯和药皮组成，钢芯强度应满足焊接构件要求。药皮应根据工艺要求选用，常用酸性焊条，重要结构用碱性焊条。

手工电弧焊的焊接规范参数主要是指焊条牌号与直径，焊接电流、电弧电压，以及焊接层数的选择。

三、自动和半自动电弧焊

手工电弧焊的引弧、运条和结尾三个步骤完全用机械来完成，即称为自动焊；半自动焊时，电弧沿焊缝的移动（即运条）是靠手工操作的。其设备必须具有送丝机构（机头）和行走机构（小车或自行机头）两部份，图5-1所示为自动焊车示意图，它由焊丝盘、机头、台车和操纵盘组成。焊接时，安装上焊剂漏斗后，启动操纵盘上的焊接按钮，焊接过程便可自动进行。机头应完成引弧、焊接（焊丝按预定要求向电弧区送进）和熄弧三个动作；行走机构则完成使焊接接头的预定速度沿焊缝移动。

图5-2为自动埋弧焊的焊接过程。焊剂由漏斗流出后，均匀地撒放在装配好的工件上，堆敷高度一般约为40～60mm。焊丝由送丝滚轮经过导电嘴而送进。焊接电源的两级分别接在导电嘴和工件上。

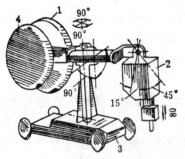

图 5-1　自动焊车示意图

1—焊丝盘；2—机头；3—台车；4—控制盘

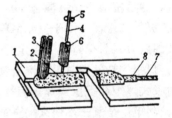

图 5-2　自动埋弧焊的焊接过程

1—工件；2—焊剂；3—焊剂漏斗；4—焊丝；5—送丝滚轮；6—导电嘴；7—焊缝；8—渣壳

四、气体保护电弧焊

焊接过程中，空气中的某些气体对熔滴和熔池可能产生有害影响，为了防止这种影响，手工电弧焊中利用焊条上的药皮，埋弧焊中利用焊剂，药皮或焊剂在焊接过程中产生气体和焊渣使熔滴和熔池与其周围空气隔绝，达到保护作用。但是焊渣保护却存在很多缺点，气体保护电弧焊许多独特的优点弥补了渣保护的不足。

气体保护电弧焊简称气电焊。气电焊是利用气体作为保护介质的一种电弧熔焊方法。焊接过程中，它直接依靠氮、氩或二氧化碳等气体，在电弧周围造成局部的气体保护层，防止有害于熔滴和熔池的气体浸入，保证了焊接过程的稳定性，从而获得高质量的焊缝。图5-3为CO_2气体保护焊的焊接过程示意图。

气体保护焊目前最大的缺点是不宜在有风的地方焊接。

五、碳弧气刨

碳弧气刨及碳弧气割是利用碳极电弧的高温，将金属局部加热到熔化状态，同时用压缩空气把熔化的金属吹掉，以对金属进行刨削或切割的一种工艺方法。

碳弧气刨的主要工具是刨枪，目前使用的碳弧气刨枪有侧面送风和圆周送风两种。

侧面送风式又分钳式和旋转式，钳式侧面送风枪的钳口端部一侧钻有压缩空气喷射小孔，旋转式侧面送风枪如图4-4所示，其特点是对不同直径的碳棒及扁形碳棒各备有一套黄铜喷嘴。喷嘴在连接套中能旋转360°，由于连接套和主体是采用螺纹连接，它们之间可作适当旋转，所以气刨枪头部可根据需要转成各种位置。

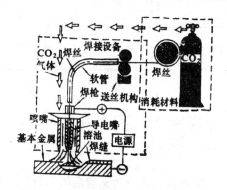

图 5-3 CO_2保护焊接过程示意图

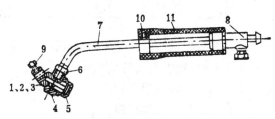

图 5-4 旋转式侧面送风气刨枪

1—喷嘴Ⅰ；2—喷嘴Ⅱ；3—喷嘴Ⅲ；4—连接套；5—锁紧螺帽；6—螺母；7—主体，8—气电接头，9—螺钉，10—螺钉；11—手柄

圆周送风式气刨枪的枪体头部有分瓣弹性夹头，在夹头的圆周上有几个方形出风槽，压缩空气由出风槽沿碳棒四周吹出，碳棒冷却均匀。刨削时熔渣则从刨槽的两侧吹出，前方无熔渣堆积，便于掌握刨削方向。

碳弧气刨的电路连接应以工件为负极，可使熔化金属含碳量较高，金属流动性好，凝固温度低，刨削过程稳定，刨槽光滑。此外还应正确地选用碳棒直径，电流和压缩空气的压力等规范参数。

第二节 钢燃气管道的焊接

参加燃气管道焊接的焊工必须取得有关部门颁发的《锅炉压力容器焊工合格证》，并连续从事焊接工作，方可准许参加焊接。

化学成分和机械性能不清楚的钢管和电焊条不得用于燃气管道工程。

一般情况下应尽量采用电弧焊，只有壁厚不大于4mm的钢管才可用气焊方法焊接。

一、管子端面检查及组对

管子端面的形状和尺寸是保证焊接质量的首要条件。燃气管道的焊接一般均采用对接接头，根据管壁厚度可分为不开坡口的对接接头和V形坡口对接接头。

不开坡口适用于壁厚4mm及以下的钢管，为保证焊透，通常留有1～2mm的间隙。

V形坡口在管壁厚度超过4mm时采用。坡口形状及尺寸如表5-1所示。坡口的主要作用是保证焊透，钝边的作用是防止金属烧穿，间隙是为了焊透和便于装配。不同壁厚的管子、管件对焊时，如两壁厚相差大于薄管壁厚的25%，或大于3mm时，必须对厚壁管端进行加工，加工要求如图5-5所示。

钢管对接接头尺寸(mm)　　　　表 5-1

V形坡口图示	焊　接	壁　厚 S	间　隙 a	钝　边 p	坡口角度 α
	电弧焊	4～9	1.5～2	1～1.5	60°～70°
		≥10	2～3	1.5～2	60°～70°
	气　焊	3.5～5	1～1.5	0.5～1	60°～70°

管子坡口可采用车削、氧气切割或碳弧气刨等方法进行加工。

管子组对时，两管纵向焊缝应错开，环向距离不小于100mm；错口允许偏差为0.5～1.0mm。组对短管时，短管长度不应小于管径，而且不应小于150mm。

二、沟边焊接工作的组织

对口完毕即可进行点固焊，然后焊接成一定长度的管段，待强度试验后，将管段下到沟槽内再焊成管路。焊接工作由一定数量的管子工和焊工组成作业组按流水作业进行。

1. 对口点固焊组　负责把管子放在垫木或转动装置上，对好口，点固焊成管段。

2. 转管焊接组　把点固焊的管段全部施焊完毕，并进行强度试验。

3. 固定口焊接组　把下到沟底的各管段连接施焊成管路，一般是在沟内对口和固定口全位置焊接。

上述作业组形式适于长距离和较大管径（$DN>150$）的焊接工程，短距离的焊接工程根据施工具体条件组织一个或两个作业组。

三、管道的焊接技术

（一）固定口全位置焊接技术

水平管道固定口的焊接特点是焊缝的空间位置沿焊口不断变化。焊接时要随着焊缝空间位置的变化不断改变焊条角度，因此操作比较困难。另外，焊接过程中熔池形状也在不断变化，不易控制，往往出现根部熔透不均匀，表面凸凹不平的焊道。

焊缝的不同空间位置，容易产生的缺陷也不相同。如将管口分成八等分（图5-6），则从位置1至6容易出现各种缺陷，部位2容易出现弧坑未填满和气孔，部位5容易出现熔透过分，形成焊瘤，部位3和4熔渣与铁水容易分离。焊接时要根据不同位置的特点调整操作工艺，避免产生焊接缺陷。

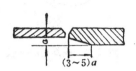

图 5-5　不同壁厚钢管的对接

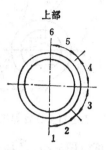

图 5-6　水平管固定口焊接位置分布

1—半圈起点；2—仰焊；3—仰立焊；4—平立焊；

5—平焊；6—半圈终点

水平管固定口的焊接通常是以平焊点6和仰焊点1为界，将环形焊口分为两个半圆形焊口，按仰焊、仰立焊、平立焊和平焊的顺序进行焊接。

1．前半圈的焊接　起焊应从仰焊部位中心线前5～15mm处开始（图5-7），提前起焊尺寸依管子直径而定，管径小提前尺寸相应减小。在坡口侧面上引弧，先用长弧预热，当坡口开始熔化时迅速压短电弧，靠近钝边作微小摆动。在钝边熔化形成熔池后，即可进行熄弧焊，然后方可继续向前施焊。用"半击穿法"将坡口两侧钝边熔透，使其反面成形，然后按仰焊、仰立焊、立焊、斜平焊及平焊顺序将半个圆周焊完。为了保证接头质量，前半圈收尾时应在越过平焊部位中心线5～15mm处熄弧。焊接时焊条角度的变化 如 图5-7所示。焊接过程中遇到点固焊缝时，必须用电弧将焊缝一端的根部间隙熔穿，以确保充分熔合。当运条至点固焊缝另一端时，焊条应稍停一下，使之充分熔合。

2．后半圈的焊接　由于仰焊起焊时最容易产生未填满弧坑、未焊透、气孔、根 部 裂纹等缺陷，所以在后半圈焊接开始时，应把前半圈起焊处的焊缝端部用电弧割去 约 10mm的一段，既可除去可能存在的缺陷，又可以形成缓坡形的焊缝端部，为确保半圈接头处的焊接质量创造有利条件。其操作方法是先用长弧预热原焊缝端部，待端部熔化时迅速将焊条转成水平位置，对准熔化铁水用力向前一推，必要时可重复2～3次，直到将原焊缝端部铁水推掉形成缓坡形槽口。随后将焊条移回到焊接位置，从割槽的后端开始焊接，这时切勿熄弧，以使原焊缝充分熔化，消除可能存在的缺陷。当运条至中心线时须将焊条向上顶一下，以便将根部熔透，形成熔孔后方可熄弧。此后即可进行后半圈的正常焊接。

3．平焊接头　平焊接头是两个半圈结尾的交接部分，也是整个焊口的收 尾 部分，要保证此处充分熔合并焊透。为此，运条至原焊缝尾部时，应使焊条略向前倾，并稍作前后运条摆动，以便充分熔合。当接头封闭时，将焊条稍微压一下，这时可以听到电弧击穿根部的声音，说明根部已充分熔透，填满弧坑后即可熄弧。

4．表面多层焊　完成封底焊缝后，其余各层的焊接就比较容易了。要注意使各层 焊道之间，以及与坡口之间必须充分熔合。每焊完一道要仔细清除熔渣，以免产生层间夹渣。

（二）固定口横焊技术

横焊时，熔池金属有自然下流造成上侧咬边的趋势，表面多层焊道不易 焊 得 平 整美观，常出现高低不平的缺陷。

1．封底焊　因为全部是横焊，条件相同，所以在各种位置时都要使焊条与管 子 之 间

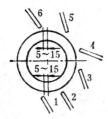

图 5-7 固定口全位置焊接的焊条角度变化   图 5-8 横焊运条角度

保持相同角度（图5-8）。具体操作技术完全同于横焊单面焊双面成型操作技术。焊接时要尽可能将熔池的形状控制为斜椭圆形，如图5-9（a）所示，这时不易产生夹渣。要避免出现凸圆形焊缝（图5-9（b）），凸圆形焊缝容易产生层间夹渣及熔合不良等缺陷。在用碱性低氢焊条时，运条只能在熔池中作斜向来回摆动，采用不灭弧半击穿焊法。电弧不得任意离开熔池，以免出现气孔等缺陷。组对间隙小时，应增大电流或使电弧紧靠坡口钝边作直线运条，用击穿法进行焊接。

　　2．表面多层焊　为了避免夹渣、气孔等缺陷，焊接电流应大些，运条速度不宜过快，熔池形状尽可能控制为斜椭圆形。若铁水与熔渣混合不易分清，可将电弧略向后一带，熔渣就被吹向后方而与铁水分离。当遇到焊缝表面凸凹不平时，在凸处运条应稍快，在凹处则应稍慢，以获得较平整的焊缝。表面多层焊可采用直线或斜折线运条法。

　　（三）转动口焊接技术

　　管子组对后，长度不过长时应尽量采用转动焊法。转动焊可以在最佳位置施焊，因此在整个焊接过程中焊条角度、运条方法等都保持不变，焊接质量也较容易保证。

　　转动口单面焊双面成型焊接时可在立焊位置和斜立焊位置进行，如图5-10所示。立焊位置可保证根部良好熔合与焊透，熔渣与铁水容易分离，组对间隙较小时更适于采用立焊位置；斜立焊位置除具有立焊位置的优点外，还具有平焊操作方便的优点，可用较大的电流，以提高焊接速度。

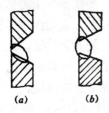
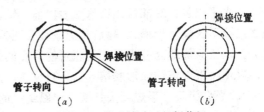

图 5-9 横焊根部焊缝形状   图 5-10 管道转动口施焊位置
（a）斜椭圆形（b）凸椭圆形   （a）立焊位置；（b）斜立焊位置

第三节　球形燃气储罐的焊接

　　球形燃气储罐主要用于高压常温，甚至高压低温的条件下，材质多为高强度的低合金钢，钢板较厚，施工现场焊接条件较差，而对焊接质量的要求又非常严格，因此，焊接质量是球形燃气储罐施工质量的关键。

　　一、球罐的主要焊接缺陷

球罐焊接除应避免一般焊缝缺陷外，尤其要防止变形和裂纹这两种缺陷。

（一）变形　焊缝横向收缩往往产生角变形，即焊缝产生内凹或外凸。另外，环向焊缝纵向收缩造成球罐相对应的直径缩小，形成赤道带直径小，而极板则向外凸起。

球罐变形不仅是外观质量问题，而且将导致应力集中和附加应力。严重削弱球罐承压能力，影响安全。因此，必须正确地组装焊接，尽量减小变形。

（二）裂纹　球罐钢板厚度大，材质强度高，成型后刚性大，焊接应力比较大，如果在材料选用、施工及焊接工艺中稍有忽略，将会产生严重的焊接裂纹，威胁球罐的安全使用。

球罐焊接裂纹可能发生在焊缝，也可能发生在热影响区，既可能是纵向裂纹，也可能是横向裂纹，既可能在焊接过程中产生热裂纹，也可能在焊接后相当一段时间出现延迟裂纹（又称冷裂纹）。对于低合金高强度钢，延迟裂纹出现的倾向性更大。

因此，不论是选用材料，或是制定工艺和操作过程，每一个环节都必须密切注视焊接裂纹出现的可能性。

二、对接焊缝名称及代号

球罐上的焊缝非常多，部位各不相同，为了组装焊接、检验及缺陷修复等工序中方便起见，建造过程中应对焊缝统一名称和编号。

一般情况下，焊缝名称及编号与球壳板各带名称及代号相对应，即两环带球壳板间组成的环焊缝，其代号由两环带球壳板代号拼成，各环带纵焊缝代号由各环带球壳板代号与各带纵焊缝安装序号组成。根据球罐直径大小，其球壳板可分别由三环带、五环带或七环带等组成。图5-11为五环带球罐焊缝名称及代号示意图。

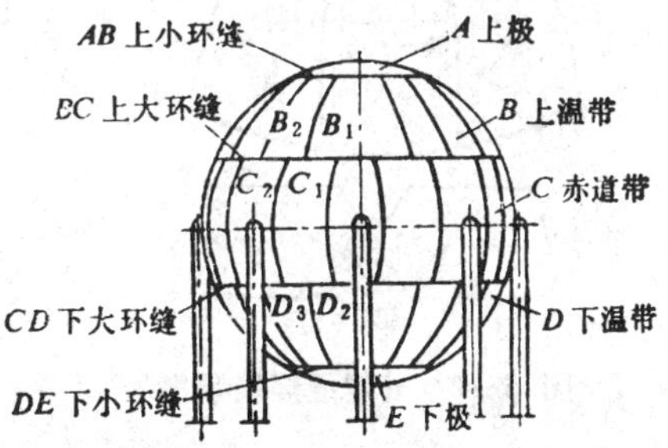

三、预制片的组装焊接

（一）坡口形状

图 5-11　五环带球罐焊缝名称及代号

坡口形状和尺寸对球罐的几何形状及焊接质量影响很大，球壳板预制片的对接焊缝，可按不同厚度分别采用V形或不对称X形坡口，如表5-2所示。采用不对称X形坡口时，大坡口一般应在球壳板外侧。

（二）预制片组装焊接

预制片组装焊接应在焊接胎具上进行。实践证明，在凹形胎具上组装比较容易，因此，一般是点焊内部，先焊外焊缝，后焊内焊缝。由于每片重量较大，翻转较难，一般都是将外焊缝全部焊完再焊接内焊缝。

焊接外焊缝时，把固定点焊好的预制片放到焊接外焊缝胎具上，不加任何约束进行焊接。如三个焊工同时施焊，可按图5-12所示的位置、方向和顺序进行，由焊缝端部开始焊至预制片的中心最高点，再从另一端焊起至最高点相接，多层焊的顺序均相同。

预制片外焊缝施焊完成后，翻转过来放入焊接内焊缝胎具上，先进行碳弧气刨清除焊根。预制片四周边缘用卡具进行半刚性固定，使预制片的弧度与内弧样板完全吻合。把焊缝的两端点点焊固定，防止施焊变形。施焊位置、方向和顺序可按图5-13所示进行。

坡口名称	坡口形式	自动焊坡口尺寸	手工焊坡口尺寸	适用范围
V 形	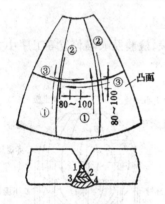	$S = 16 \sim 20$ $P = 7$ $C = 0 + 1$ $\alpha = 70°$	$S = 6 \sim 18$ $P = 2$ $C = 2$ $\alpha = 65°$	球壳纵、环焊缝
不对称×形	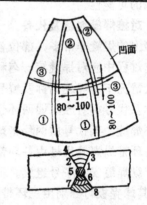	$S = 20 \sim 28$ $h = 6$ $S = 30 \sim 40$ $h = 10$ $P = 6$ $C = 0 + 1$ $\alpha = 70°$ $\beta = 70°$	$S = 20 \sim 50$ $h = 1/3\ S$ $P = 2$ $C = 2 \sim 4$ $\alpha = 60 \sim 70°$ $\beta = 60 \sim 70°$	球壳纵、环焊缝

图 5-12 外焊缝焊接顺序　　　　　图 5-13 内焊缝焊接顺序

四、球体组装焊接

（一）固定焊

球壳板吊装前需要在球壳板上焊接一些定位块和吊耳等临时性安装附件,这些附件的焊接称为固定焊。

（二）定位焊（点固焊）

球罐焊接前为组对固定球壳板而焊接的短焊缝称为定位焊缝。定位焊要达到使球罐在正式焊接前即使拆除了组装夹具,球壳板的连接仍具有足够的强度。定位焊应在球壳直径、椭圆度、错边量、角变形和对口间隙等调整合格后进行。应采用分组同时对称施焊,尽量减少焊接应力和焊接变形。

（三）球罐的焊接顺序

焊接顺序的制订主要是使焊接应力减小,并均匀分布,将焊接变形控制在最小范围内,并防止冷裂纹的产生。施焊顺序的原则是先焊接纵焊缝,后焊接环焊缝;先焊接大坡口面焊缝,后焊接小坡口面焊缝;先焊接赤道带焊缝,后焊接温带焊缝,最后焊接极板焊缝。例如,由五环带组成的球罐可按下述两大阶段进行焊接。

1.散装球罐的焊接顺序

赤道带外侧纵缝→下温带外侧纵缝→上温带外侧纵缝→赤道带内侧纵缝→下温带内侧纵缝→上温带内侧纵缝→上下外侧大环缝→上下内侧大环缝→上外侧小环缝→上内侧小环缝→下外侧小环缝→下内侧小环缝。

2．上下极板、人孔凸缘及接管的焊接顺序

极板外侧平缝→极板内侧平缝→人孔凸缘外侧焊缝→极板接管外侧焊缝→人孔凸缘内侧焊缝→极板接管内侧焊缝。

（四）焊缝的焊接工艺

1．纵缝的立焊焊接工艺

赤道带和上下温带（及寒带）的纵缝可由数名焊工组成的施焊组进行对称焊接。一般可每隔一条或两条缝安排一名焊工。焊接时，数名焊工同时开焊，焊接速度基本保持一致。对于厚度为40mm的球壳板，焊接层次如图5-14所示。焊接赤道带纵缝按立焊焊接规范进行；上温带呈平立焊位置，焊接速度可稍快；下温带呈仰立位置，焊接速度应放慢些。

焊接时预热温度为125～150℃，层间温度不超过预热温度。

2．环缝的横焊焊接工艺

上下大环缝和小环缝均处于横焊缝位置，可均布数名焊工同时自左向右施焊，焊接层次如图5-15所示。横焊预热温度为145～165℃。

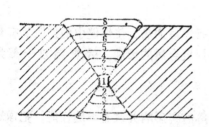

图 5-14　δ＝40mm的纵缝焊接层次

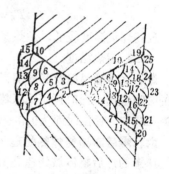

图 5-15　δ＝40mm的横缝焊接层次

3．插管角焊缝的焊接工艺

接管组装前应将球壳板上的开孔打磨出光泽。焊接时要特别注意焊透，焊接层次如图5-16所示。焊缝的加强高度为0.7倍的管壁厚度。

五、预热温度与后热温度

（一）预热温度

焊缝在焊接前进行预热可延长焊缝冷却时间，使焊缝中的扩散氢有足够时间逸出，并可降低焊接残余应力，从而避免冷裂纹的出现。

利用裂纹敏感性指数P_C和P_{CM}的计算，可以估算出避免裂纹所需要的预热温度T_0。P_C、P_{CM}和T_0的经验公式为

$$P_C = P_{CM} + \frac{H}{60} + \frac{h}{600}$$ (5-1)

$$P_{CM} = C + \frac{Si}{30} + \frac{Mn}{20} + \frac{Cu}{20} + \frac{Ni}{60} + \frac{Cr}{20} + \frac{Mo}{15} + \frac{V}{10} + 5B \qquad (5-2)$$

$$T_0 = 1440 P_C - 392 \qquad (5-3)$$

式中　P_C——钢材焊接裂纹敏感性指数（%）；

　　　P_{CM}——合金成分裂纹敏感性指数（%）；

　　　H——熔敷金属中扩散氢含量（ml/100g），国内一般低氢焊条的扩散氢含量为 2～4ml/100g；

　　　h——钢板厚度（mm）；

　　　T_0——避免出现裂纹所需的最低预热温度（℃）；

C,Si…,B——碳、硅、…铍等合金成分的含量（%）。

例题，厚度 $h=40mm$、钢号为16MnR的钢壳板，其化学成分为C—0.16%，Mn—1.4%，Si—0.35%。采用国内低氢型焊条，试计算此种钢板避免出现裂纹所需的最低预热温度。

【解】取扩散氢含量 $H=3ml/100g$，则

$$P_{CM} = 0.16 + \frac{0.35}{30} + \frac{1.4}{20} = 0.2416$$

$$P_C = 0.2416 + \frac{3}{60} + \frac{40}{600} = 0.3582$$

$$T_0 = 1440 \times 0.3582 - 392 = 123.8℃$$

现场环境温度较低，预热条件较差，因此，选定预热温度为125～165℃。

（二）后热温度

焊后趁球罐焊缝及其周围尚有余热时，应立即进行焊后加热，使焊缝中的扩散氢有充分的时间逸出，同时还可降低罐壁的残余应力，减小焊缝金属的硬度。后热温度一般为200～250℃，保温时间为0.5～1.0小时。

六、焊后球罐整体热处理

球罐的焊后整体热处理是为了消除焊接残余应力等有害影响并改善焊缝性能，把球罐整体加热到某一温度，经一定时间保温，然后冷却的工艺过程。图5-17所示是焊后热处理所显示出的效果，由图中曲线可知，焊接残余应力随着退火温度的升高而降低，当加热到600℃时，残余应力几乎完全消除。

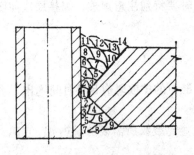

图 5-16　$\delta=40mm$ 插管角焊缝的焊接层次

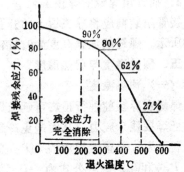

图 5-17　焊后热处理消除残余应力效果

焊接残余应力是形成冷裂纹的重要因素，焊缝厚度越大，残余应力越严重。各国对焊

后热处理的厚度界限均有明确规定。我国JB7.41规范规定，对接焊缝厚度符合以下条件应进行焊后热处理。

碳钢：＞34mm（若焊前预热100℃时，＞38mm）；

16MnR：＞30mm（若焊前预热100℃时，＞34mm）；

15MnVR：＞28mm（若焊前预热100℃时，＞32mm）；

12CrMo：＞16mm；

其他低合金钢任意厚度都应进行焊后热处理。

我国GBJ94—86《球形储罐施工及验收规范》对焊后热处理温度作了规定，常用钢号为550～650℃。热处理时的最少保温时间为每25mm厚度，不应少于1小时。热处理时球罐各处温度差越小越好，但保温阶段温差应≤50℃。当球罐升温到300℃以上时，应把升温速度控制在60～80℃/小时范围内。冷却时球罐温度在300℃以上时，其冷却速度应控制在30～50℃/h，300℃以下时可在空气中自然冷却。图5-18为板厚50mm，公称容积1000m³球罐的升温与降温过程。

热处理可采用内部燃烧法，即在球罐内部布置一个或若干个燃烧喷嘴，燃烧气体或液体燃料。也可采用热风加热法或爆炸能法。球罐外可采用玻璃棉等保温材料保温。罐外壁均匀布置若干热电偶控制及测量温度。按照预先设计的热处理工艺曲线进行升温和退火。

图5-19所示为采用内部燃烧法的热处理工艺系统。油罐1内的燃料油经油泵2、流量计3和安全回流阀4送至雾化器5，贮气罐6内的燃气经调压阀7，燃气空气混合器8送至点火器9，点着的火焰把雾化器的油雾点燃后共同加热球罐。燃烧气体燃料时，燃气和燃烧时所需空气分别由燃气贮罐6和空气贮罐11供应，空气贮罐与空气压缩机10连接。球罐内烟气排出可通过蝶阀13控制从烟囱14排出。球罐表面各部位的温度利用表面热电偶和导线传至温度记录仪。

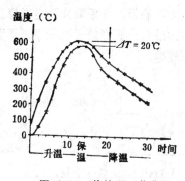

图 5-18 热处理工艺曲线

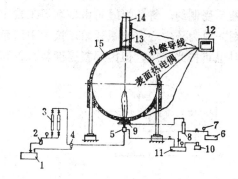

图 5-19 热处理工艺系统

1—油罐；2—油泵；3—流量计；4—安全回流阀；5—雾化器；6—燃气贮罐；7—调压器；8—混合器；9—点火器；10—空气压缩机；11—空气贮罐；12—温度记录仪；13—蝶阀；14—烟囱；15—绝热层

第四节　螺旋导轨式储气罐的焊接

螺旋导轨式储气罐容积大，焊缝多，焊接工作量非常大，钢板厚度又较薄，焊接时容易变形。所以，螺旋导轨式储气罐焊接的主要问题是制定正确的焊接工艺，以减小变形。

一、水槽底板的焊接

水槽底板由中心板和外圈板（边板）组成。中心板一般为厚度6mm的大张钢板，采用搭接或对接方式组成，中心板中有一块较厚（≥10mm）的钢板，燃气进出管由此通过。外圈板厚度一般不小于10mm，外圈板之间均为对接，接缝下面可以垫扁钢。外圈板与中心板之间为搭接，搭接宽度不小于50mm。底板的对接焊缝和搭接焊缝的基本尺寸要求如图5-20所示。

水槽壁板与外圈板之间的焊缝为环向角焊缝。

底板是大面积，多焊缝，封闭形的单面薄钢板焊接，焊接时很容易产生焊接变形。除局部变形外，最严重的是要防止底板中部凸起。中部凸起有时很高，无法矫正。投入运行后，由于进气与出气时，罐底承受压力变化很大，底板反复变形，焊缝很快产生疲劳断裂，不仅影响储气罐使用年限，还可能造成严重事故。

为减小底板凸起，应采取正确的焊接顺序。即中心板和外圈板分别施焊，待环向角焊缝焊接完毕，再焊外圈板与中心板之间的焊缝，此焊缝称为收缩缝。

（一）中心板的焊接

为了防止焊接变形，在焊每条焊缝时都要保证焊件在垂直焊缝的方向（横向）能自由伸缩。正确的焊接顺序应该是先焊横缝（钢板的短边），后焊纵缝（钢板的长边）。焊接横缝就是钢板接长，宽度不变，焊接时纵向收缩不受限制。钢板的宽度一般都在1.5m以上，为了减小焊缝纵向收缩所引起的应力和变形，每条横缝都应采取分段逆向焊法，即从焊缝中部向两边对称施焊。

焊前要先点固，点固焊时要将对接或搭接边敲打平整，并贴紧垫板。点固焊缝距离为30～40mm。

横缝焊毕，中心板就由许多长条钢板组成，纵缝的焊接就是两条钢板沿长边相接，横向收缩不受制约。每条焊缝可由多名焊工自中心向两端分段施焊，并采取分段逆向焊法。

图5-21为从中心定位板开始，按图中所示数字顺序边吊装边施焊的焊接顺序。采用自动焊时也可按此顺序，但因焊接速度较大，可不必分段施焊。

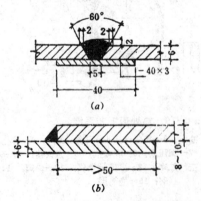

图 5-20 水槽底板的拼接焊缝

（a）底板对接焊缝；（b）底板搭接焊缝

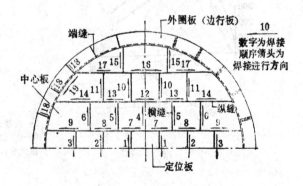

图 5-21 水槽底板焊接

采用多层焊时，每层的焊缝接头处应互相错开。

（二）外圈板与环向角焊缝的焊接

94

焊接顺序依次为先焊外圈板的端缝，再焊外圈板与水槽壁板之间的环向角焊缝，最后焊外圈板与中心板的搭接焊缝。这种焊接顺序可使中心板变形减到最小的程度。

环向角焊缝的焊接在水槽壁板最下一带完全定位后进行，可由多名焊工分段对称施焊，并采用分段逆向焊法。环向角焊缝虽构成封闭形，但其伸缩仅影响外圈板，与中心板无关。

外圈板与中心板的搭接焊缝焊前应先点固焊，点焊时应将挠曲的搭接边敲打平整，并贴紧中心板。

（三）收缩缝的焊接

收缩缝的焊接在环状角焊缝全部施焊完成后进行。先点焊，然后由多名焊工分段对称施焊，也采取分段逆向焊接方法。

收缩缝虽然也是沿圆周分布的封闭焊缝，但与焊缝平行的外圈板可以较自由地伸缩，从而使底板凸起减到最小程度。

二、水槽壁板的焊接

（一）正装法的焊接

壁板的竖向缝和环向缝一般都采用对接焊。焊接时，应先焊竖向缝，待全周竖向缝施焊完毕，再焊环向缝。因此，焊接竖向缝时，壁板在圆周方向内可自由收缩。第一带壁板与水槽底板的外圈板组成的环向角焊缝，应该在第一带壁板吊装就位，并且焊完全周的竖向缝以后，再行施焊。然后再吊装第二带壁板，待第二带壁板全周的竖向缝焊好以后，再焊第一带与第二带壁板之间的环向缝，依此顺序进行焊接，直至完成水槽平台与壁板的环缝焊接。施焊时，焊工沿圆周均匀布置，对称施焊。为减少焊接变形，环向对接缝的坡口宜放在水槽壁板的内侧，并按图5-22所示的程序分三道进行施焊。1．先焊内面产生"外凸"变形；2．外面封焊产生"内凸"变形；3．内面再盖焊一道使表面恢复平直。

（二）倒装法的焊接

全部焊接可在地面上进行，竖向缝为对接焊缝，环向缝一般为搭接焊缝，环向搭接焊可以采用自动焊。

倒装法的焊接顺序依次为：

1．水槽平台焊接；

2．最上一带（第一带）壁板的竖向焊缝；

3．水槽平台与第一带壁板的搭接环向缝；

4．第二带竖向缝；

5．吊起的第一带与第二带的搭接环缝；

6．第三带竖向缝；

以下顺序类推。

三、塔节的焊接

根据塔节的安装顺序，把杯圈、内立柱、导轨、塔节壁板和挂圈焊接成塔节整体。

（一）杯圈（挂圈）焊接

全环周的杯圈组装件就位并测检后开始焊接。为防止焊接变形，应先点焊，并在每道焊口上点焊一块弧形板（图5-23），弧形板内侧开有凹槽，以方便内侧焊接。

（二）导轨垫板上、下两端与挂圈及杯圈的对接焊缝；

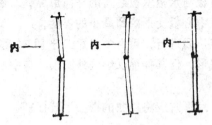

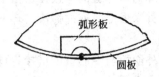

图 5-22 控制水槽壁板环向焊接变形的施焊程序　　图 5-23 杯圈内侧弧形板

（三）菱形壁板与挂圈及杯圈的搭接焊缝；

（四）导轨垫板与菱形壁板的搭接焊缝。

焊接时，焊工均匀分布在全周的焊缝处对称施焊。每焊完一个焊口后，各焊工同时顺同一方向移动，再焊第二个焊口，直至焊完全部焊缝。先焊塔节内侧，后焊塔节外侧。

四、顶板的焊接

顶板的焊接要先焊径向焊缝，后焊环向焊缝。先焊中心，然后由内向外，最后焊边板。边板的焊接顺序与底板的外圈板相同。除边板端缝外，顶板的焊缝全部为搭接，施焊时缝隙不得大于1mm。

施焊时，焊工沿圆周均匀分布，对称施焊，并采用分段逆向焊法，以使变形和焊接应力减至最小，使收缩变形量沿顶板均匀分布。

第五节　焊接质量检验

一、焊接缺陷分析

焊接时产生的缺陷可分为外部缺陷及内部缺陷两大类。外部缺陷用眼睛和放大镜进行观察即可发现，而内部缺陷则隐藏于焊缝或热影响区的金属内部，必须借助特殊的方法才能发现。

（一）外部缺陷

1. 焊缝尺寸不符合要求　焊缝的熔宽和加强高度不合要求，宽窄不一或高低不平。这是由于操作不当等原因造成的。如运条不正确、焊条摆动不均匀、焊接速度和焊条送进速度不一致，以及对口间隙或坡口大小不一等。

2. 咬边　咬边是由于电弧将焊缝边缘吹成缺口，而没有得到焊条金属的补充，使焊缝两侧形成凹槽。造成咬边的主要原因是由于焊接时选用的焊接电流过大，或焊条角度不正确。咬边在对接平焊时较少出现，在立焊、横焊或角焊的两侧较易产生。焊条偏斜使一边金属熔化过多会造成一侧咬边。

咬边的存在减弱了接头工作截面，并在咬边处形成应力集中。**燃气管道和燃气储罐的接缝不允许存在咬边**。

3. 焊瘤　焊接过程中，熔化金属流溢到加热不足的母材上，这种未能和母材熔合在一起的堆积金属叫做焊瘤。产生焊瘤的主要原因是电流太大，焊接熔化过快或焊条偏斜，一侧金属熔化过多，角焊缝更易发生焊瘤。

焊瘤造成焊缝成形不美观，立焊时有焊瘤的部位往往还有夹渣和未焊透。管子内部的焊瘤除降低强度外，还减小管内的有效截面。

4．烧穿　烧穿一般发生在薄板结构的焊缝中，是绝对不允许存在的。烧穿的原因是由于焊接电流过大，焊接速度太慢或装配间隙太大。

5．弧坑未填满　焊接电流下方的液态熔池表面是下凹的，所以断弧时易形成弧坑。它减少了焊缝的截面，使焊缝强度降低。弧坑金属比其他部位金属含氧和氮多，故机械性能低，在动荷载的情况下，焊缝通常由弧坑处开始破坏。因此必须填满弧坑。

6．表面裂纹及气孔　这类缺陷会减小焊缝的有效截面，造成应力集中，并影响焊缝表面形状。

外部缺陷较容易被发现，应及时修补，有时需将缺陷铲（刨）去后再重新补焊。

（二）内部缺陷

常见的内部缺陷是未焊透、夹渣、气孔和裂纹。

1．未焊透　有根部未焊透，中心未焊透，边缘未焊透，层间未焊透等几种类型。未焊透使接头强度减弱，外力作用时，未焊透处可能产生裂纹。对重要结构，未焊透处必须铲除后重新补焊。

产生未焊透的原因可能是由于坡口角度和间隙太小，钝边太厚；也可能是焊接速度太大，焊接电流过小或电弧偏斜，以及坡口表面不洁净。未焊透常和夹渣一起存在。未熔合也属于未焊透，这是加热不充分使工件边缘没有熔化，而熔化焊条金属没有和工件真正熔化在一起。未熔合的原因是电流太大，后半根焊条过热造成熔化太快，工件边缘尚未熔化，焊条铁水就流过去了。所以焊接电流过大也可能产生未焊透。

避免未焊透的措施是正确选用焊接电流和焊接速度，正确选用坡口形式和装配间隙，坡口表面铁锈应清除干净，操作时防止偏焊和产生夹渣。

2．夹渣　因为焊缝金属冷却过快，一些氧化物、氮化物或熔渣中个别难熔的成分来不及自熔池中浮出而残留于焊缝金属中造成夹渣。多层焊时，前一层的焊渣未清理干净也会造成夹渣。

夹渣与气孔一样会降低焊缝强度。焊接时，应将工件清理洁净，选择适当成分的药皮或焊剂，以保证对熔池金属的充分保护及脱氧，使不致形成过多而难熔的熔渣。

3．气孔　气孔是由于在焊接过程中形成的气体来不及排出，而残留在焊缝金属内部所造成的。气孔可能单个存在，也可能成网状、针状，后者更有害。气孔的存在减小了焊缝工作截面，降低了接头强度与致密性。

避免产生气孔的措施是保证焊条或焊剂充分干燥，工件表面和焊丝没有铁锈、油污等杂质，加强对焊缝的保温，使之缓慢冷却。

4．裂纹　裂缝发生于焊缝或母材中，可能存在于焊缝表面或内部，是最危险的缺陷。裂缝削弱了工作截面，不仅造成应力集中，而且在动荷载作用下，即使有微小裂纹存在，也很容易扩展成宏观裂纹，导致结构整体的脆性破坏。因此绝对不允许裂纹存在。

焊接冷裂纹在焊后较低的温度下形成。由于冷裂纹的产生与氢有关，又有延迟开裂的性质，因此又称焊接氢致裂纹或延迟裂纹。氢的来源主要是焊接材料中的水分，焊接区域的油污、铁锈、水及大气中的水蒸汽等，经电弧高热作用分解成氢原子而进入熔池中，焊接时，氢除了向大气中扩散外，在熔池冷却过程中还向夹杂处集中形成圆形或椭圆形微裂纹，所以又称氢白点。此外，钢材组织成分和焊后残余应力也是产生冷裂纹的因素。

普通碳素钢和低合金高强度钢产生热裂纹的可能性较少。但贮存高压低温的燃气球罐，尤其是不锈钢材质的焊接，热裂纹是常见的缺陷。

球形燃气储罐在进行消除焊后残余应力的热处理过程中出现的裂纹称为再热裂纹，又称消除应力处理裂纹，简称SR裂纹。热处理中，钢材弹性应变向塑性应变转化而得到松弛，残余应力松弛时，在应力集中部位引起的实际塑性变形是大于或等于该部位钢材的变形能力时便产生再热裂纹。对再热裂纹敏感的钢主要是含Cr、Mo、V和B等元素的钢。为防止再热裂纹，应尽量减少焊接残余应力，消除应力集中点，确定合理的热处理温度。

当发现有裂纹时，可在其两端钻孔，防止裂纹扩展。然后用风铲或碳弧气刨将其清除干净，重新补焊。合金钢板在焊接后应至少经过三天再检查一次是否有延迟裂纹。

二、焊接接头的性能鉴定

（一）化学成分分析 化学分析的目的是检查焊缝金属的化学成分，化学成分的偏差将影响接头的机械性能。一般是用直径为6mm的钻头，从焊缝中钻取样品（图5-24）。样品的钻取数量视所作分析的化学元素多少而定，一般常规分析需50～60g。经常被分析的元素有碳、锰、硅、硫和磷等。对一些合金钢或不锈钢焊缝，有时也需分析铜、钒、钛钼、铬、镍和铝等元素，必要时还要对焊缝中的氢、氧或氮的含量作分析。

（二）金相组织检查 焊接接头的金相检查目的是分析焊缝金属及热影响区的金相组织，测定晶粒的大小及焊缝金属中各种显微氧化夹杂物、氢白点的分布情况，以鉴定该金属的焊接工艺是否正确，焊接规范、热处理和其它各种因素对焊接接头机械性能的影响。

焊接接头金相组织的检查方法，首先是在焊接试板上截取试样，经过刨削、打磨、抛光、浸蚀和吹干等步骤，然后放在金相显微镜下进行观察。必要时可通过摄影把典型的金相组织情况制成金相照片。

（三）机械性能试验 这种试验方法是为了评定各种钢材或焊接接头的机械性能。

1.拉伸试验 拉伸试验是为了测定焊接接头或焊缝金属的强度极限、屈服极限、断面收缩率和延伸率等机械性能指标。试样的取截位置及形状如图5-25所示。

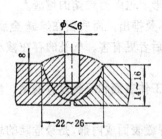

图 5-24 焊缝金属化学分析试样钻取要求

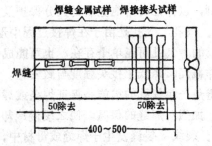

图 5-25 焊接接头及焊缝金属拉力试样
取样位置

2.弯曲试验 弯曲试验的目的是测定焊接接头的塑性，以试样弯曲角度的大小以及产生裂纹的情况作为评定指标。弯曲试样的取样位置及弯曲方法分别见图5-26和图5-27。

三、无损探伤法

对于内部缺陷可以用物理的方法在不损害焊接接头完整性的条件下去发现，因此称为无损探伤。常用的无损探伤方法有射线法（x射线或r射线）、超声波法和磁力探

98

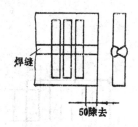

焊缝

50除去

图 5-26　弯曲试样的取样位置

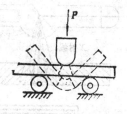

P

图 5-27　弯曲试验

伤法。

（一）射线探伤

1．射线探伤原理　用X或γ射线透视工件进行探伤的原理相同，只是获得射线的能源不同。X射线和γ射线都是电磁波，γ射线较X射线的波长更短。X射线和γ射线都具有穿透包括金属在内的各种物质的能力。穿透力强弱与波长有关，波长越短，穿透力越强，所以γ射线具有更强的穿越力。X射线和γ射线都能使照相底片感光。

射线穿透各种材料时部分地吸收，材料密度越大，射线被吸收的越多。射线探伤即是利用不同物质对射线的吸收能力不同这一特点而进行的。

X射线来自X射线管。透视时，将X射线源对准要照射的部位，在焊缝背面安置底片，若焊缝内部有夹渣、气孔、裂纹、未焊透等缺陷，则在底片上呈现圆点、窄条、细线等形状。X射线透视原理如图5-28所示。

透过材料的射线强度，随着材料厚度的增加而减弱。因焊缝有加强高度，故厚度最大，对射线的吸收也最多，底片相应部份感光最弱。靠近焊缝的母材厚度最小，对射线吸收较少，底片相应部份感光较强。若焊缝中有缺陷时，因为缺陷内的气体或非金属夹杂物，其对射线的吸收能力远远小于金属，所以射线通过缺陷时强度衰减较小，相应缺陷的底片部位感光最高。底片冲洗后，可清晰地看到底片上相应于缺陷部位的黑度要深一些，根据不同黑度的形状和大小，就可直观地判断缺陷的大小、缺陷类型和数量。

射线探伤所能发现的最小缺陷尺寸称为绝对灵敏度。最小缺陷尺寸占被检工件厚度的百分比为相对灵敏度。由于射线在传播时发生散射或绕射，所以不能发现尺寸过小的缺陷；工件厚度很大时，较多射线被材料吸收，也无法显示微小缺陷。射线探伤的灵敏度除与缺陷形状，工件材料对射线的吸收能力有关外，主要取决于射线的波长，波长短的硬射线探伤灵敏度较低。X射线探伤的灵敏度一般为2%～3%，透射50mm以下的工件，因射线被吸收较少，故灵敏度约在0.5%～1%之间。γ射线因波长短，所以探伤灵敏度较低，工件厚度在10～30mm时为3～4%，工件厚度大于50mm时，γ射线较X射线探伤的灵敏度高，因为这时X射线较多地被工件吸收，难以辨明较小的缺陷。

一般使用透度计来确定灵敏度。例如金属丝透度计（图5-29）是用与试件同样材料的金属丝，压在薄橡胶膜中，按粗细排列。其直径和长短均按GB5618-85的规定。灵敏度K可按下式确定

$$K = \frac{d}{T} \times 100\%$$

式中　T——射线通过工件的总厚度（包括加强高度）；

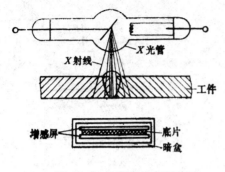

图 5-28　X射线透视原理图

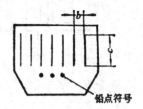

图 5-29　金属丝透度计

d ——底片上能清晰发现的金属丝最小直径。

与X射线相比，γ射线探伤除可检验较厚的工件外，最主要的优点是不需要电源，设备简单轻便，易于携带，适于野外作业。

γ射线是由天然放射性元素或人工放射性同位素产生的。最常用的是钴 Co^{60}，其次是铱Ir^{192}和铯Cs^{137}。γ射线的剂量即射线的多少是以克镭当量来计算的，也就是与一克镭元素放出的γ射线的多少来比较。钴Co^{60}的克镭当量为$0.3\sim0.5$至$40\sim50$。随着时间的延续，射线逐渐减少。γ射线的作用原理如图5-30所示。

2．射线探伤方法　当透视大管径、平板或球形储罐等的对接焊缝时，是以射线中心来对准焊缝中心，底片放在焊缝的背面进行的（图5-31）。

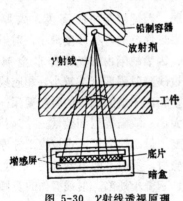

图 5-30　γ射线透视原理

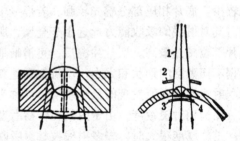

图 5-31　对接焊缝的透视示意图

1—射线束；2—前遮铅板；3—后遮铅板；4—底片

当检查内壁无法装暗盒的管子或容器的环焊缝时，可使射线以一倾斜角度透视双层壁厚（图5-32）。为了不使上层壁厚中的缺陷投影到下层检查部位上造成伪缺陷，可将焦距缩短，使上层的缺陷模糊，从而不影响底片的评定。

对于$DN<200$的管子环焊缝，可让射线一次透过整个环焊缝，在底片上得到椭圆形的影像。为使底片清晰，可适当加大焦距（图5-33）。

射线探伤时，与射线束平行并具有一定大小的缺陷容易被发现，如未焊透、夹渣、气孔等，而与射线束成一定角度的倾斜裂纹或极细小的裂纹则难以被发现。

3．射线探伤缺陷的判断

根据焊接缺陷在底片上显示的特点对射线探伤进行判断。

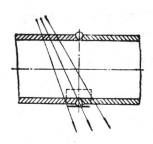

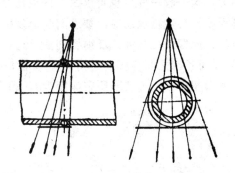

图 5-32　通过双层壁的透视方法　　　　　图 5-33　小管径的透视法

（1）未焊透　根部未焊透表现为规则的连续或断续黑直线，宽度较均匀，位置处于焊缝中心；坡口未熔合表现为断续的黑直线，位置多偏离焊缝中心，宽度不一致，黑度不太均匀，线状条纹往往一边较直而且较黑，即使是连续线条也不会很长；多层焊时各层间的未熔合表现为断续条状，如为连续条状则不会太长。

（2）夹渣　多为不规则点状或条状。点状夹渣显现为单个黑点，外形不规则，带有棱角，黑度均匀；条状夹渣显现为宽且短的粗条状；长条形夹渣的线条较宽，粗细不均，局部略呈现弧形；多层焊时的层间夹渣与未熔合同时存在。

（3）气孔　显现为外形较规则的黑色小斑点，多为近似圆形或椭圆形，其黑度一般是中间较深，边缘渐浅；斑点分布可能是单个、密集或链状。

（4）裂纹　多显现为略带曲折、波浪状黑色细条纹，有时也呈直线细纹，轮廓较分明，中间稍宽，端部尖细，一般不会有分枝，两端黑度较浅逐渐消失。

底片上有时会出现伪缺陷，即底片上有显示，而焊缝并不存在缺陷。这是由于底片质量、暗盒使用或底片冲洗不当所致。伪缺陷应加以识别并排除。

需要焊后热处理的工件，射线检验应在热处理后进行。消除残余应力的热处理应在焊缝返修后进行。

（二）超声波探伤

频率高于20000Hz的声波称为超声波，是一种超声频的机械振动波。超声波在各种介质中传播时，会在两种介质的界面产生反射和折射，也会被介质部分地吸收，使能量衰减。超声波由固体传向空气时，在界面上几乎全部被反射回来，即超声波不能通过空气与固体的界面。如金属中有气孔、裂纹或分层等缺陷，因缺陷内有空气存在，超声波传到金属与缺陷边缘时就全部被反射回来。超声波的这种特性可用于探伤。利用超声波在不同介质面上的反射特性进行工作的方法称为反射法。

1．超声波探伤原理　超声波探伤仪有多种，通常采用脉冲反射式，用直探头或具有一定角度的斜探头进行探伤。探头内的压电晶片将电振荡转变为机械振动。超声波在被检测工件中传播时，碰到缺陷和工件底部就大部分被反射，自工件底部及缺陷处反射的超声波行经的路程不同，故反射回来的时间也有先后之分，据此，即可判断该处是否存在缺陷，如图5-34所示。

用两个探头进行探伤时，可以一个探头向工件发出超声波，另一探头则接受各种反射之超声波，为一收一发。也可以每个探头自发自收。目前多使用单探头自发自收。

利用单探头进行探伤时，要求间断地发出超声波振动，以便接收不同深度处反射回来的超声波，此即谓之脉冲式反射探伤法。超声波振动向工件间断地发射，每次持续发射的时间是t，而各次之间停顿的时间为τ，如图5-35所示。应在超声波自缺陷处反射回来之前即停止发射超声波。如缺陷所在深度为h，超声波在工件介质中的传播速度为c，则

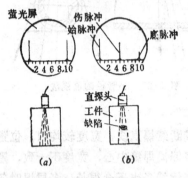

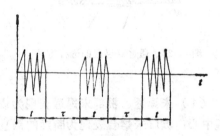

图 5-34 超声波探伤原理

(a) 无缺陷； (b) 有缺陷

图 5-35 脉冲式超声波

$$t \leqslant \frac{2h}{c} \quad \text{或} \quad h \geqslant \frac{t \cdot c}{2}$$

如发射时间$t = 10^{-6}$秒，在钢件中超声波传播速度$c = 6 \times 10^6 \text{mm/s}$，则

$$h \geqslant \frac{10^{-6} \times 6 \times 10^6}{2} = 3 \text{ (mm)}$$

可见，缺陷深度大于3mm时才可辨清各种反射波，若$h \leqslant 3\text{mm}$，则不易发现缺陷。而缩短超声波发射的持续时间t又非常困难，因此，利用脉冲法探伤不能发现表层中的缺陷。

在荧光屏上，伤脉冲，始脉冲和底脉冲之间的相对位置是和缺陷、工件表面和底面之间的距离相对应的（图5-36）。设工件厚度为H，缺陷所处深度为h，在荧光屏上始脉冲与底脉冲的距离为A，而始脉冲与伤脉冲之距离为a，则可确定缺陷所在深度h为

$$h = H\frac{a}{A}$$

若在底脉冲与始脉冲之间没有伤脉冲，则说明工件所探处没有缺陷存在。

2. 超声波探伤方法

（1）反射法 探伤时，工件表面应平滑，以防磨损探头。为了使发射的超声波能很好地进入工件，探头与工件表面之间要加变压器油或机油等作为耦合剂，以排除接触面的空气，避免声波在空气层介面上反射。

① 直探头非多次反射法，如图5-36所示，在探伤过程中只要观察始脉冲与底脉冲之间是否有不允许的伤脉冲存在即可。

② 直探头多次反射法 如图5-37所示，当对一块无缺陷的工件探伤时，在荧光屏上出现底脉冲的多次反射脉冲，由于多次反射和钢对超声波的吸收，能量逐渐减少，因此，在荧光屏上脉冲波幅的能量是逐渐减小的。当工件中有缺陷时，超声波能量被吸收很多，缺陷介面的不规则又会造成超声波的散射，致使超声波能量衰减严重，荧光屏上只出现

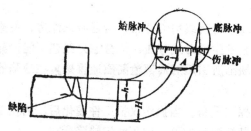

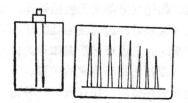

图 5-36　始脉冲、伤脉冲、底脉冲与工件表面、
缺陷、工件底部的线型关系

图 5-37　直探头多次反射法

1～2次底脉冲波形，有时还出现一些缺陷波和杂波，如图5-38所示。荧光屏上出现的底脉冲波形反射次数越多，说明超声波的衰减越严重，因而缺陷也就越大。

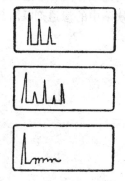

图 5-38　工件中有缺陷时的波型

③斜探头法　斜探头法（图4-39）是常用的一种超声波探伤法，也是焊缝探伤的主要方法。由于超声波是和工件表面成一定角度入射，所以可检查直探头无法检查的缺陷。

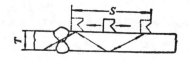

图 5-39　斜探头法

探头按"W"形路线移动（图5-40），移动区宽度为S，由图5-39可看出，在前半个S可以探焊缝的下半部。后半个S可以探焊缝的上半部。对于板厚$T=25～46$mm的工件，$S=2TK+50$（mm），式中K是斜探头折射角的正切值，$K=1.5～2.5$。

超声波按"W"形路线传播时，若焊缝没有缺陷，钢板的上下表面又较平整，则超声波探头就接收不到任何反射讯号。

（2）穿透法　穿透法是在被检测工件的一面发出连续的超声波，通过工件后，由放在工件另一面的探头接收。工件中没有缺陷时，超声波能一直通过去，衰减很少。有缺陷时，超声波不能完全通过，一部分声能被反射，一部分声能被缺陷吸收或散射，另一

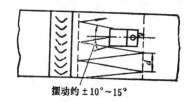

图 5-40　斜探头法时，超声波在
工件上的路线

侧探头接收讯号衰减，以讯号的衰减量作为判断缺陷的依据。穿透法一般用于探测大厚度的金属材料。

如果焊缝探伤不合格，则应在不合格部位的一侧进行补充探伤，长度为原探伤长度的一倍。如补充探伤仍不合格，则整条焊缝及其它有怀疑的焊缝应全部检查。

由于超声波探伤灵敏度高，速度快，设备轻便灵巧，不用冲洗照片，对人体无害等优点，应用越来越广泛，8mm以上的钢板检查大量采用。其主要缺点是对缺陷尺寸的判断不够精确，辨别缺陷性质的能力较差。

（三）磁力探伤

钢管和储气罐等均为铁磁性体，磁力线将以平行直线均匀分布，若遇有未焊透、夹渣或裂纹等缺陷时，因为缺陷处的导磁率低，就会发生磁力线弯曲，部分磁力线还可能泄漏到外部空间，形成局部泄漏磁通。由金属内部缺陷所引起的局部泄漏磁通将聚集在缺陷的上面，从而指出缺陷隐藏的位置。

施转磁场磁粉探伤仪就是一种常用的磁力探伤设备。当探伤仪把工件磁化后，洒在工件表面的细磁粉（或磁性悬浮液）将聚集于局部泄漏磁通处，即可断定缺陷所在。

当缺陷分布与磁力线平行，或缺陷位于工件内部深处时则无法发现，因此，磁力探伤只能进行距工件表面10mm以内的探伤。

（四）液体渗透探伤

液体渗透探伤剂由渗透剂、清洗剂和显像剂配制而成，利用毛细作用将渗透剂渗入工件表面开口缺陷处，擦去表面多余的渗透剂后，再用显像剂将缺陷中的渗透剂吸附到工件表面，即可将表面缺陷显示出来。

第六章 防腐层与绝热层的施工

第一节 防腐层涂料

一、涂料的基本性能

涂料的基本性能应包括涂料本身的性能、涂料的施工性能和涂层的保护性能等三项内容。

（一）涂料本身的性能

涂料本身除应具要求的颜色、一定的粘度和细度，包装桶贮存中应无结皮现象外，尚应对如下性质有一定要求。

1．触变性　是指涂料在搅拌和振荡时呈流动状态，而静止后却成凝胶状的性质。触变性好的涂料可厚涂而不流趟。

2．挥发速度　涂料的各种稀释剂中所含的混合溶剂的挥发率应配比到适当的平衡点，才能结成良好的涂层。

3．贮存稳定性　一般应至少有一年以上的使用贮存期，超过贮存期可能胶化变质，影响使用。

4．活化期　分装的双组分或多组分涂料，使用时按产品说明书的规定比例混合，并在规定时间内使用完毕，这段时间称活化期。

（二）涂料的施工性能

1．干燥时间　是指涂料从粘稠液体转化成固体时所需时间。又分表面干燥（手指轻触不觉粘）和实际干燥（不粘棉花纤维）两个阶段。

2．遮盖力　是指有色不透明的涂料均匀地涂在被涂物表面，遮盖被涂物表面底色的能力。质优涂料遮盖力好。

3．重涂性　是指在规定时间内涂层与第二层之间结合力的好坏，重涂性好的涂层不会出现咬底、渗色或不干等缺陷。

4．漆膜厚度　在施工涂刷时，要求控制涂层的适当厚度。例如，煤焦油环氧树脂涂料干膜的平均总厚度以100μm为好。

5．附着力　指涂层与被涂物表面之间或涂层之间相互粘结的能力。

（三）涂层的保护性能

涂层能代表具有具体使用价值的一些性能统称涂层的保护性能。

1．耐候性　是指涂层能抵抗大气中各种破坏因素（太阳辐射、温度和湿度变化、水分和各种污染的侵蚀等）对其破坏的性能。当涂层出现失光、粉化或褪色等现象时，即已呈被破坏状态。

2．防湿热性　即耐潮气和饱和水蒸汽对涂层的破坏作用。在湿热地带，涂层经常受到温度和湿度、雨水、露水的侵袭。水蒸汽对一般涂层有渗透作用，日久涂层可能起泡，甚至从底层脱离。

3. 防盐雾性　沿海地区的盐雾有较多的氯化钠和氯化镁等腐蚀介质，在低温下吸潮严重，从而引起强烈的电化学腐蚀，涂层耐这种腐蚀作用的性能称之为防盐雾性。

4. 防霉性　湿热地带涂层容易被霉菌侵袭，尤其是油性涂料和有增塑剂的涂料很容易受霉菌破坏产生斑点、起泡、甚至为某些霉菌充当食料而被吃掉。涂层耐霉菌破坏作用的性能称之为防霉性。

5. 化学稳定性　是指涂料保护钢铁金属不被腐蚀的性能。这是涂料的一项综合性能，除了具有上述1～5项性能外，涂层尚应具有一定的机械强度，不透水性，涂料中所含颜料应具钝化作用等。

6. 电绝缘性　即防腐涂料应是绝缘体。应能把外界的杂散电流与钢铁金属完全绝缘。
涂料的基本性能均可按化学工业部颁布的涂料检验方法部颁标准进行测定。

二、涂料组成

各种涂料一般均由下述四种组分构成。

（一）成膜物质　涂刷后要求迅速形成固化膜层，一般为天然油脂、天然和合成树脂。

（二）颜料　所用颜料除呈现颜色和产生遮盖力外，还可增强机械性质、耐久性和防蚀性等。常用的阻蚀性颜料有红丹、铁红丹、黄丹和铝粉等。

（三）溶剂　主要用于降低涂料粘度，以符合施工工艺要求，又称作稀释剂。正确使用溶剂还可提高漆膜光泽、致密性等。例如醇酸树脂和酚醛树脂宜采用二甲苯作溶剂；环氧树脂宜采用丙酮作溶剂；沥青宜采用汽油作溶剂。

（四）助剂　用量较少，主要用于改善涂料储存性、施工性和漆膜的物理性质。如固化剂、催干剂和防潮剂等统称之为助剂。例如，乙二胺：乙醇＝50：50（重量比）可成为环氧树脂漆的固化剂，提高漆膜的机械强度；环烷酸和松香酸的金属皂类作催干剂可促进漆膜的聚化与氧化作用；为了在空气湿度较大的环境中使用过氯乙烯漆，可采用醋酸丁酯：环己酮：二甲苯＝20：30：50（重量比）配制成的防潮剂。

燃气管道和设备的防腐层在工艺上一般由底漆和面漆组成，底漆和面漆的组分含量各不相同。

三、涂料的分类和命名

（一）涂料的分类

涂料分类方法很多，按成膜物质的分散形态分为无溶剂型涂料、溶液型涂料、水乳胶型涂料等等；按是否含有颜料分为厚漆（含颜料，光泽较差）、磁漆（含颜料，光泽好）和清漆（不含颜料）。我国的涂料产品以成膜物质为基础进行分类，若主要成膜物质由两种以上的树脂混合组成，则按在成膜中起决定作用的一种树脂作为分类的依据，据此，我国目前涂料产品共有十八大类，其中燃气工程上常用的六大类（如表6-1所示）。

（二）涂料产品命名和型号

涂料产品的全名规则一般为：颜料或颜色名称＋成膜物质名称＋基本名称。

涂料产品的型号一般包括三部分内容。第一部分为成膜物质的类别代号；第二部分是涂料的基本名称，用一、二位数字表示；第三部分是序号，用三、四位数字表示，序号说

成膜物质类别		底漆名称和型号		面漆名称和型号	
名　　称	代　号	名　　称	型　号	名　　称	型　号
油　脂	Y	铁红油性防锈漆 红丹油性防锈漆	Y53-2 Y53-1	各色厚漆 各色油性调和漆	Y02-1 Y03-1
酚醛树脂	F	红丹酚醛防锈漆 铁红酚醛防锈漆	F53-1 F53-3	各色酚醛调和漆 各色酚醛磁漆	F03-1 F04-1
醇酸树脂	C	铁红醇酸底漆	C06-1	各色醇酸调和漆	C03-1
过氯乙烯树脂	G	锌黄、铁红过氯乙烯底漆	G06-1	各色过氯乙烯防腐漆	G52-1
环氧树脂	H	锌黄、铁红环氧树脂底漆	H06-2	各色环氧防腐漆	H52-3
沥　青	L			焦油沥青漆	L01-17

明同类品种之间在组成、配比、性质或用途方面具有差异。第二部分数字与第三部分数字用横道隔开。燃气工程中所用涂料的基本名称代号均在00～06（涂料基本名称）和50～59（防腐蚀漆）之间。表6-1所示为部分常用涂料的名称和代号。

四、常用涂料类别介绍

（一）油脂涂料　油脂涂料是以聚合油、催干剂和颜料制成的涂料，可用于调制各色调和漆和防锈漆。油脂涂料干燥缓慢，涂层过厚易起皱。其干燥是靠脂肪酸碳链上的不饱和双键自动氧化聚合，使之成为体型结构而固化成膜，双键愈多，愈易干燥。

（二）酚醛树脂涂料　是涂料中使用较广泛的品种之一，又分为改性酚醛树脂涂料和纯酚醛树脂涂料。

松香改性酚醛树脂涂料是以酚和醛制得的酚醛缩聚物，再与松香酸的不饱和环化合，最后以甘油松香酸的羧基反应而制得。松香改性酚醛树脂与桐油炼制，加入各种颜料，经研磨可制得各色酚醛磁漆。漆膜较坚韧，有较好的光泽，但易变色，耐候性逊于醇酸磁漆。

纯酚醛树脂涂料是利用甲醛与对烷基或对芳基取代酚缩聚合制得，其耐水性、耐化学腐蚀性和耐候性均较好。

（三）醇酸树脂涂料　是以多元醇与多元酸和酯肪酸经酯化缩聚而成，并可与其他多种树脂拼制成多种多样的涂料品种，性能各异，但均具有良好的柔韧性、附着力和机械强度，耐久性和保光性也较好，且施工方便，价格便宜。

（四）过氯乙烯树脂涂料　过氯乙烯树脂是聚氯乙烯进一步氯化而制得，可与多种涂料用树脂混溶而制成不同性能和使用要求的涂料。过氯乙烯涂料具有良好的耐腐蚀性、耐候性、防霉性和不燃性，但耐热性差，使用温度不宜超过60℃。

过氯乙烯涂料在施工过程中释放溶剂较慢，漆膜不能很快彻底干燥，未彻底干燥的漆膜富有弹性，附着力不好，硬度较低，甚至可将漆膜成张剥离；而当彻底干燥后，漆膜硬度很快提高，附着力很快增强。

（五）环氧树脂涂料　涂料用的环氧树脂由环氧氯丙烷和二酚基丙烷在碱作用下缩聚而成，是一种高分子化合物，又称双酚A型环氧树脂。呈粘稠状液体或坚硬固体，为线型结构，加入胺类、有机酸、酸酐或其他合成树脂后，经反应可交联固化成膜。

环氧树脂有较强的附着力、较好的韧性和机械强度，较高的体积电阻和击穿电压，常温贮存不易变质。

环氧沥青涂料是利用环氧树脂和煤焦沥青配制成的高效防腐蚀涂料，可直接涂刷在钢燃气管道和储气罐的表面。

（六）橡胶涂料　采用天然橡胶或合成橡胶及其衍生物制成的涂料，具有良好的防腐蚀特性。例如，氯磺化聚乙烯橡胶涂料就是一个由高分子的聚乙烯树脂与氯和二氧化硫反应而成的可交联的弹性体，具有高度饱和的化学结构，故抗臭氧性能优良，耐候性显著，吸水性低，耐热性好。

（七）沥青涂料　沥青涂料在燃气工程防腐涂料中占有重要地位，除价格低，货源充足外，还具有良好的施工性能和保护性能。

1．沥青的组分与结构

沥青是由多种极其复杂的碳氢化合物及其非金属（主要为氧、硫、氮）衍生物所组成的一种混合物。因为沥青的化学结构极为复杂，对其进行成分分析很困难，因此一般不作沥青的化学分析，仅从使用角度将沥青划分为若干"组分"。

油分、树脂和沥青质是沥青中的三大主要组分，此外，还含有2～3%的沥青碳和似碳物。油分和树脂可以互溶。树脂可以浸润沥青质，在沥青质的超细颗粒表面形成薄膜。以沥青质为核心，周围吸附部分树脂和油分，构成胶团，无数胶团分散在油分中而形成胶体结构。在这个分散体系中，分散相为吸附部分树脂的沥青质，分散介质为溶有树脂的油分。沥青质与树脂之间无明显界面。

沥青的性质随各组分的数量比例不同而变化，当油分和树脂较多时，胶团外膜较厚，胶团之间相对运动较自由，沥青的流动性、塑性和开裂后自行愈合的能力较强，但温度稳定性较差。当油分和树脂含量不多时，胶团外膜较薄，胶团靠近聚集，相互吸引力增大，因此沥青的弹性、粘性和温度稳定性较高，但流动性和塑性较低。

沥青在热、阳光、空气和水等外界因素作用下，各个组分会不断递变。低分子化合物将逐步转变为高分子化合物，即油分和树脂逐渐减少，而沥青质逐渐增多。使流动性和塑性逐渐变小，硬脆性逐渐增大，直至脆裂。这个过程称为沥青的"老化"。

2．沥青的技术性质

沥青除具有防水性、电绝缘性和化学稳定性等涂料的基本性能外，为了合理应用，正确施工，还需明确下述各项性质。

（1）粘性　沥青的粘性是沥青内部阻碍其相对流动的一种特性。粘性较大的沥青，其流动性较小。

粘稠沥青的粘性（粘度）用针入度仪测定的针入度值表示。针入度值越小，表明粘度越大。针入度是在规定温度（25℃）条件下，以规定质量（100g）的标准针，经历规定时间（5s）贯入试样中的深度，以$\frac{1}{10}$mm为单位表示。

液体沥青的粘度用标准粘度计测定的标准粘度表示。标准粘度是在规定温度，规定直径的孔口流出50cm³沥青所需的时间秒数，常用符号"$C_d^t T$"表示，d为孔口直径，t为试样温度，T为流出50cm³的秒数。

（2）塑性　是指沥青在外力作用时产生变形而不破坏，除去外力后，则仍保持变形的形状的性质。

沥青的塑性用延度（伸长度）表示。延度愈大，塑性愈好。沥青延度是把沥青试样制成 8 字形标准试模（中间最小截面积1cm²）在规定速度每分钟5cm和规定温度（25℃）下拉断时的长度，以cm为单位表示。

（3）温度敏感性　是指沥青的粘性和塑性随温度升降而变化的性能。因沥青是一种高分子非晶态物质，故没有一定的熔点。当温度升高时，沥青由固态或半固态逐渐软化，最终呈粘流态。当温度降低时，又逐渐由粘流态凝固为固态，甚至变硬变脆。在相同的温度变化间隔里，各种沥青粘性和塑性变化幅度是不同的。燃气工程宜选用变化幅度较小的沥青。

温度敏感性通常用软化点表示。软化点一般采用环与球法软化点仪测定。把沥青试样装在规定尺寸的钢环内，试样上放置一个标准钢球，浸入水或甘油中，以规定的升温速度加热使沥青软化下垂，当下垂到规定距离时的温度，即为该沥青试样的软化点，以℃表示。软化点愈高，温度敏感性愈小，针入度和延度愈小。

（4）大气稳定性　大气稳定性是指沥青在大气因素作用下抵抗老化的性能。常以蒸发损失和蒸发后针入度来评定。其测定方法是，先测定沥青试样的重量及其针入度，然后将试样置于加热损失试验专用的烘箱中，在160℃下蒸发5小时，待冷却后再测定其重量及针入度。计算蒸发损失重量占原重量的百分数，称为蒸发损失；计算蒸发后针入度占原针入度的百分数，称为蒸发后针入度比。蒸发损失百分数愈小和蒸发后针入度百分比愈大，则表示大气稳定性愈高，"老化"愈慢。

（5）闪点与燃点　闪点指加热沥青至挥发出的可燃气体和空气的混合物，在规定条件下与火焰接触时，初次呈现蓝色闪火时的沥青温度（℃）；燃点是指加热沥青产生的气体和空气混合物，与火焰接触能持续燃烧 5 秒以上时的沥青温度（℃）。

燃点温度比闪点温度约高10℃。闪点和燃点关系到沥青的运输、贮存和加热使用等方面的安全。

3．沥青的分类

按生产来源可将沥青分为两大类，即（1）地沥青（主要指天然沥青和石油沥青）；（2）焦油沥青（主要指煤沥青和页岩沥青）。目前常用石油沥青和煤沥青。煤沥青的塑性较差，温度敏感性较大，大气稳定性亦不如石油沥青，因含有蒽、萘和酚等成分，故有毒性和臭味。由于煤沥青的这些缺点，目前国内主要使用建筑石油沥青作钢管防腐涂料，其质量指标如表6-2所示。但是，煤沥青抗水性强，埋地后的电阻率稳定，有较强的防霉性能，更适用于防腐涂料。为了克服煤沥青的缺点，国内外已广泛使用改性煤沥青（例如环氧煤沥青等）。

五、涂料的选用

选用涂料时，除了要注意颜色、外观、附着力、干燥时间等因素外，主要应对漆膜的保护性能和经济性加以考虑。

防腐层本身就是一项经济问题，所以延长防腐涂层寿命意味着最大的经济效益。但涂层的使用寿命又与管道和设备的检修周期相关。因此，选用涂料时不能片面强调价格便宜。但价格昂贵，涂料寿命远远超过管道或设备的检修周期，甚至超过管道或设备的使用年限，也不符合经济要求。应该从涂料价格、设备寿命、检修周期、维护和使用条件、维

质 量 指 标	牌	号
	30	10
针入度（25℃，100g）$\frac{1}{10}$mm	25～40	10～25
延度（25℃），不小于，cm	3	1.5
软化点（环球法），不低于，℃	70	95
溶解度（三氯乙烯，四氯化碳或苯），不小于，%	99.5	99.5
蒸发损失（160℃，5h），不大于，%	1	1
蒸发后针入度比不小于，%	65	65
闪点（开口），不低于，℃	230	230

修费用，便于施工、停气损失等诸多方面作综合考虑，采用价值工程分析方法来选择最佳涂料。

第二节 油漆防腐层的施工

一般把流动状成品涂料称作油漆。油漆防腐层施工就是对地上敷设的钢燃气管道和储气罐表面涂刷防锈漆进行绝缘保护。油漆施工在管道及储气罐安装试压合格后进行。

一、表面清除

为了提高油漆防腐层的附着力和防腐效果，在涂刷油漆前应清除钢管或储气罐表面的锈层、油垢和其他杂质。表面清除后8～10小时内需涂刷防锈漆，防止再锈蚀。常用的清除方法有手工、机械和化学三种方法。

（一）手工清除

一般使用钢丝刷、砂布或废砂轮片等在金属表面打磨，直至露出金属光泽。手工清除劳动强度大、效率低，质量差。

（二）机械清除

对于局部清除可采用风动或电动工具，即利用压缩空气或电力使除锈机械产生圆周或往复运动，当与被清除表面接触时，利用摩擦力或冲击力达到表面清除目的。例如风砂轮、风动钢丝刷、外圆除锈机和内圆除锈机等。

对于钢管和储气罐的大面积清除，大多采用干喷砂法。硬质砂粒借助压缩空气的引射从喷抢中以粒流状高速喷出，射到金属表面除去附质，钢铁表面洁净粗糙，可增加油漆的附着力。喷射的砂粒粒径，铁砂为1～1.5mm，石英砂为1～3mm。石英砂强度低，易产生硅尘。

喷砂装置如图6-1所示。砂粒射向金属表面的工作压力一般为0.2～0.4MPa。压缩机的工作压力不小于0.5MPa。操作时喷嘴与金属表面距离保持10～15cm，砂流与金属表面成60～70°夹角，喷砂方向尽量与风向相同。

干喷砂法操作设备简单，质量好，效率高，但噪音和尘埃大，恶化环境。为避免所述缺点，可采用湿喷砂，即将水和砂在砂罐内混合压出，或水和砂分别进入喷枪（图6-2），在喷嘴出口处汇合，再通以压缩空气，使砂粒高速喷出，形成严密的环形水屏。为防止喷砂后金属表面锈蚀，可加亚硝酸钠等溶液作防蚀剂。湿法除锈质量和效率较干法差。

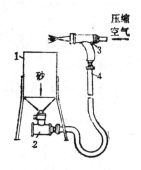

图 6-1　喷砂装置

1—储砂罐；2—盛砂器；3—喷枪；4—橡胶管

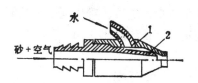

图 6-2　湿法喷嘴结构

1—外套；2—喷嘴

（三）化学清除

表面锈层可用酸洗方法清除。无机酸除锈速度快，价格低廉。浸泡酸洗时应掌握好酸的浓度、温度和酸洗时间等因素，如表6-3所示。若采用喷射酸洗，效果更佳。

当用硫酸处理时，产生下列化学反应

钢材的酸洗操作条件　　　　　　　　　　表 6-3

酸液种类	浓度（%）	温度（℃）	时间（min）
硫　酸	10~20	50~70	10~40
盐　酸	10~15	30~40	10~50
磷　酸	10~20	60~65	10~50

$$Fe_3O_4 + 4H_2SO_4 = FeSO_4 + Fe_2(SO_4)_3 + 4H_2O$$
$$Fe_2O_3 + 3H_2SO_4 = Fe_2(SO_4)_3 + 3H_2O$$
$$FeO + H_2SO_4 = FeSO_4 + H_2O$$
$$Fe + H_2SO_4 = FeSO_4 + H_2 \uparrow$$

反应中，氢分子析出时对氧化皮产生压力使之自动剥落。但氢原子也很容易扩散至金属内部，导致金属"氢脆"。此外，氢分子从酸液中逸出，形成酸雾，会影响人体健康。

为了缩短酸洗时间，提高酸洗效果，防止过蚀、氢脆及减少酸雾形成，可在酸洗液中加入缓蚀剂和润湿剂。

酸洗后的金属表面必须用水彻底冲洗，然后用稀碱溶液进行中和，中和后再用温水冲洗，干燥后立即喷刷涂料。

（四）漆前磷化处理

磷化处理是将钢铁表面通过化学反应生成一层非金属的、不导电的多孔磷化膜。涂料可以渗入到磷化膜孔隙中，从而显著提高涂层附着力。由于磷化膜为不良导体，从而抑制了金属表面微电池的形成，可以成倍地提高涂层的耐蚀性和耐水性。磷化膜为公认的最好基底。

磷化处理液为加有氧化剂与催化剂的酸式磷酸盐溶液，其分子式为 $Me(H_2PO_4)_2$，Me

通常为锌、锰或铁。当处理液与钢铁表面接触时发生一系列化学反应而形成磷化膜。磷化过程的总反应方程式为

$$4Fe + 3Me^{++} + 6H_2PO_4^- + 6NO_2 \longrightarrow 4FePO_4\downarrow + Me_3(PO_4)_2 + 6H_2O + 6NO\uparrow$$
$$\text{（淤渣）} \qquad \text{（磷化膜）}$$

亦可采用由酸液、磷化剂、缓蚀剂、表面活性剂和氧化剂等组成的酸洗磷化一步法洗液，使钢管除锈和磷化这两个不同处理过程合并在同一槽液内进行。

二、涂漆施工

（一）涂漆环境

涂漆施工的环境温度宜在15～35℃之间，相对湿度不大于70%；涂漆的环境空气必须清洁，无煤烟，灰尘及水汽，雨天及降雾天气应停止室外涂漆施工。

（二）涂漆方法

涂漆方法应根据施工要求，涂料性能，施工条件和设备状况进行选择。

1. 手工涂刷　刷涂和揩涂一般均用手工进行。分层涂刷，每层均按涂敷、抹平、修饰三步进行。手工涂刷适用于初期干燥较慢的涂料，如油性防锈漆或调和漆。

2. 空气喷涂法　靠压缩空气的气流使涂料雾化成雾状，在气流的带动下喷涂到金属表面的方法。其主要工具是喷枪。在喷枪操作中，喷涂距离，喷枪运行方式和喷雾图样搭接是喷漆三原则。喷涂距离过大，漆膜变薄，涂料损失增大，过近，单位时间内形成的漆膜增厚，易产生流挂。运行方式是指喷枪对金属表面的角度和喷枪的运行速度，应保持喷枪与被涂面呈直角，平行运行，移动速度一般在30～60cm/秒内调整恒定，方能使漆膜厚度均匀。在此运行速度范围内，喷雾图样的幅度约为20cm。喷雾图样搭接宽度为有效图样幅度的$\frac{1}{4}$～$\frac{1}{3}$。喷涂空气压力一般为0.2～0.4MPa。

为获得更均匀的涂层，不论刷涂或喷涂，第二道漆与前道漆应纵横交叉。

（三）涂漆要求

色漆开桶后需搅拌均匀后使用，多包装涂料，在使用时应按说明书规定比例进行调配。根据不同涂漆方法，用稀释剂调配到合适的施工粘度。

第一层底漆或防锈漆直接涂在金属表面，一般应涂两道，不要漏涂。第二层面漆一般为调和漆、磁漆或银粉漆，可根据彩色均匀情况涂一道或二道。第三层是罩光清漆，除有特殊要求外可不必涂刷。每道漆实际干燥后才能涂下一道。

三、带锈涂料的应用

除锈是一项劳动强度大，对人体有害的工作，能否将有害的铁锈转化成有用的保护膜附在钢件表面上呢？带锈涂料解决了这个问题。

带锈涂料由转化液和成膜液按比例配制成，亚铁氰酸和酒石酸可组成转化液，聚乙烯醇缩丁醛和环氧树脂可组成成膜液。钢件表面锈蚀严重时可适当增加转化液的比例。转化液的主要作用是使铁锈转化为蓝色颜料，反应式为

$$2Fe_2O_3 + 3H_4[Fe(CN)_6] \xrightarrow{\text{酸性介质中}} Fe_4[Fe(CN)_6]_3 + 6H_2O$$
$$\text{（铁锈）} \quad \text{（亚铁氰酸）} \qquad\qquad \text{（亚铁氰酸铁）}$$

$$Fe_2O_3 + 3C_4H_8O_6 \longrightarrow Fe_2(C_4H_4O_6)_3 + 3H_2O$$
$$\text{（酒石酸）} \qquad \text{（酒石酸铁）}$$

上述反应中生成的亚铁氰酸铁和酒石酸铁均不能很好地成膜，因此加入成膜液，使生成物成为具有一定机械强度的涂膜，附在钢件表面上。涂膜较松散，一般不能单独作防腐层使用，必须与其他漆料配合使用。

第三节　埋地钢管防腐绝缘层的施工

埋地钢燃气管道更容易受到土壤等介质的化学腐蚀和电化学腐蚀，一般油漆防腐涂料已不能满足使用要求。

一、石油沥青防腐绝缘层

（一）防腐绝缘层等级与结构

根据土壤腐蚀性的强弱程度和燃气管道敷设地段的环境条件来选择防腐绝缘层的等级及相应结构。根据《城镇燃气输配工程施工及验收规范》（CJJ33-89），绝缘层等级和结构如表6-4所示。

沥青防腐绝缘层的等级和结构 表 6-4

等 级	石油沥青防腐绝缘涂层		环氧煤沥青防腐绝缘涂层	
	结　　　　　构	总厚度 (mm)	结　　　　　构	总厚度 (mm)
普 通	沥青底漆—沥青—玻璃布—沥青—玻璃布—沥青—外保护层	≥4.0	底漆—面漆—玻璃布—两层面漆	≥0.4
加 强	沥青底漆—沥青—玻璃布—沥青—玻璃布—沥青—玻璃布—沥青—外保护层	≥5.5	底漆—面漆—玻璃布—面漆—玻璃布—两层面漆	≥0.6
特加强	沥青底漆—沥青—玻璃布—沥青—玻璃布—沥青—玻璃布—沥青—玻璃布—沥青—外保护层	≥7.0	底漆—面漆—玻璃布—面漆—玻璃布—面漆—玻璃布—面漆两层	≥0.8

1．沥青底漆　其作用是为了加强沥青涂料与钢管表面的附着力。往往在施工现场配制，配制重量比一般为，沥青：工业汽油＝1:2.5。最好采用与沥青涂料相同牌号的沥青配制底漆。

2．沥青涂料　是沥青和适量粉状矿质填充料的均匀混合物。填充料可采用高岭土、石棉粉或废橡胶粉等，严禁使用可溶性盐类的材料作填充料。在沥青完全熔化后掺入完全干燥的填充料。沥青组分强烈吸附于填充料颗粒表面，形成一层"结构沥青"，使沥青涂料的附着力，耐热性和耐候性等得到提高，填充料愈细，影响愈大。涂料的性质取决于沥青和填充料的性质及其配比。常温下沥青涂料的软化点应比管道表面最高温度高45℃以上才有可靠的热稳定性。当改变填充料的掺量不能满足使用要求时，可以采用相同产源的不同牌号沥青进行掺配，掺配量可按下式估算。

$$A_1 = \frac{T_2 - T}{T_2 - T_1} \times 100$$

式中　　A_1——低软化点沥青的掺量（%）；

T_1——低软化点（℃）；

T_2——高软化点（℃）；

T —— 符合要求的软化点（℃）。

掺配后的沥青仍然应是均匀的胶体结构，通过试配，绘制"掺配比-软化点"曲线。

涂抹时，采用刮涂方法，涂料温度应保持在150～180℃为好。

3．玻璃布　为沥青涂层之间的包扎材料，在防腐绝缘层内起骨架作用，增加绝缘层强度，避免脱落。使用时，玻璃布应浸沾沥青底漆，并晾干后使用。玻璃布为中碱性网状平纹布，经纬密度8×8根/cm²，厚约0.1mm，包扎时应保持一定的搭接宽度。

4．保护层　沟边防腐施工可不作保护层，若是在工厂作绝缘层则应作保护层。保护层常用防腐专用的聚氯乙烯塑料布或牛皮纸，也可用旧报纸。保护层的作用是提高防腐层的强度和热稳定性，减少或缓和防腐层的机械损伤和受热变形。用牛皮纸或旧报纸作保护层时应趁热包扎于沥青涂层上。聚氯乙烯塑料布应待沥青涂层冷却到40～60℃时包扎。

（二）防腐绝缘层机械作业线

图6-3为设在工厂内的钢管沥青防腐机械作业线。这种作业线由一套传送装置、表面清除装置、涂底漆机和沥青防腐机等机械装置组成，按照流水作业进行工作。

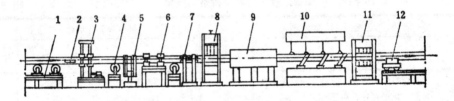

图 6-3　钢管防腐机械作业线

1—辊道；2—联管轴；3—传动台；4—滚轮；5—氧化皮疏松机；6—清管机；7—除尘机；8—涂底漆机；9—烘干机；10—沥青防腐机；11—水冷机；12—小车

在传送装置上用传动台使管子旋转向前移动，管子传送连续进行，相邻两管子用特制的联管轴联接，完成全部防腐工序后取出联管轴。为了使铸蚀严重或表面有积垢的管子以规定的速度通过清管机，清管机前设有专用的氧化皮或铁锈疏松机。

作业线既可单独完成全部防腐作业，又可以和管道卷制、焊接工序联合在一起，组成一条工序齐全的管道予制作业线。

图6-4所示为涂底漆机。使用时，底漆贮存于贮槽5内，经输油管送至管子表面，用拉紧装置1和涂抹装置2均匀地涂在管子表面，流入油箱的底漆用油泵7送回贮槽5。

图6-5所示为沥青防腐机构造图，该机械只要调整卷筒，就可以涂敷普通、加强和特加强级防腐层，并在防腐层表面缠卷保护层。操作时管子旋转向前移动，沥青贮槽1中的熔化沥青通过喷头2喷向管子9表面，向前移动时可将卷筒6、7、8等的玻璃布或牛皮纸缠绕在管子上，卷筒与喷头交错布置，即可完成各种等级防腐层的涂敷。防腐所用的沥青涂料在沥青池4内用煤气燃烧器5或其他方法将沥青加热熔化，并通过沥青泵3送至沥青贮槽1。

（三）施工现场沥青防腐机械化联合作业

工厂的钢管防腐绝缘层机械作业线虽然工效高，劳动条件改善，但预制的防腐管段经过拉运、装卸、排管、对口和焊接安装等工序，极容易损伤防腐层，其暗伤又不易被发现，严重影响工程质量。因此，距工厂较远，直径较大的长距离钢燃气管道，其沥青防腐

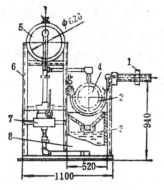

图 6-4 涂底漆机

1—拉紧装置；2—涂沫软带；3—余漆；4—管子；
5—底漆贮槽；6—机架；7—油
泵；8—余漆油箱

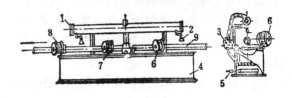

图 6-5 沥青防腐机

1—沥青贮槽；2—沥青喷头；3—沥青泵；4—沥青池；5—
煤气燃烧器；6、7—玻璃布卷筒；8—牛皮纸卷筒；9—管子

层施工易采用现场沥青防腐机械化联合作业。

1．联合作业组织

联合作业可由一条线、一个站和两个台组成。

一条线是指由推土机、吊管机、除锈机、防腐绝缘机、柴油发电机组、沥青车、水罐车等十四台设备和车辆组成的现场沥青防腐机械化行走作业线，如图6-6所示。

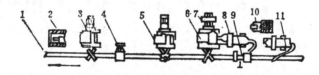

图 6-6 施工现场沥青防腐机械行走作业线

1—管道；2—推土机；3、5、6—吊管机；4—除锈机；7—发电机组；8—沥青车；9—防腐绝缘机；
10—拖拉机、拖斗车；11—水罐车

一个站是指简易沥青熬制站，站的位置和熔化沥青日供应量可根据管线位置、管径大小、管线长度和运输方式而确定。

两个台是指施工现场和沥青熬制站各设一个通讯台，彼此通讯联络。

2．现场防腐施工作业

管道试压完毕随即防腐，以免日久锈蚀严重除锈困难。

推土机 2 用来平整地面和处理障碍，保证施工机械和车辆能顺利通过。三台吊管机吊起管道，并沿管道行走，为除锈、防腐作业创造条件。吊管机 3 后跟一台除锈机，除锈机套在管道上，靠汽车发动机作为自身行走和工作的动力，除锈机在管道上行走的同时，一次完成除锈和涂底漆两道工序，作业行驶速度为4～15m/分。除锈机后面隔一定距离跟着吊管机 5 ，其作用主要是分担和平衡其前后两台吊管机的荷重，尤其在大管道防腐时，中间这台吊管机是不可缺少的。吊管机 5 与除锈机相距一定距离，以使涂在管道上的底漆有足够的风干时间。吊管机 5 后面2～4m跟着一台防腐绝缘机 9 ，它也是套在 管道上，靠电动机作为自身行走和工作的动力。防腐绝缘机套在管道上行走的同时，可以一次完成涂敷沥青和缠绕玻璃布的防腐作业。柴油发电机组 7 是防腐绝缘机的动力，它也可以装在吊管机6的配重位置上代替配重。沥青车8从沥青熬制站灌装热沥青（220℃）运到施工现场，随作业线前进。防腐绝缘机9旁边有一台装运玻璃布的拖斗车由拖拉机10拉着前进，便于防腐绝缘机作业随时取用。为了加快沥青涂层的冷却速度，防腐机后有一辆水罐车11，向沥青涂层喷水冷却，随后管道落地。

（四）石油沥青防腐绝缘层的施工质量检查

1．外观　用目视逐根逐层检查，表面应平整、无气泡、麻面、皱纹、凸瘤和包杂物等缺陷。

2．厚度　用针刺法或测厚仪检查，最薄处应不小于表6-4的规定。

3．附着力　在防腐层上切一夹角为45～60°的切口，从角尖撕开漆层，撕开面积30～50cm²时感到费力，撕开后第一层沥青仍然粘附在钢管表面为合格。

4．绝缘性　用电火花检验仪进行检测，以不闪现火花为合格。最低检漏电压按下式计算。

$$u = 7840\sqrt{\delta}$$

式中　　u——检漏电压（V）；

　　　　δ——防腐层厚度，取实际厚度的平均值，（mm）。

电火花检漏仪由电池组、检漏仪和探头组成，按图6-7接线，探头金属丝距绝缘层表面3～4mm移动，移动缺陷处，金属丝产生火花，探头发出鸣声。

二、环氧煤沥青防腐涂层施工

环氧煤沥青是以煤沥青和环氧树脂为主要基料，再适量加入其他颜料组分所构成的防腐涂料。它综合了环氧树脂膜层机械强度大，附着力强、化学稳定性良好和煤沥青的耐水、防霉等优点。涂料分底漆和面漆两种，使用时应根据环境温度和涂刷方法加入适量的稀释剂（如正丁醇液）和固化剂（如聚酰胺），充分搅拌均匀并熟化后即可涂刷。每次配料一般在8小时内用完，否则施工粘度增加，影响涂层质量。

防腐涂层分普通、加强和特加强三种等级，其构造如表6-4所示。

三、聚乙烯涂层

将聚乙烯粒料放入专用的塑料挤出机内，加热熔融，然后挤向经过清除并被加热至160～180℃的钢管表面，涂层冷却后聚乙烯膜则牢固地粘附在管壁上。

根据塑料熔液被挤出的方法，聚乙烯涂层的施工可采用三种工艺方法，即横头挤出法，斜头挤出法和挤出缠绕法。

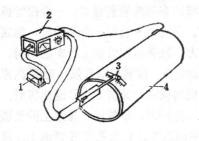

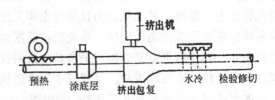

图 6-7　电火花检验接线图　　　　图 6-8　横头挤出法工艺示意图
1—电池组；2—检漏仪；3—探头；4—防腐钢管

（一）横头挤出法　其工艺过程如图6-8所示，首先将钢管经喷砂处理后进行预热，接着涂底层（聚乙烯涂层和钢管表面之间的粘合剂），然后聚乙烯液通过环行的横头模被挤出，挤出的聚乙烯液成喇叭状薄膜，缩套在穿过模头前移的钢管上，水冷后即成连续无缝的外套。最后经漏涂检验，厚度检验，切去管端包覆层。

底层粘合剂一般为沥青-丁基橡胶涂料，厚约0.25mm。粘合剂在面层下一直处于活性状态，一旦面层被割破，底层即可溢出而填满破口，并在空气中硬化，故涂层有"自痉愈"性能。

面层为中、高密度聚乙烯，厚约0.56～1.4mm，质地坚韧。

（二）斜头挤出法　如图6-9所示，经过情理并预热的管子连续通过专用斜头模的中心孔，斜头由两台挤出机同时供料。粘合剂和面层同时连续地被挤到管子上，形成无缝的套子。然后进行水冷，质量检验和管端修切。

（三）挤出缠绕法　如图6-10所示，粘合剂底层和聚乙烯面层像一条连续的膜带从两个挤出机的模缝中同时挤出，螺旋地缠绕在预热的管子上，管子缓慢旋转并向前移动。粘合剂覆盖在钢管表面上，聚乙烯面层则借助于压力辊与底层及其他各层熔合在一起，形成坚韧的覆盖层。

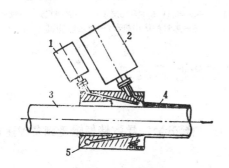

图 6-9　斜头挤出法
1—粘合剂挤出机；2—聚乙烯挤出机；3—管道；4—聚乙烯涂层；5—粘合剂

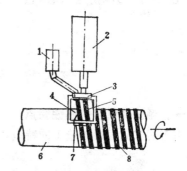

图 6-10　挤出缠绕法
1—粘合剂挤出机；2—聚乙烯挤出机；3—薄膜切条器；4—粘合剂薄膜；5—聚乙烯薄膜；6—管道；7—压力辊；8—聚乙烯涂层

四、塑料喷涂法

其原理是将表面清除过的管子预热到200～250℃，再将粉末状塑料喷向管子表面，管子本身的热量将塑料熔化，冷却后形成坚韧的薄膜。

粉末状塑料可采用聚乙烯粉末、环氧粉末、酚醛树脂粉末或苯乙烯—丁二烯共聚物粉末等。

管子的加热方法可使用反射炉、循环热风炉、红外线辐射、火焰喷头和中频感应加热器等。

常用的喷涂方法有空气喷涂法和火焰喷涂法。空气喷涂法是靠压缩空气的气流引射作用，将塑料粉末喷涂到被加热的管子表面；火焰喷涂法是用火焰将喷出的塑料粉末熔化后，涂至管表面，如图5-11所示。

五、聚乙烯防腐绝缘胶粘带

简称聚乙烯胶带，是一种在聚乙烯薄膜上涂以特殊的胶粘剂而制成的防腐材料。在常温下有压敏粘结性能，温度升高后能固化而与金属有很好的附着力。

防腐层结构以一层底漆，三～四层胶带，最外面包一层外保护层为适宜。首先在经过除锈的钢管表面上先涂一层胶带专用底漆，以增加胶带对钢管表面的瞬间附着力，提高防腐效果；刷底漆后1小时内缠绕胶带三～四层，最后包外保护层。**缠绕工艺简单，在施工现场和预制工厂均可采用流水作业线**，如图6-12所示。

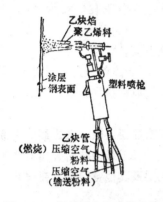

图 6-11　塑料粉末的火焰喷涂

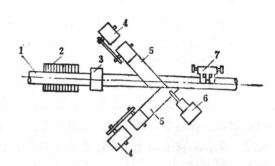

图 6-12　聚乙烯胶带缠绕工艺

1—钢管；2—除锈机；3—涂底层机；4—缠绕机；5—胶粘带；
6—热封粘挤出机；7—管端修切机

第四节　湿式储气罐的防腐施工

一、湿式储气罐的腐蚀特点

由于湿式储气罐构造上的特点，塔节在水面的频繁升降，导致储气罐受到多种途径的腐蚀。

（一）大气腐蚀

罐体与大气中的水蒸汽及其他活性气体接触会使钢材被氧化形成腐蚀，罐体上的积水处易形成局部腐蚀。

（二）储存燃气的腐蚀

燃气成分中的硫化氢（H_2S）、氨（NH_3）、以及氰（CN）等腐蚀性气体会使钟罩及塔节内表面受到腐蚀。

（三）水的腐蚀

湿式储气罐的大部分罐体经常与水接触，水中各种盐类和杂质直接腐蚀罐体；水封内积存水的含氧量及其变化会很快使水线以下钢板形成腐蚀疤痕；溶于水中的氨和氢氰酸能使钢板产生普鲁士兰色斑点而腐蚀穿孔；沉积水槽底部的污泥中产生大量细菌，这些细菌可使硫酸盐生成硫化氢，加快腐蚀塔节下部；腐蚀孔洞内的厌氧菌和厌铁菌使腐蚀过程加速进行。

（四）土壤腐蚀

水槽底板与土壤接触，潮湿土壤内的各种腐蚀介质（例如硫酸盐类）对底板产生化学腐蚀和电化学腐蚀。

（五）其他腐蚀

如水中不同电位的金属接触处产生的集中腐蚀，**焊接因素的腐蚀**，保温处的热应力腐蚀，以及杂散电流的腐蚀等。

二、对防腐涂料的要求

鉴于上述腐蚀特点，用于湿式储气罐的防腐涂料应对钢板有较强的附着力，优良的耐**渗透性能**，涂层的化学性能稳定，并能耐储气罐内多种腐蚀介质的侵袭，涂层长时间受紫外线照射时亦能呈稳定状态，抗霉性强并能抵抗多种细菌的侵蚀，具有一定的电绝缘性能，涂层的伸缩性必须适应各塔升降和温度变化而产生的形变，此外还应施工方便，安全可靠，使用期限长。

许多油漆均符合上述要求，但使用期限短。例如，铁红醇酸底漆和沥青耐酸漆（面漆），铁红酚醛底漆和酚醛耐酸漆（面漆），红丹酚醛防锈漆和船用沥青漆（面漆）等。上述各种防腐涂层一般3～4年即出现脱落，开裂现象。储气罐需停止运行，重新进行防腐施工，不仅影响城市燃气供应，而且使输气成本大幅度提高。

随着科学技术的发展，新型防腐涂料不断涌现。当前，性能最好，使用年限最长的涂料为氯磺化聚乙烯橡胶涂料和HY环氧系列防腐涂料

三、HY环氧系列防腐涂料

HY环氧系列防腐涂料系根据储气罐不同部位的使用要求而研制的各具特性的环氧型涂料。

（一）HY-501环氧红丹底漆

涂料在配方中含有氧化铅等添加剂，因而防锈性能优异。涂层对经过除锈后的钢板附着力强，抗渗性能好，可作为底漆用于钢管和储气罐的内外表面。

（二）HY—502环氧煤沥青面漆

煤沥青具有良好的化学稳定性和耐水性，优异的抗细菌侵蚀性，但附着力较弱。在煤沥青中加入环氧树脂及其他助剂进行改性后的HY-502环氧煤沥青面漆，其附着力大大提高，故可用于储气罐的水槽和各塔节的内表面。

（三）HY-503绿色环氧水线漆

在HY-502环氧煤沥青面漆的涂料配方中加入了氧化铬等成分，使涂料呈现深绿色，并增强了抗紫外线和耐候性能，可作为面漆用于储气罐的外表面。

（四）HY-510厚浆型环氧煤沥青防腐漆

是在HY-502环氧煤沥青涂料的基础上掺加了若干品种填料，不但增加了涂层的厚度，而且使涂层的介电性能和抗磨蚀性能大大增强，故可与HY-501环氧红丹底漆配套用于水槽底板和钢管的外表面成为面漆。

上述四种涂料均可采用651#聚酰胺树脂作固化剂。

四、防腐施工要点

涂刷防腐涂料前，应将金属表面的污物和铁锈清除干净，金属表面除锈程度要达到灰白色光泽，相当于《船体除锈标准（GB3092-81）》的Ab_2级。除锈后的表面保持干燥和清洁的条件下立即涂刷HY-501环氧红丹底漆。

水槽底板上表面的防腐应在底板焊缝严密性试验合格后进行。杯圈内外表面的防腐应在充水试漏合格后进行。进气管的内外表面防腐应在安装前进行。

水槽、塔节和钟罩的内表面，以及储气罐内的管道和其他结构都应在水槽充水试漏前

完成防腐工作。但水槽、塔节和钟罩的外表面在安装期间只涂刷底漆，并应留出焊缝不刷，待储气罐严密性试验合格后补刷焊缝处的底漆，并完成全部防腐工作。

储气罐中若遇构件互相重叠的表面，其防腐层的涂刷应配合施工工序及时进行，以免事后无法涂刷影响施工质量。

面漆涂刷时每层不易过厚，一般每层厚度约 0.04mm，过厚时表面固化后内层溶剂不易挥发，容易出现气泡和形成皱纹。资料记载和实验均已证明，施工表面潮湿或空气湿度太大，涂层可能出现"发白"现象，并引起层间脱落。

配制涂料时，稀释剂用量应控制在规定范围内，固化剂用量比例必须按化学反应等当点来确定并进行配制，应充分混合均匀后方可使用。

第五节　燃气管道绝热层的施工

严寒地区，敷设在土壤冰冻线以上的燃气管道温度过低，会使燃气中的水蒸汽、萘或焦油等杂质凝结或冻结，造成管经减小甚至堵塞，为此，管道外壁必须作绝热层。

一、对绝热材料的要求

绝热材料应符合下列条件，方适用于燃气管道的绝热层。

1．导热系数和密度要小，一般要求导热系数 $\lambda \leqslant 0.14W/m \cdot ℃$，密度 $\rho \leqslant 450kg/m^3$；

2．具有一定的强度，一般应能承受0.3MPa的压力；

3．能耐一定的温度和潮湿，吸湿性小；

4．不含有腐蚀性物质，不易燃烧，不易霉烂；

5．施工方便，价格低廉等。

除上述条件外，选择绝热材料时还应考虑管道敷设方式和敷设地点，燃气介质温度，周围环境特点等因素。

二、常用的几种绝热材料

基本符合要求的绝热材料种类很多，一般分为有机绝热材料和无机绝热材料。燃气管道的绝热层一般使用无机绝热材料。现将几种常用的绝热材料简介如下。

1．石棉及其制品　石棉是一种纤维结构的矿物，可耐700℃的高温，因纤维长度不同可制成各种制品。长纤维可制成石棉布、石棉毡和石棉绳等。短纤维的石棉粉可与其他绝热材料混合制成各种制品，如石棉水泥和石棉硅藻土等。

2．玻璃棉及其制品　玻璃棉是用熔化的玻璃喷成的纤维状物体，其导热系数小，机械强度高，耐高温，吸水率小，很容易制成各种制品，如玻璃棉布、玻璃毡和玻璃棉弧形预制块等，因此得到广泛利用。其缺点是施工时细微的纤维易飞扬，刺激人的眼睛和皮肤。

3．矿渣棉及其制品　是炼铁高炉的熔化炉渣，用蒸汽或压缩空气吹喷成的纤维状物体。其导热系数低，吸水率小，价格低廉，但强度低，施工条件差。其制品有矿渣棉毡。

4．岩棉及其制品　岩棉是以玄武岩为主要原料，经高温熔融，以高速离心方法而制成的纤维状物体。密度小，导热系数低，吸水率小，是一种最常用的绝热材料。其制品有岩棉毡，加入酚醛树脂经固化成型后制成的管壳块。

5．膨胀珍珠岩及其制品　其原料是一种叫做珍珠岩的矿石，将矿石粉碎，再经高温焙烧，由于高温作用，岩石中的结晶水急剧汽化膨胀，而形成多孔结构的膨胀珍珠岩颗粒。

用不同胶结材料（如水泥、水玻璃和塑料等）可将膨胀珍珠岩制成不同形状、不同性能的制品。这种绝热材料导热系数低，不燃烧，无毒、无味、无腐蚀性、耐酸碱盐侵蚀，材料强度高，是一种高效能的绝热材料。缺点是吸水率较大。

6．泡沫混凝土及其制品，用水和水泥并加泡沫剂，可制成泡沫混凝土，是一种多孔结构的混凝土，孔隙直径0.5～0.8mm，孔隙率越大绝热性能越好，但机械强度相应降低。其制品一般呈半圆形或扇形的管壳块，施工时，包扎在管子上即可。

燃气管道绝热层常用的几种绝热材料的性能详见表6-5。各厂家生产的同一种绝热材料的性能均有所不同，选用时应按厂家说明书或样本所给的技术数据。

几种常用绝热材料的性能   表 6-5

材 料 名 称	密 度 (kg/m³)	导 热 系 数 (W/m·℃)	使 用 温 度 (℃)
膨胀珍珠岩	50～135	0.033～0.046	−200～+1000
普通水泥珍珠岩制品	240～450	0.053～0.081	≤600
矿渣棉	114～130	0.044～0.076	≤800
玻璃棉	81～85	0.032～0.035	<250
岩 棉	150	0.034	<300
石棉灰	600	0.081～0.093	<600
石棉绳	1000～1300	$0.14+0.0002t$	<450
泡沫混凝土	400～500	0.093～0.14	<250

三、绝热层构造及其施工

绝热层均包敷在防腐层之外，一般由绝热、防潮和保护三层组成。绝热层的主体是绝热层，根据不同绝热材料，采用不同施工方法。

（一）缠绕湿抹法 采用石棉绳和石棉灰作绝热层时，在已作好防腐层的管子上先均匀而有间隔地缠好石棉绳，绳匝间距5～10mm，然后分两层抹石棉灰，最后抹一层石棉水泥浆作保护壳。若是室外燃气管道，待保护壳干固后再涂沥青底漆和沥青涂料各一层作为防潮层，如图6-13所示。缠绕湿抹法的绝热层总厚度不小于20mm。

这种方法适用于小直径和短距离的燃气管道，例如，建筑物的燃气引入管或沿建筑物外墙架设的小直径燃气管。

（二）绑扎法 使用泡沫混凝土或水泥膨胀珍珠岩管壳块作绝热层时，通常采用绑扎法。绑扎管壳块时，应将纵向接缝设置在管道的两侧，横向接缝错开。所有接缝均可采用石棉灰、石棉硅藻土或与管壳块材料性能接近的绝热材料制成泥浆填塞。绑扎的铁丝直径一般为1～1.2mm，每块管壳应至少绑扎两处，铁丝头嵌入接缝内。管壳块表面可以抹一层石棉水泥保护层，厚约10mm。待保护层干固后在其表面涂一层沥青涂料，外包浸沥青底漆的玻璃布（或油毡），玻璃布上再涂一层沥青。沥青玻璃布层为防潮层。也可以不抹石棉水泥保护层，在管壳表面直接作防潮层。

（三）缠包法 使用岩棉毡、矿渣棉毡或玻璃棉毡做绝热层时，将棉毡剪成适用的条块缠包在管子上，用铁丝或铁丝网紧紧捆扎。一层不够厚度，可缠包二～三层。棉毡外再缠包油毡作保护（防潮）层。

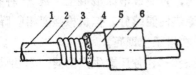

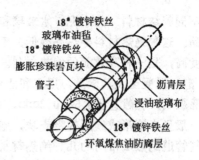

图 6-13　石棉绳绝热层　　　　图 6-14　绑扎式绝热层结构

1—管子；2—防腐层；3—石棉绳；4—石棉灰浆；5—石棉水
泥保护壳；6—防水层

四、硬质聚氨酯泡沫塑料绝缘层

硬质聚氨脂是一种高分子多孔材料，全称为硬质聚氨基甲酸泡沫塑料（以下简称泡沫塑料），具有导热系数低，几乎不吸水，质轻、耐热性能好，化学稳定性强，与金属及非金属粘结性均较好等优点，可作为钢管既绝热又防腐的绝缘层。

施工时，首先将原料按比例分别配制A和B两组分备用。A组分为多次甲基多苯基多异氰酸脂，简称异氰酸脂，代号为PAPI，其结构式为A—NCO（也可采用二苯基甲烷二异氰酸脂，代号为MCI）；B组分为多羟基聚醚（简称聚醚，结构式为R—OH）、催化剂、乳化剂、发泡剂和溶剂按比例配制而成。只要A、B两组混合在一起，即起泡而生成泡沫塑料。

泡沫塑料一般采用现场发泡，施工方法有喷涂法和灌注法两种。

喷涂法施工如图6-15所示，A、B两组分分别用两台比例泵送至喷枪，并采用压缩空气使两组分从喷枪喷出时雾化，掌握好喷涂速度和喷枪距钢管表面的距离，喷雾在钢管表面固化后即可达到要求的厚度。

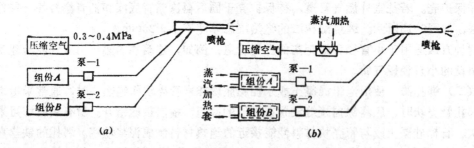

图 6-15　泡沫塑料喷涂法施工示意图

(a) 夏季施工；(b) 冬季施工

灌注法施工就是将两组分的液料按比例混合均匀，直接注入需要成型的空间或模具内，经发泡膨胀而充满模具空间，固化后即可达到要求形状与厚度。

泡沫塑料的发泡固化机理由下述三个反应组成。

1. 链增长反应，生成聚氨酯。

$$A-NCO + R-OH \longrightarrow ANHCOR \overset{O}{\underset{\|}{}}$$

2. 发泡反应，生成二氧化碳和脲

$$A-NCO + H_2O \longrightarrow ANH_2 + CO_2 \uparrow$$

3. 交联反应，分子交联，形成空间网状结构。

$$A-NCO + ANH_2 \longrightarrow ANHCONHA$$

链增长反应及交联反应使原料由液体逐渐变成固体，发泡反应使原料变成泡沫塑料。

泡沫塑料绝缘层施工时，因为异氰酸脂和催化剂有毒，对上呼吸道、眼睛和皮肤有强烈的刺激作用，所以必须加强劳动保护。

第七章 室外燃气管道和配件的安装

第一节 燃气管道入沟

管道入沟就是将管子准确地放置于平面位置和高程均符合设计要求的沟槽中，简称下管。下管时必须保证不破坏管道接口，不损伤管子的防腐绝缘层，沟壁不产生塌方，以及不发生人身安全事故。

一、下管前的准备工作

（一）清理沟槽底至设计标高；

（二）准备下管工具和设备，并检查其完好程度；

（三）检查现场所采取的安全措施，例如沟槽内是否有人，起重机械是否稳固，起重臂下严禁站人等等；

（四）做好防腐层的保护，尤其是绳索与管子的接触处更要加强保护。对于小管径，人工下管时可在接触处用玻璃布或胶皮等软物保住，若是大管径并采用机械下管时，可采用特制的吊管软带，如图7-1所示。

二、下管方法

下管方法可根据管子种类，直径，下管长度，沟槽土质及支撑情况，以及施工机具装备情况来确定。

（一）压绳下管法　可采用人工压绳和竖管压绳（图7-2）。操作时在管子（段）两端各绕一根粗麻绳，以人力或工具滚动管子，当滚至沟边时，根据统一指挥，慢慢放松绳子将管子平稳放入沟中。由于管子重量被绳子之间或绳子与竖管的摩擦力所承受，故人承担的力量较小。

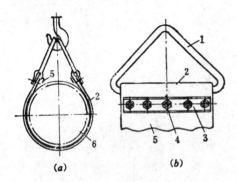

图 7-1　吊管软带
（a）吊管软带使用时；（b）吊管软带构造
1—元钢；2—薄钢板；3—带钢夹板；4—螺栓；5—橡胶板；
6—燃气管

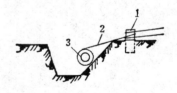

图 7-2　竖管（地锚）下管法
1—竖管；2—大绳；3—管子

（二）搭架下管法　如图7-3所示，先将管子滚至横搭在沟槽的方木（不少于两根）或圆木上，然后用挂在搭架上的手拉葫芦将管子吊起，抽走方木，将管子缓缓放入沟槽中。

（三）起重机下管法　下管时起重机沿沟槽移动，将管子吊起，转动起重臂把管子移至沟槽上方，然后徐徐放入沟槽。起重机的位置应与沟边保持一定距离，以免沟边土壤受压过大而塌方。为了防止起吊时管子摆动，可用绳子系住管子一端，由人拉住，随时调整其方向。

采用多台起重机同时起吊较长管段时，起重机之间的距离须保持起吊管段的实际弯矩小于管段的允许弯矩。起吊操作必须保持同步。最大起吊长度可按下式计算确定

$$L = 0.443(2N-1)\sqrt{\frac{(D_w^4 - D_n^4)[\sigma]}{qD_w}} \tag{7-1}$$

式中　L——允许最大起吊长度（m）；

$\quad\quad N$——起重机台数；

$\quad D_w$，D_n——起吊钢管的外径和内径（m）；

$\quad\quad q$——管子重力（N/m）；

$\quad\quad [\sigma]$——管材的允许弯曲应力（N/m²）。

三、管线位置控制

（一）中线控制

1. 中心线法　如图7-4所示，坡度板的中心钉表示管线的中心位置，在中心钉的连线上挂一个线坠，当线坠通过管道中心时，表示管道已经对中。

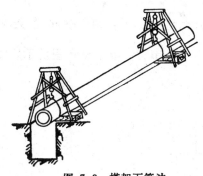

图 7-3　搭架下管法

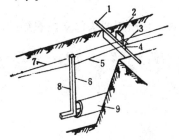

图 7-4　坡度板与中心线对中

1—坡度板；2—高程板；3—高程钉；4—中心钉；5—中心线；6—垂线；7—坡度线；8—高程尺；9—管子

2. 边线法　如图7-5所示，边线一端系在槽底边线桩或槽壁的边桩上。稳管时，控制管子水平直径处外表面与边线间的距离为一常数 C，则管道处于中心位置。

边线法对中比中心线法速度快，但准确度不及中心线法。若无准确要求，用目估法确定管道中心位置即可。

（二）高程控制

为了控制管道高程，在坡度板上标出高度钉（图7-4）。坡度板的间距一般为20～25m，高程钉至管底的

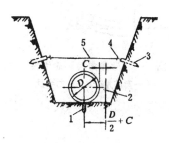

图 7-5　边线法

1—中心桩；2—边线桩（圆钢）；3—边桩；4—高程钉；5—高程线

垂直距离应相等，高程钉之间连线的坡度即为管底坡度，该连线称为坡度线。坡度线上任何一点到管底的垂直距离均相等。高程控制时，使用丁字形高程尺，尺上刻有管底与坡度线之间的距离标记，将高程尺垂直放在管底，当标记和坡度线重合时，表明高程正确。

当不能安装坡度板时，也可以采用图7-5所示的边桩上的高程钉，拉高程线控制管子高程。控制中心线与高程应该同时进行。

下管时，还应严格控制燃气管道和其他管道或构筑物的平行和垂直安全距离。

第二节　钢管焊接管件的制作

钢管焊接管件往往在施工现场制作。制作时利用计算的尺寸或展开样板在钢管上画出切割线，切割成需要的形状后，再拼装成各种类型的管件。

一、弯头的制作

弯头用于管道的转弯处，转变的角度称作弯曲角。为了工作上的便利，习惯上常把弯曲弧度对应的圆心角称作弯曲角，弯曲弧线的半径称作弯曲半径，如图7-6所示。

不同弯曲角的焊接弯头常常由一节或数节带有斜截面的直管段组合而成，俗称虾米腰弯头。节数中有两段端节和若干段中间节；端节经常是中间节的一半，不包括在称呼的节数内。对于燃气管道工程，各节的斜截面夹角一般规定为15°，22.5°和30°。

弯头的几何尺寸受安装地点和燃气在弯头内流动的阻力所限，因此，一般焊接弯头的弯曲半径不小于管径的1.5倍。对于低压燃气管道上的焊接弯头，其弯曲半径不易过小。

今以90°两节虾米腰弯头为例，说明其制作过程

（一）绘制弯头的立面投影图。两个端节夹角$\left(\dfrac{\alpha}{2}\right)$各为15°，两个中间节夹角$\alpha$各为30°弯曲半径$R = 1.5D_w$，如图7-7所示。图中中间节的节背，节中和节里所示的尺寸分别为

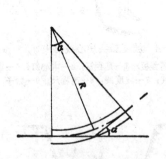

图 7-6　弯曲角与弯曲半径

α—弯曲角；R—弯曲半径

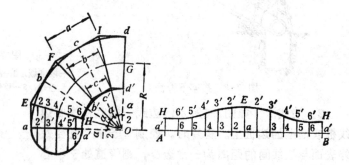

图 7-7　弯头立面投影及端节展开

$$a = 2\left(R + \frac{D_w}{2}\right) \operatorname{tg} \frac{\alpha}{2} \tag{7-2}$$

$$b = 2R \operatorname{tg} \frac{\alpha}{2} \tag{7-3}$$

$$c = 2\left(R - \frac{D_w}{2}\right) \text{tg}\, \frac{\alpha}{2} \tag{7-4}$$

（二）绘制展开图　可任选中间节或端节展开。图7-7所示为端节展开图。二个端节的样板拼合就是中间节展开样板。

（三）将样板紧包在管子上，画出切割线（氧气切割时，切割线宽约5mm），切割后，以节背基准线对准焊接，即成90°两节虾米腰弯头。

二、三通制作

钢管焊接三通按其形状有正交、斜交和Y形之分；按其管径分等径和异径。各种三通制作方法基本相同。下面以斜交异径三通为例说明其制作过程。

（一）求接合线　绘制三通正面图和侧面图。正面图中的支管与主管的接合线按下述方法求出。将侧面图中的支管端面分若干等分，自等分点作支管端面的垂直线，在侧面图上得到垂直线与主管的各交点，从各交点向右引水平线，与正面图支管端面的对应垂直线相交，把对应交点连成曲线即为正面图中支管与主管的接合线。如图7-8中的Ⅰ和Ⅱ所示。

（二）支管展开图　在正面图中作支管端面延长线，其长为支管圆周长，并作相同的等分，自等分点作垂线，与接合线上所引的对应水平线相交，将对应交点连成曲线即得到支管展开图，如图7-8中的Ⅲ所示。

（三）主管展开图　由C和D引下垂线，其长为主管圆周长之半，并从中点7上下照录侧面图中对应弧段的各点，自各点引DC平行线与接合线各点的对应下垂线相交，将对应交点连成曲线，得出主管开孔实形展开图Ⅳ。

工地往往只画支管展开图，将按样板切割的支管扣到主管上，画出主管切割线。

三、大小头制作

大小头又称作渐缩管，大小头的圆心均在管子中心线上称为同心大小头，否则称为偏心大小头。一般偏心大小头均为一侧平直，另一侧以不超过30°角向中心线偏斜。在具有冷凝水的钢燃气管道上，水平安装时一般采用偏心大小头，垂直安装时一般采用同心大小头。

大小头一般均采用抽条法制作。

（一）同心大小头

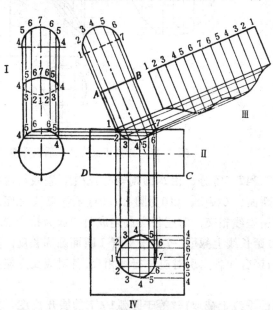

图 7-8　斜交异径三通展开图

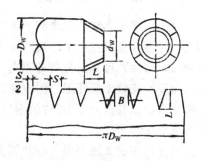

图 7-9　同心大小头

同心大小头的形状及展开图如图7-9所示。将管子圆周分为 n 等分，管径变化越大，等分越多，每等分抽掉（切割）部分的宽度 S 为

$$S = \frac{\pi}{n}(D_w - d_w) \tag{7-5}$$

抽掉部分的长度 L 为

$$L = (3 \sim 4)(D_w - d_w) \tag{7-6}$$

按照样板画线切割后，用焊矩加热根部，用小锤敲打小端使之收拢至直径为 d_w，最后焊接成形。

（二）偏心大小头

偏心大小头的切割画线如图7-10所示。图中 A、B、C、D、E 的尺寸可按下列各式确定。

$$A = \frac{\pi}{8}d_w, \quad B = \frac{3}{12}\Delta L, \qquad C = \frac{1}{6}\Delta L$$

$$D = \frac{1}{12}\Delta L, \quad E = 2(D_w - d_w), \quad \Delta L = \pi(D_w - d_w)$$

上述式中各符号意义如图所示。

四、弯头三通

在无缝弯头上接出支管称为弯头三通。弯头三通有正交与斜交，等径与异径之分。图7-11为异径正交弯头三通及展开图。

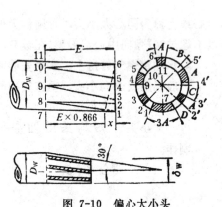

图 7-10 偏心大小头

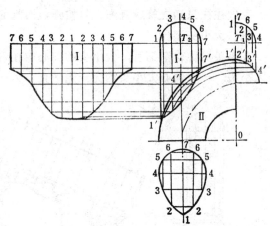

图 7-11 异径正交弯头三通展开图

（一）求接合线　先将两个断面 T_1 和 T_2 6等分，由 T_1 圆周等分点引下垂线与弯头圆周相交，过各交点向左引水平线与弯头断面 1'-0 相交，以0为圆心，0点至各交点之距离为半径画弧，与由 T_2 圆周对应等分点向下引垂线相交，对应各交点连成曲线即为接合线。

（二）支管 I 展开图　图中在7-1延长线上截取7-7等于支管 I 断面圆周长度，并照录各等分点，由各点向下引7-7的垂线与接合线各点引对应平行线相交，各对应交点连成曲线即为支管 I 展开图。

（三）主管 II 展开图　在 T_2 圆周的垂线上截取1-7等于圆弧 $\overparen{1'4'7'}$ 的展开长度，并照录各等分点，由各等分点引水平线垂直于1-7，在水平线左右两边对应分别截取等于 $\overparen{1'2'}$、

$1'3'$、$1'4'$的展开长度,把截取点连成曲线,即为主管Ⅱ开孔展开图。

五、壁厚对展开下料的影响

钢管具有一定的壁厚,其直径分内径、外径和平均直径。不同管件及不同要求的展开图应采用不同直径,使管件下料及制作所产生的误差维持在最小范围。

(一)**钢管下料展开长度** 在钢管上下料的样板不可能紧贴管外壁,且样板也有一定厚度,因此,钢管的计算展开长度L为

$$L = \pi(D_W + 1.5) \tag{7-7}$$

式中 D_W——钢管外径(mm)。

(二)**弯头各节端面V型坡口** 因为各节均铲V型坡口,故对接时均为内壁先接触,因此需按内径制作样板(计算放样也按内径),但展开长度仍按钢管外径计算。

(三)**异径三通** 不铲坡口的异径三通,支管按内径放样,主管按外径放样。支管及主管的展开长度均按外径确定。

(四)**等径三通** 等径三通的接合线,无论是正交还是斜交,其投影线都是直线,因此都按外径放样。

第三节 钢燃气管道的安装

一、埋地钢燃气管道的施工流程

埋地钢燃气管道的基本施工流程是测量放线、开挖沟槽、排管对口、焊接、试压(强度试验和严密性试验)、防腐和回填等。但这些工序是多次重复交叉进行的,安装过程中又交叉进行附属构筑物的施工,而且重复交叉的规律因施工具体条件而异。因此,其施工安装流程应根据具体施工条件而定。但就某一施工段(严密性试验段)而言,从施工准备至竣工收尾存在一个基本流程,如图7-12所示。

二、架空钢燃气管道的施工

(一)施工流程

与埋地钢燃气管道的施工流程相比,架空钢燃气管道的施工不需要开挖沟槽和回填,以油漆防腐代替了沥青防腐涂层施工,增加了支架和支座安装,包敷绝热层,以及拆除脚手架。一个施工段(严密性试验段)的基本施工安装流程如图7-13所示。

(二)支架的安装

架空敷设的燃气管道支架可分为低支架、中支架和高支架。

低支架一般为钢筋混凝土或砖石结构,高度为0.5~1.0m。用于不妨碍通行的地段。

中支架和高支架架空敷设不影响车辆通行,支架为钢筋混凝土或焊接钢结构。一般行人交通段用中支架,高度为2.5~4.0m,重要公路及铁路交叉处采用高支架,高度一般为4.0~6.0m。

支架的加工与安装直接影响管道安装质量。燃气管道安装前,必须对支架的稳固性、中心线和标高进行严格检查,确定是否符合设计图纸要求。为方便施工和确保安全,中、高支架上的管道安装,必须在支架两侧搭设脚手架,脚手架的平台高度以距管道中心线1.0m为宜,平台宽度1.0m左右。脚手架一般是一侧搭设,必要时也可两侧搭设,如图7-14所示。

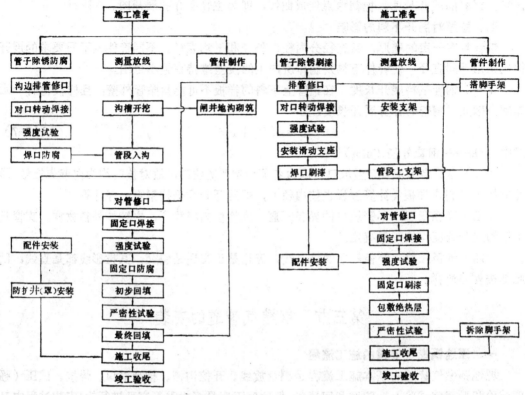

图 7-12　埋地钢燃气管道的施工流程　　　　图 7-13　架空钢燃气管道的施工流程

（三）支座安装

燃气管道与支架之间要设支座，根据支座的作用分为活动支座和固定支座。

活动支座直接承受管道的重力，并能使管道因温度变化而自由伸缩移动，燃气管道常用的活动支座有滑动支座和滚动支座两种，如图7-15所示。滑动支座焊在管道上，其底面可在支架的滑面板上前后滑动。滚动支座架在底座的圆轴上，因其滚动使轴向推力大大减小。

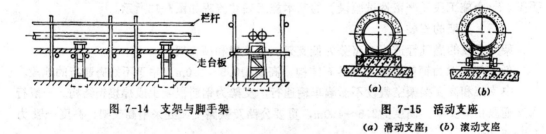

图 7-14　支架与脚手架　　　　　　　图 7-15　活动支座
　　　　　　　　　　　　　　　　（a）滑动支座；（b）滚动支座

固定支座(图7-16)在横向与轴向均为固定，支座承受管道横向和轴向推力，用于分配补偿器之间管道的伸缩量，因此，通常安装在补偿器两端的管道上。

安装管道支座时，应严格掌握管道中心线及标高，使管道重力均匀地分配在各个支座上，而且横向焊缝应位于跨距的1/5处（图7-17），以减少弯曲应力，避免焊缝受力不均或应力集中而出现裂纹。

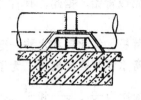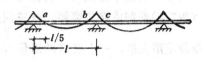

图 7-16　固定支座　　　　　　　　　　图 7-17　横向焊缝的最佳位置

第四节　铸铁燃气管道的安装

由于铸铁管管壁较厚，管子较重，管材较脆，管子接口多为承插式，因此，安装时要掌握其特点。

一、排管与下管

沿沟槽排管时，要按管子的有效长度排列，即每根管子应让出一个承口的长度出来。多数地区均将承口朝向来气方向。

排管后进行烧口，即将插入段的承口内表面和插口外表面的沥青涂层烧去，将表面上的飞刺打磨干净，以利于接口填料和管壁更严密地接合。

下管前，沟槽底放置承口的位置要挖一小坑，以便放下承口，使整根管子能平稳地放在沟底地基上。最好是预先在接口位置挖出接口操作工作坑。

二、接口与填料

（一）承插接口与填料

离心连续浇注的铸铁管，其承口和插口端的形状如图7-18所示。承插口之间的间隙填以各种填料，常用的填料有麻-膨胀水泥（或石膏水泥）；橡胶圈-膨胀水泥（或石膏水泥）；橡胶圈-麻-膨胀水泥（或石膏水泥）和橡胶圈-麻-青铅，等等。凡是不用水泥作填料的接口称作柔性接口，反之称作刚性接口。接口与填料按如下顺序操作。

1.撞口　撞口前将橡胶圈套在插口一端，用粉笔标记撞入承口的深度，把胶圈套在深度标记外，然后将插口撞入承口内，靠碰撞的反弹力使末端留出一定的对口间隙。最后用铁楔使承口与插口之间的缝隙保持均匀。

接口间隙找准后，应将接口包严，防止泥土杂物进入，而且不得承受重大碰撞或扭转。

2.填胶圈　应尽量采用胶圈推入器，使胶圈以翻滚方式进入接口内。若采用填捻或锤击的方法，应由下（贴插口壁）而上逐渐移动楔钻均匀施力于胶圈，使胶圈沿一个方向依次均匀滚至插口凸缘，上到凸缘宽度的1/3。

胶圈填缝的承插接口，既使外层填料部分开裂或外移，也不致大量漏气。在地震烈度6～8度的防震地区，一定要用胶圈填缝。

3.填麻　焦炉煤气管道用浸过沥青底漆的油麻，天然气或液化石油气管道则直接用白麻。把多股麻丝按右旋拧成麻辫，麻辫直径为环形间隙的1.5倍。然后按拧麻方向用打麻钻贴着插口向里打，打入深度约占承口深度的 $\frac{2}{5}$，沿环向深度要均匀。

4.填石膏水泥、膨胀水泥或青铅，铸铁燃气管道承插接口的第一、二层填料一般都采用胶圈和麻辫，最后一层可使用的材料有石膏水泥、膨胀水泥或青铅。据此，有石膏水泥接口、膨胀水泥接口或青铅接口之称。

（1）石膏水泥接口　将标号不低于425的硅酸盐水泥、石膏粉、氯化钙和水按一定比例（表7-1)配制成接口填料，分三层用打灰钢钻捻紧打严。石膏水泥凝固速度快，为了在初凝前使用完毕，一个接口的用量可分三次拌合，三次分配量依次为 $\frac{1}{2}$、$\frac{1}{3}$ 和 $\frac{1}{6}$。接口填料拌合要快而充分。

（2）膨胀水泥接口　用膨胀水泥、细河砂和水按一定比例拌合均匀使用，分三层用灰钻捻紧打严，养护两星期后再试压。

（3）青铅接口　青铅接口一般都用熔化的铅，其打口操作工序依次为安装封口模具，用粘土将承口和卡具之间的缝隙抹严（灌铅口旁应留一出气口），化铅(327℃以上)，把铅灌入接口（图7-19），拆下封口模具，用铅钻捻紧打实。

石膏水泥填料的配合比（重量比）　　　　　　　　　　表 7-1

材 料 名 称	水泥（525"）	二水石膏粉	无水氯化钙	水
配合比（%）	100	7～10	3～5	30～35

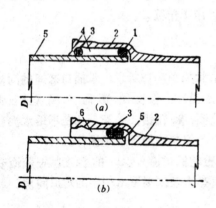

图 7-18　承插接口与填料

(a) 水泥承插式接口；(b) 精铅承插式接口

1—橡胶圈；2—铸铁接口；3—油绳环圈；4—水泥；5—铸铁插管；6—精铅

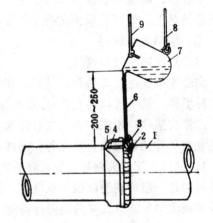

图 7-19　灌铅操作示意图

1—铸铁插管；2—粘土封口层；3—石棉绳；4—接口橡胶圈；5—铸铁承管；6—热熔精铅；7—熔铅钢；8—后吊环；9—前吊环

青铅接口能较好地承受震动和弯曲，损坏时易于修理。但青铅价昂，且系稀有金属，故一般均不使用，只有在特殊要求时方予采用。

（二）柔性机械接头

承插接头主要采用水泥作填料，属刚性接头，即使增加一层橡胶圈仍属半刚性接头，机械性能差，在外加荷载和较高燃气压力的作用下，接口严密性很容易被破坏，因此，逐渐被柔性机械接头取而代之。

柔性机械接头是指接头间隙采用特制的密封橡胶圈作填料，用螺栓和压轮实现承插口的连接，并通过压轮将密封胶圈紧紧塞在承插间隙中的一种接头形式。例如，图7-20所示的SMJ型接头和图7-21所示的N型接头均属于柔性机械接头。

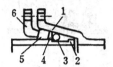

图 7-20　SMJ型接头

1—承口；2—插口；3—锁环；4—隔离圈；5—密封
胶圈；6—压轮

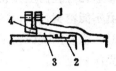

图 7-21　N型接头

1—承口；2—插口；3—密封胶圈；5—压轮

柔性机械接头施工简便，因为它不需要进行繁锁而复杂的接口填料操作。机械柔性接头的严密性，尤其是接头处于动态状态下的严密性远远超过承插式接头。即使接头在外荷载作用下出现弯曲或反复的振动，只要不超过允许最大弯曲角仍可保持严密性，因此，能适应抗震和管道地基沉降的要求。

（三）套接式管接头

用套管把两根直径相同的铸铁管连接起来，通过套管和管子之间的橡胶圈实现接口的严密性的接头称作套接式管接头。这种接头所使用的铸铁管仅仅是直管，不需要铸造承口，因此，可大大简化铸铁管的铸造工艺。套接式管接头具有如下三种结构型式。

1．锥套式管接头　如图7-22所示，套管的密封面加工成内锥状，利用压轮和双头螺栓把密封圈和隔离圈紧密地压在内锥间隙中，使接头可获得较大的可挠度。

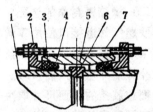

图 7-22　锥套式管接头

1—铸铁直管；2—压轮；3—密封圈（合成橡胶）；4—隔离圈（合成橡胶）；5—连接套；6—隔环；7—双头螺栓

安装前，首先把铸铁连接套、压轮、密封圈和隔离圈分别套入铸铁直管，然后利用隔环把铸铁直管接口对正找齐，再将连接套、隔离圈、密封圈移到管壁的标定位置，最后拧紧双头螺栓，让压轮将连接套两端的隔离圈和密封圈均匀地压入内锥中。隔离圈可使燃气中的某些腐蚀介质不接触密封圈，延长接头的密封耐久性。

2．滑套式管接头　如图7-23所示，连接套管的密封面为凹槽形，密封橡胶圈套在管端，当用外力将铸铁直管推入连接套管时，密封圈滑入凹槽内。这种接头施工简单，但密封橡胶圈应具有良好的弹性，并能抵抗燃气介质的腐蚀。这种接头省去了易锈蚀的螺栓。

3．柔性套管接头　如图7-24所示。这是用一个特制的橡胶套和两个夹环把两根铸铁直管连接起来的接头。这种接头允许管子有较大幅度的摆动、错动、轴向移动以及弯曲，适用于地基松软，多地震的地区使用。

三、橡胶密封圈的选配

（一）密封机理

铸铁燃气管道接口的橡胶圈以一定的压缩比装在环形间隙内，处于受压状态，管壁对胶圈压缩使胶圈产生一个内应力，称为压缩应力。该内应力同时反作用于接口管壁的密封面，产生反弹力。压缩应力与反弹力大小相等，方向相反，使缝隙处于密封状态。因此，管内燃气压力越高，密封时所需的压缩应力越大。当燃气压力为定值时，则橡胶圈的压缩应力越大，密封性能越好。随着时间的推移，橡胶圈会随着老化过程而应力松弛，当松弛到一定程度，就不能密封住管内的燃气压力而发生漏气。此时，橡胶圈丧失使用功能，其内应力值称为临界压缩应力。

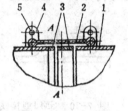

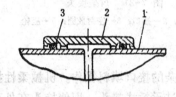

图 7-23 滑套式管接头
1—铸铁直管；2—连接套；3—密封圈

图 7-24 柔性套管接头
1—铸铁直管；2—柔性套；3—支撑环；4—夹环；
5—螺栓

橡胶的压缩应力取决于压缩比η，因此，测定橡胶密封圈在燃气工作压力下的临界泄漏压缩比η_c，即可确定其密封状态。由热老化试验得知，在50年寿命的约束条件下，当燃气工作压力为0.02～0.15MPa时，对于丁腈橡胶，$20\% \leqslant \eta \leqslant 40\%$。

（二）橡胶密封圈的选配

铸铁燃气管道接口使用丁腈橡胶圈或氯丁橡胶圈作密封圈。若使用橡胶条制作橡胶圈，可采用粘接方法。在橡胶条的斜形切口上先用丙酮擦洗，然后涂以502型胶粘剂粘接，压合四分钟后即可套入插口端。

胶圈或胶条的截面尺寸取决于接口的环形间隙和橡胶的压缩比，可按下式计算确定。

对于圆胶圈的截面直径d

$$d = \frac{E}{1-\eta} \cdot \frac{1}{\sqrt{K}} \tag{7-8}$$

对于方截面的胶圈，其截面高度h为

$$h = \frac{E}{1-\eta} \cdot \frac{1}{\sqrt{K}} \tag{7-9}$$

胶圈环的内径 $\qquad D_1 = KD \tag{7-10}$

上列式中 E——接口环形间隙高度；

$\qquad \eta$——胶圈的压缩比；

$\qquad K$——胶圈的环径系数，$K = 0.85～0.9$；

$\qquad D$——管子插口外径（接口环形间隙内径）。

因为$D_1 < D$，胶圈套入插口时周长均匀受拉，装入环形间隙后，设间隙表面为绝对光滑面，则胶圈的标准压缩比η_s为

$$\eta_s = 1 - \frac{E}{\sqrt{K} \, d} \quad 或 \quad \eta_s = 1 - \frac{E}{\sqrt{K} \, h} \tag{7-11}$$

但环形间隙中，铸铁管的直径公差（设承口内径为e_1，插口外径为e_2）、表面粗造度（设承口为Δ_1、插口为Δ_2）、以及安装过程中的偏心度ε都会影响环形间隙高度E，若将上述影响因素叠加，则环形间隙内最大高度为

$$E_{max} = E + (e_1 + e_2 + \Delta_1 + \Delta_2 + \varepsilon) \tag{7-12}$$

环形间隙内最小高度为

$$E_{min} = E - (e_1 + e_2 + \Delta_1 + \Delta_2 + \varepsilon) \tag{7-13}$$

因此，胶圈的最大压缩比为

$$\eta_{max} = 1 - \frac{E_{min}}{\sqrt{K d}} \quad \text{或} \quad \eta_{max} = 1 - \frac{E_{min}}{\sqrt{K h}} \tag{7-14}$$

最小压缩比为

$$\eta_{min} = 1 - \frac{E_{max}}{\sqrt{K d}} \quad \text{或} \quad \eta_{min} = 1 - \frac{E_{max}}{\sqrt{K h}} \tag{7-15}$$

即接口安装过程中，应该严格控制直径公差，表面粗糙度和环形间隙的均匀度。

四、柔性机械接口的曲线敷设

由于现场地形条件限制，管道必须微量偏转或曲线敷设，但又不能使用弯头。为此，只有靠每根管子在接口偏转一个小角度，利用多根管子的接口连续偏转来实现管道的曲线敷设。下面以柔性机械接口为例来讨论铸铁燃气管道曲线敷设时应遵循的原则。

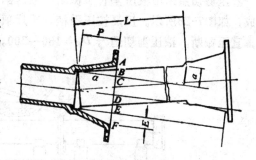

图 7-25　柔性机械接口允许偏转角

如图7-25所示，管子最大偏转角度为α时，设接口AB处的密封圈最大压缩比为$\eta_{max} = 40\%$，DF处的密封圈最小压缩比为$\eta_{min} = 20\%$，即

$$1 - \frac{AB}{\sqrt{K h}} = 0.4 \quad AB = 0.6\sqrt{K h} \tag{7-16}$$

$$1 - \frac{DF}{\sqrt{K h}} = 0.2 \quad DF = 0.8\sqrt{K h} \tag{7-17}$$

由（7-16）和（7-17）可得

$$AB = 0.75 DF \tag{7-18}$$

因为

$$AB + DF = 2E \tag{7-19}$$

式中　E——间隙标准高度

由（7-18）和（7-19）可求出

$$AB = 0.857 E \tag{7-20}$$

$$DF = 1.143 E \tag{7-21}$$

由图7-25可知

$$\tan\alpha = \frac{BC}{P} = \frac{0.143 E}{P}$$

$$\alpha = \tan^{-1} \frac{0.143 E}{P} \qquad (7-22)$$

式中　P——承口深度

每根管子偏转的有效距离 a 为

$$a = L \cdot \sin \alpha \qquad (7-23)$$

式中　L——每根管子的有效长度

设每根管子偏转角均为 α，则 n 根管子的总偏转角度为 $n\alpha$，偏转有效总距离 $a_{总}$ 为

$$a_{总} = \frac{(1+n)n}{2} a \qquad (7-24)$$

五、铸铁管的截断

铸铁管的截断主要有人工截断、液压剪切和机械切削等方法。

人工截断可采用钢锯，也可采用带手柄的扁凿，沿画定的截断线，用手锤击凿截断。扁凿截断仅适用于 $D_g \leqslant 300$ 的铸铁管。

液压剪切系采用液压割管机截断。液压割管机由液压千斤顶、活动刀夹具和高压油管组成，如图7-26所示。反复按压手柄，千斤顶输出的油压不断增大，夹具刀刃逐渐切入管壁，直至截断。液压剪切适于 $D_g = 150 \sim 300$。

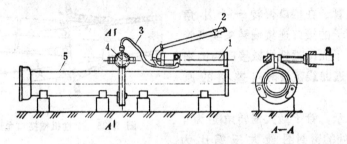

图 7-26　液压割管示意图

1—油缸筒；2—起压手柄；3—高压胶管；4—顶泵头；5—被截铸铁管

机械切削割管一般采用旋转式割管机或自爬式割管机，后者应用更广泛。适用于 $D_g \geqslant 500$。自爬式割管机由电动机、齿轮箱、滚轮、机架、导向链轮和锯齿形切削刀等组成。割管时，链轨沿管外壁缠绕，机架与链轨固定连接，启动电动机，滚轮与切削刀刃同时旋转，滚轮带动机架绕管外壁作圆周运动，刀刃随之沿管周切割管壁。

第五节　塑料燃气管道的安装

塑料管道施工环境温度宜在 $-5 \sim 35 ℃$ 之间。

一、塑料管接头

塑料燃气管道接头主要有承插式，电热熔式和螺纹式三种

（一）承插式接头

承插式接头如图7-27所示，此种接头主要适用于硬聚氯乙烯管。插口端可用打磨方法加工成30°坡口，也可采用加热方法把端部加热至软化，然后用加热的刀子切削出坡口。

承口制作可采用胀口方法，胀口时可利用金属模芯，模芯尺寸按照不同管径和插入深度而定，如表7-2所示。制作时将管子一端均匀加热至塑料软化立即插入模芯，再用水冷却即成承口。

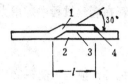

图 7-27 塑料管承插接头

1—承口；2—插口；3—粘合；4—焊接

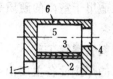

图 7-28 塑料管加热炉

1—炉口；2—炉条；3—耐火砖；4—加热口；5—炉膛；6—出气孔

硬 聚 氯 乙 烯 管 承 插 长 度 表 7-2

公称直径 D_g	25	32	40	50	65	80	100	125	150	200
承插长度 l	40	45	50	60	70	80	100	125	150	200

小管径塑料管在甘油浴（140℃）中的加热时间 表 7-3

公称直径 D_g	15	25	40	50
加热时间（秒）	20	30	40	60

塑料管加热时，D_g65以下的塑料管可在温度140℃的甘油浴中进行，加热时间如表7-3所示。大直径的塑料管加热往往利用加热炉（图7-28），炉温控制在170～180℃。从炉口放入液化石油气燃烧器，火焰直接烧耐火砖，炉膛内不允许有明火。塑料管从加热口放入，加热过程中应经常转动管子，保持管端加热均匀。加热时要掌握好加热时间，时间过长会使管口破裂，过短则不能成型，D_g200～D_g250的加热时间约需8～10分钟。

承插口之间应保持0.15～0.30mm的负公差，使插入后达到紧密状态。插入前，承插接触面宜用丙酮或二氯乙烷擦洗干净，然后涂一层薄而均匀的胶粘剂，胶粘剂可用过氯乙烯清漆，或按重量比进行配制，即过氯乙烯：二氯乙烷＝20：80。插入后施以角焊。

（二）电热熔式接头

电热熔式接头主要用于聚乙烯塑料管，一般采用承口式连接管件进行连接。承口或聚乙烯电热熔管件的承口内壁缠绕多圈电热丝，通电后，可使承口内壁和管外壁的聚乙烯被逐渐加热，当达到聚乙烯熔化温度（约130℃）后，内外壁聚乙烯熔为一体，冷却后即成整体连接，如图7-29所示。

每个电热熔接头管件都应注明管径、热熔接温度、熔接时间和冷凝时间等数据。操作时，首先将插入端表面保护涂层刮去，再插入承口式管件内，插入时直至与定位栓接触。然后用夹子把管道位置固定，防止熔接过程中管道有任何移动。最后将电热熔接机的电线插头接到连接管件两端的端子孔内，将电热熔机上的定时器调至接头所需熔接时间。到达熔接时间后，接头的聚乙烯熔液会从指示孔涌出，表示电热熔接完成。但固定夹子一定要待冷凝时间过去后才能松动。

（三）螺纹接头

用带有螺纹的塑料连接管件进行连接，也可采用普通的可锻铸铁管件或钢螺纹管件。这种接头仅适用于室内的硬质聚氯乙烯燃气管道。硬质塑料管在套丝过程中需用力适度，防止管口扭裂。

二、塑料管焊接工艺

塑料管的焊接设备主要由空气压缩机、空气过滤器和焊枪等组成，如图7-30所示。

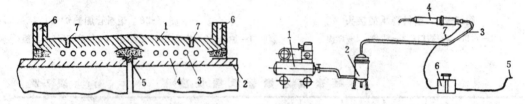

图 7-29　电热熔式接头

1—承口式接头；2—聚乙烯管；3—电热丝；4—熔接体；
5—定位栓；6—端子孔；7—指示孔

图 7-30　塑料焊接设备

1—空气压缩机；2—空气过滤器；3—压缩空气软管；4—直柄式焊枪；5—电源线；6—变压器；7—电线

空气压缩机的排气量一般为$0.6m^3/min$，供气压力不小于0.2MPa，一台压缩机可供多支焊枪使用。

空气过滤器主要用于过滤压缩空气中的油污、灰尘、铁锈和水分等杂质，保证供给焊枪洁净的压缩空气。空气过滤器还可以缓冲压缩空气的压力。

焊枪有直柄式和手枪式两种，手枪式塑料焊枪的构造如图7-31所示。压缩空气自气管进入枪管后，被瓷管内的电热丝加热，从枪嘴喷出。电热丝的电压一般为180～220 V，电热丝功率一般为400～500W，输入的压缩空气压力为0.1～0.2MPa。压缩空气中不允许含有水份和油脂。

焊接时，热空气温度在200～240℃为佳。温度过高，焊件与焊条易焦化，过低则不能很好地熔接，使焊缝强度降低。

焊条直径应根据管壁厚度与焊枪喷嘴孔径来选择，一般采用2～3mm，适用于管壁厚度3～15mm。焊条材质应与管壁相同，但掺少量增塑剂的焊条容易操作。

三、安装注意事项

（一）用硬质聚氯乙烯管制作弯管时，应采用灌砂热弯法，管子加热温度为130～140℃，弯曲半径不应小于三倍管径；聚乙烯管冷弯时的弯曲半径不小于15倍管径，否则应采用承口式弯头代替弯管。

（二）塑料管穿越暖气沟时应加套管，套管外应作绝热层处理。

（三）塑料管与钢管连接时，钢管端作插口，在插入塑料管之前应除锈见光泽，并涂上601胶粘剂。插入后可用按重量配制的胶粘剂（环氧树脂：二丁脂：乙二胺＝100：15：10）和玻璃布将接口包缠5～6层，接口两端各长出300mm。一般管件接头，及现场焊接的固定塑料焊口也可以用此方法加强处理。

（四）地下敷设的塑料燃气管道埋深一般不小于1.0m。可能承受重荷载的地下或地上燃气管道，穿越河流、公路或铁路的燃气管道均不宜使用塑料管。

（五）室内燃气管网采用塑料管时，接口可采用螺纹连接或承插粘接，不需要焊接。灶前管接近火源，环境温度较高，不宜使用塑料管。旋塞与塑料管的连接可采用特制塑料接头（图7-32）。

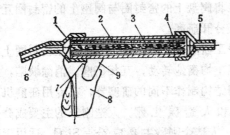

图 7-31 塑料焊枪

1—接头；2—瓷管；3—电热丝；4—枪管；5—枪嘴；6—气管；
7—电线；8—手柄；9—固定板

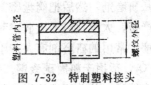

图 7-32 特制塑料接头

（六）敷设塑料管的沟槽底部要平整，不允许有硬块或局部凹坑，管壁周围的回填土亦不得有硬块，回填土应采用人工轻夯和多夯来达到密实度要求。

（七）DN150以下的聚乙烯塑料燃气管道对埋深没有具体严格要求时，可采用"犁入法"进行敷设。即像电缆一样把盘卷管的大线轮架在一个开沟犁后面，当拖拉机拉着犁头前进时，塑料管随着被埋入土中。

第六节 管道配件的安装和密封

一、管道配件的安装

燃气管道的配件安装主要是指阀门、补偿器和排水器的安装。

（一）阀门安装

阀门从产品出厂到安装使用，往往要经过多次运输和较长时间的存放，因此，安装前必须对阀门进行检查、清洗、试压、更换填料和垫片，必要时还需进行研磨。电动阀、气动阀、液压阀和安全阀等还需进行工艺性能检验，才能安装使用。

1．阀门的检查和水压试验

阀门的清洗和检查通常是将阀盖拆下，彻底清洗后进行检查。阀体内外表面有无砂眼、沾砂、氧化皮、毛刺、缩孔及裂纹等缺陷；阀座与阀体接合是否牢固，有无松动或脱落现象；阀芯与阀座是否吻合，密封面有无缺陷；阀杆与阀芯连接是否灵活可靠，阀杆有无弯曲，螺纹有无断丝等缺陷；阀杆与填料压盖是否配合适当；阀盖法兰与阀体法兰的结合情况，填料、垫片和螺栓等的材质是否符合使用温度的要求；阀门开启是否灵活等等。对高温或中高压阀门的腰垫及填料必须逐个检查更换。

阀门经检查后，按规定压力进行强度试验和严密性试验，试验介质一般为压缩空气，也可使用常温清水。强度试验时，打开阀门通路让压缩空气充满阀腔，在试验压力下检查阀体、阀盖、垫片和填料等有无渗漏。强度试验合格后，关闭阀路进行严密性试验，从一侧打入压缩空气至试验压力，从另一侧检查有无渗漏，两侧分开试验。

2．阀门的研磨

阀门密封面的缺陷（撞痕、压伤、刻痕和不平等）深度小于0.05mm时都可用研磨方法消除。深度大于0.05mm时应先在车床上车削或补焊后车削，然后再研磨。研磨时必须在研磨表面涂一层研磨剂。

对截止阀、升降式止回阀和安全阀，可直接将阀盘上的密封圈与阀座上的密封圈互相研磨，也可分开研磨。对闸阀，要将闸板与阀座分开研磨。

研磨方法可采用手工研磨和研磨机研磨，手工研磨是在阀盘密封圈和阀座密封圈上涂一层研磨剂，然后把阀盘密封圈压在阀座密封圈上均衡地转动，互相研磨，消除缺陷，达到严密。大量阀门需要研磨时，应根据不同阀门结构制作不同的研磨器，在专用研磨机上研磨。常用的研磨剂有人造刚玉、人造金刚砂和人造碳化硼。人造刚玉的主要成分是Al_2O_3，适用于研磨碳素钢，合金钢或可锻铸铁；人造金刚砂主要成分是Si_2C，适用于研磨灰铸铁、软黄铜或青铜，但不易研磨阀门的密封面；人造碳化硼的主要成分是C（20～24%）和B（72～78%），适用于研磨渗碳钢与硬质合金。研磨粉粒度不同，粗磨时粒度可用28～42μm，精磨时粒度10～28μm。

阀门经研磨、清洗、装配后，进行压力试验。合格后方可安装使用。

3. 阀门的安装

安装时，吊装绳索应拴在法兰上，不允许拴在手轮、阀杆或传动机构上，以防这些部位扭弯折断，影响阀门使用。

双闸板闸阀宜直立安装，即阀杆处于垂直位置，手轮或手柄在顶部。单闸板闸阀可直立、倾斜或水位安装，但不允许倒置安装。安装时，阀门底部可设砖支座、钢筋混凝土支座或钢支架支托，也可在阀门两侧设支座或支架。勿使阀门重量造成管线下凹，形成管线倒坡。

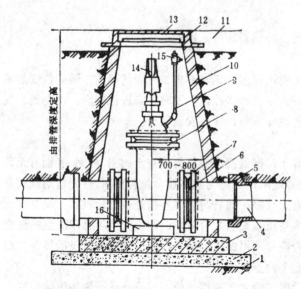

图 7-33　铸铁管道上的阀门安装

1—素土层；2—碎石基础；3—钢筋混凝土层；4—铸铁管；5—接口；6—法兰垫片；7—盘插管；8—阀体；9—加油管；10—闸井墙；11—路基；12—铸铁井框；13—铸铁井盖；14—阀杆；15—加油管阀门；16—预制钢筋水泥垫块

安装截止阀和止回阀时应注意安装方向，即介质流动方向应与阀体上的箭头指向一致。升降式止回阀只能水平安装，以保证阀盘升降灵活。旋启式止回阀则应保证阀盘的旋转轴呈水平状态，水平或垂直安装均可。

为了便于定期检修和启闭操作，地下的手动阀门应该设在阀门井内。钢燃气管道上的阀门，阀门后一般连接波形补偿器（图3-3），阀门与补偿器可以预先组对好，然后与套在管子上的法兰组对，组对时应使阀门和补偿器的中心轴线与管道一致，并用螺栓将组对法兰紧固到一定程度后，进行管道与法兰的焊接。最后加入法兰垫片把组对法兰完全紧固。铸铁燃气管道上的阀门安装如图7-33所示，安装前应先配备与阀门具有相同公称直径的承盘或插盘短管，以及法兰垫片和螺栓，并在地面上组对紧固后，再吊装至地下与铸铁管道连接，其接口最好采用柔性接口。

$D_g \geqslant 500$ 的闸阀多采用齿轮传动，水平安装。当环境条件不允许时，可将阀体部分直埋土内，并将法兰接口用玻璃布包缠。而阀盖和传动装置必须用闸门井保护，如图7-34所示。

储配站内地下燃气管道上的电动控制闸阀均采取直立安装，因为

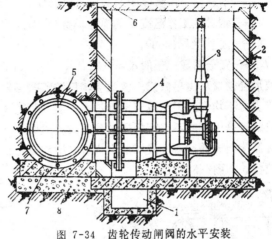

图 7-34 齿轮传动闸阀的水平安装

1—集水坑；2—闸井；3—传动轴；4—阀体；5—连接管道；6—阀门井盖；7—混凝土垫块；8—碎石基础层

埋深较浅，不宜砌筑闸门井，法兰接口用玻璃布包缠后，阀体以下部分可以直埋土内，但填料箱、传动装置和电动机等必须露出地面，可用不可燃材料制作轻型箱子或筒扣盖加以保护。

（二）补偿器安装

补偿器是调节管线因温度变化而伸长或缩短的配件。架空管道和热煤气管道，其温度随季节或工艺过程而发生较大的变化，必须根据补偿器的补偿能力（轴向变形量）、管线长度及温度变化幅度等因素安装一定数量的补偿器，这种补偿器均单独安装。燃气管道不论其温度是否发生变化，一般在阀门的下侧（按气流方向）都紧连一个波形补偿器，这是利用其胀缩能力，方便阀门的安装或拆卸。

燃气管线上所用的补偿器主要有波形补偿器和波纹管两种，在架空燃气管道上偶尔也用方形补偿器。

波形补偿器俗称调长器，其构造如图7-35所示，是采用普通碳钢的薄钢板经冷压或热压而制成半波节，两段半波焊成波节，数波节与颈管、法兰、套管组对焊接而成波形补偿器。因为套管一端与颈管焊接固定，另一端为活动端，故波节可沿套管外壁作轴向移动，利用连接两端法兰的螺杆可使波形补偿器拉伸或压缩。每波节的补偿能力 Δ(mm) 可按下式计算。

$$\Delta = 0.75\alpha\frac{\sigma_s^1 D_w^2}{KE_t S} \tag{7-25}$$

式中　α——系数，可按下式计算

$$\alpha = \frac{6.9}{1-\beta}\left(\frac{1-\beta^2}{\beta^2} - \frac{4L^2\beta}{1-\beta^2}\right) \tag{7-26}$$

　　β——系数　$\beta = D_w/D_1$；

　　D_w——颈管外径(mm)；

　　D_1——波峰直径(mm)；

　　L——波节的组合长度(mm)；

σ_t^s——钢材在工作温度下的屈服极限(MPa);

E_t——钢材在工作温度下的弹性模数(MPa);

S——波节壁厚(mm);

K——安全系数，一般$K=1.3$。

波形补偿器可由单波或多波组成，但波节较多时，边缘波节的变形大于中间波节，造成波节受力不均匀，因此波节不宜过多，燃气管道上用的一般为二波。

波纹管是用薄壁不锈钢板通过液压或辊压而制成波纹形状，然后与端管、内套管及法兰组对焊接而成补偿器。波纹的形状有 U 型和 Ω 形两种。燃气管道上用的波纹管补偿器均不带拉杆，如图7-36所示。

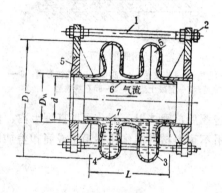

图 7-35　波形补偿器

1—螺杆；2—螺母；3—波节；4—石油沥青；5—法兰；6—套管；7—注油机

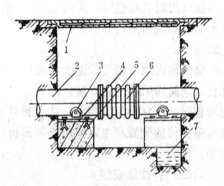

图 7-36　地下管道波纹管安装示意图

1—闸井盖；2—地下管道；3—滑轮组（120°）；4—预埋钢板；5—钢筋混凝土基础；6—波纹管；7—集水坑

波形补偿器（或波纹管）都采用法兰连接，为避免补偿时产生的震动使螺栓松动，螺栓两端可加弹簧垫圈。波形补偿器一般为水平安装，其轴线应与管道轴线重合。可以单个安装，也可以两个以上串联组合安装。单独安装（不紧连阀门）时，应在补偿器两端设导向支座，使补偿器在运行时仅沿轴向运动，而不会径向移动。安装在地下时应砌筑井室加以保护，如图7-36所示。安装时，应根据补偿零点温度（t_0）定位，所谓补偿零点温度就是管道最高工作温度与最低工作温度的平均值。当安装环境温度（t）等于t_0时，波纹管可不必预拉伸或预压缩，当$t>t_0$时，应预先压缩，当$t<t_0$时，应预先拉伸，压缩或拉伸长度可按下式计算。

$$\Delta L=\alpha\cdot L\cdot(t_0-t) \tag{7-27}$$

式中　ΔL——预拉伸或预压缩长度（负值为预压缩长度，正值为预拉伸长度）(m);

α——管线材料的线膨胀系数(m/m，℃);

L——管线胀缩段长度(m)。

补偿器的固定端应位于管线坡度高的一侧，内套管上的注油孔位于下方，并注入石油沥青，防止波节锈蚀。

（三）排水器的制作与安装

排水器是用于排除燃气管道中冷凝水或轻质油的配件，由凝水罐、排水装置和井室三部分组成。

凝水罐根据材料可分为钢制凝水罐（图7-37）和铸铁凝水罐；根据结构可分为立式凝

水罐和卧式凝水罐，卧式凝水罐多用于管径较大燃气管道上；根据燃气的输气压力又可分为低压凝水罐和高中压凝水罐，因为高中压燃气管道中的冷凝水较低压管道多，所以高中压凝水罐的容积较低压管道大，而且用于冬季具有冰冻期的地区的高中压凝水罐的顶部有两个排水装置的管接头，低压凝水罐顶部一般只有一个管接头。

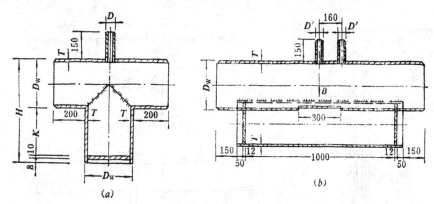

图 7-37　钢制凝水罐

(a) 低压立式；　(b) 高压卧式

　　钢制凝水罐可采用直缝钢管或无缝钢管焊接制作，也可采用钢板卷焊，制作完毕应该用压缩空气进行强度试验和严密性试验，并按燃气管道的防腐标准进行防腐。

　　凝水器安装在管道坡度段的最低处，垂直摆放，罐底地基应夯实，直径较大的凝水器，罐底应预先浇筑混凝土基础，用于承受罐体及所存冷凝水的荷载。

　　排水装置分单管式和双管式，单管排水装置（图7-38）用于冬季没有冰冻期的地区或低压燃气管道上；双管排水装置用于冬季具有冰冻期的高中压燃气管道或尺寸较大的卧式凝水罐上，如图7-38所示。低压燃气管内的燃气压力小于排水管的水柱高度，必须采用抽水泵抽出凝水罐内的积水；高中压燃气管道内的燃气压力一般均大于排水管的水柱高度，

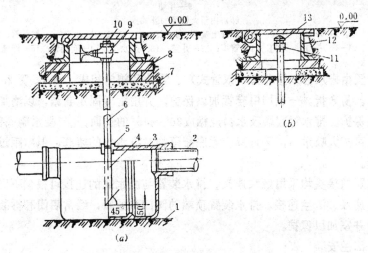

图 7-38　铸铁排水器单管排水装置

(a) 中压排水器；　(b) 低压排水管

1—素土夯实；2—铸铁管；3—凝水罐；4、6—排水管；5—内外螺纹接头；7—混凝土垫层；8—红砖垫层；9—排水阀；10—丝堵；11—管箍；12—铸铁防护罩；13—丝堵

打开排水管顶端的阀门，凝水罐内积水即可自动排放，平时积水总是滞留在排水管顶端，冬天冰冻堵塞排水管，为此应打开循环管的旋塞（图7-39（a）），把排水管中滞留的水压入凝水罐。若卧式凝水罐较长，则可采用安装在两端的排水管同时排水，如图7-38（b）所示。

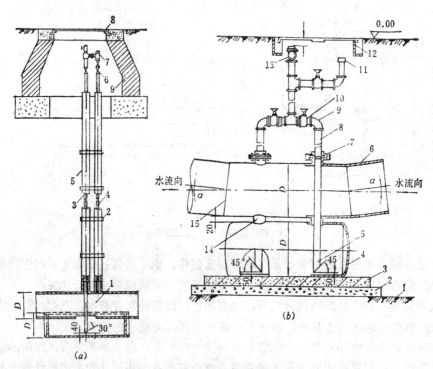

图 7-39 双管排水器的安装

（a）用于冬季具有冰冻期的高中压排水器；
1—卧式凝水罐，2—管卡，3—排水管，4—循环管，5—套管，6—旋塞，7—丝堵，8—铸铁井盖；9—井墙

（b）用于大管径的卧式排水器
1—素土层，2—碎石垫层，3—钢筋混凝土基础，4—凝水罐，5、8—排水管，6—燃气管，7—法兰；9—弯头，10—阀门，11—管帽，12—井盖，13—排水阀，14—连接管，15—焊缝

排水装置由排水管、循环管（双管式）、管件和阀门组成。排水管和循环管管径较小，管壁薄，易弯折，一般均用套管加以保护，并用管卡固定联结，以增加刚性。套管作防腐绝缘层保护。排水管底端吸水口应锯成30°～45°的斜面，并与凝水罐底保持40～50mm的净距，既可扩大吸水口，又可减轻罐底滞留物对吸水口的堵塞，但净距过大，则会使抽水效率降低。

排水装置的接头均采用螺纹连接，排水装置与凝水罐的连接可根据不同管材分别采用焊接、螺纹连接或法兰连接。排水装置顶端的阀门和丝堵，经常启闭和拆装，必须外露，外露部分用井室加以保护。

（四）法兰安装

安装前应对法兰进行检查，表面不得有气孔、裂纹、毛刺和其他降低法兰强度，影响法兰密封性能的缺陷。应仔细清除法兰密封面上的油污和泥垢。认真检查法兰各部位尺寸是否与阀门或设备要求相符，法兰加工尺寸应在允许误差范围内。

平焊法兰焊接时，管子插入法兰内，管子端面应与法兰密封面留有一定距离，以保证焊接时不损坏法兰密封面，如图7-40所示。平焊法兰应先焊内焊缝，后焊外焊缝。$DN \geqslant$ 150和$PN \leqslant 1.0$MPa的平焊法兰焊接前应装上相应的法兰或法兰盖，并将螺栓全部拧紧，以防止焊接变形。

焊接法兰时，应在圆周上均匀地点焊四处。首先在上方点焊一处，用法兰弯尺沿上下方向校正法兰位置，使法兰密封面垂直于管子中心线，然后在下方点焊第二处，用法兰弯尺沿左右方向校正法兰位置，合格以后再点焊左右的第三、第四处，如图7-41所示。如钢管两端都焊接法兰时，要保证法兰螺栓孔的正确位置。将焊好一端法兰的钢管放置在平台上，用水平尺找正后，用吊线将已焊好的法兰位置找正，使上下孔在一条垂直线上（图7-42），另一端的法兰用同样方法找正点焊，经过再次检查合格后方可焊接。

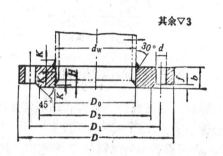

图 7-40　光滑面平焊法兰与管子的焊接

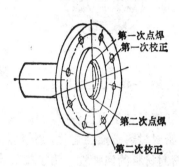

图 7-41　法兰的点焊

两法兰密封面之间的垫片应按设计规定选用。垫片的表面应薄涂一层石墨粉与机油的调和物。放置垫片应与法兰保持同一中心，不得偏斜。凹凸式密封面的法兰，垫片应嵌入凹槽内，不应同时用两层垫片。

工作温度高于100℃的管道，安装法兰时应将螺栓的丝扣部分涂一层机油，拧紧螺栓前即加上符合设计规定的垫片。管道吹扫和试压后还要拆卸的法兰，可加临时垫片，待最后紧固时更换正式垫片。拧紧螺栓时，应将间隙较大的一边先拧紧，再按对称顺序拧紧所有螺栓。法兰紧严后，螺栓应露出螺母2～3扣。螺栓头和螺母的支承面都应与法兰表面紧密贴合。法兰连接如发生偏斜，错位或间隙过大时，应切除重焊，不能强行紧固。

二、管道配件的密封

管道配件的密封主要是指法兰垫片和阀盖填料的密封。燃气的渗透力强，密封是一个重要问题。

（一）密封机理

两片法兰间的表面总是粗糙不平的，若在其间放一圈较软的垫片，用螺栓拧紧，使垫片受压而产生变形（局部表面为塑性变形，整体上是弹性变形），填满两密封面的凹凸不平间隙，就可以阻止介质（液体或气体）漏出，达到密封目的，这种密封称为静态密封。

同样，阀盖填料箱内表面和阀杆外表面也是粗糙不平的，若在其间放入填料，并用压盖把填料压紧，则填料受压而产生弹性变形，填满填料箱内表面和阀杆外表面的凹凸不平间隙，当转动阀杆时，阀杆外表面的凹凸形状发生变化，受压填料的弹性变形适应这种变化，仍可把凹凸不平的间隙填满，阻止燃气向外漏出，这种密封称为动态密封。

（二）密封材料的密封比压和回弹性

1. **密封材料的密封比压**　为了阻止介质向外漏出，密封面单位面积所承受的压力称为密封比压。随着介质压力的增大，密封比压减小，当密封比压小于介质压力时，介质就要向外漏出。

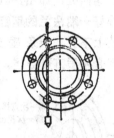

图 7-42　法兰位置找正

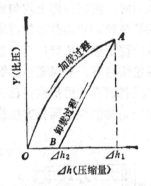

图 7-43　垫片的回弹性曲线

垫片和填料在使用过程中，由于燃气压力、温度、燃气成分、外力和环境等多种因素的影响，密封材料必然会老化，密封面必然会松弛，密封比压下降不可避免。

2. **密封材料的回弹性**　为了提高密封比压，必须提高密封材料的回弹性能，图 7-43 为密封垫片的回弹性曲线。当连接两法兰之间的螺栓被拧紧时，即垫片被压缩时，密封比压沿 OA 线上升，松开螺栓（卸载）时，沿 AB 线下降，垫片产生了残余永久变形 Δh_2，设垫片的总压缩量为 Δh_1，则垫片的回弹性为 $\Delta h_3 = \Delta h_1 - \Delta h_2$。因此，回弹性 Δh_3 是衡量垫片和填料密封性能的重要指标之一。

（三）常用的法兰密封垫片

法兰密封垫片应根据燃气特性、温度及工作压力进行选择。

燃气管道和燃气储罐所用的法兰垫片种类很多，常用的有橡胶石棉板垫片、金属包石棉垫片，缠绕式垫片。此外还有齿形垫和金属垫圈等。

1. **橡胶石棉板垫片**　常用的有高压、中压、低压和耐油橡胶石棉板垫片，以及高温耐油橡胶石棉板垫片。

橡胶石棉板使用温度一般在350℃以下，耐油橡胶石棉板一般用于200℃以下，而高温耐油橡胶石棉板使用温度可达350～380℃。橡胶石棉板经浸蜡处理，也可用于低温，最低温度可达-190℃。

垫片适用压力范围与法兰密封面型式有关，最高使用压力可达 6.4MPa。对于光滑密封面法兰，一般不超过2.5MPa。

为了增加回弹能力，安装前应将垫片放入机油中浸泡一定时间，晾干后使用。

2. **金属包石棉垫片**　常用的金属外壳有镀锡薄钢板、合金钢及铝、铅等；内芯为白石棉板或橡胶石棉板，厚度为1.5～3.0mm；总厚度为2～3.5mm。宽度可按橡胶石棉垫片标准制作，或按法兰密封面尺寸制作，不宜过宽。其截面形状有平垫片和波形垫片两种。使用温度为300～450℃，压力可达4.0MPa。

金属包石棉垫片对法兰及其安装要求较高。公称压力小于2.5MPa的平焊法兰，由于法兰刚度不够，螺栓拧紧力小，一般不采用镀锡薄钢板包（简称铁包）石棉垫片。法兰安装如偏差较大，或密封面缺陷较多时，由于铁包垫片回弹能力小，密封性能不好。当铁包垫片的位置放得不正时，垫片沿圆周受力不均匀，其密封性也不好。因此，使用铁包石棉垫片时，必须严格保证法兰安装质量，垫片尺寸合适，摆放位置正确，螺栓均匀拧紧，高温下还需热紧，才能保证密封。

3．缠绕式垫片，此种垫片是用"M"型截面的金属带及非金属填料带间隔地按螺旋状缠绕而成，所以具有多道密封作用，密封接触面小，所需螺栓上紧力小。因金属带截面呈"M"形，弹性较大，当温度和压力发生波动，螺栓松弛或有机械振动时，因垫片回弹，仍能保持密封。此种垫片适用压力可达4.0MPa，适用温度取决于金属带材料，08号和15号钢为－40～300℃，最高可达450℃。填料可用石棉板或橡胶石棉板。垫片厚度一般为4.5mm。当燃气压力小于2.5MPa时，法兰密封面可用无水线的光滑面；压力不小于2.5MPa时，采用凹凸形密封面。

缠绕式垫片在使用中易松散，内芯填料在高温条件下易变脆，甚至断裂而造成泄漏；安装要求较严格，法兰不能有较大偏口，螺栓上紧力必须均匀，否则造成垫片压偏，丧失弹性，影响密封。

阀门腰垫也属于法兰垫片，但腰垫法兰的紧固螺栓多采用单头螺栓，不易上紧，因此，最好选用凹凸形密封面。由于腰垫密封面小，可选用缠绕式垫片。

（四）阀门密封填料

阀门填料（又称盘根）一般选用石棉、高压石棉、带金属丝石棉、橡胶石棉和聚乙烯等，填料均制作成条状。

阀门填料必须根据工艺操作特点合理选用。如在高温条件下石棉填料会被烧损，老化变硬，失去弹性；填料中的腐蚀性介质会腐蚀阀杆，介质温度在450℃以下的高温阀门可用铅粉石棉填料和铅填料的混合填料，即高压石棉填料和铅填料（环状）间隔分层压入填料箱内。

阀门加填料前必须将填料箱清理干净，阀杆应光滑无蚀坑。先在填料箱内表面刷少许机油铅粉调合物，再压入填料。如用铅粉石棉编织填料时，填料断面应略大于填料箱间隙。填料应一圈一圈地用专用工具压入并压紧，最后一圈压入后，填料箱应有3～5mm余量，使压盖上端有再次压缩余地。压盖轴向和环向间隙应均匀不偏。填料填加量不足，初压不紧，压盖在后期没有压缩量，会造成泄漏，填料加量太多，压盖未压入填料箱，填料部分外露或填料压紧方法不正确也会造成泄露。

总之，要保证阀门填料严密可靠，必须合理选用填料和正确掌握填料的安装方法。

第七节　燃气管道的试验与验收

燃气管道在安装过程中需进行压力试验。工程验收则可分过程验收（隐蔽工程）和总验收两个阶段。

一、压力试验

压力试验就是利用空气压缩机向燃气管道内充入压缩空气，借助空气压力来检验管道接口和材质的致密性的试验。根据检验目的又分强度试验和气密性试验。

（一）试验装置

压力试验一般采用移动式空气压缩机供应压缩空气。压缩机的额定出口压力一般为最大强度试验压力的 1.2 倍，压缩机排气量的选择则与试验的充气时间有关，可按下式确定。

$$t = 0.013 \frac{P \cdot \sum(D_i^2 L_i)}{\eta Q} \qquad (7-28)$$

式中　t ——压力试验的充气时间（h）；

P ——试验压力（表压—MPa）；

D_i ——管子内径（m）；

L_i ——管子长度（m）；

Q ——空气压缩机排气量（m³/min）；

η ——空气压缩机工作效率，一般 $\eta = 0.8 \sim 0.9$。

小型移动式空气压缩机一般为电力驱动，排气量 $0.6 \sim 0.9$ m³/min；大型空气压缩机有电动和柴油内燃机驱动两种，排气量为 $6 \sim 9$ m³/min。压力试验用的空气压缩机，其额定出口压力一般均选用 0.7MPa 即可满足城市燃气管道的施工要求。

强度试验的空气压力一般采用弹簧压力表测定，而气密性试验则采用 U 型玻璃管压力计。试验装置如图7-44所示，该装置可安装在管道末端的堵板上，也可接在管道排水装置的排水管顶端。

管内压缩空气的温度可采用金属套管温度计测定。

钢燃气管道末端焊接钢堵板，堵板厚度按下式计算确定。

$$\delta = \sqrt{\frac{0.75PR^2}{[\sigma]}} \qquad (7-29)$$

式中　δ ——钢堵板厚度（mm）；

P ——试验压力（表压—MPa）；

R ——管子半径（mm）；

$[\sigma]$ ——管材许用应力（MPa）。

铸铁燃气管道末端应安装试压盖堵，临时性盖堵可采用承盘或插盘短管上紧法兰盖堵，若是永久性管盖可采用承堵或插堵管盖再加支撑，如图7-45所示。

（二）强度试验

强度试验就是用较高的空气压力来检验管道接口（也包括管材）的致密性。试验压力视管道输气压力级制及管道材质而定，一般情况下，试验压力为设计输气压力的 1.5 倍，但钢管不得低于0.3MPa，塑料管不得低于0.1MPa，铸铁管不得低于0.05MPa。当压力达到规定值后，应稳压一小时，然后用肥皂水对管道接口进行检查，全部接口均无漏气现象认为合格，若有漏气处，可放气后进行修理，修理后再次试验，直至合格。

强度试验在接口安装完成后即可进行。燃气管道的强度试验长度一般不超过一公里。

（三）气密性试验

气密性试验就是用空气压力来检验燃气管道在近似于输气条件下，其管材和接口的致密性。因此，气密性试验需在燃气管道全部安装完成后进行。若是埋地敷设，必须回填土至管顶以上 0.5m 后才可进行。

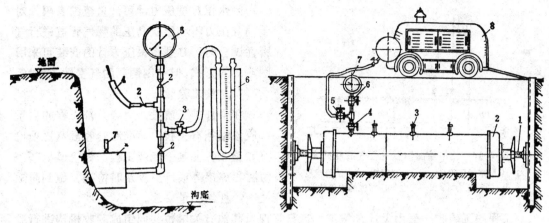

图 7-44　钢燃气管道压力试验装置　　　　图 7-45　铸铁燃气管道压力试验装置

1—钢管；2—煤气旋塞；3—单头煤气旋塞；4—橡胶管（接 　　1—螺杆支撑；2—管堵；3—金属套管温度计；4、5、
空气压缩机）；5—压力表；6—U型玻璃管压力计；7—金属 　　6—阀门；7—压力表；8—移动式空气压缩机
套管温度计

　　气密性试验压力根据管道设计输气压力而定，当设计输气压力 $P \leqslant 5\text{kPa}$ 时，试验压力为20kPa；当 $P > 5\text{kPa}$ 时，试验压力为 $1.15P$，但不得低于0.1MPa。

　　向管道内注入的压缩空气达到试验压力后，为了使管道内的空气温度与环境温度一致，压力稳定，必须根据管径大小进行一段时间的稳压。环境温度是指架空敷设时的大气温度或埋地敷设时的管道埋深处的土壤温度。

　　经过稳压后开始观测管内空气压力变化情况。燃气管道的气密性试验持续时间一般不少于24小时，实际压力降可按（7-30）式确定。

$$\Delta P' = (H_1 + B_1) - (H_2 + B_2)\frac{273 + t_1}{273 + t_2} \tag{7-30}$$

式中　　$\Delta P'$——实际压力降（Pa）；

　　H_1，H_2——试验开始和试验结束时的压力计读数（Pa）；

　　B_1，B_2——试验开始和试验结束时的大气压力计读数（Pa）；

　　t_1，t_2——试验开始和试验结束时的管内空气温度（℃）。

　　不同直径的管段组成的管道，其允许压力降可按（7-31）式计算确定。

$$\Delta P = A \cdot \frac{D_1 L_1 + D_2 L_2 + \cdots + D_n L_n}{D_1^2 L_1 + D_2^2 L_2 + \cdots + D_n^2 L_n} T \tag{7-31}$$

　　同管径的管道，（7-31）式可简化为

$$\Delta P = A \cdot \frac{T}{D} \tag{7-32}$$

式中　　　　ΔP——允许压力降（Pa）；

　　D_1，$\cdots$，D_n——各管段内径（m）；

　　L_1，$\cdots$，L_n——各管段长度（m）；

　　　　　　T——严密性试验持续时间（h）；

　　　　　　A——系数，当设计输气压力 $P \leqslant 5\text{kPa}$ 时，$A = 6.47$；当 $P > 5\text{kPa}$ 时，$A = 40$。

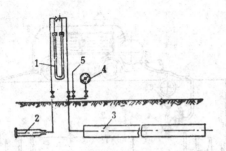

图 7-46 使用控制钢瓶进行气密性试验

1—U型水银压力计；2—控制钢瓶；3—试验管段；
4—弹簧压力计；5—接空气压缩机的橡胶软管

因水银U型压力计可计量范围有限，对于输气压力不小于次高压的燃气管道进行气密性试验时，U型水银压力计的安装可采用图7-46的形式，但控制钢瓶的气密性应极好。

二、施工验收

在全部施工阶段，对各分部工程的质量都应该根据有关技术标准和验收规范逐项检查和验收，尤其是隐蔽工程，如管道地基、防腐和焊接等项目更应及时检查，做到防微杜渐，杜绝质量事故。

工程竣工验收一般由设计、施工、运行管理及其他有关单位共同组成验收机构进行验收。验收应按程序进行，施工单位应提供如下完整准确的技术文件。

1．竣工图 平面图、纵断图和必要的大样图；

2．隐蔽工程的检查和验收记录；

3．管道压力试验记录；

4．材质试验报告和出厂合格证；

5．焊缝外观检查，机械性能试验及无损探伤记录；

6．防腐绝缘层和绝热层的检查记录；

7．设计变更通知和施工技术协议。

验收机构应认真审查上述技术文件，并进行现场检查，最后根据现行质量指标全面考核，作出鉴定。对质量未达到要求的工程不予验收。

第八节 燃气管道的带气接线

带气接线就是将新建燃气管道与正在输气运行的燃气管道相连接，使新建燃气管道投入输气运行。因为要对具有一定燃气压力的管道进行切割、焊接或打口，以及钻孔，属于危险作业。施工人员必须掌握带气接线方法，制订周密的带气接线方案，熟悉危险作业的安全技术。

一、带气接线方法

根据接线作业时是否需要将管道内的燃气压力降低到安全作业范围内，分为降压接线法和不降压接线法。

（一）降压接线法

降压接线法是指将管道内的燃气压力降低至400～800Pa时进行施工作业的接线方法。燃气压力过高时，切割和焊接过程中，焊缝处生成的火焰过长，影响作业人员操作；焊炬火焰压力或电弧压力难以压住燃气压力，造成熔池不易成形，并增加了管道内的燃气外泄量。燃气压力低虽有利操作，但控制管道内的燃气压力为正压较困难，管径愈大或开孔愈大，愈难控制，而且切割或气焊用的氧气有可能较多地混入燃气管道内。当燃气压力低于200Pa时，外部空气就可能以对流形式渗入管内而达到爆炸极限范围。

燃气压力的高低可通过接线地点附近的调压站、阀门和放散管进行控制，并设专职人员负责。

采用降压接线法时，接口的开孔、组对和焊接过程中，大量燃气外泄，因此，施工作业应以最安全和最快的速度进行，这就要求施工技术人员应根据接线现场的具体情况对接头形式及其操作工艺应精心设计。

1. 采用阻气球（袋）的接线工艺

利用阻气球阻止管道内的燃气外泄，使作业范围形成一个无可燃气体的安全作业区。

阻气球是一种橡胶或尼龙网布制作的球胆，上面带有一根较长的充气软管，能承受一定压力。将其塞入燃气管道，向胆内充气至胀开后，即可将管道堵塞，切断气源，防止燃气外泄。合理利用阻气球可保障带气接线安全进行。现举例说明阻气球的应用。

（1）管子对接　图7-47所示为利用一个阻气球的管子对接，接线时按下述工序进行。

① 开天窗　在原有管道端部预先选定的位置上用气割炬在管道上部切割一块椭圆形钢板，此操作称为开天窗。一般由两人操作，一名焊工切割，一名辅助工灭火。气割时，焊工首先在管道上割开一个孔，此时燃气从管内逸出并开始燃烧，操作者应注意避开火焰，移动气割炬，随着切割缝的加长，火焰也逐渐加大。辅助工戴好沾水防护手套，用耐火泥封堵切割缝，熄灭火焰，阻止燃气外泄。待切割过半时，关闭割炬，将切割缝全部封堵，用铅丝将天窗牢牢绑住，然后继续切割，灭火封堵，直至天窗盖与管子有5～10mm连接窄条即可停止切割。

② 塞球胆与砌墙　切割完毕，将火焰全部熄灭，操作人员戴好防毒面具，撬开天窗盖，立即向来气方向塞入球胆，并迅速向球胆内充入压缩空气堵塞管道。为防止球胆堵塞不严密，对大管径可采用砌砖隔墙，以耐火泥涂抹墙面作第二道封堵。然后把工作坑内的混合气及原有燃气管道端部滞留的燃气吹扫干净。

③ 切割管堵　重新点燃割炬，切割管端堵板，并准备好连接管段。

④ 对管焊接　把连接管段对口焊接。

在切割管堵和对管焊接过程中应密切注视砖隔墙是否漏气。

⑤ 充气置换　焊接完毕，戴好防毒面具，拆除砖墙，取出球胆，立即将原来切下的天窗盖盖在天窗上（绑牢固），用耐火泥封堵缝隙，这时燃气充入新管道。为了加快充气速度，可提高充气压力，但不得超过1000Pa。直至充气气样检验合格，证明新建管道内已被燃气完全置换。

⑥ 焊接天窗盖　焊工与辅助工配合，边清除缝隙中耐火泥，边焊接天窗盖。

⑦ 试漏　将燃气压力升至输气设计压力后用肥皂水检查全部焊缝。漏气处予以补焊。

（2）三通接线　图7-48为利用二个阻气球的三通接线。在图中支管两侧的原有管道

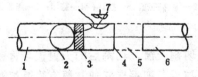

图 7-47　利用一个阻气球的管子对接
1—旧管道，2—阻气球，3—隔墙，4—旧管堵板，
5—连接管，6—新管道，7—天窗

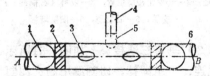

图 7-48　利用二个阻气球的三通接线
1—阻气球，2—隔墙，3—天窗口，4—新管道，5—连接管，6—旧管道

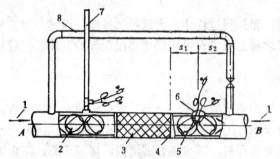

图 7-49 利用四个阻气球和旁通管的三通接线

1—气源；2—阻气球；3—接三通管位置；4—切割线；5—阻气球；6—封口泥浆；7—放散管；8—旁通管

上开两个天窗，从天窗孔中塞球胆并砌墙，再用空气或惰性气体将两堵墙之间的燃气及工作坑内的混合气吹扫净，用分析仪器（例如快速测氧仪）测定，证明无爆炸性混合气体时，进行新旧管连接的三通切割焊接作业。三通支管焊接完成后，从天窗口取出隔墙及阻气球，盖上天窗盖，进行新建管道的充气置换，最后焊接天窗盖。

三通接线时，若 A、B 两端都有气源，要采取两端同时降压，当燃气由 A 端流向 B 端时，只需 A 端降压，B 端应做好停气工作，并加强观测和考虑补气措施，例如图7-49所示的旁通管，以防止燃气压力低于200Pa。旁通管也可以作为 B 端部分用户供气的临时措施。

若采用四个阻气球，可以不砌隔墙，但阻气球应置于天窗两侧。放置阻气球之前应清除管内积垢，使阻气球充气后能与管内壁密封。如遇密封不严，可在天窗口安装临时放散管，渗过阻气球的燃气可沿放散管排除，如图7-49所示。

铸铁管接线时，阻气球可从管壁钻透的螺纹孔放入，完成接线后，用丝堵封堵螺纹孔。$DN \leqslant 50$ 的新管可直接从螺纹孔接出。

阻气球接线工艺适用于较大管径，阻断气源后可从容操作，但必须开天窗，所以工序复杂。

2. 不用阻气球的接线工艺

较小管径的接线往往不用阻气球，但接头形式应使组对操作最迅速，最轻便。例如，套管接头，垂直三通接头等。

（1）套管接头 如图7-50所示，切下管堵后，移动套管，然后用备好的石棉绳（或油麻辫）填入缝隙，即可防止燃气外泄。待新管充气合格后可从容焊接套管两端的接缝。

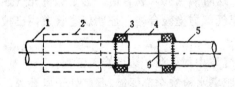

图 7-50 套管接头

1—新管道；2—套管连接前位置；3—填料（石棉绳）；4—套管；5—旧管道；6—旧管堵板

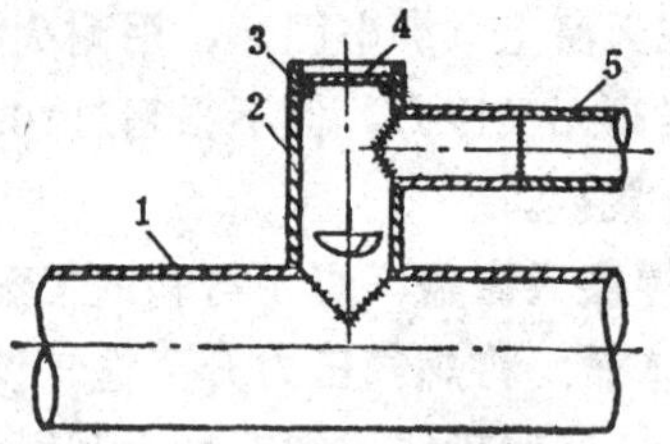

图 7-51 垂直三通接头

1—旧管道；2—垂直三通；3—挡环；4—盖堵；5—新管道

（2）垂直三通接头 如图7-51所示，首先带正压切割天窗，切割后的天窗盖与管壁稍有粘连，一拿即掉，切割缝用耐火泥封堵。工作坑吹扫后，把垂直三通与原有管道组对焊接好。组对焊接过程中，应随时通过三通顶端孔洞查验天窗切割缝有无漏气，即时用耐火泥封堵。待接缝焊接完毕，从孔洞处拿下天窗盖，随即盖上盖堵，封严接缝。待新管充气合格后，焊上盖堵。

（二）不降压接线法

不降压接线法是指在维持原有燃气管线正常供气工况的条件下与新建管线相连接，又称为带压接线法。主要利用带压接管装置进行接管。

带压接管装置主要由法兰短管、闸阀和钻孔机三部分组成，其构造如图7-52所示。接管时，首先把预制的法兰短管焊在燃气管道上（不要烧穿），闸阀与法兰短管用螺栓紧固，阀门处于全开位置，再把钻孔机与闸阀用螺栓紧紧连接，然后在钻孔机主轴端部安装上钻头和筒状铣刀。操作时用手轮控制把钻头和铣刀伸入法兰短管内，用防爆电动机带动减速箱使主轴转动，同时，缓慢转动手轮，使丝杠压迫主轴向管壁进刀，进行钻孔。中心定位钻头钻入管壁后形成定位轴，铣刀筒绕定位轴旋转进刀，规则地切下管壁片，铣刀筒直径可根据开孔需要选定。最后反转手轮，提起钻头和铣刀筒，切片挂在钻头上一同被提出，迅速关闭闸阀。将钻孔机拆下后，即可在闸阀上安装新建管道。

若是新管线不需要保留分支闸阀，可采用图7-53所示的特制三通接头。如前所述，原燃气管道开孔后退出钻头时，卸下钻头，换上下部粘有石棉橡胶垫的堵板，伸入三通内紧紧压在挡环上，待新管充气合格后，堵板上方以及工作坑内的混合气彻底吹净，然后从丝堵孔处伸入电焊条，把堵板点焊在管壁上，待拆除钻孔机和闸阀后，把堵板牢牢焊固。

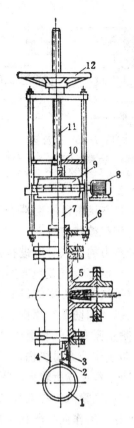

图 7-52 带压接管装置

1—燃气管；2—中心定位钻；3—铣刀筒；4—法兰短管；5—闸阀；6—机架；7—主轴；8—防爆电机；9—减速箱；10—支承叉；11—丝杠；12—手轮

当燃气管道内压力较高，直接焊法兰短管或特制三通不能保证带压接管装置安全可靠地工作时，可以用如图7-54所示的套管式三通代替法兰短管。图中套管由两半管焊套在旧燃气管道上，三通支管定位后，套管两端与旧燃气管道焊接。

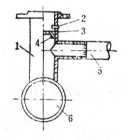

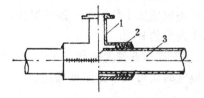

图 7-53 特制三通接头

1—特制三通；2—丝堵；3—钢堵板；4—挡环；5—新管道；6—旧管道

图 7-54 套管式三通接头

1—三通支管；2—套管；3—旧燃气管道

（三）聚乙烯塑料管的带气接线方法

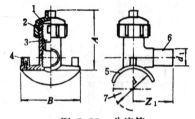

图 7-55 分流管

1—上盖；2—螺旋刀筒；3—螺旋刀；
4—端子孔；5—管座；6—分支管；7—
主管（带气）

1. 分流管接线

分流管（俗称"马鞍"）构造如图7-55所示。当分流管与主管及分支管的电热熔接完成后，将螺旋刀片向下旋动，待主管管壁开孔后，再将刀片向上退出，主管与分支管接通，再将上盖旋紧即成。

2. 夹管器

由于聚乙烯塑料管弹性较好，$SDR = 11$，所以采用夹管器可将管子夹扁而不损坏，达到管内壁接触密封，松开夹管器，管子恢复原状。需要在某位置接管时，可以在接管段的两端夹紧断气，切断吹扫后即可根据需要任意连接新管。

二、带气接线方案

各种压力的燃气管道进行带气接线施工时，均需制订周密的带气接线方案。

（一）制订带气接线方案的原则

制定带气接线方案的目的是为了安全地实现新建管线的通气与置换，因此，接线方案应以"四防"为原则。

1. 防止原有燃气管道内进入空气；

2. 防止作业人员烧伤，中毒或窒息；

3. 防止作业场所着火、爆炸；

4. 在新建管道内的空气未吹扫干净时，防止对新建管道的任何部位进行带火（或可能出现火花）的作业，严禁用户点火用气。

"四防"应贯彻带气接线施工的始终，并涉及接线所影响的各部（岗）位。

（二）带气接线方案的主要内容

1. 说明带气接线的必要性，及其对用户或其他方面的影响。

2. 介绍新、旧管线的技术状况，例如，输气压力，敷设方式，管道材质，管径及长度，附属设备的数量和位置，沿途用户分布等等。

3. 新旧管线上放散管的数量、位置和管径应在图纸上标明。

4. 选择接线方法，设计接管工艺。

降压接线法工艺简单，成本低，但影响用户供气，带压接线法工艺复杂，成本高，主要用于不能降压的高、中压管线。

5. 作业组织及岗位分工

明确现场施工总指挥，接管操作，吹扫检验，现场安全监护等各环节的负责人，以及各工作岗位的分工。

6. 安排作业进度计划 每道工序的作业延续时间都应较准确地加以确定。新管道的吹扫换气时间可按下式估算确定。

$$T = \frac{KV}{84fn} \cdot \sqrt{\frac{\rho}{P}} \qquad (7-33)$$

式中 T ——新管道放散管前吹扫换气合格所需时间（min）；

V ——新管道放散管前需吹扫换气的容积（m³）；

K ——置换系数，$K = 2 \sim 3$；

Γ——燃气密度与空气密度的平均值（kg/Nm³）；

　　f——放散管孔的截面积，多个放散孔同时放散时，可取孔口面积之和（㎡）；

　　n——孔口出流系数，$n=0.5\sim0.7$。多孔口同时放散时，按孔口前后位置，n值依次增大。

　　P——置换时的燃气相对压力（Pa）。

　　7．接线时所用的设备、工具、材料和防护用品计划。

　　8．用电、用水、交通运输及车辆安排。

　　9．通讯联络　施工现场总指挥与远离现场各环节负责人，以及重要岗位须保持通话联络，例如无线报话机或对讲机等。

　　10．安全保卫及应急事故抢救措施。

　　11．生活安排。

　　带气接线方案报送主管部门批准后才可实施。

三、带气接线作业的安全技术

　　(一) 停气降压

　　接线施工中，凡需采取停气或降压措施时均应明确停气降压允许时间及影响范围，并事前通知用户。停气降压时间一般应避开用气高峰时间，如在制气厂或储配站的出口管道上降压停气，应由调度中心与厂、站商定停气降压措施。高、中压管线用阀门停气降压时，应在阀门后安装放散管和压力计，以防阀门关闭不严或及时控制阀门开启度。

　　降压接线时，管内燃气压力要严格控制在400～800Pa。高于1000Pa时应停止切割或焊接等作业，并检查阻气球封堵情况；低于200Pa必须重新充燃气直至气样检查合格才可继续作业。

　　阻气球在使用前应浸水充气检查。使用两个阻气球时，必须在天窗孔两侧各放一个。

　　(二) 接管作业

　　各环节作业必须明确负责人，由负责人向施工总指挥反映情况，向操作者下达作业命令。带气切割、焊接、塞入阻气球、砌隔墙、取出阻气球等操作必须带防毒面具，防毒面具应配备较长软管，吸气口放在远处能够吸到新鲜空气的地方，对软管要严加保护。操作区10m以内不准有易燃物和火源，乙炔桶和氧气瓶等应放在10m以外，并划定以燃气泄漏点为中心，半径20m以上的施工安全区。夜间作业应采用防爆照明设备，不宜用碘钨灯，宜采用表面温度低于600℃的聚光防爆灯。

　　带气操作最好使用铜工具，若用铁工具必须在操作面上涂抹黄油。检查接口渗漏时使用肥皂水，严禁采用火焰检查。

　　(三) 换气投产

　　向新建管道输入燃气的工作压力应缓慢升高，置换过程中，燃气压力不宜超过5kPa，待置换合格后再继续升压。

　　放散管的数量、位置和管径一般应根据管线具体状况而定。排水器的排水管，阀门前后、管线末端均可安装放散管。放散管管径视换气管线长度，管径及换气时间而定，燃气干管上的放散管径一般为$DN50\sim DN100$。放气孔应远离建筑物和明火，距地面2.5m以上，并可旋转至安全方向放散。

　　判断换气是否合格可采用气样点火法或气样测氧法。气样点火法就是当放散人员嗅到燃气臭味时，即可用橡皮袋取气样，到安全区域用点火棒点燃观察，若燃烧正常，并呈桔黄色，说明换气合格，即管道内燃气浓度已超过爆炸上限。气样测氧法就是取置换气样用快速测氧仪测定其含氧量小于1%时为合格。

居民区换气投产必须出安民告示，消除隐患。居民燃具试点火应待放散嗅到气味后进行，点火时火孔上方不得放置炊具，火源应距火孔一定高度。切忌将火源抛至火孔。对封闭式燃具（例如蒸锅灶或开水炉等）应待炉前管换气合格后（点火棒点火正常）再点燃炉膛内长明小火。切不可向炉膛排放混合气，用烟道进行放散。

（四）盲板安装

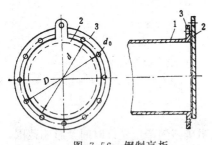

图7-56　钢制盲板

1—管子；2—法兰；3—盲板

盲板就是安装于两法兰之间用来完全隔断气流的堵板。对于已经用阀门和原有燃气管道接通，但又暂不进行换气投产的新建管道，阀后必须设置盲板。因为完全依赖阀门隔断气流是不可靠的，阀门的密封面可能因磨损、污垢或启闭机械故障而关不严密。

盲板一般用钢板制成，置于法兰螺栓孔内侧，如图7-56所示。盲板直径可按下式确定。

$$d = D - (d_0 + 10) \qquad (7-34)$$

式中各符合意义见图7-56，单位为mm。

盲板最小厚度按下式确定。

$$\delta = \sqrt[3]{\frac{3PD_N^4(1-\mu^2)}{16EY}} \qquad (7-35)$$

式中　δ——盲板厚度（m）；

P——燃气压力（Pa）；

D_N——管子内径（m）；

E——盲板材料的弹性模数（Pa）；

Y——盲板中心的最大允许挠度（m），一般 $Y \leqslant 0.005$m；

μ——变形系数，一般取 $\mu = 0.3$。

第八章　燃气管道穿越障碍的施工方法

第一节　人工掘进顶管施工法

燃气管道采用顶管施工法一般是向土体内顶进套管，套管一般采用钢筋混凝土管，也可采用钢管。顶进时由人工在套管前方掘土，然后在套管内安装燃气管道。

一、工作坑的布置

顶管工作坑的位置一般选择在顶管地段的下游，最好是穿越燃气管道的闸门井处。工作坑内应有足够的工作面，其尺寸和深度取决于套管直径、每根管长、接口方式和顶进长度等因素。工作坑的宽度 B 和长度 L 如图8-1所示。

$$B = D_w + 2b + 2c$$

$$(8-1)$$

$$L = l_1 + l_2 + l_3 + l_4 + l_5$$

$$(8-2)$$

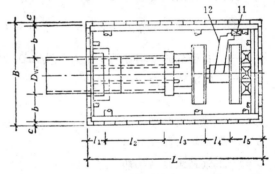

图 8-1　顶管工作坑

1—已顶进管节；2—待顶管节；3—环形顶铁；4—直顶铁；5—横顶铁；6—千斤顶；7—主顶铁；8—方木；9—基础；10—导轨；11—油泵；12—油管

式中　　D_w——套管外径（m）；

　　　　b——套管两侧操作宽度，根据摆放工具数量及土质条件而定，一般为0.8～1.6m；

　　　　c——撑板厚度，一般为0.2m；

　　　　l_1——管子顶进后，尾端留在导轨上的最小长度，钢筋混凝土管一般为0.3～0.5m，钢管一般为0.6～0.8m；

　　　　l_2——每根管长度（m）；

　　　　l_3——出土工作面长度，根据出土工具而定，一般为1.0～1.8m；

　　　　l_4——千斤顶组装的总长度，1000kN的千斤顶可取0.9m，2000kN的千斤顶可取1.0m；

　　　　l_5——千斤顶后座及后座墙的总厚度（m）。

工作坑的底面高程，按燃气管道设计标高，套管直径及基础厚度而定。工作坑的基础，当土质较好并无地下水时，常采用方木基础；如遇地下水可用混凝土基础。工作坑的基础主要用于固定导轨及导轨上方的套管荷重。

导轨的作用在于稳定套管，使套管沿着设计中心线和高程被顶进。导轨通常是轻型钢轨或两根方木，用道钉固定。导轨安装准确与否对套管的顶进质量影响很大，尤其是设计坡度较大时，因此，安装导轨必须符合管道中线、高程和坡度的要求。

导轨中心距（图8-2）可按下式计算

$$A_0 = A + a = 2\sqrt{(D+2t)(h-C) - (h-C)^2} + a \tag{8-3}$$

式中各符号意义如图8-2所示。

后座墙位于工作坑内，作为千斤顶顶进管子时的支撑。后座墙一般利用未经扰动的原状土，在其垂直表面用方木和顶铁排紧。若无原状土，可因地制宜，按具体条件采用块石砌筑，现浇混凝土或木方等构筑，人工后座墙必须具备足够的强度和刚度。

管子在顶进过程中所受到的全部阻力，通过千斤顶而传递给后座墙，故后座墙应有足够的稳定性。为保证原土后座墙的稳定性，应进行后座墙的强度校核，即确定后座墙需要的宽度、高度和沿管子顶进方向的长度。

管子顶进时，在千斤顶反作用力的推动下，后座墙土体可能沿图8-3中的滑坡线滑移而破坏。千斤顶后背受到的被动土压力平均值可按下式计算。

$$p = \frac{1}{2} g\rho H \operatorname{tg}^2\left(45° + \frac{\phi}{2}\right) + 2\operatorname{ctg}\left(45° + \frac{\phi}{2}\right) \tag{8-4}$$

式中　　p ——后背受到的平均被动土压力（N/m²）；

　　　　ρ ——土壤密度（kg/m³）；

　　　　g ——重力加速度；

　　　　ϕ ——土壤的内摩擦角（°）；

　　　　H ——工作坑的深度（m）；

　　　　C ——土壤粘聚力（N/m²）。

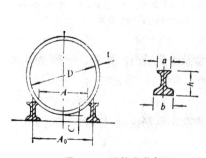

图 8-2　导轨安装间距

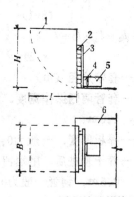

图 8-3　后座墙计算简图

1—后座墙滑坡线；2—后背方木；3、4—顶铁；5—千斤顶；
6—工作坑

则后座墙的面积A(m²)为　　　　　　$A = P/p$ $\tag{8-5}$

式中P为管道顶进时需要的顶力（N）。

于是，后座墙的宽度$B(m)$为　　　　　　$B = A/H$ $\tag{8-6}$

为了保证后座墙的稳定，还应进行稳定性验算，即

$$KP \leqslant SL(B + 2H) \tag{8-7}$$

式中　K——安全系数，一般取用2.5；

　　　S——土壤的抗剪强度（N/m^2）；

$$S = g\rho H \mathrm{tg}\phi + C \tag{8-8}$$

　　　L——后座墙长度（m）；

　　其余符号意义同前

二、顶力计算

千斤顶的顶力主要用于克服管壁在顶进过程中所产生的摩擦阻力。这种阻力主要表现为管周围水平与垂直方向的土压力所产生的阻力，管子前端挤压土壤所产生的阻力，以及管子自重所产生的阻力。其计算式为

$$P = K[Lf(2P_V + 2P_H + P_0) + RA] \tag{8-9}$$

式中　P——最大顶力（N）；

　　　K——安全系数，一般可取1.2；

　　　L——顶进管子的总长度（m）；

　　　f——管壁与土壤的摩擦系数，混凝土与粘土$f = 0.3\sim0.5$，与砂土$f = 0.4\sim0.6$，含水量越小，取值越大。

　　　P_V——顶进管子上方的垂直土压力（N/m）；

$$P_V = g\rho h D_w \tag{8-10}$$

　　　P_H——管子侧面的水平土压力（N/m）；

$$P_H = g\rho\left(h + \frac{D_w}{2}\right)D_w \cdot \mathrm{tg}^2\left(45° - \frac{\phi}{2}\right) \tag{8-11}$$

　　　ρ——土壤密度（kg/m^3）；

　　　h——管顶以上的土柱高度（m）；

　　　D_w——管子外径（m）；

　　　ϕ——土壤的内摩擦角（°）；

　　　P_0——管子的重力（N/m）；

　　　R——管前刃脚的阻力（N/m^2），一般$R = 5\times10^5 N/m^2$；

　　　A——刃脚正面积（m^2）。

但用（8-9）式计算的最大顶力往往与实际不符。因为顶进时的管道有时会发生倾斜，土质变化，含水量变化等都会影响顶力。在顶管施工的实践中，采用钢筋混凝土管时，千斤顶的顶力值可按下式估算

$$P = np_0 \tag{8-12}$$

式中 n 为土质系数，对粘土、砂粘土、天然含水量的砂质土壤，在顶管前方掘土时能形成土拱的条件下，$n = 1.5\sim2.0$；对含水量低的砂质土壤、砂砾、回填土等土质，顶管掘土不能形成土拱，但塌方并不严重时，$n = 3\sim4$。

三、设备安装

顶管所用的设备主要是双作用油缸的千斤顶和高压油泵，千斤顶的油缸与油泵之间用高压油管连接。高压油泵一般采用轴向柱塞泵，额定压力一般为32MPa，顶进时的工作压力应不小于20MPa。此外，还需要配备低压直流的照明通风设备、配电箱、卷扬机或起

重机。

千斤顶应水平安装在导轨上,其着力点在顶管端面距管底$0.25D_w$(D_w为顶管外径)的高度上,故其底部应垫高。千斤顶可用一台或多台,用多台时应按管中心线对称布置。

管道顶进时所用的顶铁用型钢加肋和端板焊制而成,是顶进中的传力设备。根据用途分环形顶铁、直顶铁、横顶铁和立顶铁。

环形顶铁置于顶管端面,其内外径一般接近管端面,厚度为300~500mm。其作用是把顶力均匀地分布于管端面,以免管端面被顶坏。顶管管径较小时可采用弧形顶铁。

直顶铁在顶管过程中用于调节间距,因此,直顶铁的长度应根据千斤顶行程和管节长度而确定。直顶铁的两个端面要求平行与平整,否则不可使用。因为顶端不平行,顶进时容易发生顶铁外弹。

横顶铁安放在千斤顶与直顶铁之间,可将多台千斤顶的顶力传递到两侧的直顶铁上。

立顶铁一般置于千斤顶的后座上,使千斤顶后座力分散而均匀地传递给后座墙。

顶管工作坑上方可以构筑活动工作台,安装卷扬机与配电箱等。工作台一般采用工字钢作梁,梁上铺设方木作活动平台,供下管、出土等垂直运输之用。工作台上应搭设顶棚,以防雨雪。

四、顶管作业

顶管作业包括顶进、挖运土方、质量控制和管内处理等内容。

顶进就是把管节沿导轨推顶到已挖好的土洞内的作业。顶进操作要坚持"先挖后顶,随挖随顶"的施工要领。千斤顶顶进一个行程后,千斤顶复位,在横顶铁和环形顶铁之间装进尺寸合适的直顶铁,然后继续顶进。顶进时要注视油压变化,发现不正常时立即停止顶进,并检查原因。千斤顶活塞伸出长度应在规定范围内,避免损坏千斤顶。顶进操作应坚持连续作业,若间隔时间过长,土拱容易下坍,使顶力增大。

顶进的管节应留有足够的长度与下一根管节连接,钢筋混凝土管一般采用企口连接,接缝处可垫油毡,内壁接口处安装一个内胀圈,以防顶进中错口。内胀圈可采用钢筋混凝土,也可利用钢板卷焊。

土洞形状和尺寸是保证顶管施工质量的关键。管内挖土的劳动条件差,劳动强度大,应组织专人轮流操作。土洞上半周应较管外壁大15~20mm,土洞下半周应与管外壁相同,洞底与管底齐平,避免顶进时管子发生下斜。管前土洞深度一般保持100~150mm,挖出的土立即用特制小车或手推车运出管外。

管节在顶进时,必须对顶进管段中线的方位及高程严格控制,否则很容易出现偏差。顶管高程的控制可采用激光准直仪,也可利用水准仪及顶管前端设立的十字架。每次测量时,若十字架在管前端的相对位置不变,水准仪的高程也固定不变,只需测出十字架交点偏离的垂直距离,即可确定顶管的高程偏差。顶管的方位偏差可采用中线垂球法测定,即从工作坑内燃气管道中心线上的两点吊设垂球线,若管前端通过中心点的垂球线和这两条垂球线在一条直线上,则顶管方位无偏差。

顶管偏差是逐渐累积起来的,偏差越大,校正越困难,因此在顶管过程中应勤校测,发现偏差及时校正。校正时可采用土洞形状纠偏,也可利用小千斤顶安装在管前端进行强力顶推。

采用触变泥浆可减少顶管阻力,在松散的土层中顶进,触变泥浆还具有对管外壁土质加固，减轻土拱坍塌的作用。触变泥浆是一种由特殊粘土（高岭土，又称膨润土）掺合2～3％的碳酸钠用水拌合而成。可直接涂抹管外壁，也可用泥浆泵通过管道输送至管外壁四周，形成一个泥浆环，但管前后端的外壁缝隙应设置封闭圈。

为了延长顶管的长度可采用中继间管（又称接力环）。所谓中继间管就是一根钢筋混凝土管顶入一定深度后，在其内安装千斤顶和顶铁，如图8-4所示。当工作坑千斤顶难以顶进时，开动中继间管的千斤顶，以其后段管节为后座，向前顶进一个行程，然后开动工作坑内的千斤顶，使中继间后段的管子也向前推进一个行程。此时，中继间管随之向前推进，再开动中继间千斤顶，如此循环操作，可增加顶进长度，但顶进速度较慢。

五、燃气管道安装

套管全部顶入土层后，应及时将燃气管道曳入套管内。若采用钢筋混凝土套管，套管内径下半部可用砖砌体或混凝土筑成平底垫层，垫层的厚度与坡度应满足燃气管道的安装要求。燃气管道底部焊接滑动支座，曳引时仅让支座底面与垫层表面接触，避免损坏防腐绝缘层，支座与燃气管道之间的空隙可填塞沥青麻。为了使燃气管道与套管之间的容积不致形成爆炸空间，最好用中粗砂将空间填满。套管两端用砖砌体封闭。对重要地段为了运行时能检查套管内是否有燃气，在套管较高的一端应安装检漏管，如图8-5所示。

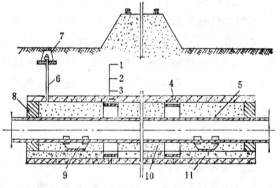

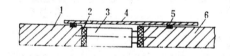

图 8-4 中继间管局部剖面

1—后段管节；2—垫块；3—千斤顶；4—钢套环；5—橡胶密封环；6—前段管节

图 8-5 钢筋混凝土套管内的燃气管道

1—钢筋混凝土套管；2—石棉水泥填料；3—内套环；4—接缝油毡；5—钢燃气管道；6—检漏管；7—防护罩；8—墙堵；9—滑动支座；10—中粗砂；11—混凝土垫层

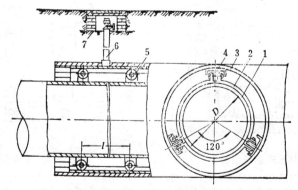

图 8-6 钢套管内的燃气管道

1—钢燃气管；2—滚轮托架；3—钢套管；4—导轨；5—滚轮；6—检漏管；7—防护罩

对于**钢套管**可采用特制的滚动支座安装在燃气管道上，利用滚轮能轻便地把燃气管道推入套管内，但滚轮应沿焊接在套管内壁的槽钢导轨滚动，防止燃气管道在推入时产生周向滑动。钢套管两端灌沥青封堵。

套管内的燃气管道均应采用加强型防腐绝缘层。

第二节　机械与水力掘进顶管

一、机械掘进顶管

在被顶进的管道前端安装上机械钻进的掘土设备，配置皮带运土机械**以代替人工挖运土**，当管前方土体被掘削成一定深度的孔洞时，利用顶管设施，将连接在钻机后部的管子顶入孔洞。机械掘进顶管同样要在工作坑内按设计高程及中线方向安装导轨，**使每节管子沿着一定方向和高程顶进。**

机械钻进的顶管设备有两种安装形式，一种是机械固定于特制的钢管内，此管称为工具管。工具管安装在顶进的钢筋混凝土管的前端，称为套筒式安装。另一种是将机械直接固定在顶进的首节管内，顶进时安装，竣工后分件拆卸，称为装配式安装。

套筒式机械钻进设备的结构，主要分工作室、传动室、校正室三部分，如图8-7所示。工作室装有切削刀、主轴支座（轴承座）、刮泥板和偏心环等，掘削下来的土落至链带输送机。传动室安装电动机、变速箱、链带运输机等，使掘土与运输协调动作。校正室则安装有小千斤顶、纠偏装置和拉杆等，用于顶进过程中的偏斜纠正。

机械掘进顶管施工法可降低劳动强度，加速施工进度，对粘土、砂土及淤泥等土层均可顺利进行顶管。但运土与掘进速度不易同步，出土较慢。遇到含水土层或岩石地层时因无法更换机头，所以不能使用。

二、水力掘进顶管

水力掘进顶管的全套设备安装在水力掘进工具管内，如图8-8所示。工具管分前、中、

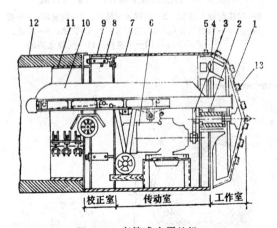

图 8-7　套筒式水平钻机

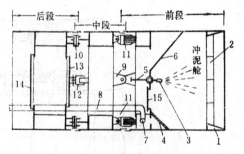

图 8-8　水力掘进工具管

1—机头；2—轴承座；3—减速齿轮；4—刮泥板；5—偏心环；6—摆线针轮减速电机；7—机壳；8—纠偏千斤顶；9—校正室；10—链带输送机；11—特殊内套环；12—钢筋混凝土管；13—切削刀

1—刃脚；2—格栅；3—水枪；4—格栅；5—水枪操作把；6—观察窗；7—泥浆吸口；8—泥浆管；9—水平铰；10—垂直铰；11—上下纠偏千斤顶；12—左右纠偏千斤顶；13—气阀门；14—大密封门；15—小密封门

后三段。前段为冲泥舱，高压水枪射流将切入工具管的土层冲成泥浆，进入泥浆吸口，由泥浆管输送至泄泥场地。中段为校正环，环内安装校正千斤顶和校正铰，校正铰可使冲泥舱作相对转动，在相应千斤顶的作用下，调正掘进方向。后段为气闸室，是工作人员进出冲泥舱（高压区）内检修或清理故障时，升压和降压之用。冲泥舱、校正段和气闸室之间应具有可靠的密封连接。

在有充足水源和泄泥场地的条件下，水力掘进工具管可使饱和土层内的顶管过程大为简化。

三、挤密土层顶管

挤密土层顶管是利用千斤顶或卷扬机等设备将燃气管道直接挤压进土层内，如图8-9所示。顶进时，第一节管前端安装管尖，以减少顶进阻力，利于挤密土层。管尖的圆锥度一般为1:0.3。偏心管尖可减少管壁与土层的摩擦力。也可在钢管前端安装环刀，开始顶进时，土进入环刀及管内形成土塞，当土塞达到一定长度后，即可阻止土继续进入。土塞可使顶管不致产生过大的偏斜。

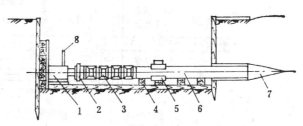

图 8-9 利用油压千斤顶挤密顶进

1—千斤顶；2—垫铁；3—顶铁；4—枕木；5—夹持器；6—燃气管；7—管尖；8—千斤顶油管

挤密土层顶管法适宜在较潮湿的粘土或砂质粘土中顶进。顶进的最大管径不宜超过150mm。顶进过程中应采取措施保护防腐绝缘层。

四、切刀掘削流体输送顶管

所谓切刀掘削流体输送顶管，就是用水加压或机械加压使掘削面土层保持稳定，同时旋转切削刀掘进，掘出的土物则采用流体输送装置排出，掘削、排泥和顶管同时进行。

压紧破碎型环流式掘进机是当今世界较先进的切刀掘削流体输送顶管设备，其构造如图8-10所示。掘进机前面装有扇形辐条刀，辐条刀与锥体破碎机装配成一体，辐条刀转速为4～5r/min，破碎机则以100r/min的转速进行偏心转动，掘进面的切削与进刀破碎同时进行。破碎后的石块粒径不大于20mm。

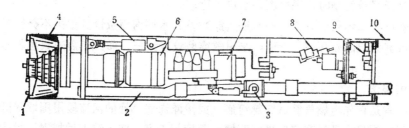

图 8-10 压紧破碎型环流式掘进机

1—扇型辐条刀；2—送排泥管；3—同轴双通阀；4—破碎机头部；5—纠偏油缸；6—减速机；7—油压机组；8—电视摄像仪；9—密封液注入口；10—顶进管垫圈

切刀掘削流体输送顶管法的安装如图8-11所示。主千斤顶的顶力通过锥体内装满掘削下来的土石传递给掘进面，具有压紧掘进面的作用，使掘进面土石层保持稳定。掘削土石量可以通过操纵台用**增减掘进面压力**或顶进速度来调节。

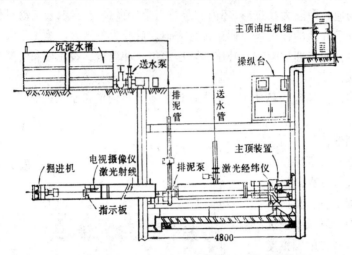

图 8-11　切刀掘削流体输送顶管法安装图

　　方向修正(纠偏)可通过操纵顶进管内设置的二个纠偏油缸在上下±1°，左右±1.5°的范围内，调节破碎机头部的角度。这种操作是通过工作坑内安装的激光经纬仪将激光射线照射到顶进管内的指示板上，然后由电视摄像仪不断监视的远距离操作方式来进行的。

　　泥石的输送由送排泥管、送水管、送水泵和专用排泥泵所组成的输送系统来完成。排泥泵通过变速器控制转速。

　　切刀掘削流体输送顶管法的特点是适用于各种不同的地质条件，只需较小的工作坑。

第三节　水下穿越的施工方法

　　修建过河、长距离河底或海底燃气管道时，应视施工环境及施工条件，选择相应的施工方法。水下穿越除顶管法外，主要采用围堰法和浮运施工法。

　　根据技术经济比较，在水系较浅，流速较小，航运不频繁，筑堰材料可以就地取材，筑堰对水系无严重污染时，采用围堰法施工比较合理。

　　水下管道有二种敷设方式，即水底敞露敷设和水底沟槽敷设。如果不会因船只抛锚、河床冲刷或其他原因破坏燃气管道，采用敞露敷设较经济，而且抗震效果也较水底沟槽敷设要好。

　　一、围堰法

　　围堰法就是首先将燃气管道穿越河底（或浅滩海底）处的河流段用围堰隔开，然后将隔开段的河水排尽，最后在河底进行开槽、敷管等工序，施工结束后把围堰拆除。围堰施工法的平面布置如图8-12所示，围堰与燃气管道的距离应视水系及围堰结构等具体条件而定，一般应在２米以上。两岸河底应挖排水井，用于集聚河底淤水、围堰渗水及降低地下水位。水泵站设在河岸上，围堰后，用其排除围堰内的河水，施工过程中用于排除排水井内的集水。河面窄，流速小的穿越施工可以在较低的岸边构筑一座排水井和水泵站。对于不能断流的河道，可以在河岸开挖临时引水渠，或在围堰间用管子组成渡槽（图8-13）。

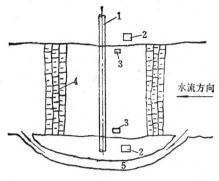

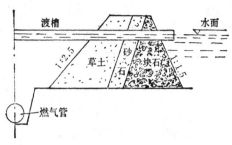

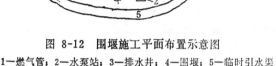

图 8-12　围堰施工平面布置示意图　　　　图 8-13　土石围堰与渡槽半剖图
1—燃气管；2—水泵站；3—排水井；4—围堰；5—临时引水渠

围堰的结构根据河水深浅，流速大小，河面宽窄，河底地基土质状况等条件，可分别采用土围堰、草土围堰、土石围堰、板桩围堰或木笼围堰等，总之，围堰结构应具有稳定性、良好的抗渗性能、造价低、修筑方便、易于拆除。

围堰施工法可以采用一次围堰将河流隔断，也可以采用交替围堰将河流部分隔断。交替围堰的施工过程如图8-14所示，先用第一道围堰围住河面的2/3，待第一段管道敷设完毕再围第二道围堰，从而完成全部管道的水下穿越施工，又不致使河道断流。在安装第一段管道的同时，应将第一段管与第二道围堰的接缝作好止水处理，防止第二道围堰从接缝流水。止水处理的最简单方法是用粘土沿管周捣实，也可以用防水卷材在接缝处包扎数层。

围堰是临时性构筑物，应根据河底土质情况，以及施工期的水位变化拟定筑堰方案。围堰首先应确保施工期间在可能发生的最高水位时安全堵水，其次应力求构造简单、施工方便、就地取材和造价低廉。围堰施工的河底燃气管道应具有一定的埋设深度，防止河床被冲刷后管道漂浮及其他因素造成损坏。在容易被扰动的地基上敷管时，应考虑修筑混凝土或打桩等地基加固措施。

二、浮运施工法

首先在岸边把管子焊接成一定的长度，并进行压力试验和涂敷包扎防腐绝缘层，然后拖拉下水浮运至设计确定的河面管道中心线位置，最后向管内灌水，随着灌水管子平稳地沉入到预先挖掘的沟槽内。

（一）开挖水下沟槽

开挖前，应在两岸设置岸标，根据岸标确定沟槽开挖的方向。也可以在水中设置浮标，开挖方法应根据具体情况有针对性的选择，开挖深度可在船上用吊锤量测。

1. **索铲挖土装置**　如图8-15所示。索铲是钢板焊制的铲斗，铲斗底部具有齿状铲刀。铲斗由卷扬机通过钢丝绳操纵。牵引绳索联结于铲斗前方，绳索另一端经滑轮缠绕于卷扬机的卷筒上。空载绳索一端联结于铲斗后方，另一端绕过河对岸的滑轮，返回后经滑轮再缠绕于卷扬机的第二个卷筒上。两架滑轮均安装在支架上，支架用缆风绳和地锚固定。挖土时，卷扬机的第一个卷筒卷绕牵引绳，第二个卷筒放松，铲斗取土并随之将铲斗底部的土层犁松，铲斗上升至岸边即成倾翻状而卸土，可将土卸至运土车中直接运走，也可卸至岸边暂存。然后由第二个卷筒缠绕空载绳索，第一个卷筒放松，使铲斗回到对岸第二次铲土位置。

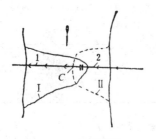

图 8-14　交替围堰

Ⅰ—第一道围堰；Ⅱ—第二道围堰
1—第一段管道；2—第二段管道
C—第一段管道与第二道围堰接缝

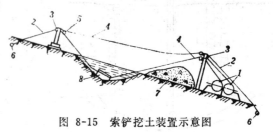

图 8-15　索铲挖土装置示意图

1—双筒卷扬机；2—缆风绳；3—支架；4—钢丝绳；5—滑轮；
6—地锚；7—堆土；8—铲斗

设计索铲装置时，应确定铲斗容量，卷扬机功率，支架高度以及钢丝绳直径等。

2.气举泵　是一种冲吸式水力挖沟设备，其构造如图8-16所示。工作时，高压水从压力水管的喷嘴喷出，把河底土层搅成含泥量非常高的混浊水，与此同时，压缩空气从气喷嘴喷入扬水管底部，把混浊水举起沿扬水管排出。两者连续不断地工作，同时气举泵沿管沟位置缓慢移动，便可形成管沟。

气举泵的效率很高，当气举泵安装在浮船上时（图8-17），挖沟和沉管可同时进行。

3.水力吸泥管是一种利用高压水通过一个喷嘴，在管内造成负压产生吸力，将泥砂送出水面的射吸式挖沟设备。水力吸泥管适用于砂性土质，对于粘土或较硬的土质应配备高压力喷嘴，先碎土后吸泥。

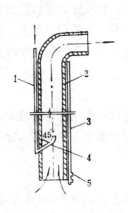

图 8-16　气举泵示意图

1—压缩空气管；2—扬水管；3—压力水管；4—气喷
嘴；5—水喷嘴

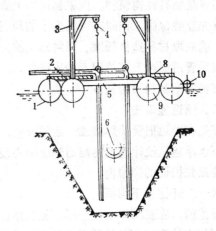

图 8-17　安装有气举泵的浮船剖面示意图

1—浮筒；2—气举泵；3—支架；4—导链；5—浮筒连管；
6—套管；7—燃气管；8—木板；9—浮桶兼气包；10—水包

4.挖泥船　常用的挖泥船有装配泥浆泵的吸扬式挖泥船和安装有抓铲的抓式挖泥船两种。挖泥船工作时按照两岸岸标指示的方向开挖沟槽，如图8-19所示。

5.水下爆破　河底遇礁石或其他坚硬地层时，必须利用水下爆破法施工。水下爆破有裸露药包爆破法和钻孔爆破法。前者直接把药包放在爆破处的表面；后者需将药包放入水下预先钻好的炮孔中，两种方法各有优缺点。爆破燃气管道河底沟槽时，因爆破范围较

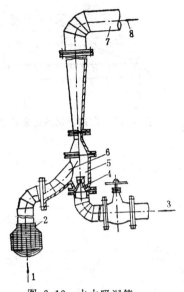

图 8-18 水力吸泥管

1—泥浆吸入口；2—钢丝滤网；3—高压进水口；
4—喷嘴；5—混合室；6—吸泥管；7—排泥管；8—泥
浆喷出口

小，爆破深度较浅，一般均采用裸露药包爆破法。药包可以用竹杆插住提绳投入河底，并沿沟槽中心线成直线或梅花形布置。药包的间距可根据陆地爆破药包间距适当减小，而炸药用量适当增加。

（二）敷管方法

1．拖拉敷管法 如图8-20所示，在河岸一边组对管道，岸边宽度应足以放置整段过河管线，拖拉设备全部安装在另一河边。沿沟槽中心线位置边拖拉边灌水下管，直至对岸。所需拉力可按下式确定

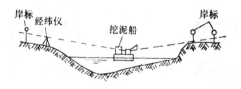

图 8-19 挖泥船与岸标

$$T_c \geqslant mnQf \tag{8-13}$$

式中 T_c——总拖拉力；

   m——拖拉设备的工作条件系数，用卷扬机时 $m=1.1$；用拖拉机时，$m=1.2$；

   n——地面不均匀阻力系数，一般可取1.25；

   Q——管线的重力；

   f——管壁与土壤的摩擦系数。

当管线头部设孔眼自动灌水拖管时，拖管速度与灌水速度应一致。若拖管速度大于灌水速度，则未充满水的管段有可能上浮。为保持管线稳定，管线中的平均水面应在河面以下1m。设灌水孔为圆孔，进水量按1m水头计算，则拖管速度可按下式计算

$$W = 2.7 \frac{D_n^2}{D_w^2} \tag{8-14}$$

式中 W——拖管速度（m/s）；

   D_w——管线外径，即复壁管的套管外径（m）；

   D_n——管线内径，即复壁管的燃气管道内径（m）。

2．水面敷管法 利用浮筒或船只把管子运（拖）至水下沟槽中线位置的河面上，然后用灌水或脱开浮筒的方法使管线沉入水下沟槽。水从管线一端的进水管灌入，管内空气从另一端的排气阀放出。

管线下沉时，必须保证管线按自由下沉的过渡曲线方式沉到沟底（图8-21），且下沉时产生的最大弯曲应力不得大于管材的计算应力，即

$$\sigma_{max} \leqslant [\sigma] \tag{8-15}$$

为了计算σ_{max}，可取a、b两段中的较大弯矩值进行计算。

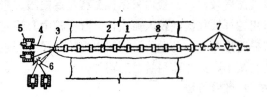

图 8-20 拖拉敷管法

1—管子；2—浮筒；3—拖管头；4—钢丝绳；5—拖拉机
（卷扬机）；6—滑车；7—吊管机；8—水底管沟

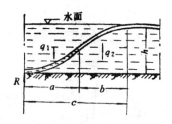

图 8-21 自由下沉的过渡曲线

对于 a 段

$$M_{max}^a = \frac{R^2}{2q_1}$$ 　　　　(8-16)

对于 b 段

$$M_{max}^b = \frac{pa^2}{2} - \frac{(R-ap)^2}{2q_2}$$ 　　　　(8-17)

而

$$\sigma_{max} = \frac{M}{W}$$ 　　　　(8-18)

充满水的 a 段水平长度可按下式计算

$$a = \sqrt[4]{\frac{6EJh}{p(n-0.5)^2 - 0.25q_2n^4}}$$ 　　　　(8-19)

未充水的 b 段水平长度可按下式计算

$$b = a(\sqrt{1+n} - 1)$$ 　　　　(8-20)

管线与泥土接触点的土壤反作用力 R 按下式计算

$$R = \frac{aq_1(b+0.5a) - 0.5q_2b^2}{a+b}$$ 　　　　(8-21)

上述式中　　q_1——管线重力（N/cm）；

　　　　　　q_2——管线浮力（N/cm）；

$$p = |q_1| + |q_2|；$$

　　　　　　R ——管线与泥土接触点的土壤反作用力（N）；

　　　　　　W ——管线断面系数（cm³）；

　　　　　　M ——a、b 两段中较大弯矩值（N-cm）；

　　　　　　M_{max}^a ——a 段弯矩（N-cm）；

　　　　　　M_{max}^b ——b 段弯矩（N-cm）；

　　　　　　E ——管材的弹性系数（N/cm²）；

　　　　　　J ——管线断面惯性矩（cm⁴）；

　　　　　　a ——重力作用的管段长度（cm）；

　　　　　　b ——浮力作用的管段长度（cm）；

　　　　　　h ——河水深度（cm）；

　　　　　　$n = f\left(\dfrac{q_1}{q_2}\right)$，可查图8-22。

三、稳管形式及稳定荷载计算

敷设在河底或低洼地的燃气管道必须以不位移，不上浮为稳定条件。

（一）稳管型式

燃气管道上采用的稳管型式很多，常用的有如下数种。

1．平衡重块　即在燃气管道上扣压重块，防止燃气管道上浮。常用的有钢筋混凝土重块和铸铁重块。为了便于施工扣压，钢筋混凝土抗浮块一般为鞍形，铸铁重块均为铰链形(图8-23)。

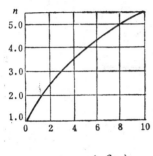

图 8-22　$n = f\left(\dfrac{q_1}{q_2}\right)$ 曲线

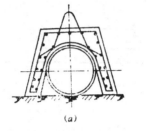
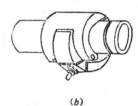

图 8-23　平衡重块
(a) 钢筋混凝土马鞍块；　(b) 铸铁铰链块

重块稳管施工简单，但应力集中，水流急，河床不稳固的地段不宜使用。

2．抗浮抱箍　当燃气管道采用混凝土地基时，可以在地基上预埋螺杆，然后用扁钢或角钢制作的抱箍将燃气管道固定在地基上，如图8-24所示。抱箍须经防腐绝缘处理。

3．石笼压重　使用细钢筋或铁丝编织成笼，内装块石，称为石笼。石笼稳管就是在管线的管顶间隔地铺放石笼，铺放位置略偏于管线上游一侧。石笼可采用投掷方法铺放、固定，适用于浮运施工法安装的燃气管道。

4．复壁管　复壁管就是双重管，即燃气管道外套套管，套管与燃气管之间用连接板焊接固定，为了增大管线重力，还可在复壁管的环形空间注入重混凝土拌合物，如图8-25所示。

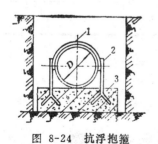

图 8-24　抗浮抱箍
1—钢抱箍；2—预埋螺栓；3—混凝土基础

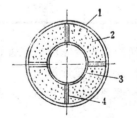

图 8-25　复壁管断面
1—套管；2—重晶石混凝土；3—燃气管；4—连接板

复壁管是长距离输送管线穿越江河时抗浮稳管的一项主要措施。由于灌注混凝土拌合物可在管线过江河后进行，从而使施工作业简化。为了保证灌注作业顺利进行，对拌合物之塌落度、初凝时间、终凝时间具有特殊要求，如表8-1所示。为了延长凝结时间可采用丹

宁等作缓凝剂。为了增大拌合物重度可掺入钢屑或重晶石粉作骨料

拌 合 物 技 术 指 标 表 8-1

项 目	塌落度（cm）	初凝时间（h）	终凝时间（h）	重 度（N/m³）
指标（不低于）	16	8～16	18～24	2800

5. 挡桩 即在管线下游一侧以一定间距布置挡桩，减少管线裸露跨度，使之能承受水流压力，如图8-26所示。

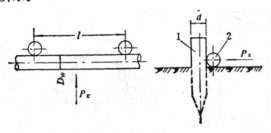

图 8-26 挡桩
1—挡桩；2—燃气管道

挡桩间距可按下式计算

$$l_\cdot = \sqrt{\frac{2[\sigma]J}{10^4 K_0 P_x D_w}} \tag{8-22}$$

式中 $[\sigma]$——管线许用应力（N/cm²）；

J——管线截面惯性矩（cm⁴）；

P_x——水流水平方向对管线的压力（N/cm²）；

D_w——管线外径（m）；

K_0——决定于挡桩数量的系数，详见表8-2。

系 数 K_0 值 表 表 8-2

挡 桩 数	4	5	6	7	8
K_0	0.125	0.110	0.107	0.105	0.104

挡桩间距确定后应对挡桩进行强度校核，已便确定挡桩直径。

（二）稳定荷载计算

用于克服裸露燃气管道浮力和水流的水平推力所需的稳定荷载可按下述两种情况计算。

1. 稳管形式采用平衡重块和石笼时

$$W = \frac{\left[K\left(c\cdot\gamma_0\frac{V^2}{2g}D_w + q_2\right) - q_1\right]\gamma_w}{\gamma_w - \gamma_0}\cdot L \tag{8-23}$$

2. 稳管形式采用复壁管和抱箍时

$$W = \left[K \cdot \left(c\gamma_0 \frac{V^2}{2g} D_w + q_2 \right) - q_1 \right] \cdot L \qquad (8\text{-}24)$$

式中　W——裸露于水中的燃气管道所需的稳定荷载（N）；

K——安全系数，$K = 1.2 \sim 2.0$；

C——水流上抬力系数，可根据河流雷诺数 Re 按图8-27求得，静水中 $C = 0$；

γ_0——水的重度（N/m³）；

γ_w——配重物在空气中的重度（N/m³）；

V——水流速度（m/s），可取平均值；

D_w——裸露管线外径（m）；

g——重力加速度；

q_2——裸露管线在静水中的浮力（N/m）；

q_1——裸露管线在大气中的重力（N/m）；

L——洪水高峰时，燃气管道裸露于水中的总长度（m）。

四、燃气管道的安装

水下穿越的燃气管道（通常称作倒虹吸管）运行检修很困难，要求使用较陆地钢管管壁厚2~3mm的钢管，或采用高强度低合金钢结构钢管。穿越较大江河的长距离输气干管，一般均采用复壁管形式，并可按曲线形式安装。城市燃气管道的倒虹吸管，其河底段一般采用直线安装，并具有不小于3‰的坡度，坡向直线管一端，高、中压输气干管往往采用双管敷设，两岸设阀门，利用平衡重块抗浮，如图8-28所示。

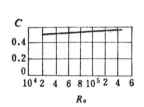

图 8-27　C与Re的关系曲线

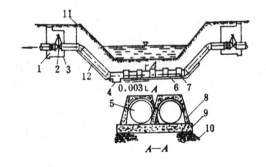

图 8-28　倒虹吸管

1—波纹管；2—闸门；3—闸门井；4—凝水罐；5—燃气管；6、9—混凝土基础；7、8—钢筋混凝土抗浮重块；10—砾石垫层；11—防护罩；12—排水管

具有冷凝水的燃气管道，排水器应尽量靠岸边设置。排水器的排水管可安装在燃气管内，也可安装在管外，安装在管外时维护检修方便，施工方便，但易腐蚀损坏，排水管在管内安装检修较困难，但不易损坏。

水下穿越的燃气管道应采用特加强防腐层。对于单壁管，管道的环焊缝应确保安全可靠，为此可采用管箍或筋板进行加固，如图8-29所示。

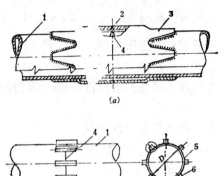

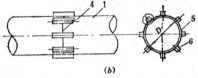

图 8-29 环焊缝加固

(a) 管箍加固; (b) 筋板加固

1—燃气管; 2—试压小孔; 3—管箍; 4—环焊缝; 5—筋板焊缝; 6—筋板

第九章　室内燃气系统的施工

第一节　室内燃气管道的安装

一、室内燃气管网概述

（一）管网构成

室内燃气管网系指民用住宅、公共建筑、锅炉房和车间各类用户内部的燃气管网。管网中各部分管道根据其作用或安装位置加以命名。

民用住宅的燃气管网（图9-1）一般由引入管（AB段）、总立管（BC段）、水平干管（CD段）、用户立管（DE段）、用户支管（EF段）、灶具支管（FG或FH）和灶具连接管（HJ或GI）所组成。

公共建筑的燃气管网（图9-2）一般由引入管（AB）、总立管（BC）、燃气表管（CD和EF）、水平干管（FM）、灶具支管（GH和MJ）、灶具连接管（HK）、灶前管（KL）、燃烧器支管（LN）和燃烧器连接管（NP）所组成。对钢结构的定型炉具，灶前管、燃烧器支管和燃烧器连接管均应配套固定安装在炉具上。

管网中的引入管最好采用无缝钢管，$DN \geq 40$，壁厚$\delta \geq 3.5$。其他部位的室内燃气管道，当$DN > 50$时，一般采用无缝钢管，当$DN \leq 50$时一般采用低压流体输送用钢管。

$DN > 50$时管道接口一般采用焊接，阀门和燃气表与管道之间采用法兰连接，$DN \leq 50$时一般均采用管螺纹连接。

（二）管道布置的一般要求

1. 管线位置　一般采用明装，不允许穿越卧室、密闭地下室、浴室、厕所、易燃易爆品仓库、有腐蚀介质的房间、配电间和变电室等。在加套管等安全措施的条件下才可穿越暖气沟、通风道及低温烟道等。

引入管一般直接从厨房或燃气表房引入，并以不小于3‰的坡度坡向庭院燃气管道。若直接引入有困难，可从楼梯间引入，然后进入厨房或燃气表房。

水平干管若布置在楼道内不低于2m，厨房内不低于1.8m。距楼顶板净距不小于0.15m，坡度一般不小于2‰，并坡向总立管。

立管应尽量布置在厨房内，立管上端应设$DN15$放气口丝堵。

室内燃气管道应与其他管道及设施保持一定的安

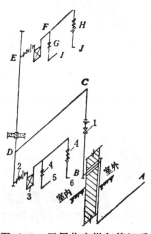

图 9-1　民用住宅燃气管网系统图

1—进户总阀门；2—用户阀门；3—燃气表；4—用具控制阀；5—热水器接头；6—燃气灶接头

全距离。

2．**阀门位置**　室内燃气管道上应设置必要 的 阀门，以方便使用，保证安全。

（1）**进户总阀门**　设在总立管上，距地面1.5～1.7m。当引入管进入室内与 总立管之间需采用水平管连接时，总阀门可安装在连接水平管上。

（2）**燃气表控制阀**　额定流量$Q_n \leqslant 3m^3/h$的燃气表，表前应安装一个旋塞阀；$Q_n \leqslant 25m^3/h$的燃气表，若靠近总立管，则进户总阀门可兼作燃气表控 制 阀；$Q_n \geqslant 40m^3/h$的燃气表或不能中断供气的用户，燃气表前后均应安装阀门，并加设旁通阀。

（3）**灶具控制阀**　每台灶具前均应安装控制阀门。对于 仅 安装一台灶具的居民厨房，若燃气表与灶具的距离不超过3m，燃气表控制阀操作方便时可 不 设灶具控 制阀。灶具控制阀安装在灶具支管距地面1.4～1.5m。

（4）**燃具控制阀**　一台灶具上往往安装多个燃烧器，每个燃烧 器 前 均应 安装控制阀。控制阀位于炉门旁的燃烧器支管末端。

（5）**点火控制阀**　每台公用灶具均应安装点火控制阀，点火控制阀采用单头煤气旋塞，一般安装在灶前管或灶具连接管上。

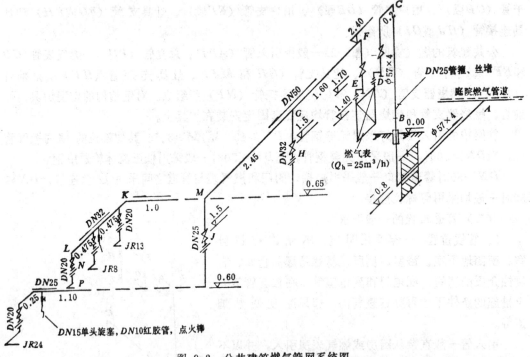

图 9-2　公共建筑燃气管网系统图

3．**活接头位置**　为了安装和维修方便，必须在室内燃气管道的适当位 置 上 设置活接头。一般情况下，所有阀门后均应设置活接头。$DN \leqslant 50$的用户立管上，每隔一层楼安装活接头一个，安装高度应便于安装拆卸。水平干管过长时，也应在适当位置安装活接头。设置活接头的场所应具有良好的通风条件。

4．**套管的设置**　引入管穿越墙基础、承重墙、伸出地面；立管穿越楼板，水平 管穿越卫生间、闭合间和低温烟道时，其穿越段必须全部设在套管内，套管内不准有接头，套管安装如图9-3所示。

174

二、室内燃气管道的安装程序

（一）熟悉图纸、制定施工方案

掌握燃气管网系统的燃气流程，各种管道的高程、位置和交叉物等情况。熟悉图纸必须与现场勘察和设计交底配合，若出现图纸差错可及时纠正。然后根据设计要求，有关施工规范或质量标准，结合现场具体情况，制定施工方案。

（二）放线打洞

放线就是按设计图把构成管网的各部位，尤其是管件、阀门和管道穿越的准确位置标注在墙面或楼板上。打洞就是利用手动工具或电钻、风镐等将穿越位置的墙洞或楼板洞钻透。孔洞直径略大于燃气管或套管外径，不宜过大，否则难于修补。

（三）测绘安装草图

在打透孔洞后，按放线位置准确地测量出管道的建筑长度 L_a，并绘制管网安装 草图。所谓建筑长度是指管道中各相邻管件（或阀门）的中心距离，如图9-4所示。测绘时应使管子与墙面保持适当的距离，如遇错位墙可采用弯管过渡。

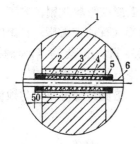

图 9-3　套管安装图

1—砖墙；2—水泥砂浆；3—钢套管；4—油麻填实；
5—沥青堵严；6—煤气管道

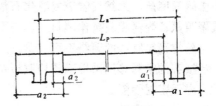

图 9-4　建筑长度与安装长度

（四）配管

配管就是通过对管子进行加工（下料切断、套丝、调直和弯曲）把实测后绘制的安装草图中的各种不同形状和不同建筑长度的管段配置齐全，并在每一管段的一端（或两端）配置相应的管件或阀门，如图9-5所示。

（五）安装固定

1．安装顺序　室内燃气管道的安装顺序一般是按照燃气流程，从总立管开始，逐段安装连接，直至灶具支管末端的灶具控制阀。燃气表使用连通管临时接通。压力试验合格后，再把燃气表与灶具（或燃具）接入管网。连接时，螺纹接口的拧紧程度应与配管时相同，否则将产生累计尺寸误差和累计偏斜，影响安装质量。

拧紧螺纹接口的主要工具是管钳，不同规格的管钳具有不同长度和钳口尺寸，适用于不同管径。接口拧紧后，管子外螺纹应留2～3扣作为上紧裕量。

2．管子固定　管子安装后应牢固地固定于墙体上。对于水平管道可采用托勾或固定托卡，对于立管可采用立管卡或固定卡。托卡间距应保证最大挠度时不产生倒坡。立管卡一般每层楼设置一个。托卡与墙体的固定一般可采用射钉，射钉是一种特制钢钉，利用射钉枪中弹药爆炸的能量，将其直接射入墙体中，如图9-6所示。射钉是靠对墙体材料的挤压所产生的摩擦力而紧固的，所以不适用于承受振动荷载或冲击荷载的托卡固定。

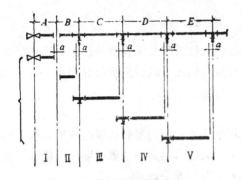

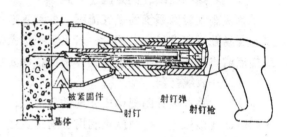

图 9-5　管道逐段配置图

A、*B*、*C*、*D*、*E*—各管段建筑长度

Ⅰ、Ⅱ、Ⅲ、Ⅳ、Ⅴ—各管段编号

a—管件内螺纹末端与中心线的距离

图 9-6　射钉与射钉枪

3．螺纹接口填料　填料的选用和调制对螺纹接口严密性是个关键。人工燃气管道可使用铅油（铅粉与干燥油拌合调制而成）或厚白漆和亚麻，若螺纹形状规则，表面光滑，则不必缠亚麻丝。天然气管道或液化石油气管道则采用耐油膏（石油密封脂）、聚四氟乙烯或聚四氟乙烯薄膜胶条作填料。填料要保存好，不要混入杂物，用量适当，涂抹要均匀。麻丝与薄膜胶条的缠绕不可过量，应按正旋法缠绕，否则填料不易进丝扣。

活接头的密封垫应采用石棉橡胶板垫圈或耐油橡胶垫圈，垫圈表面薄而均匀地涂一层黄油，增强密封性能。

三、引入管安装

（一）引入管型式

引入管是庭院管道与室内管网的连接管，根据建筑物的结构特点，可采用不同的连接形式。

1．地下引入式　燃气管道在地下直接穿过外墙基础后沿墙垂直升起，从室内地面伸出，伸出高度不小于0.15m，如图9-7所示。这种型式适用于墙内侧无暖气沟或密闭地下室的建筑物，构造简单，运行管理安全可靠。但凿穿基础墙洞的操作较困难，对室内地面的破坏较大。

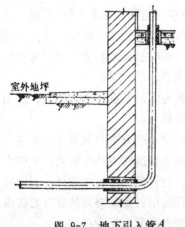

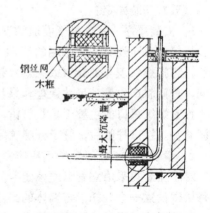

图 9-7　地下引入管*A*

图 9-8　地下引入管*B*

对于墙内侧具有暖气沟、密闭地下室或管廊的高层建筑，若必须采用地下引入，可按图9-8进行安装，即用砖墙将引入管位于地沟内的管段隔离封闭，基础墙洞的管子上方保留建筑物最大沉降量的空间，并用沥青油麻堵严，洞口两端封上铁丝网，网上抹灰封口。

2. **地上引入式**　燃气管道在墙外垂直伸出地面，从距室内地面0.5m的高度穿过外墙进入室内。对墙外垂直管段要采取保护措施，北方冰冻地区还需采取绝热保温措施，如图9-9所示。这种型式适用于墙内侧有暖气沟或密闭地下室的建筑物。构造复杂，运行管理困难，对建筑物外观具有破坏作用，但凿墙洞容易，施工时对室内地面无破坏。

3. **嵌墙引入式**　即在外墙凿一条管槽，将燃气管的垂直段嵌入槽内垂直伸出地面，从距室内地面0.5m高度穿过外墙进入室内，如图9-10所示。为避免地上引入管对建筑物美观的破坏可采用这种型式，但管槽应在外墙的非承重部位开凿。

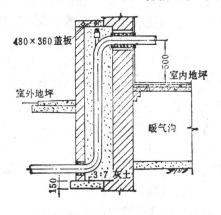

图 9-9　带保温台的地上引入管

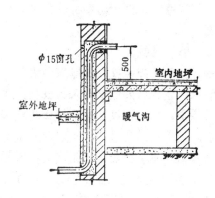

图 9-10　嵌墙引入管

4. **补偿引入式**　高层建筑物在建成初期有明显的沉降量，易在引入管处造成剪切破坏。为此，应采用补偿型引入管，即在引入管上安装"Z"型管、波纹管或金属软管（例如铅管）。补偿引入管应设小室保护，以利于变形和检修。图9-11为设在阀室内的安装铅管的补偿引入管。

（二）引入管安装的基本要求

引入管的埋深、坡度、防腐绝缘层、以及压力试验标准等要求均与室外燃气管道相同，并且与庭院燃气管道同时进行压力试验。

引入管在距外墙1.0m的范围内不准有接头，其弯曲段只能采用弯管，不得用焊制弯头。引入管上应设置$DN25$的清扫口丝堵，当地下引入管与室内总立管直接连接时，清扫口设在距室内地面0.5m的高度上，方向与总立管成45°角；当地下引入管通过水平管段与总立管连接时，清扫口设在引入管顶部的三通口上，地上引入管的清扫口设在墙外立管的顶部。

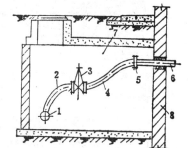

图 9-11　铅管补偿的引入管

1—楼前燃气管；2—钢管；3—阀门；
4—铅管；5—法兰接头；6—燃气管；
7—闸井；8—楼房外墙

引入管的绝热层可采用缠绕湿抹法施工，并用水泥砂浆砌筑砖台加以保护，砖台上部加盖混凝土板，砖台内部空隙填塞膨胀珍珠岩或矿渣棉，增强绝热效果。

第二节 管子加工

室内燃气管道安装过程中，必须对管子进行下料切断、套丝、调直和弯曲等加工工序。

一、管子下料切割

如图9-4所示，设两相邻管件的构造长度为a_1和a_2，拧入管端的螺纹长度为a'_1和a'_2，建筑长度为L，则下料切割长度L_p为

$$L_p = L_a - \left(\frac{a_1}{2} + \frac{a_2}{2}\right) + (a'_1 + a'_2) \tag{9-1}$$

管子切割可采用手工锯割或机械锯割。手工锯割可利用手工钢锯和切管器进行，机械锯割主要利用砂轮锯片切管机（图9-12）和钢锯锯床等机械进行。需套丝的管段不可采用气割切割。

二、管子套丝

钢管丝头（外螺纹）一般采用锥度为1：16的圆锥状管螺纹，而管件内螺纹一般为圆柱状管螺纹，圆锥状外螺纹拧入圆柱状内螺纹简称为锥接柱。锥接柱时，随着管子拧入管件深度的增加，内外螺纹之间的挤压将愈加紧密，但末端仍有空隙，使用填料后，接缝更加严密。

管螺纹可用套丝绞扳手工套制，或用套丝机进行加工，套丝绞板和套丝机（图9-13）在管壁上切削出螺纹主要依赖板牙，工地上常用的板牙规格为1/2″～3/4″，1″～1¼″和1½″～2″三组，只需更换绞板或套丝机机头上的板牙，便可切削出不同规格的管螺纹。切削长度a及拧入长度a'如表9-1所示。螺纹表面必须光滑，有锥度，无断丝，偏丝，乱丝和细丝，松紧度适宜。螺纹形状和尺寸可用螺纹量规检查。

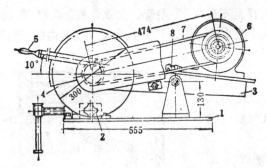

图 9-12 砂锯片切管机

1—工作台面；2—夹管器；3—摇臂；4—金钢砂锯片；
5—手臂；6—电动机；7—传动装置；8—张紧装置

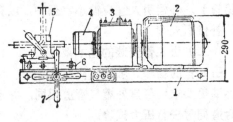

图 9-13 套丝机

1—机架；2—电动机；3—减速器；4—机头；5—夹
管器；6—移动架；7—手轮

三、管子调直

管子由于运输、装卸或堆放不当常产生弯曲，在加工和安装前必须调直。逐段配制接长的水平管或立管，由于螺纹接口的偏丝，连接后可能在管件接口处出现折角弯曲，安装固定前也必须调直。

调直方法有冷调和热调两种，调直前应采用滚动或目测等方法检查并确定管子的弯曲

螺 纹 长 度 表（mm）						表 9-1
管子公称直径 DN	15	20	25	32	40	50
切削长度 a	15	17	19	22	23	26
拧入长度 a'	9.5	11.5	14	15	16	18
螺 距	1.814			2.309		

部位。

冷调是将管子在常温状态下调直。对弯曲不大，$DN \leqslant 50$的管子可采用手锤敲击法调直，如图9-14所示。对管径较大，弯曲较严重的管子可采用千斤顶、油压机或丝杠式压力机（图9-15）等进行调直。

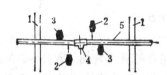

图 9-14 手锤敲击调直示意图

1—滚杠；2—敲击手锤；3—支承手锤；4—弯曲部位；
5—待调直管段

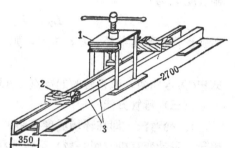

图 9-15 丝杠式压力机

1—压力机；2—垫块；3—支承槽钢

热调是将管子弯曲部位加热至600～800℃，抬放在不少于四根管子组成的滚动支承架上不断滚动，利用管子本身重力使被加热的弯曲部位伸直，弯曲程度较大时，可借助压力机轻压后再滚动。

四、弯管加工

（一）弯曲变形与弯曲半径

管子弯曲时，弯背受拉，管壁承受拉应力而变薄；弯里受压，管壁承受压应力而增厚。管壁减薄会使强度降低，为保证一定强度，被加工的弯管应具有一定的壁厚，而弯曲段管壁减薄应均匀。

与管子被弯曲同时，弯曲段的管子断面由圆形向椭圆形变化，弯背与弯里之间形成椭圆短轴，其余两侧之间形成长轴。短轴方向管外壁受压，管内壁受拉，长轴方向管外壁受拉，管内壁受压，拉应力区与压应力区的交接面管壁内应力最小，所以，用直缝焊接钢管加工弯管时，焊缝应置于拉压交接面，此交接面一般在与长轴或短轴成45°的位置。

管子的弯曲半径是指弯管中心线的圆弧半径。管径和弯曲角度确定之后，弯曲半径的大小不仅影响弯管尺寸，而且影响管壁应力。弯曲半径过大，弯管管壁的内应力较小，但弯管尺寸增大，需占据较大的安装空间；弯曲半径过小，可能因过大的弯曲应力而使管壁产生裂纹。对于普通碳素钢钢管，冷弯时不致损坏管子的最小弯曲半径（R_{min}）可按下式计算

$$R_{min} = 4.135\sqrt{D_w \cdot \delta} \qquad (9-2)$$

式中　D_w——管子外径（mm）；

δ——管壁厚度（mm）。

经验证明，弯管的最佳弯曲半径R为

$$R = R_{min} + (1.0 \sim 1.5)D_w \tag{9-3}$$

对于燃气管道，要求弯曲断面具有较小的椭圆率，其弯曲半径一般为

$$R = (2.5 \sim 3.0)D_w \tag{9-4}$$

冷弯加工取较大的弯曲半径，热弯反之。

（二）弯管下料长度的确定

工程上所用的弯管多为直管段与弧形管段的组合，因此弯管下料切割长度为直管段总长与弧形管段总长之和。例如，图9-16所示的鸭颈管（又名乙字管或灯叉弯），其下料切割长度L_p为

$$L_p = (L_1 + L_2 + L_3) + (\widehat{l_1} + \widehat{l_2}) \tag{9-5}$$

若弧形管的弯曲半径（R）相等，则

$$\widehat{l_1} = \widehat{l_2} = 0.0175\alpha R \tag{9-6}$$

式中α为弯曲角。弧形管的起弯点为A和A_1，止弯点为B和B_1。

（三）弯管方法

1. 冷弯法　即在环境温度下将管子弯曲。手工冷弯可在模具上弯曲$DN15 \sim DN20$的管子。手动弯管机（图9-17）可弯曲$DN \leqslant 25$的管子。$DN > 25$的管子可采用油压弯管机（图9-18），只要更换弯管胎和顶轮即可弯曲不同管径。

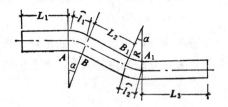

图 9-16　弯管计算图示

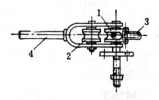

图 9-17　手动弯管机

1—定导轮；2—动导轮；3—夹管圈；4—弯管杠

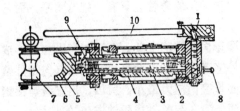

图 9-18　油压弯管机

1—油压泵；2—油罐；3—顶杆；4—油压缸；5—弯管胎；6—夹板；7—顶轮；8—放油阀；9—复位弹簧；10—手柄

2. 热弯法　将管子的弯曲段（起弯点和止弯点之间的管段）加热至$850 \sim 950$℃后进行弯曲。

（1）灌砂热弯法　即向管内灌装干燥的河砂，然后放在耐火砖（炉膛）和普通砖（砌体）砌筑的地炉上加热，呈现淡红色后，立即抬（滚）至混凝土或钢板修筑的弯管平台上，在起弯点处先浇凉水降温，然后缓慢而均匀地施力将管子弯曲。

（2）中频感应电热弯管机　其工作原理如图9-19所示。把管子通过两个转动的导轮，送至强中频电磁场加热的狭窄段，管子被加热至规定温度后，再用顶轮顶推加以弯曲。加热段后面的环管冷却器中的冷却水把弯曲的狭窄段冷却至300℃，使弯曲段具有足够的刚度。

（3）皱折弯管法　根据管径及弯曲半径确定皱折数，然后用气焊烧嘴把应该加热的皱折面逐个加热到900～1000℃，每加热好一个皱折应立即拉弯到一定角度，并用冷水把皱折冷却，依次进行，直到最后弯成一个多皱折的弯管，如图9-20所示。

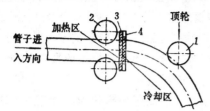 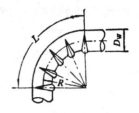

图 9-19　中频感应电热弯管机工作原理图
1—顶轮；2—导轮；3—中频感应电热器；4—盘环管冷却器

图 9-20　90°皱折弯管

$DN \leqslant 100$的管子，每个皱折的最大弯曲角不超过18°，皱折凸起高度最大可达5倍管壁厚度，皱折径向截面弧长最大约为$\frac{5}{6}\pi D_w$，加热面的最大宽度约为$0.75D_w$，D_w为管子外径。

第三节　燃气表和燃气灶具的安装

一、燃气表的安装

（一）膜式燃气表的规格及连接方式

膜式燃气表的规格一般按其公称流量Q_g进行划分。居民用户安装的燃气表（简称民用表），其规格一般为2.0、3.0和4.0m³/h，表管接头有单管和双管之分。公共建筑用户安装的燃气表（简称公用燃气表），其规格一般为25、40、65和100m³/h，均为双管接头。

公称流量$Q_g \leqslant 25$m³/h的燃气表，其进出管接口一般均为螺纹连接，$Q_g \geqslant 40$m³/h的燃气表一般均为法兰连接。

单管膜式燃气表的进出口为三通式，进气口位于三通一侧的水平方向，出气口位于三通顶端的垂直方向，进出管直径一般均为$DN15$。双管膜式燃气表的进出口位置一般为"左进右出"，即面对燃气表的数字盘，左边为进气管，右边为出气管。目前生产的家用膜式表也有"右进左出"的。

燃气表只要铅封完好，外表无损伤，即可进行安装。运输、装卸和安装时应避免碰撞，安装人员不准拆卸燃气表。

（二）民用膜式燃气表的安装

民用膜式燃气表的安装应在室内燃气管网压力试验合格后进行，安装在用户支管上，简称锁表。根据锁表位置分高锁表、平锁表和低锁表。一般采用高锁表，环境条件不允许时也可采用平锁表或低锁表。

1. 高锁表　即把燃气表安装在燃气灶一侧的上方，其高度应便于查表人员读数，如图9-21所示。为防止使用燃气灶时，热烟熏烤燃气表，影响计量精确度，燃气表与燃气灶之间应保持不小于0.3m的净距，表背面应距墙面不小于0.1m，表底一般设托架支撑。

管网压力试验后把表位的连通管拆下，然后安装燃气表。对于单管式燃气表，其进出口三通可作为压力试验时的连通管，安装时，用三通口下端的锁紧螺母把燃气表锁紧即可。对于双管式燃气表，一般用鸭颈形表接头（也可采用铅管或塑料软管）上的锁紧螺母把燃气表锁紧，鸭颈形表接头可调整表进出管间距的安装误差。

对于集体厨房分户计量时，可将燃气表集中安装在某个位置，以减少安装占用空间。

2．平锁表　即把燃气表安装在燃气灶的一侧，用户支管、灶具支管和灶具连接管均为水平管。燃气表座可用支架托住，或用砖块垫起一定的高度。

3．低锁表　即把燃气表安装在燃气灶的灶台板下方。表底应垫起50mm，如图9-22所示。表的出口与灶的连接均为垂直连接，而表的进口应根据具体情况采用水平连接或垂直连接。

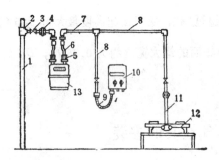

图 9-21　高锁表和高锁灶

1—立管；2—三通；3—旋塞阀；4—活接头；5—锁紧螺母；6—表接头；7—用户支管；8—用具支管；9—可挠性金属软管；10—快速热水器；11—用具连接管；12—双眼灶；13—双管燃气表

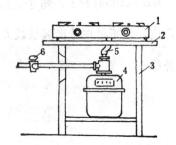

图 9-22　低锁表和低锁灶

1—燃气灶；2—灶台板；3—灶架；4—单管燃气表；5—软管；6—旋塞阀

（三）公用膜式燃气表的安装

公用燃气表应尽量安装在单独的房间内，室温不低于5℃，通风良好，安装位置应便于查表和检修。燃气表距烟囱、电器、燃气用具和热水锅炉等设备应有一定的安全距离，禁止把燃气表安装在蒸汽锅炉房内。距出厂检验期超过半年的燃气表需重新检验合格后方可安装。

引入管安装固定后即可进行公用燃气表的安装。公用燃气表一般均座落在地面砌筑的砖台上，也可用型钢焊制表支架，砖台或支架的高度应视燃气表的安装高度确定，原则上应方便查表读数和表前后控制阀的启闭操作。额定流量$Q_g \geqslant 40m^3/h$的燃气表应设旁通管，旁通管和进出管上的阀门应采用明杆阀门，阀门不能与表进出口直接连接，应采用连接短管过渡，并设支架支撑，防止阀门和进出管的重力压在燃气表上，如图9-23所示。

额定流量$Q_g < 40m^3/h$的燃气表，若是螺纹接口可不设旁通管，一般采用挂墙安装。

数台燃气表并联时，表壳之间的净距不应小于1.0m。

（四）罗茨式燃气表的安装

罗茨表工作压力较高，额定流量较大，多为中压工业燃气用户所使用。罗茨表一般安装在立管上，按表壳上的垂直箭头方向，进口在上方，出口在下方。罗茨表的正面应朝向明亮处。罗茨表可以一台单独安装，也可以数台并联安装，而且都应设置旁通管，旁通管和进、出口管上都应设阀门。当燃气中的杂质成分可能在管壁内结垢时，应在进气管阀门后安装过滤器，并在进口阀门前和出口阀门后的立管上安装清扫口，清扫口用丝堵封堵。罗茨表进出口管道中心距一般为1.0～1.2m，数台表并联安装时，其中心距为1.2～1.5m。图9-24为罗茨表的安装尺寸。

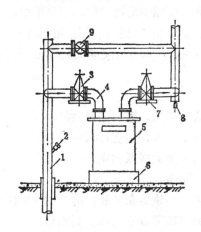

图 9-23　$Q_g \geqslant 40m^3/h$ 的燃气表安装
1—引入管；2—清扫口丝堵；3—闸阀；4—弯管；5—燃气表；
6—表座；7—支承架；8—泄水丝堵；9—旁通闸阀

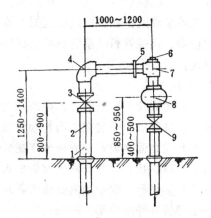

图 9-24　罗茨表的安装
1—盘接短管；2—丝堵；3—闸阀；4—弯头；5—法兰；6—丝堵；7—三通；8—罗茨表

二、燃气灶具的安装

（一）民用灶具安装

民用灶具指居民家庭生活用灶具，一般有单眼灶、双眼灶、烤箱灶和热水器等。民用灶具安装在室内燃气管道压力试验合格，立管、水平管、用户支管和炉具支管均牢牢固定后进行，即用灶具连接管把灶具与用户支管（或灶具支管）接通，并使灶具牢固定位，此安装过程简称锁灶。

1. 一般要求

（1）民用灶具不应安装在卧室或通风不良的地下室内，一般应安装在专用厨房内；

（2）安装灶具的房间高度不低于2.20m，安装热水器的房间高度不低于2.60m；房间应具有良好的自然通风和自然采光；

（3）灶具靠墙摆放时，应与墙面有一定的距离，墙面应为不燃材料；

（4）灶具放在灶台上时，灶架和灶板应为不燃材料，灶台高度一般为0.7m。

2. 安装方法

民用灶具的安装方法与燃气表的安装方法相适应，也分高锁灶、平锁灶和低锁灶。高锁灶的灶具连接管自灶具接口垂直向上，用活接头与灶具支管连接，如图9-21所示；平锁灶为灶具连接管水平安装，低锁灶是指灶具连接管垂直向下与灶板下的燃气表连接。

根据灶具连接管的材质分硬连接和软连接，硬连接的灶具连接管为钢管，软连接的灶具连接管为金属可挠性软管。

不带支架的灶具放在灶台上，灶台可用金属厨柜面，也可由钢支架（或砖墙）与水磨石板构成。灶台面应各方向水平稳固。

热水器可采用木螺钉，膨胀螺栓或普通螺栓牢牢悬挂在墙上。一般采用金属可挠性软管与灶具支管接通，采用钢管与上水管接通，热水出口管可按需用情况接出。

（二）公用灶具安装

1．公用灶具的分类

公用灶具由灶体、燃烧器和配管所组成。根据灶具用途分蒸锅灶、炒菜灶、饼炉、烤炉、开水炉和西餐灶等；根据灶体结构材料分砌筑型炉灶和钢结构炉灶。砌筑型炉灶的灶体在施工现场砌筑，根据用途配置燃烧器、燃烧器连接管和灶前管。而钢结构炉灶的灶体、燃烧器、连接管和灶前管一般均在出厂时装配齐全，安装现场把炉灶稳固后，仅需配置灶具连接管。

2．一般要求

（1）蒸锅灶和西餐灶应靠建筑物的排烟道砌筑或安装，室内通风良好；

（2）炒菜灶应安装在具有排烟罩或抽油烟机的厨房内，厨房通风良好；

（3）安装开水炉的位置应便于把二次排烟管插入烟道或通向室外；

（4）蒸锅灶、炒菜灶和开水炉的近旁应具有下水道；

（5）燃烧器应置于蒸锅灶或炒菜灶的炉膛中央，燃烧器在炉膛内的高度一般应使火陷的高温部位（外焰中部）接触锅底。不同燃烧器的高度可以通过试烧后调整；

（6）每个燃烧器都应在炉门近傍设控制阀，控制阀距炉门边缘应不小于100mm。控制阀的连接管用管卡牢固地固定在炉体上；

（7）燃烧器支架四周应保持二次空气通畅，燃烧器底部应具有50mm的空隙高度。

（8）燃烧器各部件在安装前应内外清洗干净后用纸或布包封后，试烧前不应开包。

3．燃烧器配管

燃烧器的配管是指燃烧器的管接头与灶具支管之间的灶具连接管、灶前管和燃烧器连接管的配管安装。

砌筑型蒸锅灶和炒菜灶的燃烧器可采用高配管和低配管两种方式。高配管就是把灶前管安装在灶沿下方，从灶前管上开孔并焊一个带有外螺纹的管接头，垂直向下接燃烧器连接管，如图9-25所示。低配管则是将炉前管安装在灶体的踢脚位置（或上方），向上连接配管。配管安装的顺序依次把灶具连接管和灶前管预先装配好，然后用活接头2与安装固定好的灶具支管进行连接，此过程称为锁灶。待室内管道压力试验合格后，用活接头6与燃烧器连接管连接，此过程称为锁燃烧器。

具有两个管接头的燃烧器，例如北京地区的JR-18和JR-24型立管燃烧器，以及YR型圆盘燃烧器，每个燃烧器应配接两根燃烧器连接管和两个燃烧器控制旋塞，如图9-26所示。对于蒸锅灶，其中一个燃烧器控制旋塞必须采用连锁型旋塞，连锁型旋塞中的主旋塞接燃烧器连接管，从付旋塞（小火旋塞）上接出一根DN8的小钢管或铜管，通至燃烧器中心，小管末端垂直向上，管口略低于燃烧器火孔，此管口即为"长明"火孔。

炒菜灶上一般每两个炉口设置一个点火旋塞，每台蒸锅灶（或其他炉灶）需设置一个点火旋塞。点火旋塞可从炉灶侧面的灶具连接管上接出，或从炉灶正面的灶前管上接出，利用橡胶软管与点火棒连接。

三、烟道和排烟管

（一）烟道

具有封闭式燃烧室的燃气灶具（例如蒸锅灶、开水炉、西餐灶和烟道式热水器等）需

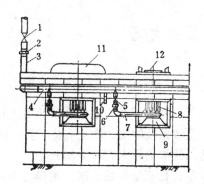

图 9-25　炒菜灶燃烧器高位配管

1—灶具控制旋塞；2、6—活接头；3—灶具连接管；4—灶前管；5—燃烧器旋塞；7—燃烧器连接管；8—燃烧器；9—支架；10—点火旋塞；11—炮台灶框；12—锅支架

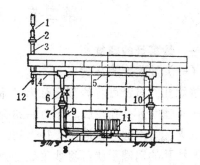

图 9-26　蒸锅灶的JR-24型燃烧器配管图

1—灶具控制旋塞；2、7—活接头；3—灶具连接管；4—灶前管；5—燃烧器支管；6—连锁旋塞；8—燃烧器连接管；9—长明火管；10—燃烧器旋塞；11—燃烧器；12—点火旋塞

与建筑物内的旧有烟道连接时，应对旧有烟道的排烟能力进行校核，烟道抽力应不小于15Pa。烟道的理论通风抽力 D（Pa）可按下式计算

$$D = 3550H\left(\frac{1}{T_0} - \frac{1}{T_g}\right) \tag{9-7}$$

式中　H——烟道高度（m）；

　　　T_0——灶具外空气绝对温度（K）；

　　　T_g——烟道内的烟气平均温度（K）。

多台灶具接在一个总烟道上时，每台灶具的水平烟道上应设闸板，对于蒸锅灶，闸板上应开一个50～100mm的孔。砖砌水平烟道最好以60°角倾斜向上与总烟道连接。

烟道须高出平屋顶1.0m，对具有屋脊的屋顶，烟道出屋顶高度及其与屋脊的距离，可按图9-27处理。

（二）排烟管

一次排烟管由灶具本身携带。燃气灶具上的二次排烟管一般采用薄钢板制作，承插接口。安装时，管节上前端为插口，后下端为承口。排烟管管径不得小于灶具排烟口直径。高出灶具排烟口0.5m以上才能接水平排烟管，水平排烟管总长度一般不超过3m，并以不小于1%的坡度坡向炉具。

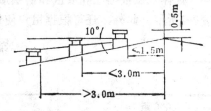

图 9-27　烟道出屋顶安装尺寸

环境温度变化可能使烟气生成冷凝水的排烟管应作绝热层，垂直排烟管的下端应设冷凝水排出孔。

排烟管距可燃的墙面和顶棚应保持一定的安全防火距离，穿过可燃性构筑物时，需包缠绝热层，并放在套管或带孔的耐火砖内。

至排烟管的顶端应安装防风帽。直径大于125mm的排烟管，当水平烟道长度大于3m时，或排烟管（道）上容易积聚燃气的末端，应设置泄爆口。

第四节 公用燃气炉灶的砌筑

一、炒菜灶的砌筑

（一）炒菜灶的分类

按灶孔的布置可将炒菜灶分为"品"字型和"一"字型。"品"字型炒菜灶主火孔在前，次（辅助）火孔在后，如图9-28所示。"一"字型炒菜灶的主、次火孔位于同一轴线上，主火孔适用的炒锅最大直径为400mm，次火孔适用的炒锅最大直径为300mm。

按灶孔的锅圈形状可将炒菜灶分为炮台型、支架型、灶板型和混合型、锅圈均为铸铁铸造。不同的锅圈形状根据烹调需要而定，例如，炮台型锅圈适用于大煸锅快速翻炒；支架型适用于小炒勺和平底锅；灶板型可改变锅圈直径等等。

（二）炒菜灶的结构尺寸

炒菜灶由灶体、锅圈和燃烧器所组成，如图9-29所示。

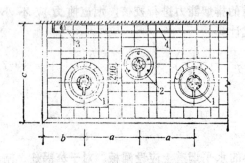

图 9-28 品字型炒菜灶平面图

1—主火孔；2—次火孔；3—地漏；4—排水沟

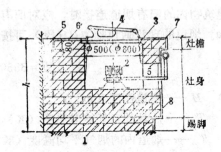

图 9-29 炒菜灶横剖面图

1—灶体；2—燃烧器；3—铸铁炉口；4—炮台灶框；
5—排水沟；6—红缸砖灶面；7—角钢边框；8—白瓷砖贴面

灶体长度根据灶孔数量和锅圈形状而定，不同锅圈形状，其灶孔中心距各不相同，如表9-2所示。此外，还可根据用户使用要求确定。

炒菜灶灶体外形尺寸(mm)　　　　　　　　　　　　表 9-2

灶　　　型	支　　　架	灶　　　板	炮 台（混合）
灶孔中心距 a	750	605	625(475)
侧面边沿至灶孔中心 b	425	525	475
宽度 c	1000	1100	1100
高度 h	480	750	720

灶体宽度和灶体高度根据操作方便而定。灶面不设排水沟时灶体宽1.0m，设排水沟时宽1.10m。一般人适宜的操作高度定为灶体的高度，炒菜灶一般为0.72～0.75m。支架型灶主要用于汤锅（筒）时，为了搬抬方便，其灶体高度一般为0.48m。

一般炒菜灶的炉膛直径为（2.5～3.0）d，d为燃烧器外径，炉膛深度约为0.4m。灶体上的锅圈内径应使常用锅的锅底直接受热面积不小于70%。

（三）灶体的砌筑

炒菜灶灶体由踢脚、灶身和灶檐构成，可按图9-29用红机砖由下向上进行砌筑。

灶体的踢脚高为二层砖，缩进灶身约60mm，有利于操作人员更接近灶面操作，可用标号为7.5～10的水泥砂浆砌筑，以增加灶体的坚固性，并可抵抗冲洗地面对灶体产生的破坏作用。

灶身高为8～9层砖，是灶体的主体层，承受的温度最高，可用粘土或耐火土泥浆进行砌筑，中心实体部份填筑粘土碎砖夯实。粘土经长期高温被烧结可使灶身日趋坚固。若用砂浆砌筑，砂子孔隙内的水分经高温可能使砂子膨胀，导致炉体开裂。炉门处镶嵌角钢门框，炉门顶可用铸铁板作过梁。

灶檐厚为一层砖，伸出灶身约50mm，并用角钢框加以围护，角钢框末端插入建筑物墙体内牢牢固定。灶檐既可以遮挡保护灶前燃气管，又加大了灶面的使用面积。

为了使炉灶表面利于清洁卫生，方便使用并具有美感，对表面应进行装饰。上表面用水泥砂浆铺砌红缸砖，灶孔处盖炉口铸铁板，铺砌时应使灶面具有一定的坡度，自炉口坡向排水沟。灶体周围表面用水泥砂浆镶贴白瓷砖。

灶面排水沟断面约为100×100mm，周围的灶体需用水泥砂浆砌筑，表面镶贴红缸砖，并以2%的坡度坡向地漏。根据灶体长度，地漏可设在排水沟的中部或一端。

炒菜灶的炉膛用体积比为3:2的青灰缸砂搪抹，搪抹后的炉膛孔呈倒置圆锥筒状，炉膛壁略带弧度，放置深底锅时，锅底与炉膛壁的最小间隙应不小于30mm。

二、蒸锅灶的砌筑

（一）蒸锅灶的分类

根据所采用的锅型，可将蒸锅灶分为普通型和深筒型两种。普通型蒸锅灶采用普通标准铸铁锅，锅的最大直径$D \leqslant 1000mm$，燃烧器安装在地面以上，全部灶体均位于地面以上；深筒型蒸锅灶采用钢板压延焊接的非标准深筒锅，或者最大直径$D > 1000mm$的普通标准铸铁锅，燃烧器安装在地面以下的地坑内，地面以上的灶体高度不大于700mm，如图9-30所示。

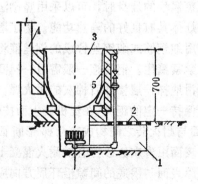

图 9-30 深筒型蒸锅灶

1—地坑；2—铁算；3—深筒锅；4—烟道；5—灶体

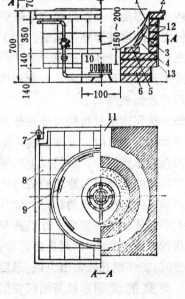

图 9-31 普通型蒸锅灶（多孔回风灶）

1—锅；2—角钢；3—耐火砖；4—环形烟道；5—耐火混凝土；6—红砖；7—煤气管；8—红缸砖；9—排烟孔；10—燃烧器；11—烟道；12—钢丝；13—白瓷砖

（二）普通型蒸锅灶的结构尺寸

普通型蒸锅灶由灶体、烟道、铁锅和燃烧器所组成，如图9-31所示。

灶体是炉膛和燃烧室的围护结构，也是铁锅及炊具等的支承结构，既要求能耐热保温，又要求具有足够的强度。蒸锅灶的灶体也分踢脚、灶身和灶檐三部分。灶身为外方内圆的筒状体，内侧由耐火砖和耐火混凝土构筑成炉膛和环行烟道，炉膛环周上开有多个排烟口使炉膛与环行烟道连通，炉膛烟气经排烟口进入环行烟道（回风），故得名多孔回风灶。灶体外表面需进行装饰。

灶面的长度和宽度均为$(D+300)$mm，灶体高度一般为700mm。灶体正面设炉门，炉门宽度为$(d+40)$mm，d为燃烧器外径，炉门高度应略高于燃烧器火孔，炉门过高，火焰易喷向炉门，过低则点火困难。

燃烧室呈圆筒状，圆筒直径可按（9-8）式确定，圆筒高度与炉门相同。

$$D_s = 1.41(d+40) \tag{9-8}$$

对于深筒型蒸锅灶，燃烧室位于地面以下的深度可按（9-9）式计算

$$h = H - (h_1 + h_2 + h_3 + h_4) \tag{9-9}$$

式中　D_s——燃烧室直径（mm）；

　　　d——燃烧器外径（mm）；

　　　h——燃烧室地面以下的深度（mm）；

　　　H——地面上的蒸锅灶高度，一般$H=700$mm；

　　　h_1——锅的深度（mm）；

　　　h_2——燃烧器火孔距锅底最小距离（mm）；

　　　h_3——燃烧器外形高度（mm）；

　　　h_4——燃烧器底部空隙，一般$h_4=50$mm。

燃烧室上部是外表面呈锅底形的炉膛壁，其上沿圆周分布7～9个排烟孔，炉膛壁与灶身内侧之间的空腔为环行烟道。

（三）蒸锅灶灶体的砌筑

普通型蒸锅灶可按踢脚、灶身和灶檐的顺序进行砌筑，然后修筑环形烟道与炉膛壁，最后进行外表面装饰。

砌筑方法和砌筑材料均与炒菜灶相同，但砌筑蒸锅灶的灶身时，可以采用竖砌法砌筑灶身的筒状体。砌筑时，灰浆饱满，不留空隙，使灶体具有良好的隔热功能。为了增加灶身的坚固性和承重能力，炉门以上的圆筒外壁应该用细钢筋或细钢丝拧成的钢丝箍将灶身围箍起来，箍的末端钉入建筑物的墙体内，把灶身紧紧箍住。钢筋箍一般需用3～4圈。

环形烟道的断面呈直角梯形。灶身内表面先光滑地抹一层掺加石棉灰的耐火泥，然后沿环周水平摆放红机砖垫底，红机砖与灶身内表面保持一定的距离，在红机砖上面按60°倾角竖立放置厚度为30mm的耐火砖，于是灶身内表面与耐火砖之间构成直角梯形断面。放置耐火砖时，在排烟孔处留出空格。最后在耐火砖外表面用青灰缸砂拌合的耐火混凝土搪筑炉膛壁。炉膛壁表面形状与锅底相似，搪筑后炉膛表面与锅底的间隙沿环周方向应均匀一致，沿高度方向应自上而下逐渐增大，炉膛底部表面与锅底距离保持约30mm。搪筑炉膛时，在耐火砖空格处的斜面中部筑成高30mm，宽100mm的排烟孔。

蒸锅灶的灶台面满贴红缸砖，灶身表面满贴白磁砖。

第五节　室内燃气系统的压力试验

室内燃气系统在安装过程中和安装结束后都要用压缩空气来检验管道接头的质量，检验燃气计量表、阀门和燃具本身的严密性，以保证用户安全用气。

试验时可采用如图9-32所示的装置。强度试验时使用弹簧压力表或U形水银柱压力计，气密性试验时使用U形水柱压力计或U形水银柱压力计。

一、民用户（住宅和公共建筑）燃气系统的试验

（一）燃气管网的试验

进行管网压力试验时，燃气表和灶具应与管网断开，试验范围自进户总阀门开始至用具控制阀（对公共建筑用户为燃具控制阀）。

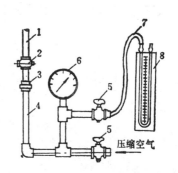

图 9-32　室内燃气系统试验装置
1—灶具支管；2—旋塞阀；3—活接头；
4—灶具连接管；5—单头旋塞；6—弹
簧压力表；7—胶管；8—U型玻璃管压力计

1．强度试验　试验时，燃气表处以连通管接通。试验压力为0.1MPa（表压），在试验压力下，用肥皂水检查全部接口，若有漏气处需进行修理，然后继续充气试验，直至全部接口不漏和压力无急剧下降现象。

2．气密性试验　试验压力为7kPa（表压），在试验压力下观测10分钟，如压力降不超过0.2kPa则认为合格。若超过0.2kPa，需再次用强度试验压力检查全部管网，尤其要注意阀门和活接头处有无漏气现象，经修理后继续进行气密性试验，直到实际压力降小于允许压力降。

（二）燃气系统的气密性试验

接通燃气表，开启用具控制阀，进行室内燃气系统的气密性试验。试验压力为3kPa（表压），观测5分钟，若实际压力降不超过0.2kPa，则认为室内燃气系统试验合格。

二、锅炉房和车间燃气系统的试验

试验方法，试验范围和进行顺序均同民用户，仅试验压力不同。

（一）燃气管网的试验

强度试验时，低压管道试验压力为0.1MPa（表压），中压管道为0.15MPa（表压）。

气密性试验时，低压管道试验压力为10kPa（表压），观测1小时，如压力降不超过0.6kPa则认为合格。中压管道试验压力为1.5倍工作压力，但不得低于0.1MPa（表压）。管网充气达到试验压力后稳压3小时，然后开始观测，如经1小时后压力降不超过初压的1.5%，则认为合格。

（二）燃气系统的气密性试验

接通燃气表，充气至燃烧器控制阀。对于皮膜表，试验压力为3kPa，5分钟内压力降不超过0.2kPa为合格；对于罗茨表或叶轮表，试验压力为燃气表的工作压力，5分钟内压力降不超过初压的1.5%则认为合格。

三、液化石油气室内系统的试验

通过管网以气态向用户供气的室内燃气系统，其试验方法，试验范围和进行顺序完全同民用户。

以瓶组为气源的室内燃气系统，压力试验时以减压器出口阀门为界，减压器前的集气管一侧为高压段，另一侧为低压段。

高压段只作强度试验，在关闭减压器进口阀门后，充入压缩空气至1MPa（表压），用肥皂水检查所有接缝。

低压段试验则完全同民用户。

第十章　燃气设备的安装

第一节　燃气调压站的安装

一、燃气调压站概述

燃气管网系统中的调压站是用来调节和稳定管网燃气压力的设施。调压站的范围通常包括调压室外的进出站阀门、进出站管道和调压室，如图10-1所示。

调压室外的进出站阀门通常安装在地下闸井内，阀门一侧或两侧安装放散阀和放散管，阀门后连接补偿器。进出站阀门与调压室外墙的距离一般在6～100m范围内。若调压室外的进出站燃气管道同沟敷设时，进出站阀门可以安装在同一座地下闸井内，但进出站阀门上应设置醒目的区分标志。

调压室的进出站燃气管道通常是埋地敷设，管道上不设任何配件，坡向室外进出站阀门。管道穿过调压室外墙进入调压室，穿墙处应加套管，套管内不准有接头。

调压室一般为地上的独立建筑物，如受条件限制，也可以是半地下或地下构筑物，但是，应便于工作人员出入，能经常通风换气，并应具有防止雨水和地下水流入室内的措施。当自然条件和周围环境许可时，调压设备可以露天布置，但应设围墙或围栏。

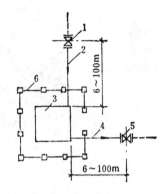

图 10-1　调压站范围
1—进站阀门；2—进站管道；3—调压室；
4—出站管道；5—出站阀门；6—围墙

调压室内的工艺设备一般由调压器、阀门、过滤器、补偿器、安全阀或安全水封和测量仪表等组成。室内设备和仪表的型号与数量，以及管道布置形式由设计人员根据工艺要求确定。

按照所安装的调压器类型及习惯性称呼，通常可将调压室分为活塞式调压器室、T型调压器室、雷诺式调压器室和自力式调压器室。活塞式和T型调压器室具有基本相同的工艺布置形式，其安装方法和安装程序也基本相同。由于活塞式和T型调压器室广泛布置于各类燃气的各种压力级别的城市燃气管网中，所以是最常见的调压器室；雷诺调压器室一般仅用于人工燃气管网的中低压燃气调压站，室内工艺布置也与前者大不相同；而自力式调压器室则较多地用于天然气门站或储配站。

调压站的安装顺序一般为先室外，后室内；先地下，后地上；先管道，后设备。先、后安装均应以同一安装基准线为标准，以确保安装质量，例如，先、后安装的管道均以管道中心线的方位和标高为基准，调压器等设备均以轴线方位为基准等。

二、调压器室的安装

（一）活塞式调压器室的安装

图10-2为一般区域性活塞式调压器室的系统安装图。首先应按照设计安装图核对材料设备。在管子、管件、设备和仪表配备齐全并完好无损的条件下，才能进行放线，标出管道中心线和设备轴线的位置及相对标高，最后按照"先地下，后地上"，"先设备，后仪表"的原则顺序进行安装。

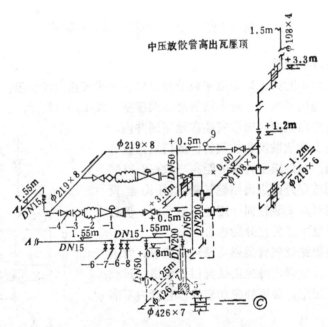

图 10-2 RTJ-218型调压站系统图

1—RTJ-218型调压器；2—波纹管；3—过滤器；4—闸门；5—水封；6—接自动记录仪；7—接U形水银压力计；8—接U形水柱压力计；9—弹簧压力表

（二）管道安装

管道安装最好是密切配合建筑物施工进度进行。在开挖建筑物基础时，把室内地下管道预埋好，地下穿墙管在砌墙时预留出墙洞。室内地上管道可在室内装饰前或地面修筑前进行。为了减少现场安装工作量，应最大程度地预制，即把所需的弯头，带有分支管的管段以及法兰短管等预先制作。制作尺寸及重量应以方便现场装配为原则。

埋地管道的安装应严格控制各段管道的平面位置与标高，保证室内管道坡向室外管道。伸出地面的垂直管段，其高度应给地上管道的安装留有足够的切割余量，然后焊接钢板堵，进行强度试验，试验合格后防腐回填，回填时，给垂直管段套入穿地面套管。回填夯实过程，不得使地下管道移动，并保持垂直管段垂直于地面。预制埋地管道时，也可以一次装配至地面上的法兰接口处，上紧法兰盖堵后进行强度试验，但需严格控制安装尺寸，回填固定后，要检查法兰中心标高是否符合设计要求，法兰表面应垂直于待接的管道中心线。

地上管道的安装在室内回填土夯实后进行。若是在修筑地面之前安装，首先应找出室内地平线，标在墙上，以此为管道安装的高程基准，然后按放线时标出的平面位置和标高安装各段管道。

调压器前后阀门之间的管段，最好是把阀门、过滤器、波纹管补偿器和调压器等按平面位置和高程稳固好，法兰连接处先用螺栓紧固后，配齐短管并进行调直找平，再进行法兰的点固焊。待完成全部点固焊后，松开螺栓，进行短管与法兰的环缝焊接。最后加法兰垫片进行设备安装。

$DN \leqslant 50mm$的地上管道一般为螺纹连接，$DN > 50mm$的管道一般为焊接或法兰连接。管道支撑可采用焊接钢支架或砌筑砖墩。

调压室的安全放散管应接出室外，高出屋顶1.5m。调压器两侧的管道应分别坡向埋地管道，仪表管应坡向主管，坡度为2‰。

埋地钢管道全部作加强绝缘防腐层，地面上的管道要求涂刷防锈漆一道，调和漆二道。

（三）设备安装

首先核对调压器型号是否符合设计要求。燃气调压器的型号由二组符号和数字所组成，二组之间用"—"隔开。第一组有三位符号，前二位"RT"表示燃气调压器，第三位符号为"Z"（直接作用式）或"J"（间接作用式）；第二组经常有四位符号或数字，第一位数字表示调压器进口压力级别（低压，中压A，中压B和次高压），第二位数字表示出口压力级别，第三位数字表示公称直径的$\dfrac{1}{25}$，第四位符号为L（螺纹连接）或F（法兰连接），若第四位符号不写出则表示$DN \leqslant 50$为螺纹连接，$DN > 50$必为法兰连接。例如RTJ-218表示进口压力可为中、低压，出口压力为低压，$DN200$的间接作用式燃气调压器，法兰连接。

调压室内所有设备在安装前均应进行检查清洗，阀门和调压器还应检查阀盖的法兰垫片和压盖下的填料，如有损伤应予以更换。

站内阀门采用明杆阀门或密封性能较好的油封旋塞阀，也可采用蝶阀。$DN \leqslant 50$的阀门采用压盖旋塞阀。安装前应对阀门进行空气压力试验，没有条件做压力试验时则应做渗煤油试验。安装后的阀门手轮（柄）应按不同操作压力涂刷不同颜色，例如次高压刷红色，中压刷黄色，低压刷绿色等。

调压器应按阀体上箭头所指燃气进出口方向安装，安装时调压阀应处于关闭状态，安装前应分别检查主调压器和指挥器以及排气阀等各部件动作是否灵敏，接头是否牢固。调压器应平放安装，使主调压器的阀杆呈垂直状态，不得倾斜和倒置。每台主调压器前均应设置过滤器，安装前应拆下过滤网清洗干净。

调压室的低压出口管道上必须安装安全阀或水封式安全装置。安全阀安装前应检查弹簧、薄膜、阀杆和阀口是否有损伤，动作是否灵敏。水封构造如图10-3所示，可以在现场焊接制作，安装前需经强度试验，水封的进气管和放散管可用法兰连接（A型），也可用螺纹连接。

（四）雷诺式调压器室的安装

图10-4所示为不设过滤器的雷诺式调压器室安装图。由图可知，雷诺式调压器由主调压器、中压辅助调压器、低压辅助调压器和压力平衡器（又称作中间压力调节器）等四部分组成。主调压器与调压室进出口阀门直接用法兰连接，进口侧和出口侧各连接一个法兰

接口的三通，进、出口三通支管之间连接旁通管，旁通管中心线与主管中心线同标高并相互平行，旁通管上安装法兰连接的旁通阀门。进、出口三通上各接出一根导压管分别与中、低压辅助调压器连接，中、低压辅助调压器之间用导压管相互连接，该导压管又与压力平衡器的薄膜下腔接通。进、出口三通分别与伸出地面90°弯管以法兰连接，主调压器和压力平衡器的薄膜下腔分别用导压管与低压出口管道连接。主调压器薄膜和压力平衡器薄膜之间用连杆连接。雷诺式调压器各部件之间的连接如图10-5所示。

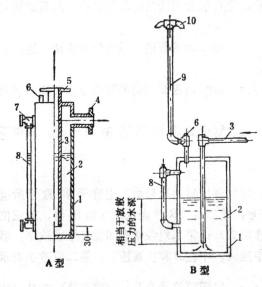

图 10-3　水封构造

1—水罐；2—水（或不冻液）；3—燃气管；4—排气口法兰；5—进气口法兰；6—注水口；7—液面计角阀；8—玻璃管；9—放散管；10—放散口

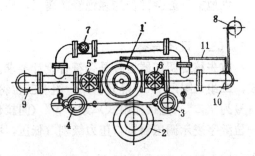

图 10-4　雷诺式调压器室平面安装图

1—主调压器；2—中间压力调节器；3—低压辅助调压器；4—中压辅助调压器；5—进口阀门；6—出口阀门；7—旁通阀；8—水封；9—进气管；10—出口管；11—低压连通管

雷诺式调压器室的主管道和旁通管道由于具有固定的形状和尺寸，因此既可以采用铸铁管也可以采用钢管。导压管则采用螺纹连接，为了方便安装，每段导压管均可安装一个活接头。当主管道采用铸铁管时，出口管上可连接图10-3中的B型水封。

（五）自力式调压器室的安装

自力式调压器室内的工艺系统与活塞式调压器室基本相同，主要区别在于指挥器和针形阀属于调压器的附件，现场安装时应按照图10-6所示的位置和尺寸。导压管端部均带有活接头，采用螺纹连接。调压器的进出口可按其公称直径以光滑直管连接，也可用渐缩管连接，但进出口压力的导压管应安装在光滑管上，其取压点与渐缩管的距离不小于500mm。

三、调压站的压力试验

调压站内的管道、设备和仪表安装完毕再进行强度试验和气密性试验。试验介质为压缩空气，试验压力值根据调压器前后的管道压力级制分别确定。试验时，将调压器和仪表与系统断开。

强度试验时，分别在进出口管道的试验压力下用肥皂水检查所有接口，直至不漏为合格。

强度试验合格后进行气密性试验，达到气密性试验压力值后应稳压6小时，然后观测12小时，在12小时内实际压力降不超过初压的1%一般认为合格，实际压力降可按下式计算。

194

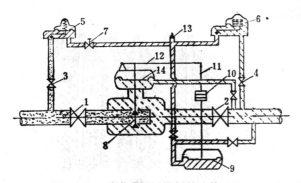

图 10-5　雷诺式调压器部件连接示意图

1—进口阀；2—出口阀；3—中辅进口阀；4—低辅出口阀；5—中压辅助调节器；6—低压辅助调节器；7—针形阀；8—主调压器阀；9—中间压力调节器；10—重块；11—连杆；12—杠杆；13—放气阀；14—主薄膜

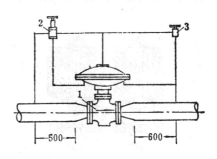

图 10-6　自力式调压器安装示意图

1—自动调压器；2—指挥器；3—针形阀

$$\Delta P = 100\left[1 - \frac{(B_2 + H_2)(273 + t_1)}{(B_1 + H_1)(273 + t_2)}\right] \qquad (10\text{-}1)$$

式中　ΔP——实际压力降（%）；

B_1, B_2——试验开始和结束时的大气压力；

H_1, H_2——试验开始和结束时的压力计读数；

t_1, t_2——试验开始和结束时的环境温度（℃）。

在上述严密性试验合格后，将调压器和仪表与系统接通，在工作压力下，用肥皂水检查调压器和仪表的全部接口，若未发现漏气可认为合格。

第二节　机泵安装概述

本节所述为燃气工程中常用的各类压缩机和各类泵在安装时适用的一般知识。

一、基础的检查验收

机泵基础施工，当混凝土达到标准强度的75%时，由基础施工单位提出书面资料，向机泵安装单位交接，并由安装单位验收。基础验收的主要内容为外形尺寸、基础座标位置（纵横轴线）、不同平面的标高和水平度，地脚螺栓孔的距离、深度和孔壁垂直度，基础的预埋件是否符合要求等。机泵基础各部位尺寸的允许偏差应符合有关规范的要求。

二、地脚螺栓

机泵底座与基础的固定采用地脚螺栓。地脚螺栓可分长型和短型两种，图10-7所示为T型长地脚螺栓，借助锚板实现设备底座与基础的固定，使用锚板可便于地脚螺栓的拆装更换，长地脚螺栓多用于有强烈振动和冲击的重型机械。燃气工程中的机泵安装多采用短地脚螺栓，安装时，直接埋入混凝土基础中，形成不可拆卸的连接，如图10-8所示。埋入时，可采用予埋法和二次灌浆法。

预埋法是在灌筑基础前将地脚螺栓埋好，然后灌注混凝土。预埋法的优点是紧固、稳定、抗震性能也好，其缺点是不利于调整地脚螺栓与机泵底座孔之间的偏差。为克服此缺点，获得小范围调整，可采用部分预埋法，即预埋时螺栓上端留出一个小孔，待机泵稳固好再向小孔内灌入混凝土，如图10-8b所示。

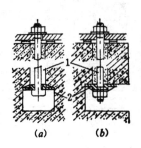

图 10-7　T型长地脚螺栓

a—锤头式；b—双头螺栓式
1—螺栓；2—锚板

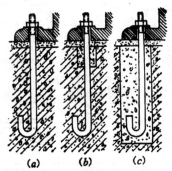

图 10-8　地脚螺栓与基础之间的不可拆卸连接方法

a—全部预埋法；b—部分预埋法；c—二次浇灌法

二次灌浆法是在灌筑基础时，预留出地脚螺栓孔，安装机泵时插入地脚螺栓，机泵稳固后向孔中灌入混凝土，如图10-8c所示。二次灌浆法的优点是调整方便，但连接牢固性差。

地脚螺栓的长度可按下式确定

$$L = 15d + 4t + s \tag{10-2}$$

式中　L——地脚螺栓总长度（mm）；

d——地脚螺栓直径（mm）；

t——螺距（mm）；

s——垫铁、底座、垫圈和螺母的总厚度（mm）。

三、垫铁

垫铁的作用是调整机泵的标高和水平。垫铁按材料分有铸铁和钢板两种，按形状分有平垫铁、斜垫铁、开口垫铁、钩头成对斜垫铁和可调垫铁等，如图10-9所示。每种垫铁按其尺寸编号，如斜1、斜2和斜3，平1、平2和平3。

机泵底座下面的垫铁放置方法可采用标准垫法或十字垫法，如图10-10所示。每个地脚螺栓至少应有一组垫铁。垫铁应尽量靠近地脚螺栓。使用斜垫铁时，下面应放平垫铁，每组垫铁一般不超过三块。平垫铁组厚的放在下面，薄的放在中间，尽量少用薄垫铁。机泵

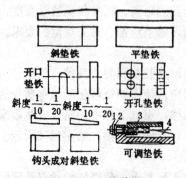

图 10-9　垫铁种类

1—螺母；2—垫圈；3—调整块；4—垫铁底座

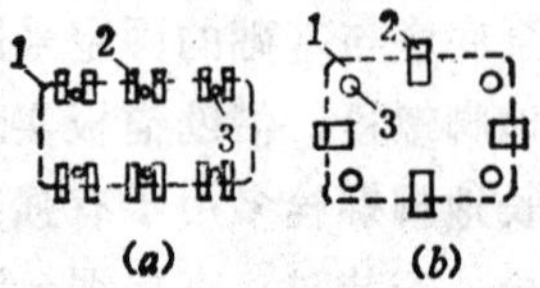

图 10-10　垫铁的放置方法

（a）标准垫法；（b）十字垫法

1—机座位置线；2—垫铁位置；3—地脚螺栓孔

196

找正找平后，应将每组钢垫铁点焊固定，防止松动。

垫铁组应放置整齐、平稳，与基础间紧密贴合。放在混凝土基础上的垫铁组面积可按下式计算

$$A = \frac{100(Q_1 + Q_2)}{R} \cdot C \tag{10-3}$$

式中　A——垫铁与基础的贴合总面积（mm^2）；

　　　C——安全系数，$C = 1.5 \sim 3$；

　　　Q_1——机泵压在垫铁组上的重力（N）；

　　　Q_2——由于地脚螺栓拧紧后（可采用螺栓的许可抗拉强度）分布在垫铁组上的压力（N）；

　　　R——基础混凝土的抗压强度（可采用混凝土设计标号）（N/cm^2）。

四、机座找正、找平和找标高

机座的找正、找平是安装过程的重要工序，找正、找平的质量直接影响到机泵的正常运转和使用寿命。

（一）机座找正

机座的找正就是将机座的纵横中心线与基础的纵横中心线对齐。基础中心线应由设计基准线量得，或以相邻机座中心线为基准，如要求不高还可以地脚螺栓孔为基准画出基础的纵横中心线。

基础纵横中心线可用线锤挂线法画出，如图10-11所示。在设计基准线上取两点，借助角尺、卷尺等量出相等垂直尺寸，做出标记。立钢丝线架，吊线锤，调整钢丝位置使线锤对准标记，在基础上弹出墨线。另一条中心线以同样方法绘出。最后应将纵横中心线在基础侧面上作出标记，以备安装机座时检查校正。

对于联动设备（如对置式压缩机），可用钢轨或型钢作中心标板，浇灌混凝土时，将其埋在联动设备两端基础的表面中心，把测出的中心线标记在标板上（如图10-12所示），作为安装中心线的两条基准线。同一中心线埋设两块标板即可。

（二）机座找水平

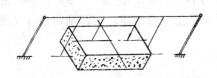

图 10-11　线锤挂线法

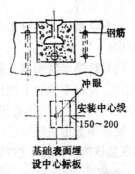

图 10-12　钢轨中心标板

机泵底座的找平经常用三点安装法，如图10-13所示。首先在机座的一端按需要高度放置垫铁 a，同样在另一端地脚螺栓1和2两侧放置所需高度的垫铁 b_1、b_2和b_3、b_4，然后用长水平仪在机座加工面上找水平，找平后拧上地脚螺栓1和2，最后在地脚螺栓3和4处加垫

铁，找水平，找平后拧上地脚螺栓3和4。

找平时，水平仪应在纵横两个方向都测量。在每个方向又必须将水平仪调转180°复测一次，取其平均值。也可采用液体连通器测量水平度，如图10-14所示。

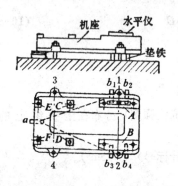

图 10-13 三点找平法

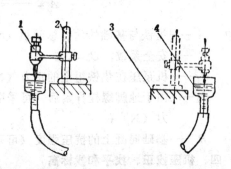

图 10-14 液体连通器测量水平度示意图
1—测微螺母；2—支架；3—被测量物；4—液体连通器

（三）机座找标高

机座标高可以通过基准点测出。基准点一般为埋在机泵基础边缘的一个铆钉，钉帽露出地面约10mm，当基础混凝土养护期满后，将基准标高测在钉帽上。机座用垫铁找水平的同时，通过基准点找出标高。

解体压缩机找正找平的测量基准面应选择在转动部件的导向面或轴线，如曲轴的主轴颈表面，轴承的轴线，或汽缸上平面。

五、对轮不同轴度的调整

用联轴器联接的机泵在安装过程中都不可避免地要进行不同轴度的调整，使对轮既同心又同轴。否则将影响机泵使用效率或造成设备运行事故。

联轴器的不同轴度可能是径向位移，倾斜或两者兼而有之，如图10-15所示。测量不同轴度应在联轴器端面和圆周上均匀分布的四个位置，即0°，90°，180°和270°进行。测量时可按如下顺序进行。

（一）将半联轴器 A 和 B 暂时相互连接，设置专用工具（如百分表）或在圆周上画出对准线，如图10-16 a 所示。

（二）同时转动半联轴器 A 和 B，使专用工具或对准线顺次转至0°、90°、180°和270°四个位置，在每个位置上测出两个半联轴器的径向数值（或间隙） a 和轴向数值（或间隙） b，按图10-16 b 的形式作出记录。

（三）对所测数值进行复核

1．将联轴器再向前转，核对各位置的测量数值有无变动。

2． $a_1 + a_3$ 应等于 $a_2 + a_4$
　　$b_1 + b_3$ 应等于 $b_2 + b_4$

3．当上述数值不相等时，应检查其原因，消除后重新测量，直至相等。

（四）不同轴度应按下列公式计算

1．径向位移

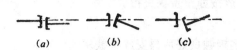

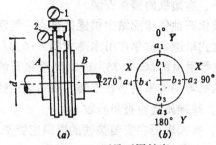

图 10-15 不同轴度

(a)—径向位移；(b)—倾斜；(c)—同时
具有径向位移和倾斜

图 10-16 测量不同轴度

(a)—专用工具；(b)—记录形式

1—测量径向数值a的百分表；2—测量轴向数值b的百分表

$$a_x = \frac{a_2 - a_4}{2} \tag{10-4}$$

$$a_y = \frac{a_1 - a_3}{2} \tag{10-5}$$

$$a = \sqrt{a_x^2 + a_y^2} \tag{10-6}$$

式中　a_x——两个半联轴器的轴线在 $X—X$ 方向的径向位移；

　　　a_y——两个半联轴器的轴线在 $Y—Y$ 方向的径向位移；

　　　a——两个半联轴器的轴线的实际径向位移。

2. 倾斜

$$\theta_x = \frac{b_2 - b_4}{d} \tag{10-7}$$

$$\theta_y = \frac{b_1 - b_3}{d} \tag{10-8}$$

$$\theta = \sqrt{\theta_x^2 + \theta_y^2} \tag{10-9}$$

式中　d——测点圆直径；

　　　θ_x——两个半联轴器的轴线在 $X—X$ 方向的倾斜；

　　　θ_y——两个半联轴器的轴线在 $Y—Y$ 方向的倾斜；

　　　θ——两个半联轴器的轴线的实际倾斜。

安装时若发现对轮处于不同轴度状态必须进行调整。调整时应首先调整机泵水平度，然后以机泵的对轮为基准，测定并调整电机的对轮来保证电机与机泵同轴同心。调整电机时可根据 a 和 θ 值采用不同厚度的垫片支垫电机的机座，先调整轴向间隙使两轴平行，然后调整径向间隙使两轴同心。

第三节　整体机泵的安装

凡是设备出厂安装使用说明书有规定的整体安装的压缩机和泵组，或在到货期限内不需拆装的压缩机和泵组都应进行整体安装。

根据机泵的结构尺寸和重量，整体安装又可分为有垫铁安装和无垫铁安装，一般中小型活塞式压缩机安装时均需采用垫铁，中小型泵都采用无垫铁安装。

一、有垫铁的整体安装

液化石油气储配站中供罐区仪表、气动罐瓶秤和其他用气设备等使用的空气压缩机，例如立式单级单缸单作用水冷式的Z-0.9/7型空气压缩机，供装卸槽车、罐瓶、倒罐和残液倒空等用途的ZG-0.75/16-24型液化石油气循环压缩机，以及常用的离心式压缩机和罗茨鼓风机等均需采用垫铁安装。有垫铁的整体安装一般按如下步骤进行。

1. 基础质量检查和验收。

2. 基础表面在安装垫铁的周围应铲平，垫铁试装接触良好后再安放垫铁。

3. 安装机座。将机组放在埋有地脚螺栓的基础上，在底座与基础之间放好成对的斜垫铁作找正找平用。

4. 松开联轴器，将水平仪分别放在机泵轴和底座上，通过调整斜垫铁使机组呈水平。找正找平后适当拧紧地脚螺栓，以防松动。

5. 用混凝土灌注底座与地脚螺栓（二次灌浆）。必须将底座灌满，灌浆时必须捣实。

6. 待混凝土硬化后（一般养护七天）检查底座和地脚螺栓是否有松动现象，然后拧紧地脚螺栓，并再次校正机泵轴的水平度。同时在基础上再抹一层10～15mm厚的水泥砂浆保护层并压光，垫铁不外露。

7. 校正机泵轴与电机轴的同轴度。通常以机泵轴为基准调整电机，当机泵与电机之间有变速箱时，则先安装变速箱，并以它为基准再安装机泵与电机。

8. 安装机组管线及其附件后，应再次复核同轴度。管线应由支架支承，不允许机泵承受管线重力。管线中杂物应清扫干净。

9. 基础混凝土养护期满后可进行试车，试车前应检查电机旋转方向是否与标记一致，机泵试车一般为四小时。

10. 试运转中应全面检查机泵各部件运转情况，并填写试运转记录。

二、无垫铁的整体安装

燃气工程中使用的泵均属中小型泵，例如各类厂站使用的试压水泵或消防水泵，液化石油气储配站使用的V型容积式叶片泵和Y型离心泵等均可采用无垫铁整体安装。安装可按如下步骤进行。

1. 安装前应对基础标高、地脚螺栓孔距进行校核，然后穿地脚螺栓。

2. 用四个小千斤顶将机泵顶起，顶起高度应比设计高度高3～5mm。这是因为无垫铁安装须在水泥浆终凝前卸千斤顶，机泵落在水泥浆表面后将略有下沉。

3. 调整千斤顶找水平。

4. 二次灌浆，最好用膨胀水泥。

5. 在水泥浆终凝前，将千斤顶取出，再次找水平。

6. 水泥浆开始硬化后复查水平度，然后拧紧地脚螺栓，校正水平度。

三、压浆法施工

为使垫铁、机泵底座的底面与灌浆层良好接触，二次灌浆宜采用压浆法施工，如图10-17所示。施工步骤如下所述。

1. 在地脚螺栓上点焊一根小圆钢作为支承垫铁的托架，托架距螺栓顶端的距离 L_1 按下式计算

$$L_1 = 4t + s \qquad (10-10)$$

式中符号意义同（10-2）式。点焊位置应在小圆钢的下方，点焊的坚固程度应以保证在压浆时能被胀脱为宜。

2. 将焊有小圆钢的地脚螺栓穿入机泵底座的地脚螺栓孔。

3. 用临时垫铁组将机泵初步找正找平。

4. 将调整垫铁的升降块调至最低位置，并将垫铁放到地脚螺栓的小圆钢上，稍稍拧紧地脚螺栓的螺母，使垫铁与机泵底座接触，在正确的位置上暂时固定。

5. 灌浆时，一般应先灌满地脚螺栓孔，待混凝土达到设计标号的75%后，再灌垫铁下面的压浆层，厚度一般为30～50mm。

6. 压浆层达到初凝后期（手指按压略有凹印）时，调整升降块，胀脱小圆钢，将压浆层压紧。

7. 压浆层达到设计标号的75%后，拆除临时垫铁组，进行机泵的最后找正找平。

8. 当不能利用地脚螺栓支承调整垫铁时，可采用调整螺钉（图10-18）或斜垫铁支承调整垫铁，待压浆层达到初凝后期时，松开调整螺钉或拆除斜垫铁，调整升降块，将压浆层压紧。

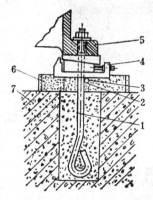

图 10-17 压浆法示意图

1—地脚螺栓；2—点焊位置；3—小圆钢；4—调整垫铁；
5—设备底座；6—压浆层；7—基础或地坪

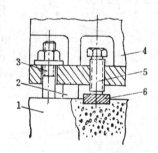

图 10-18 调整螺钉

1—基础地坪；2—垫铁；3—地脚螺栓；4—设备底座；5—调整螺栓；6—支承板

第四节 解体压缩机的安装

燃气压送站或储配站常用的 L 型压缩机（图10-19）和对置式压缩机（图10-20）由于机体高大笨重，整体出厂时运输及安装都很困难，因此，通常是分部件制造、运输，在施工现场把各部件组装成压缩机整体。

压缩机的安装分为安装和试车两个阶段，只有试车无故障后方能交付验收。

一、压缩机的安装

由部件组装成压缩机整体，基本可按如下步骤进行：机身→（主）曲轴和轴承→中体→机身二次灌浆→气缸→十字头和连杆→活塞杆和活塞环→密封填料函→气缸进排气阀。

（一）机身与气缸的找正对中

机身、中体（对置式压缩机）和气缸的找正对中是指三者的纵横轴线应与设计吻合，三者的中心轴线具有同轴度。

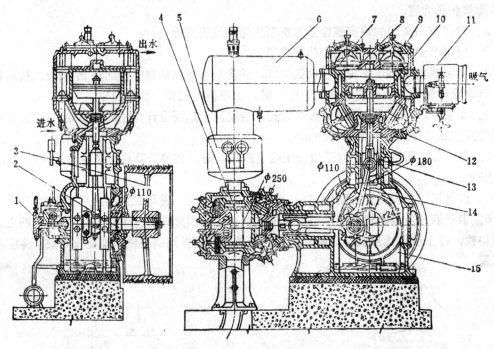

图 10-19 4L-20/8型压缩机

1—油泵；2—曲轴；3—皮带轮；4—二级气缸；5—油气分离器；6—中间冷却器；7—排气阀；8—
一级气缸；9—吸气阀；10—活塞组件；11—减荷阀；12—填料函；13—十字头；14—连杆；15—机
身(曲轴箱)

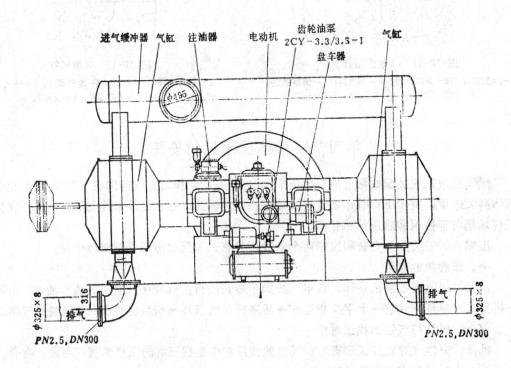

图 10-20 2D12-100/8型对置式压缩机

对于中小型压缩机常依靠机身与气缸的定位止口来保证对中。当活塞装入气缸后，再测量活塞环与气缸内表面的径向间隙的均匀性来复查对中程度，然后整体吊装到基础上。在气缸端面或曲轴颈处测定水平度，以调整机座垫铁来确保纵横方向的水平度达到要求。

对于多列及一列中有多个气缸的压缩机，常采用拉中心钢丝法进行找正。找正工作可按四个步骤进行。

1. 本列机身找正

例如对置式压缩机可将曲轴箱看作本列机身，气缸看作另一列机身。曲轴箱找正时，纵向水平在十字头滑道处用水平仪测量，横向水平在主轴承瓦窝处测量，通过调整机座垫铁确保其水平度。

2. 两列机身之间找正

以第一列为基准，在曲轴处拉中心钢丝线进行找正，如图10-21所示。架设钢丝后，在第一列机身主轴承瓦窝两端的左、右、下三处取点测定，用千分尺测量，通过调整钢丝位移使两端 a_1、b_1、c_1 和 a_1'、b_1'、c_1' 六点数值对应相等。然后以此钢丝为准，同样在第二列机身主轴承瓦窝两端的左、右、下三处六点进行测定，以调整机身位置，使 a_2、b_2、c_2 和 a_2'、b_2'、c_2' 六点数值对应相等，则两列机身可为已找正。

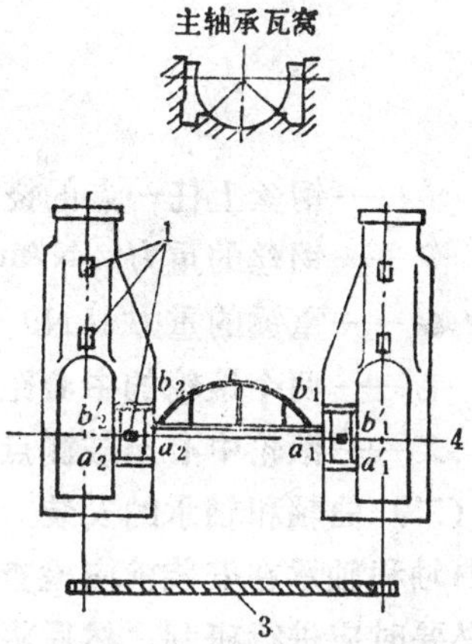

在找正时应同时使两列机身的标高及前后中心位置相同，并同时用特制桥尺测定两列机身的跨距。曲轴安装后还应进行复测。

图 10-21 两列机身找正示意图

1—水平仪；2—测距桥尺；3—平行样尺；4—钢丝中心线

3. 两列机身之间找平行

可用特制样尺，在机身前后测量，每列的测点均在以十字头滑道为中心的钢丝线处。

4. 机身与气缸的对中

大型压缩机的机身与气缸对中就是使气缸与滑道同轴。若不同轴则需测量同轴度并进行调整，测同轴度（同心度）可采用声光法。

如图10-22所示，钢丝穿过机身和滑道，由两个绝缘滚轮托住，两端用重锤拉紧，滚轮固定在线架上，线架固定在基础上，钢丝不得和机身接触，线架构造应能调整绝缘滚轮上下左右的位置。

按图中虚线位置所示的电路安装耳机和小灯泡。耳机可用800Ω或1500Ω，小灯泡可用3V手电筒灯泡，电源可采用数节特大号干电池串联而成。钢丝绳与机身不接触，故不构成回路。

测量时，用千分尺把钢丝和机身接触（图10-23），电路就闭合了，灯泡会亮，耳机中有声响。这时，千分尺所指的长度就是机身（滑道或气缸内表面）与钢丝之间的距离。

用小灯泡可判断钢丝与千分尺接触情况，灯泡愈亮，接触愈好，似亮非亮说明稍有接触，耳机即发出声响。操作时应以耳机为准，灯泡为辅。实际距离应为千分尺的测定值与钢丝自重而产生的挠度之和（图10-24）。钢丝的挠度可按下式计算

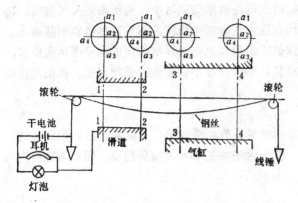

图 10-22　声光法测同心度　　　　　图 10-23　用千分尺测钢丝与机身的距离

$$f = \frac{X(L-X)}{2G}P \qquad (10-11)$$

式中　f——钢丝上任一点的挠度（mm）；

　　　P——钢丝的重力（N/m）；

　　　G——重锤的重力（N）；

　　　L——两个滚轮的中心距（m）；

　　　X——滚轮中心至被测点的距离（m）。

（二）曲轴和轴承的安装

曲轴和轴承在安装前应检查油路是否畅通，瓦座与瓦背和轴颈与轴瓦的贴合接触情况，必要时应进行研刮。然后将主轴承上、下瓦放入主轴承瓦窝内，装上瓦盖拧紧螺栓。装上后，将曲柄置于四个互相垂直的位置上，测量二曲拐臂间距离之差（图10-25）、主轴瓦的间隙，曲轴颈对主轴颈的不平行度和轴向定位间隙，各项测定偏差均应在允许范围内。

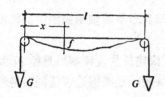

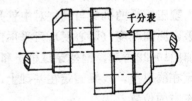

图 10-24　钢丝的挠度　　　　　　　图 10-25　曲臂间距检查

（三）机身二次灌浆

机身与中体找平找正后应及时进行灌浆。灌浆前应对垫铁和千斤顶的位置、大小和数量作好隐蔽工程记录，然后将各组垫铁和顶点点焊固定。灌浆前基础表面的油污及一切杂物应清除干净。二次灌浆混凝土，必须连续灌满机身下部所有空间，不允许有缝隙。

（四）十字头和连杆的安装

十字头在安装前应检查铸造质量及油道通畅情况。用着色法检查十字头体与滑板背，滑板与滑道，以及十字头销轴与销孔的吻合接触情况。然后组对十字头并放入滑道内，放入后用角尺及塞尺在滑动前后端测量十字头与上、下滑道的垂直度及间隙（图10-26）。

用研刮法调整合格后安装连杆。

连杆大头瓦背与瓦座的接触程度，十字头销轴与连杆小头瓦座的接触程度也需用着色法检查。连杆与曲柄及十字头连接后，应检查大头瓦与曲颈轴的间隙（图10-28），并通过盘车进行十字头上、下滑板的精研。与活塞杆连接后应测量活塞杆的跳动度、同心度及水平度。

（五）活塞杆及活塞环的安装

活塞组合件在安装前应认真检查无缺陷后方可安装。活塞环应无翘曲，内外边缘应有倒角，必须能自由沉入活塞槽内，用塞尺检查轴间隙（图10-28）应符合规定，各锁口位置应互相错开，所有锁口位置应能与阀口错开。

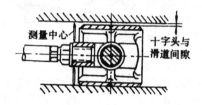

图 10-26　十字头组装间隙

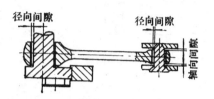

图 10-27　连杆大小瓦径、轴间隙示意图

将活塞装入气缸时，为避免撞断活塞环，可采用斜面导管4～6个拧紧在气缸螺栓上，然后将活塞推入气缸，如图10-29所示。活塞环应在气缸内作漏光检查，漏光处不得多于两处，每处弧长不超过45°，且与活塞环锁口的距离应大于30°。活塞与气缸镜面的间隙应符合要求。

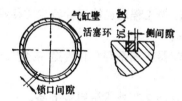

图 10-28　活塞环各部间隙

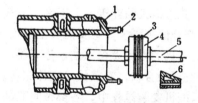

图 10-29　用斜面导管安装活塞

1—气缸；2—螺栓；3—活塞环；4—活塞；5—活塞杆；6—斜面导管

活塞组合件装入气缸后应与曲轴、连杆、十字头连接起来，并进行总的检查和调整。调整气缸余隙容积时，可用四根铅条，分别从气缸的进排气阀处同时对称放入气缸（铅条厚度分别为各级气缸余隙值的1.5倍），手动盘车使活塞位于前后死点，铅条被压扁厚度即为气缸余隙。气缸余隙调整可根据具体情况采用增减十字头与活塞杆连接处的垫片厚度，调接连接处的双螺母，或气缸与缸盖之间加减垫片等方法。

（六）密封填料函的安装

1. 平填料函

填料函在安装前应检查各组填料盒的密封面贴合程度，金属平密封环和闭锁环内圆与活塞杆的接触面积 A，填料函径向间隙 B 和轴向间隙 C（图10-30）。检查完毕，将活塞推至气缸后部，装入密封铝垫，再按顺序成组安装填料盒，安装时应检查活塞杆的同心度。

安装在中体滑道前部的刮油器由密封环和闭锁环组成，其检查内容及安装要求与平填料函相同。

2. T形填料函

T形填料函在装入填料箱之前应进行检查和成套预装配。各组密封环之间在装入定位销时，其开口应互相错开。密封环的锥面斜度（压紧角）由填料箱底部向外逐渐减小，如图10-31所示。将填料盒组合件装入活塞杆上，各部分间隙应满足规范要求。

（七）气缸进、排气阀的安装

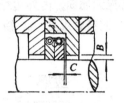

图 10-30 平填料函间隙

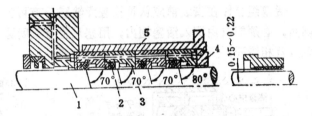

图 10-31 密封填料函组装图
1—活塞杆；2—密封环；3—T形环；4—压紧环；5—锥形环

安装前应清洗并检查阀座与阀片接触之严密性，并进行煤油试漏。安装时，防止进、排气阀装错，阀片升起高度按设计要求，锁紧销一定要锁紧，以免运行时失灵或脱落。阀盖拧紧后，用顶丝把阀门压套压紧，然后拧紧气封帽。

二、压缩机的试车

（一）试车前的准备工作

要进行压缩机试车，必须具备下述条件。

1. 有关压缩机的建筑、上下水、电气、仪表和自控等工程均已按设计技术文件竣工，并经检查符合试车要求，必要的安全装置与措施已齐备。

2. 压缩机的附属设备（油水分离器，缓冲器，冷却器和油泵等）和管道系统安装齐备并经检查试验合格，有关技术文件完备。

3. 压缩机安装过程中，各部位间隙的安装记录和各项交工技术资料应齐备。

4. 压缩机各部位所用的润滑油脂的规格和数量应符合设备技术文件的规定。

5. 压缩机本身各部位的紧固件已按规定拧紧，无松动现象，用手盘动压缩机数转，应灵活无阻滞现象。

（二）试车程序

压缩机根据其型号、规格不同，试车繁简略有差异，但比较完备的试车程序，应如下所述。

1. 冷却水系统的通水试验；
2. 润滑油系统的试车；
3. 电动机试车
4. 压缩机无负荷试车；
5. 压缩机、附属设备及管线的吹扫和严密性试验；
6. 压缩机、附属设备及管线的燃气置换；
7. 压缩机的负荷试车；
8. 压缩机负荷试车后的检查与再运转。

上述6、7和8三项应由燃气压缩机运行管理部门负责，安装单位配合。

（三）压缩机无负荷试车

将各级气缸进、排气阀卸下，用网孔3～6mm的铁丝网将进、排气口包扎好。首先开动润滑油系统，接着以手盘动压缩机数转，然后启动压缩机。第一次启动后应立即停车，此后依次运转5分钟、30分钟和4～8小时。每次运转前，都应检查压缩机各部位情况，确认正常后，方可进行下一步启动。无负荷试车检查项目如下。

1．各润滑油系统供油正常，油压正常；

2．冷却水的供、排水系统正常；

3．压缩机各部位无异常音响及振动，各紧固件无松动现象；

4．电气、仪表由有关专业人员检查合格后，方可进行负荷试车；

5．如设备技术文件无规定时，可按如下要求：

（1）各部轴承温度不超过65℃；

（2）各填料函温度不超过70℃；

（3）同步电动机温升应不超过铭牌规定值；

（4）冷却水最高排水温度应不超过40℃；

（5）曲轴箱或机身内润滑油的温度不超过60℃；

（6）电气、仪表应指示正确，动作灵敏。

无负荷试车中每隔半小时均应填写运转操作和故障处理记录，发现足以引起事故苗头和损坏时，应紧急停车检查，妥善处理后再进行开车。

（四）压缩机的负荷试车

压缩机的负荷试车需在系统经严密性试验，并全部用燃气吹扫置换合格后进行。开车前应先开动循环油泵，注油器和冷却水阀门，检查供水供油是否正常。

开动压缩机，首先空负荷运转一小时，经检查各部无杂音，温升正常后开始加压试车。应逐步均匀加压，达到额定压力后连续运转24小时。压缩机负荷试车过程中应检查如下项目。

1．各级冷却水温度应不超过技术文件的规定值；

2．油润滑系统的供油情况及油压正常；

3．设备，管道及密封填料函应无泄漏现象；

4．检查电动机、十字头、机身和中体滑道，密封填料函、轴承等处的温度不应超过额定值；

5．无不正常的杂音及振动现象：

（1）压缩机运转时机壳的振动允许值不得超过有关规定；

（2）压缩机基础在工作时的振幅不得超过规定值；

（3）各部件不允许有撞击声，杂音和震动现象。

（4）各部分管道不允许有振动及摩擦现象。

6．安全阀应灵敏可靠，各连接部件不得有松动现象；

7．各级排气温度和压力值应符合技术文件的规定；

8．电气和仪表应按有关专业规程进行检查。

第十一章　球形燃气储罐的安装

第一节　球形储罐的构造与系列

一、球形储罐的构造

球形储罐由球罐本体、接管、支承、梯子、平台和其他附件组成，如图11-1所示。

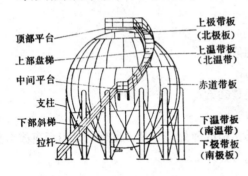

图 11-1　球形储罐构造

（标注：顶部平台、上部盘梯、中间平台、支柱、下部斜梯、拉杆、上极带板（北极板）、上温带板（北温带）、赤道带板、下温带板（南温带）、下极带板（南极板））

（一）球罐本体

球罐本体的形状是一个球壳，球壳由数个环带组对而成。《球形储罐基本参数》（JB1117-82）按公称容积及国产球壳板供应情况将球罐分为三带（50m³）、五带（120～1000m³）和七带（2000～5000m³），各环带按地球纬度的气温分布情况相应取名，三带取名为上极带（北极带）、赤道带和下极带（南极带）；五带取名是在三带取名基础上增加上温带（北温带）和下温带（南温带）；七带取名则是在五带取名基础上增加上寒带（北寒带）和下寒带（南寒带）。图11-1所示为五带名称示意图。每一环带由一定数量的球壳板组对而成。组对时，球壳板焊缝的分布应以"T"形为主，也可以呈"Y"或"十"形。

（二）接管与人孔

接管是指根据储气工艺的需要在球壳上开孔，从开孔处接出管子。例如，液化石油气球型储罐的气相和液相的进出管、回流管、排污管、放散管、各种仪表和阀件的接管等。除特殊情况外，所有接管应尽量设在上、下极带板上。

接管开孔处是应力集中的部位，壳体上开孔后，在壳体与接管连接处周围应进行补强。对于钢板厚度不超过25mm的开孔，当材质为低碳钢时，由于其缺口韧性及抗裂缝性良好，常采用补强板型式（图11-2）。补强板制作简单，造价低，但缺点是结构形式覆盖焊缝，其焊接部位无法检查，内部缺陷很难发现。当钢板厚度超过25mm，或采用高强度钢板时，为了避免钢板厚度急剧变化所带来的应力分布不均匀，以及使焊接部位易于检查，多采用厚壁管插入型式（图11-3）。也可采用锻件型式（图11-6）。

小直径接管的开孔，因直径小，管壁薄，而球壳板较厚，焊接时接管易变形，伸出长度增长易变弯曲，可采用厚壁短管作为过渡接管的过渡形式，如图11-4所示。

球壳开孔需补强的面积A（mm²）可按下式确定。

$$A = d \cdot t_0 \tag{11-1}$$

式中　t_0——球壳开孔处的计算壁厚（mm）；

208

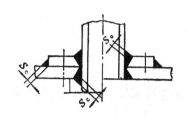 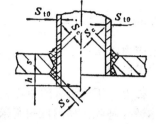 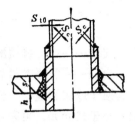

图 11-2 补强板型式　　　图 11-3 厚壁管插入型式　　　图 11-4 过渡接管

d —— 开孔的最大直径 (mm)。

开孔有效补强范围，即有效宽度，外侧有效高度和内侧有效高度可分别按 (11-2)、(11-3) 和 (11-4) 各式计算确定。

$$B = 2d \tag{11-2}$$

$$h_1 = \sqrt{d(t_t - c)} \tag{11-3}$$

$$h_2 = \sqrt{d(t_t - c - c_2)} \tag{11-4}$$

式中　B —— 有效补强宽度 (mm)；

　　　h_1 —— 外侧有效补强高度 (mm)；

　　　h_2 —— 内侧有效补强高度 (mm)；

　　　t_t —— 接管的实际壁厚 (mm)；

　　　c —— 壁厚附加量 (mm)；

　　　c_2 —— 壁厚腐蚀裕度 (mm)。

如图11-5所示，在有效补强区的 $WXYZ$ 范围内，有效补强面积应由 A_1、A_2、A_3 和 A^4 所组成，其中

$$A_1 = (B - d)[(S - c) - S_0] \tag{11-5}$$

$$A_2 = 2h_1(S_t - S_{t0} - c) + 2h_2(S_t - c - c_2) \tag{11-6}$$

式中　A_1 —— 球壳壁承受内外压力所需的壁厚 S_0 和壁厚附加量之外的多余面积 (mm²)；

　　　A_2 —— 接管承受内外压力所需的壁厚和壁厚附加量之外的多余面积 (mm²)；

　　　S —— 球壳板壁厚 (mm)；

　　　S_0 —— 球壳壁承受内外压力所需壁厚 (mm)；

　　　S_t —— 接管壁厚 (mm)；

　　　S_{t0} —— 接管承受内外压力所需壁厚 (mm)；

　　　C_2 —— 接管壁厚的腐蚀裕量 (mm)；

　　　其余符号意义同前述。

A_3 为补强范围内的焊缝增高截面积 (mm²)；A_4 为补强范围内外加的开孔补强截面积 (mm²)。

综合上述可知，开孔后不需外加补强的条件是 $(A_1 + A_2 + A_3) \geqslant A$；当 $(A_1 + A_2 + A_3) < A$ 时则需外加补强，外加的开孔补强截面积为

$$A_4 \geqslant A - (A_1 + A_2 + A_3) \tag{11-7}$$

补强件的材质一般应与球壳相同，若补强件材质的许用应力小于球壳材质许用应力的

75%，则补强截面积应按比例增加，即

$$A_4 \geqslant [A-(A_1+A_2+A_3)]\frac{[\sigma]}{[\sigma_0]} \qquad (11-8)$$

式中　　$[\sigma]$——球壳材质的许用应力；

　　　　$[\sigma_0]$——补强度材质的许用应力。

为便于球罐的检查与修理，在上、下极带板的中心线上必须设置二个人孔，人孔直径一般不小于500mm，可采用整体锻件补强，如图11-6所示。

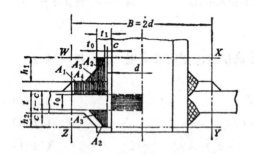

图 11-5　开孔有效补强范围

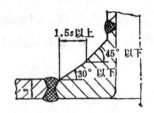

图 11-6　整体锻件补强

（三）支承

球罐的支承不但要支承球罐本体、接管、梯子，平台和其他附件的重量，而且还需承受水压试验时罐内水的重量、风荷载、地震荷载，以及支承间的拉杆荷载等。

支承的结构形式很多，下面简单介绍燃气工程常用的几种支承。

1．赤道正切柱式支承（见图11-1）

球罐总重量由等距离布置的多根支柱支承，支柱正切于赤道圈，故赤道圈上的支承力与球壳体相切，受力情况较好。支柱间设有拉杆，拉杆的作用主要是为了承受地震力及风力等所产生的水平荷载。

赤道正切柱式支承能较好地承受热膨胀和各类荷载所产生的变形，便于组装、操作和检修，是国内外应用最为广泛的支承型式。

支柱本身构造如图11-7所示，一般由上、下两段钢管组成，现场焊接组装。上段均带有一块赤道带球壳板，上端管口用支柱帽焊接封堵。下段带有底板，底板上开有地脚螺栓孔，用地脚螺栓与支柱基础连接。

支柱焊接在赤道带上，焊缝承受全部荷载。因此，焊缝必须有足够的长度和强度。当球罐直径较大，而球壳壁较薄时，为使地震力或风荷载的水平力能很好地传递到支柱上，应在赤道带安装加强圈。

2．V型柱式支承（图11-8）

柱子之间等距离与赤道圈相切，支承载荷在赤道区域上均匀分布，且与球壳体相切。支柱在垂直方向与球壳切线倾斜2°～3°，这样可产生一个向心水平分力，可增强与基础之间的稳定性。此种结构自身能承受地震力和风力产生的水平荷载，支柱间不需要拉杆连接。但是，现场组装应严格按设计条件进行。

3．半埋式支座（图11-9）

210

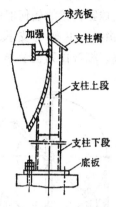

图 11-7 支柱构造

图 11-8 V型柱式支承

赤道正切柱式支承的球罐，其稳定性不够理想。半埋式支座是将球体支承于钢筋混凝土筑成基础上，混凝土基础外径一般不小于球罐的半径，呈半埋状态。为了在球罐下极带上开孔接管，可在基础中心留有一个圆形的孔洞。

半埋式支座受力均匀，稳定性好，节省钢材，但相应增加了钢筋混凝土工程量。

4．高架式支承（图11-10）

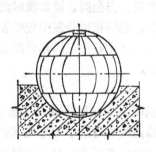

图 11-9 半埋式支座

图 11-10 高架式支承

高架式支承本身可以做成容器，因此，可合理利用钢板和空间，减小占地。但球罐的施工安装较困难，受吊装能力所限，球罐不可能大型化。

（四）梯子与平台

为了定期检查和经常性维修，以及正常性生产过程中的操作，球罐外部要设梯子和平台，球罐内部要装设内梯。

常见的外梯结构形式有直梯、斜梯、圆形梯、螺旋梯和盘旋梯等。对于小型球罐一般只需设置由地面到达球罐顶部的直梯，或直梯由地面到达赤道圈，然后改圆形梯到达球罐顶部平台；对于小型球罐或单个中型球罐也可采用螺旋梯；对于中小型球罐群可采用各种结构的梯子到达顶部的联合平台；对于大中型球罐，由地面到达赤道圈一般采用斜梯直达，赤道圈以上则多采用沿上半球球面盘旋而上到达球顶平台的盘旋梯，根据操作工艺需要，可在中间设置平台，使全部梯子形成阶梯式多段斜梯和盘旋梯的组合梯。

内梯多为沿内壁的旋转梯，如图11-11所示。这种旋转梯是由球顶至赤道圈，以及赤道圈至球底部沿球壁设置的圆弧形梯子，在球顶、赤道和球底部位设置平台，梯子的导轨设在平台上，梯子可沿导轨绕球旋转，使检查人员可以到达球罐内壁的任何部位。也可以设置杠杆式旋转升降装置代替内梯，如图11-12所示，装置由中心主轴作支承，主轴中部安装一个能作360°旋转的万向节，检查平台安装在杠杆两端，杠杆由万向节作支承。

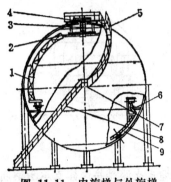

图 11-11　内旋梯与外旋梯

1—上部旋梯；2—上部平台；3—直爬梯；4—顶部平台；5—外旋梯；6—中间轨道平台；7—外直梯中间平台；8—外斜梯；9—下旋梯

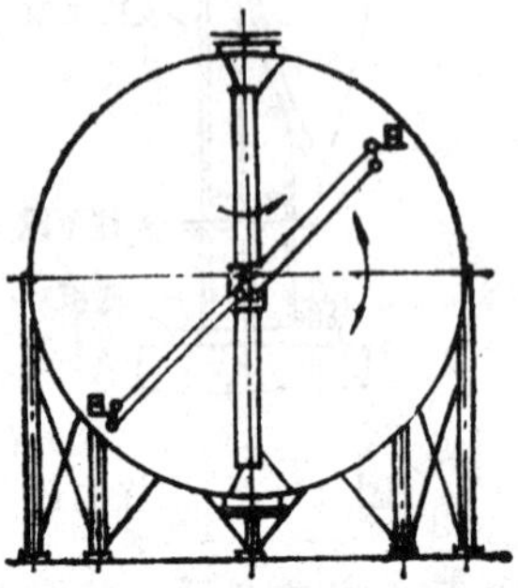

图 11-12　杠杆式旋转升降装置

梯子与平台和球罐的连接一般均为可拆卸式，以便于检修球罐时搭脚手架。

（五）其他附件

球罐上的附件一般包括液位计、温度计、压力表、安全阀、消防喷淋装置、静电接地装置、防雷装置以及各种用途的阀门。附件的种类、规格和型号应根据贮存的燃气类别，及其贮存与输送的工艺要求进行选择和安装。例如，液化石油气球形储罐必须安装液位计和消防喷淋装置，而天然气球形储罐则不需要安装。

二、球形储罐系列

由石油、化学和机械三个工业部（委）共同编制的《球形储罐 基本参数》（JB1117-82）列出了我国球形储罐系列，如表11-1所示。该系列也适用于球形燃气储罐的设计和建造。根据建造球罐所用的材质和钢板厚度，球罐公称压力可在0.45～30MPa范围内。

新系列球形储罐基本参数（JB1117—82）　　　　表 11-1

序　号		1	2	3	4	5	6	7	8	9	10
公称容积（m³）		50	120	200	400	650	1000	2000	3000	4000	5000
内　径（mm）		φ4600	φ6200	φ7100	φ9200	φ10700	φ12300	φ15700	φ18000	φ20000	φ21200
几何容积（m³）		52	119	188	408	640	975	2025	3054	4189	4989
支承型式		赤　道　正　切　柱　式　支　承									
支柱根数		4	6	6	8	8	10	12	15	15	15
分带数		3	5	5	5	5	5	5	7	7	7
各带球心角／各带分块数	北极	90°/—	45°/—	45°/—	45°/—	38°/—	45°/—	26°/—	32°/—	32°/—	32°/—
	北寒带	—	—	—	—	—	—	23°/16	26°/20	26°/20	26°/20
	北温带	—	45°/12	45°/12	45°/16	46°/16	45°/20	31°/24	30°/30	30°/30	30°/30
	赤道带	90°/8	45°/12	45°/12	45°/16	50°/16	45°/20	36°/24	36°/30	36°/30	36°/30
	南温带	—	45°/12	45°/12	45°/16	46°/16	45°/20	31°/24	30°/30	30°/30	30°/30
	南寒带	—	—	—	—	—	—	28°/16	26°/20	26°/20	26°/20
	南极	90°/—	45°/—	45°/—	45°/—	38°/—	45°/—	26°/—	32°/—	32°/—	32°/—

第二节 球壳板的加工与验收

球壳板制造厂家应按《球形储罐施工及验收规范》（GBJ94-86）的规定，对钢板进行检查和验收后方可使用。

一、球壳板的下料

（一）确定球壳板尺寸的原则

球罐的环带尺寸可按其对应的球心角（分带角）来确定。根据各环带所对应的球心角是否相等可分为规则型和不规则型两类。规则型环带的球心角一般按90°、45°或30°划分，不规则型环带的球心角没有任何规律性。

各环带的分块数，即每块球壳板的尺寸可由各环带截面圆所划分的中心角（分瓣角）来确定，截面圆所划分的中心角一般均相等，即各环带每块球壳板的尺寸一般均相同。

确定球心角和截面圆中心角的大小时，主要应考虑球壳板加工工艺是否可行，球罐直径和钢板尺寸。在加工工艺可行的基础上，原则上应使组成球罐的球壳板块数达到最少的程度，而且球壳板尺寸应尽量一致，以利于加工。图11-13所示为1000m³球罐的分瓣图，

序号	部　位	块　数	简　　图	分带角
1*	南极带	1组	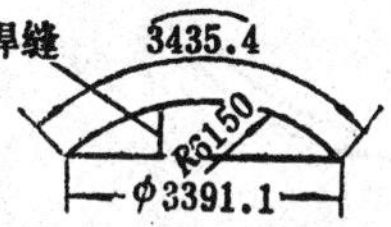 焊缝 3435.4 R6150 φ3391.1	32°
	北极带	1组		
2*	南寒带	18	 591 R6150 3112.5 1517.8	29°
	北寒带	18		
3*	南温带	18	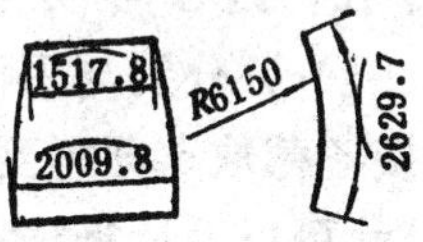 1517.8 R6150 2629.7 2009.8	24.5°
	北温带	18		
4*	北中温带	18	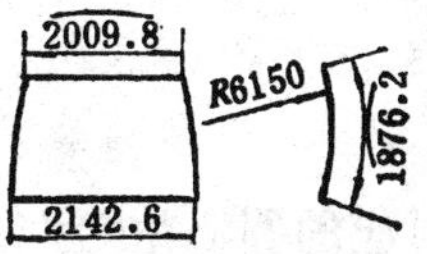 2009.8 R6150 1876.2 2142.6	17.5°
5*	赤道带（1）	16	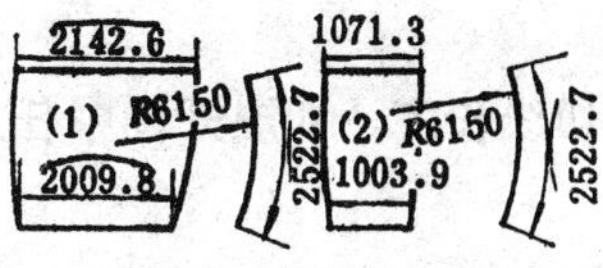 2142.6 1071.3 (1) R6150 2522.7 (2) R6150 2522.7 2009.8 1003.9	23.5°
	赤道带（2）	4		

图 11-13 1000m³球罐分瓣图

213

分带角为不规则型，除赤道带外，各带分瓣角均相等。

（二）近似锥面展开法

这种方法的基本原理是把每一环带看成近似锥面，因球面是不可展开曲面，而锥面是可展开曲面，这样就可按锥面展开方法来近似展开球面。现以上温带一块球壳板为例，来说明近似锥面展开法，如图11-14所示。

1．在平、立面图上画出上温带板并分瓣。将上温带弧长根据球形罐直径大小分成若干等分（图中为5等分），等分点越多，展开精度相应提高。但弧长的分段应便于量取和计算。

2．通过各等分点作球面的切线，与球中心线相交，分别得 R_1、R_2、……；过各等分点作水平截面，并与相应的各切线形成一个正圆锥，圆锥底圆直径分别为 d_1、d_2、……，可按锥体展开法展开正圆锥。

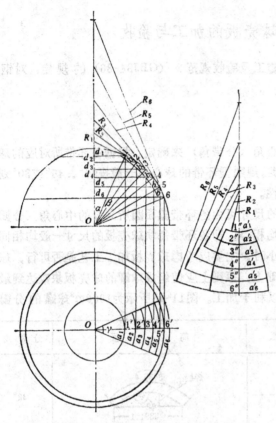

图 11-14　球壳板放样的近似锥面展开法

3．把立面图上各点投影到平面图上，得1′、2′、……各点，并按分瓣得到平面弧长 a_1、a_2、……。

4．作放样中心线，分成若干等分，分别与立面图上各等分弧长相等。在中心线上分别以 R_1、R_2、……为半径，过各等分点1″、2″、……画弧。以1″、2″、……为中心，用盘尺量出弧长 a'_1、a'_2、……，分别与平面图上的 a_1、a_2、……弧长相等。

5．以圆滑曲线连接各截取点即得到所求的下料图形。

展开图的各部分尺寸可以用计算法求出。如图11-14所示。

各分段弧长 b 为

$$b = \frac{\pi D \beta}{360} \tag{11-9}$$

则各分段弧长所对应的圆心角 β 为

$$\beta = \frac{360b}{\pi D} \tag{11-10}$$

各等分点作的切线长度，即展开图中任意一段圆弧的半径为

$R_1 = R \operatorname{tg} \alpha$

$R_2 = R \cdot \operatorname{tg}(\alpha + \beta)$

$R_3 = R \cdot \operatorname{tg}(\alpha + 2\beta)$

......
$$R_n = R \cdot \text{tg} [\alpha + (n-1)\beta] \tag{11-11}$$

任意截圆锥底圆直径为

$$d_1 = D \sin \alpha$$
$$d_2 = D \sin (\alpha + \beta)$$
$$d_3 = D \sin (\alpha + 2\beta)$$
......
$$d_n = D \sin [\alpha + (n-1)\beta] \tag{11-12}$$

展开图上的任意平面弧长为

$$a_1 = \frac{\pi d_1 \gamma}{360} = \frac{\pi D \gamma}{360} \sin \alpha$$

$$a_2 = \frac{\pi D \gamma}{360} \sin (\alpha + \beta)$$

......

$$a_n = \frac{\pi D \gamma}{360} \sin [\alpha + (n-1)\beta] \tag{11-13}$$

式中　D —— 球罐直径；

R —— 球罐半径；

n —— 等分点数；

α —— 极板球心角之半；

β —— 温带板弧长等分时对应的等分球心角；

γ —— 温带分瓣角。

（三）球壳板的画线下料

由于球面是不可展开的曲面，因此无论采用何种放样方法都是近似的，而且钢板在成型加工过程中，还会产生一定量的延伸变形，中心部分被拉伸，四角受到压缩。因此下料时一定要考虑材质、板厚、毛坯尺寸、成型加工方法、加热温度和加热次数对延伸变形的影响。为了保证球壳板尺寸的准确性，一般采用两次切割下料，即毛坯尺寸下料和成型后的二次准确下料。

1. 毛坯尺寸下料（一次下料）

根据展开尺寸，考虑各种影响变形的因素，按下料时各边留出20～30mm的加工余量，作出毛坯下料样板进行画线下料。

也可以将同一种球壳板的计算数据输入XY数控切割机，进行自动切割。数据切割方法可以省略样板，但其周边曲线尺寸仍然是近似的。

2. 二次准确下料（成型下料）

毛坯经成型加工，曲率合乎要求后，进行二次准确下料。二次下料的切割线可采用球面样板（图11-15）画出，以得到尺寸准确的球壳板。球壳板的切割可在弧形格板胎具上进行（图11-16）。胎具由弧形格板与支架构成，弧形格板组成的球形弧面与被加工的球壳板曲率完全符合。因此，同一胎具可以切割同一球罐上的所有球壳板，割炬自行小车可在相同弧形轨道上运动。球壳板的二次下料可与坡口切割合并为同一工序进行。

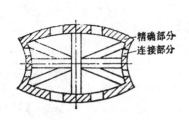

图 11-15　球面样板结构

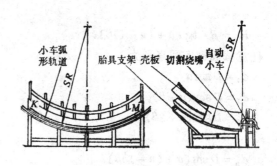

图 11-16　切割球壳板的胎具

球罐的上下极板一般由两块以上的球壳板拼接而成。因此，实际上要进行三次下料，一次下料分块切割毛坯，二次下料将球壳板拼接处开出坡口，拼焊成圆，第三次下料切割成精确的极板尺寸，并加工出坡口。

二、球壳板的成型

球壳板的成型方法有冲压成型和滚压成型两大类。目前我国多采用冲压成型，冲压成型又分为冷压成型和热压成型。

（一）热压成型

热压成型一般是将球壳板毛坯放入加热炉加热到塑性变形温度，然后取出放在冲压机上，用模具一次冲压成型。加热炉应能一次加热若干块毛坯，以保证连续冲压。若多次加热，多次冲压，将会影响钢板性能，使钢板多次出现氧化皮，板厚减薄量过大。

热压成型速度快，冲压成型容易，可以减少内应力和冷压效应的产生，但加热温度不能过高，毛坯各点温度应均匀一致，以保证压形均匀。

（二）冷压成型

冷压成型就是钢板在常温状态下，经冲压变形成为球面壳板的过程。冷压成型一般采用小模具多压点的点压法，压型顺序如图11-17所示。由壳板的一端开始冲击，按顺序排列压点，相邻两压点之间应相互有1/2至2/3的重压率，以保证两压点之间成型过渡圆滑，成型应力分布均匀，并可减小成型后的自然变形。

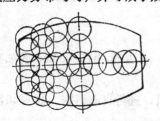

图 11-17　压点顺序

在冲压过程中，每个压点不能一次压到底，应多次冲压，一般要冲压十余次以上，使钢板逐渐产生塑性变形，避免产生局部过大突变和折痕。变形率一般控制在 3% 左右。冲压后需焊接支柱或其他附件的球壳板，其冲压曲率要相对增大一些，以补偿焊接收缩变形。球壳板成型曲率一般应保持正偏差（图11-18），即样板两端有间隙，当球罐焊接组装时，通过收缩变形可获得较好的几何形状。切割坡口时，四周边在热应力作用下产生的向心收缩变形可使正偏差随之减小。反之，若成型产生负偏差（图11-19）则出现相反效果，即球罐焊接组装时产生较大的角变形或错边，影响球罐质量。

冷压成型的环境温度不宜低于 -10℃，否则容易产生加工硬化现象，材质变脆，影响球罐寿命。

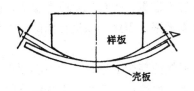

图 11-18 球壳板曲率正偏差

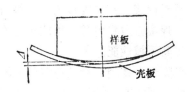

图 11-19 球壳板曲率负偏差

三、切边和坡口加工

球壳板坡口的加工，一般与精确下料合并为一道工序，切割坡口即完成精确下料。

球壳板的坡口多数为带钝边的X形坡口，由外坡口面、内坡口面和中部钝边平面三部分组成，内外坡口面均为圆锥面。因此，当球壳板位置固定后，只要切割工具运动的轨迹为一圆锥面或平面，即可完成不同坡口面的切割，如图11-20所示。若切割工具固定，而球壳板沿球罐作不同轨道平面的旋转，也可完成坡口面切割。

具有上述功能的切割装置有很多种，图11-21所示为钟摆式切割装置。壳板3固定在转胎2上，转胎2由小车1支承，小车沿轨道作往复运动，主半径规4可上下移动，次半径规5可以转动来调整主半径规4的偏角。割炬固定在主半径规下端，并有滚轮与壳板3接触。切割过程中靠滚轮保持壳板与割炬等距离。当壳板高低有变化时，主半径规可作上下移动调整。切割时，小车沿轨道移动，转胎2也与小车同步转动，使切割位置始终处于水平状态。

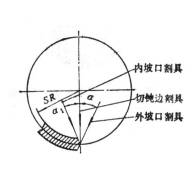

图 11-20 坡口的切割

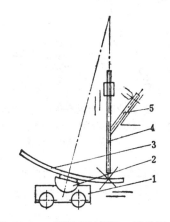

图 11-21 钟摆式切割坡口示意图
1—小车；2—转胎；3—壳板；4—主半径规；5—次半径规

图11-22为球壳板不转动的切割装置。壳板8固定，小车4沿轨道5移动，支架1上下移动，横臂2水平往复移动，摇杆3倾斜固定在横臂2上，并可上下升降，其倾斜角等于球壳板圆心角α的一半。摇杆下端有割炬6和仿形滚轮7。切割时，小车沿轨道移动，摇杆通过仿形滚轮靠在壳板内表面上，使割炬和壳板距离保持恒定。横臂水平往复移动与小车沿轨道移动相协调，不断改变伸长量。一条边切好后，转动球壳板找好位置切第二边。

坡口切割多数使用氧炔火焰，所以应特别注意保证坡口表面的平面度，光洁度以及坡口尺寸的精确。

217

四、消除应力处理

对于焊接人孔或管口的上下极板，以及带支柱的赤道板，焊接残余应力很大。据实验测定，焊接应力集中甚至可能接近或超过钢板的屈服极限，因此必须进行消除应力处理，以改善其机械性能。

消除应力处理一般是将需处理的球壳板放在大型热处理炉中进行。炉中必须设有防止变形的专用托架，托架曲率应与球壳板一致。根据钢板的性质，严格按予先制定的工艺要求进行热处理。处理后需对球壳板进行曲率检查，如有变形，应在冲压机上进行校正。

五、球壳板成型后的质量检查

球壳板加工后和组装前，必须对其曲率、几何尺寸和翘曲度进行检查，必要时还应进行化学成分及机械性能检查。

（一）球壳板曲率的检查

按GBJ94—86的规定,应该用样板检查球壳板曲率，球壳板曲率允许偏差如图11-23所示。样板一般用0.75～1.0mm的冷轧钢板按实际计算半径用地规准确画线，然后精确加工而成。样板做成后应进行理论检验，按样板弦长划分若干尺寸段，将分段各点所对应之弦高计算出结果，然后与样板各点实际弦高对照，看是否一致。

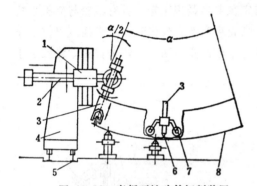

图 11-22　壳板不转动的切割装置

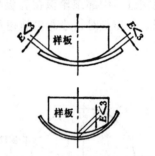

图 11-23　球壳板曲率允许偏差

1—支架；2—横臂；3—摇杆；4—小车；5—轨道；6—割炬；
7—仿形滚轨；8—壳板

也可以使用弧形规作为曲率量具。

检查球壳板曲率时应将壳板放置在弧形格架上，以免因壳板自重的变形而影响检查精度。

（二）球壳板几何尺寸的检查

1．检查的尺寸位置

球壳板的几何尺寸包括每块板的弧长、弦长、对角线长、对角线间的距离（即每块壳板的翘曲度）和厚度。几何尺寸允许偏差与测厚点位置如图11-24所示。球壳板的两对角线不相交，说明四角不在同一平面内，即认为有翘曲存在。若极板的两条垂直直径在中心不相交，认为极板有翘曲变形。

2．尺寸计算

如图11-25所示，因球罐分带角度及每带球壳板块数已知，则θ_1、θ_2、θ_3和β为已知，球罐半径为R。则有

赤道板经向弧长

$$\widehat{DG} = \frac{\pi R}{180}\theta_3$$

(11-14)

赤道板经向弦长

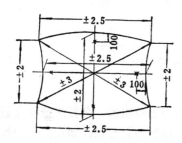

图 11-24　球壳板的测厚点及几何尺寸允许公差
X—测厚点

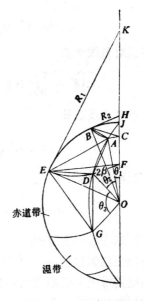

图 11-25　尺寸计算图示

$$DG = 2R\sin\frac{\theta_3}{2} \tag{11-15}$$

温带板经向弧长

$$\widehat{AD} = \frac{\pi R}{180}\theta_2 \tag{11-16}$$

温带板经向弦长

$$AD = 2R\sin\frac{\theta_2}{2} \tag{11-17}$$

极板总弧长

$$2\widehat{AJ} = \frac{\pi R}{90}\theta_1 \tag{11-18}$$

赤道板与温带板对接边弧长

$$\widehat{DE} = \frac{\pi R\beta}{90}\sin(\theta_1 + \theta_2) \tag{11-19}$$

赤道板与温带板对接边弦长

$$DE = 2R\sin(\theta_1 + \theta_2)\sin\beta \tag{11-20}$$

温带板与极板对接边弧长

$$\widehat{AB} = \frac{\pi R\beta}{90}\sin\theta_1\sin\beta \tag{11-21}$$

温带板与极板对接边弦长

$$AB = 2R\sin\theta_1\sin\beta \tag{11-22}$$

温带板对角线弦长

$$AE = 2R\sqrt{\sin^2\frac{\theta_2}{2} + \sin\theta_1\sin(\theta_1+\theta_2)\sin^2\beta} \tag{11-23}$$

温带板对角线弧长

$$\widehat{AE} = \frac{\pi R}{90}\sin^{-1}\sqrt{\sin^2\frac{\theta_2}{2} + \sin\theta_1\sin(\theta_1+\theta_2)\sin^2\beta} \tag{11-24}$$

赤道板对角线弦长

$$EG = 2R\sqrt{\sin^2(\theta_1+\theta_2)\sin^2\beta + \sin^2\frac{\theta_3}{2}} \tag{11-25}$$

赤道板对角线弧长

$$\widehat{EG} = \frac{\pi R}{90}\sin^{-1}\sqrt{\sin^2(\theta_1+\theta_2)\sin^2\beta + \sin^2\frac{\theta_3}{2}} \tag{11-26}$$

（三）球壳板厚度检查

球壳板在压制过程中，由于材质不均匀，或操作不得法等原因，有可能造成壳板局部减薄，因此需对成型后的壳板厚度进行检查。一般用测厚仪测量五点，如图11-24所示。球壳板的实测厚度不得小于设计厚度扣除钢板厚度负偏差与允许加工减厚量之和。

第三节　球罐的组装

一、准备工作

球罐组装前，应对球壳板、支柱和接管等全部构件按规范标准进行检查，不符合标准的构件不能用于组装。

球罐组装应在基础竣工并验收后进行。安装单位应对基础中心圆直径D_1，相邻两基础的中心距（弦长S），每个基础的地脚螺栓预留孔中心距S_2，地脚螺栓中心距S_1等项目进行复测验收，如图11-26所示。此外，还应复测基础表面的标高和地脚螺栓孔的深度是否符合设计要求。

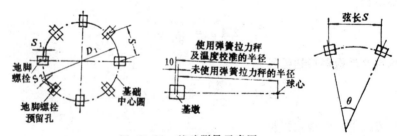

图 11-26　基础测量示意图

检测工具应保证获得精确检测结果，例如基础标高可采用水准仪或连通管，基础中心圆可采用钢尺，如果圆直径很大，则采用弹簧拉力秤施加一定拉力，提高钢尺的测量精确度。

球罐常用的组装方法根据公称容积V_g(m³)进行选择，一般情况下，$V_g \leqslant 400$可采用半球法，$400 \leqslant V_g \leqslant 1000$可采用环带组装法，$V_g \geqslant 400$可采用逐块组装法。三种组装方法各有优缺点（表11-2），选用组装方法时，除考虑公称容积外，还应考虑球罐结构形式，钢板材质与厚度，施工现场的组装条件，以及安装单位的技术力量和设备能力，经综合考虑，多个施工方案的技术经济比较后，确定最适用的组装方法。球形燃气储罐一般为大中型球罐，以前的安装主要采用逐块组装法，也用过环带组装法。

球罐组装方法优缺点比较　　　　　　　表 11-2

方　法	逐 块 组 装 法	环 带 组 装 法	半 球 组 装 法
优点	1．不需要大型吊装机具； 2．不需要组装平台； 3．几何尺寸易调整，组装应力小	1．在平台上可完成大部分安装工程量，减少高空作业，易保证焊接质量； 2．便于使用自动焊	1．减少高空作业； 2．焊缝位于有利焊接位置，易于保证焊接质量； 3．便于使用自动焊
缺点	1．高空作业多，劳动量大； 2．全位置焊接多，对焊工要求高； 3．脚手架复杂，装拆工程量大	1．需要大型吊装机具； 2．需要大组装平台； 3．需搭设较大的脚手架； 4．环带组对困难	1．需要大型吊装机具； 2．需要大组装平台； 3．需多次翻转，增加了起重吊装作业量； 4．半球组对困难

二、环带组装法

环带组装法就是在组装平台上，按上下极板、寒带、温带和赤道带分别组对，并焊接成环带，然后逐环组装成球的方法。

（一）组对环带

在基础圈外，首先用道木、钢轨和钢板铺设组对平台，平台要求水平，稳固，承受最大载荷时不变形，不沉陷。

环带组对可以采用垂线法，也可以采用胎架法。

1．垂线法（图11-27）

组对前，首先按将要组对的环带上下口直径在平台上画出同心圆。沿外圆周焊一定数量座板，然后将球壳板沿圆周摆放组对，摆放时下端插入座板内，上端临时支撑，使上端端部的垂线恰好与平台上画的小圆周对正。这就是垂线法的要点。

第一块球壳板摆放的准确性，直接影响其它球壳板的组对质量，应采用多点垂线找正，并支撑稳固。每相邻两块球壳板的间隙要均匀，错边控制在公差范围内。组对最后一块壳板时，要测量周长，检查组对焊缝是否均匀，焊缝弧度是否与球体一致。组对后进行加固焊，并在距上下口边缘约100mm处安装内十字支撑，以防吊装时变形。在外壁焊上一定数量的吊装环，以备吊装时用。

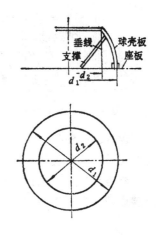

图 11-27　垂线法组对环带

2．胎架法（图11-28）

利用组对支架和圈板组成的胎架来代替垂线法中的垂线和临时支撑进行环带的组对。首先在平台上画出环带上下口同心投影圆，以小圆周为基准安装胎架，沿大圆周焊接一定数量的定位挡铁。胎架圈板外圆直径应等于各环带球壳板相应高度的内径。

以任意一块球壳板为基准进行组装，摆准位置，上端紧贴胎架圈板，下端紧靠定位挡铁，调节垂直高度，符合要求后，依次组对其余球壳板。组对时采用点固焊，组对完毕加固施焊。

为了组装方便，减少焊缝内应力，使焊缝有一定的收缩余量，每环带在组对时应留出二至三道"活口"。此活口用卡具固定，形成伸缩缝，待全部焊缝施焊完毕，由二～三名焊工同时施焊活口。

环带组对焊接后，应检查上下口的直径、椭圆度和水平度，如有超差，应进行修整。

（二）成球组装

成球组装就是依次将各环带组装成球。按组装顺序有以赤道带为基准和以下温（寒）带为基准的两种组装方法。

1. 以赤道带为基准的组装方法

首先将下极板和下温（寒）带放置于基础圈内，然后安装支柱。支柱安装验收后，按赤道带、下温带、下寒带、下极板、上温带、上寒带和上极板的顺序组装成球。环带组对时，调好间隙后用卡具固定。

2. 以下温（寒）带为基准的组装方法

如图11-29所示，在球中心设置支架，支架应能托住球体重量，然后按下极板，下温带、赤道带、上温带和上极板的顺序组对成球。组对时，首先调整下温带的标高和位置，再以下温带为基准带组对和调整其他各环带。上温带和上极板的吊装组对可在支柱安装焊接固定后进行。

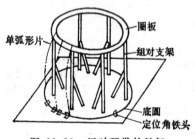

图 11-28　组对环带的胎架

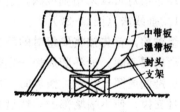

图 11-29　以下温带为基准

三、逐块组装法

逐块组装法就是直接在球罐基础上，逐块地将球壳板组装成球。也可以在基础之外的平台上，将各环带中相邻的二块、三块或四块单片拼接成大块球壳板，然后将大块球壳板逐块组装成球。逐块组装法按其组装顺序分为以赤道带为基准和以下寒带为基准的两种方法。

（一）以赤道带为基准的逐块组装法

其一般安装程序为：支柱组对→支柱安装→搭设内脚手架→赤道带组装→搭设外脚手架→下温带板组装→上温带板组装→下寒带板组装→上寒带板组装→下极板组装→上极板组装→组装质量检查→搭设防护棚→各环带焊接→内旋梯安装→外梯安装→附件安装

1. 支柱组对安装

支柱组对是指焊于赤道板上的上段支柱与下段支柱的对接，如图11-30所示。对接在平台上进行。把上段支柱的赤道板放平垫实，画出赤道板与支柱的中心线，在赤道线上取

$OA = OA' = a$，在下段支柱中心线上确定点 B，找正支柱，使 $AB = A'B = b$。为使支柱中心线平行于赤道带上下口连接线（即球罐垂直中心线），通过赤道板上下口中心拉粉线，使下部支柱与粉线平行，即 $c = c'$，然后点焊对接缝。

支柱对焊后，对焊缝进行着色检查，测量从赤道线到支柱底板的长度，并在距支柱底板一定距离处画出标准线（可焊上永久性测定板），作为组装赤道带时找水平，以及水压试验前后观测基础沉降的标准线。

基础复测合格后，摆上垫铁，找平后放上滑板，在滑板上画出支柱安装中心线。支柱吊装前，在支柱底板下面涂一层润滑油，以减少球罐热处理时的支柱滑动阻力。找正支柱垂直度后，紧固地脚螺栓，安装柱间拉杆。

2．组对赤道带

支柱用地脚螺栓紧固之前，应按照支柱的标准线用连通管或水平仪测量支柱上端赤道板之间的水平度，其高度偏差用基础上的垫铁调整。当相邻两支柱用地脚螺栓固定后，即可安装两支柱之间的赤道板，为保证对接间隙可在球壳板之间临时塞上间隙片，找平上下口，调整好对接间隙，用夹具固定。用同样方法将赤道环带组装闭合。

赤道带是球体的基准带，其组装精确度，直接影响其他各环带，甚至整个球罐的安装质量，所以应精心调整各部尺寸，如错口、椭圆度，上下口的水平度等。组装时要防止强力装配，以避免产生附加应力。各部尺寸的调整应以预先在赤道线处打的冲眼标志为基准，不能按赤道带上下口调整。各部尺寸调整合格后，即可进行点固焊。

3．安装中心柱

较大直径的球形罐，需在赤道带最后一块壳板组对前，在球罐中心安装临时中心立柱。中心立柱构造如图11-31所示。中心立柱多用无缝钢管组成，为了便于安装拆卸，分数节用法兰连接而成。中心柱的不同高度，安装有平台和栏杆，借助平台可搭设内脚手架。安装中心柱时必须将中心柱的轴线与球罐的轴线完全重合，严格控制偏移和倾斜误差。因为中心立柱是控制环带上下口直径的立柱，利用拉杆和卡兰可将壳片与中心立柱连接，并调节壳片与球罐中心线的距离，对球罐的安装质量具有重要作用。温带板和寒带板的组对安装均可利用中心立柱。对需要安装内部盘梯的球形罐，待球体组装焊接完毕后，中心立柱稍经改装，即可成为内部扶梯的中心轴。

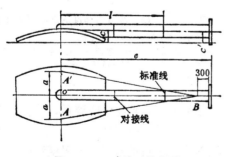

图 11-30　支柱对接找正

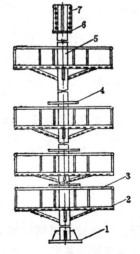

图 11-31　中心立柱构造

1—底板；2—平台；3—栏杆；4—法兰盘；5—中心柱钢管；6—连接盘；7—拉板

223

4. 安装其它各环带球壳板

其余各环带球壳板最好按先下环带、后上环带的顺序安装，以保持安装过程中，球壳重心始终位于赤道线以下。组对时，可以在地面的组对平台上将相邻单片拼接成大片，然后再吊装，尽量减少高空作业。下温带板可用中心立柱上的中间吊耳起吊组对固定，上温带板靠伞形脚手架及中心立柱上部吊耳进行组对固定。最后安装上、下极板。上述以赤道带为基准的逐块组装法的组装工序并非一成不变的，根据球罐直径，工艺设备条件，安装单位的技术力量和工期要求等因素，可以有多种施工方案。图11-32为以赤道带为基准的逐块组装过程示意图。

（二）以下寒带为基准的组装过程

由七个环带组成的球罐，组装时以下寒带为基准，如图11-33所示。若是五个环带，则以下温带为基准。其一般安装程序为：搭设平台→安装托架→安装中心柱→组装下寒带→组装赤道带→安装支柱→组装上温带→组装上寒带→组装上极板→组 装 下 极 板→搭设防护栅。

1. 支承架安装

支承架由地基、平台和托架组成。把平台搭设在基础圈内的地基上，平台与地基应有足够的强度和刚度，保证承受球罐重荷后不下沉，并确保标高准确。在平台上确定球罐安装中心点，并画出下寒带下口圆周线，沿圆周线均布点焊定位铁块，再将托架固定在平台上。

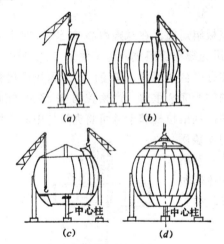

图 11-32　以赤道带为基准的逐块组装过程示意图
（a）相邻两支柱间安装赤道板；　（b）赤道带合围；
（c）下、上温带组装；　（d）下上极板组装

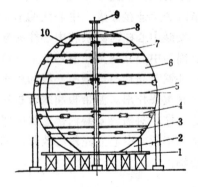

图 11-33　以下寒带为基准的逐块组装示意图
1—平台；2—托架；3—下寒带；4—下温带；5—赤道带；6—上温带；7—上寒带；8—上极板；9—中心柱；10—可调拉杆

2. 下寒带组装

球壳板下端紧靠定位铁块，上端用托架支承，相邻球壳板调整好间隙后，用卡具夹住固定点焊。逐块排板对接组装至围合。

由于下塞带是基准带，所以要精确调整对接间隙，上下口的直径、水平度和圆度。下寒带的中心点应与球罐安装中心点吻合，上口应准确地调整至设计标高。

3. 下温带组装

穿过平台中心孔，在中央地基支座上竖立第一节中心柱。中心柱上端高度略低于下温带上口高度（以下各环带均同），以利于组装后测量直径。组对时下口用卡具固定，上口用与中心柱连接的可调拉杆固定并调节中心距。

4．赤道带组装

在第一节中心柱的可调拉杆上铺设脚手板，或直接在中心柱上安装平台，借助平台竖立第二节中心柱。壳板组对过程同下温带。

然后安装支柱、上温带和上寒带。

5．上下极板组装

极板的组装在各带纵横焊缝，以及支柱焊接完成后进行。组对下极板时，先拆除托架，平台和第一节中心柱，可利用第二节中心柱和起重机具吊装下极板。待中心柱和拉杆全部拆除后组对上极板。

第四节　球罐盘梯的组对与安装

大型球罐的外部扶梯一般由两部分组成，赤道线以下为45°斜梯，赤道线以上为沿着球罐外壁盘旋上升的弧形盘梯（简称盘梯）。盘梯下端与中间平台连接，上部与顶部平台连接，如图11-1所示。本节讨论上部弧形盘梯的组对与安装。

一、球罐盘梯的特点

连接中间平台和顶部平台的盘梯，多采用近似球面螺旋线型，又称为球面盘梯。盘梯由内外侧扶手和栏杆（或侧板）、踏步板及支架组成。球面盘梯具有如下特点。

（一）盘梯上端连接顶部平台，下端连接赤道线处的中间平台，中间不需增加平台。安全美观，行走舒适，没有陡升陡降的危险感。

（二）盘梯内侧栏杆的下边线与球罐外壁距离始终保持不变，梯子旋转曲率与球面一致，外栏杆下边线与球面的距离，自中间平台开始逐渐变小，在盘梯与顶部平台连接处，内外栏杆下边线与球面等距离。

（三）踏步板保持水平，并指向盘梯的旋转中心轴。一般均采用右旋盘梯。

（四）盘梯与顶部平台正交，且栏杆下边线与顶部平台齐平。

二、球罐盘梯几何形状的分析

把盘梯看作一条连续的近似球面螺旋线。如图11-34所示。盘梯内侧栏杆下边线为其所在的且与球罐同心的一个假想球（半径为R_1），与一直径小于假想球半径R_1并内切于赤道圆的圆柱面（半径r_1）垂直正插所形成的相贯线。盘梯外侧栏杆下边线（椭圆状）可认为是由其所在的椭球面与一直径大于椭球水平半轴，与内侧栏杆假想圆柱（半径为r_1）面同轴，并内切于此椭球面赤道圆的圆柱面（半径为r_1+b）垂直正插所形成的相贯线。内外栏杆下边线在盘梯的任意水平回转角的方向上，其对应点高度均相等，使每块

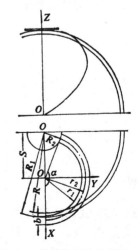

图 11-34　盘梯栏杆的计算图

踏步板保持水平。计算此高度的方程式即为假想圆柱面与假想球面的相贯线方程式，也就是内栏杆下边线的高度与其水平回转角 α 之间的关系式。

三、相贯线（球面螺旋线）方程式的建立

如图11-34所示，设盘梯回转中心 O_1 与盘梯起点的连线为 X 轴，X 轴在 O_1 点的垂直方向为 Y 轴，假想圆柱中心轴线（即 XOY 平面在 O 点的垂线）为 Z 轴。则以 r_1 为半径的假想圆柱面的方程为

$$X^2 + Y^2 = r_1^2 \tag{11-27}$$

以 R_1 为半径的假想球面方程为

$$(X+S)^2 + Y^2 + Z^2 = R_1^2 \tag{11-28}$$

式中　S——盘梯回转中心 O_1 与球心 O 的距离。

圆柱面的螺旋线方程为

$$\begin{cases} X = r_1\cos\alpha \\ Y = r_1\sin\alpha \end{cases} \tag{11-29}$$

代入球面方程后得

$$(r_1\cos\alpha + S)^2 + (r_1\sin\alpha)^2 + Z^2 = R_1^2 \tag{11-30}$$

移项开方后得

$$Z = \sqrt{R_1^2 - r_1^2 - S^2 - 2r_1 S\cos\alpha} \tag{11-31}$$

已知 $R_1 = r_1 + S$，两边平方移项后得

$$2r_1 S = R_1^2 - r_1^2 - S^2 \tag{11-32}$$

将（11-32）式代入（11-31）式后得

$$Z = \sqrt{2r_1 S - 2r_1 S\cos\alpha} = \sqrt{2r_1 S}\sqrt{1 - \cos\alpha} \tag{11-33}$$

（11-33）式即为假想圆柱面与假想球面的相贯线方程式。

四、r_1、S 和 α 的计算

要利用相贯线方程式计算球面螺旋线高度 Z，首先必须计算 r_1、S 和 α，为此，应建立 r_1、S 和 α 与盘梯已知几何尺寸之间的关系式。已知盘梯几何尺寸为：假想球半径 R_1，顶部平台半径 R_2 和盘梯宽度 b。

设相贯线（盘梯中心线）的水平投影半径为 r_2，则由图11-34可知，

$$r_2 = r_1 + \frac{b}{2} \tag{11-34}$$

$$S = \sqrt{r_2^2 + R_2^2} = \sqrt{\left(r_1 + \frac{b}{2}\right)^2 + R_2^2}$$

$$= \sqrt{r_1^2 + r_1 b + \frac{b^2}{4} + R_2^2} \tag{11-35}$$

因为　　　　　　　　$R_1 = S + r_1, \quad S = R_1 - r_1$

所以　　　　　$R_1 - r_1 = \sqrt{r_1^2 + r_1 b + \frac{b^2}{4} + R_2^2} \tag{11-36}$

（11-36）式两边平方得

$$R_1^2 - 2R_1 r_1 + r_1^2 = r_1^2 + r_1 b + \frac{b^2}{4} + R_2^2 \tag{11-37}$$

（11-37）式简化后，得盘梯内栏杆下边线水平投影半径r_1为

$$r_1 = \frac{R_1^2 - R_2^2 - \dfrac{b^2}{4}}{2R_1 + b}$$ （11-38）

故盘梯内栏杆下边线水平投影的圆心O_1到球心O的距离S为

$$S = R_1 - r_1 = R_1 - \frac{R_1^2 - R_2^2 - \dfrac{b^2}{4}}{2R_1 + b}$$ （11-39）

（11-39）式化简后得

$$S = \frac{\left(R_1 + \dfrac{b}{2}\right)^2 + R_2^2}{2R_1 + b}$$ （11-40）

盘梯水平投影的回转角α可按图11-34直接写出

$$\alpha = 180° - \cos^{-1} \frac{r_2}{S}$$ （11-41）

因盘梯终点与顶部平台正交，且盘梯栏杆上边线与顶部平台栏杆的上边线平齐，盘梯栏杆下边线与顶部平台表面平齐，所以，盘梯的总高度为

$$H = h + \sqrt{R_1^2 - R_2^2}$$ （11-42）

式中　h——栏杆的高度。

五、球罐盘梯的下料

球罐盘梯主要由内侧栏杆，外侧栏杆、踏步板及盘梯支架所组成。应分别下料，然后进行组装。下料方法有放样法和计算法两种，一般多采用放样法下料，计算法可用来校核计算，保证下料和组装的准确性。

（一）内侧栏杆的放样下料

内侧栏杆的放样方法和过程如图11-35所示。

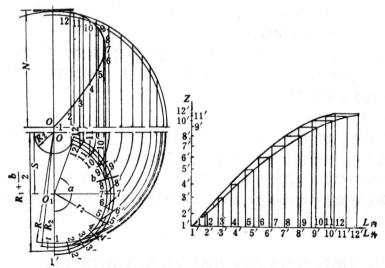

图 11-35　盘梯内外栏杆放样展开图

227

1. 以放样平台左侧一条垂线为轴，以假想半径R_1画一个半圆，以此半圆的上半部$\left(\dfrac{1}{4}圆\right)$为立面图，下半部$\left(\dfrac{1}{4}圆\right)$为平面图，并画出顶部平台的平、立面投影。

2. 按照（11-38）式，（11-40）式分别计算出r_1和S值，在平面图上确定内栏杆下边线的投影轴心O，然后画出内栏杆下边线的投影弧线。

3. 等分内栏杆下边线的投影弧线（一般可按15°等分角），将各等分点投影到立面图上，得到各相应的投影点。将投影点的光滑曲线连接即为内栏杆下边线的球面螺旋线。

4. 在放样平台右侧画出横座标L，纵座标Z，将平面图上各等分弧线展开长度照录在$L_内$座标上，将立面图上各投影点的标高照录在Z轴上。画出直角座标上各对应点，并以光滑曲线连接各对应点，所得曲线即为内栏杆下边线的展开曲线。

5. 在展开曲线上方，再画出一条与之曲率相同，且距离为盘梯栏杆高度的曲线，上下曲线围成的图形即为盘梯内栏杆展开图。

（二）外侧栏杆的放样下料

外侧栏杆的放样下料与内侧栏杆的区别仅在于外栏杆平面投影弧线的半径为(r_1+b)，其各等分弧线展开长度照录在$L_外$座标上，立面图上各投影点的标高仍可用内栏杆的投影标高

（三）内、外栏杆的计算下料

1. 按（11-41）式确定盘梯总水平回转角$\alpha_总$；

2. 将$\alpha_总$等分（一般以15°等分），并按（11-33）式计算栏杆各等分点的立面图投影标高Z；

3. 计算各等分角所对应的内、外栏杆水平投影的弧长$L_内$和$L_外$

$$L_内 = \frac{2\pi r_1}{360}\alpha \tag{11-43}$$

$$L_外 = \frac{2\pi r_3}{360}\alpha \tag{11-44}$$

式中　　r_3——外栏杆水平回转半径，$r_3 = r_1 + b$；

　　　　b——内、外栏杆间的宽度。

4. 以L值为横座标，Z值为纵座标，将上述计算值分别标在$Z-L_内$，$Z-L_外$各对应座标图上，画出对应座标点，并以光滑曲线连接，即得内、外栏杆下边线之展开线。

（四）踏步板和盘梯支架

1. 踏步板

相邻两块踏步板的高差一般为150～250mm。上半段盘梯的踏步板，其高差可小些，下半段高差可大些。从垂直方向看，盘梯踏步板可连续摆放。

踏步板中部宽度应按其在内外侧栏杆放样图上的位置确定。两端呈圆弧形，圆弧半径分别为内外栏杆的水平回转半径r_1和r_3，设内外端宽度分别为a_1和a_3，则有

$$\frac{a_1}{a_3} = \frac{r_1}{r_3} \tag{11-45}$$

实际安装时，可按上、中和下三段，将踏步板简化成三种规格尺寸。

2. 盘梯支架

球罐盘梯支架分三角支架和龙门支架两种结构型式，前者多用于盘梯下段，后者则多用于盘梯上段。安装时，支架横梁应水平放置，并指向盘梯回转轴线。横梁两侧紧靠盘梯内外栏杆的下边线。

六、盘梯的组对与安装

盘梯内外侧栏杆放出实样后，应在下边线上画出踏步板的位置线，然后将踏步板对号安装，逐块点焊牢固。

盘梯安装一般采用两种方法，一种方法是先把支架焊在球罐上再整体吊装盘梯。这种方法要求支架在球罐上的安装位置必须准确，使盘梯能正确就位安装。另一种方法是把支架焊在盘梯上，连同支架一起将盘梯吊起，在球罐上找正就位。盘梯吊装时，应注意防止变形，否则将给找正就位带来困难，也会造成支架位置不准确。

第五节　球形燃气储罐的试验和验收

一、球形燃气储罐的压力试验

球罐的压力试验应在球罐整体热处理后进行，燃气球罐主要应进行水压试验和气密性试验。水压试验的主要目的是检验球罐的强度，试验介质必须用水。气密性试验主要是检查球罐的所有焊缝和其他连接部位的密封程度，是否有渗漏之处，气密性试验介质必须用压缩空气。

（一）水压试验

为了检查球罐的耐压能力，并起到消除球体内残余内应力的作用，必须向罐内充水加压，在达到试验压力的条件下，检查球罐是否有渗漏和明显的塑性变形，检验球罐包括焊缝在内的各种接缝的强度是否达到设计要求，验证球罐在设计压力下能否保证安全运行，同时也可以通过渗漏现象，发现球罐潜在的局部缺陷，并及时消除。

水压试验前，球罐支柱应找正并固定在基础上，基础二次灌浆达到强度要求，罐体与接管所有焊缝全部焊接完毕，全部焊缝都经过外观检查，超声波探伤（或射线探伤）和磁粉探伤。

只有在球罐经过整体热处理后，才可进行水压试验，不准备进行整体热处理的球罐，若用高强度钢板制造，其水压试验必须在焊接制造完成72小时以后进行。

试压时，应先将罐内所有残留物清除干净。将球罐入孔、安全阀座及其他接管孔用盖板封堵严密。

1．水质要求

水压试验可用一般工业用水，应避免使用含氯离子的水，因为氯离子可能造成高强度钢的应力腐蚀。钢板的脆性破坏与试压的水温有关，因此，碳素钢和16MnR钢球罐的试压水温不得低于5℃；其他低合金钢球罐的水温不低于15℃。

2．试验装置

球罐水压试验装置如图11-36所示。电动试压水泵1与球罐底部之间用钢管 连 接，进水阀2与水源连接。当通过进水阀向球罐内充水时，球罐顶部的放气阀6打开不断将罐内空气排出。当水从放气阀泄出时关闭放气阀，同时关闭进水阀2。试压水泵1开启，球罐内水压缓慢上升，当达到试验压力时，关闭关断阀3，保持罐内压力。

为了确保试验压力的准确性，一般应安装两块压力表，一块安装在球罐顶部，一块安装在关断阀3后面。两块表的计量值都不应低于试验压力值。压力表的最大量程应为试验压力的1.5～2.0倍。

水压试验完毕可打开泄水阀5排放试验用水。

3．试验压力

燃气储罐在使用过程中，可能因燃气成分的变化，环境温度的急剧升高，仪器设备出现故障等因素的影响，造成使用压力超过设计压力。为了保证球形燃气储罐在使用过程中的安全性和可靠性，并对球罐的承压能力进行实际验证，水压试验时的试验压力应不小于设计压力的1.25倍，如有特殊要求，可采用1.5倍的设计压力进行试验。

4．试验步骤

球罐内灌满水后，启动电动试压水泵，使罐内压力缓慢上升。升压速度一般不超过每小时0.3MPa。

（1）压力升至试验压力的50％时，保持15分钟，然后对球罐的所有焊缝和连接部位作初次渗漏检查，确认无渗漏后，继续升压；

（2）压力升至试验压力的90％时，保持15分钟，再次作渗漏检查。

（3）压力升至试验压力时，保持30分钟，然后将压力降至设计压力进行检查，应以无渗漏为合格。

升压过程中严禁碰撞和敲击罐壁。压力升到0.2～0.3MPa时可停止升压，检查法兰，焊缝等有无渗漏现象，如发现渗漏必须及时处理。允许在低于0.5MPa压力的情况下拧紧螺栓。

排水降压速度可按每小时1.0～1.5MPa的速度进行。压力降至0.2MPa时应在罐顶放空，并打开入孔，以防罐内真空。

（二）气密性试验

球形燃气储罐的气密性试验一般应在水压试验合格后进行，是球罐安装质量检查的最后一道工序。因为气体渗漏程度要比液体大得多，水压试验只限于检查球罐的耐压能力，不能代替气密性试验，燃气储罐必须进行气密性试验。

试验前，球罐各部分的附件应安装完毕，并符合设计要求。除试验用气体进出口外，其余所有接管和仪表管均应安装好一次阀门，所用压力表应经过校验，安全阀定压到1.15

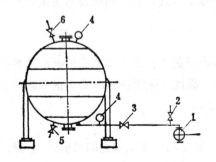

图 11-36　球罐水压试验装置

1—水泵；2—进水阀；3—关断阀；4—压力表；
5—泄水阀；6—放气阀

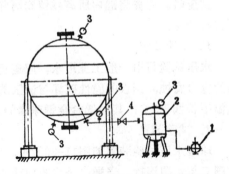

图 11-37　球罐的气密性试验装置

1—空压机；2—贮气罐；3—压力表；4—关断阀

倍的工作压力。球罐周围不得有易燃易爆物。

球形燃气储罐的气密性试验介质一般为压缩空气（有条件时采用氮气或二氧化碳更好），试验压力一般应不小于设计压力。

气密性试验装置如图11-37所示。空气压缩机1压送出的空气经贮气罐稳压后送入球罐。达到试验压力后，关闭关断阀门4，通过球罐顶部和底部的压力表3观测球罐内压力的变化。

压力升至试验压力的50%后，保持10分钟，对球罐所有焊缝和连接部位进行检查（一般用肥皂水），确认无渗漏后，继续升压。压力升至试验压力后，保持10分钟，再次进行检查，以无渗漏为合格。如有渗漏，应对渗漏处进行修理后重新进行气密性试验。

升降压应平稳缓慢进行，升压速度每小时0.1～0.2MPa为宜，降压速度每小时1.0～1.5MPa。

（三）基础沉降检测

球罐在进行水压试验充水的同时，应对每根支柱的基础进行检查，通过各支柱上的永久性测定板，检测每根支柱的沉降量。沉降量在下列各阶段都应进行测定。

1．充水前；

2．充水至1/3球罐本体高度；

3．充水至3/4球罐本体高度；

4．充满水的24小时后；

5．放水后。

支柱基础沉降应均匀，放水后不均匀沉降量不得大于$D_1/1000$（D_1为基础中心圆直径），相邻支柱基础沉降差不得大于2mm。若大于此要求时，应采取有效的补救措施进行处理。

二、球罐安装过程的质量验收

质量验收应采用国家标准或部颁标准，若采用企业标准，应征得监制部门同意。过程验收中的每一项验收内容，在验收后都必须提供证明书，验收报告或其它书面资料。

（一）球壳零部件的验收

在组装前应查清数量，检查各种零部件的材质和几何尺寸是否与设计图相符，尤其对球壳板的外形尺寸，坡口要求应认真地检查。

（二）现场组装质量验收

1．球罐组装前必须按设计要求及施工规范对基础进行验收。

2．组装时，必须使相邻焊缝成"T"、"+"或"Y"字形对接。相邻两焊缝的最小边缘距离不应少于球壳板厚度的3倍，且不得小于100mm。

3．认真检查球壳片组对过程中的对口间隙、错边量和角变形，并作出记录，如图11-38所示。严禁强力校正对接误差。

4．支柱的垂直度可用线锤检查，如图11-39所示。两个方向的垂直度偏差应满足（11-46)式要求

$$\frac{A_1 - A_2}{L} \leqslant \pm 0.3\% \tag{11-46}$$

5．环带组装后，每个环带都应在不少于3个位置上检查环带的椭圆度（图11-40），

椭圆度应满足（11-47）式要求。

$$\frac{D-d}{D} \leq \triangle \quad (11-47)$$

式中　D——环带截圆设计直径；

　　　d——环带截圆实测直径；

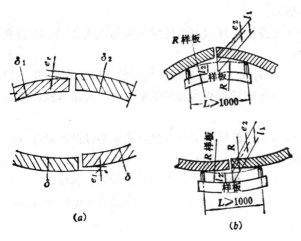

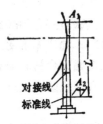

图 11-38　错边量与角变形
(a) 错边量；(b) 角变形

图 11-39　支柱垂直度检查

$\triangle$——椭圆度允许偏差，赤道带 $\triangle = \pm 0.2\%$，极板 $\triangle = \pm 0.1\%$。

6．球体椭圆度在水平和垂直两个方向上都应满足（11-47）式要求，但 $\triangle = \pm 0.5\%$。

（三）焊接质量验收

验收内容为焊接工艺评定报告，焊接材料质量，焊工资格，焊缝机械性能试验，裂纹试验，予热及后热记录，缺陷修补状态，以及各种无损探伤检验。

每项无损检验必须有两名以上具有劳动部门所颁发的 II 级以上考试合格证的无损检验人员参加并签字，其报告才有效。

球罐对接焊缝应有100%射线检验报告和所有底片，100%超声波检验报告，渗透检验报告，水压试验前内外表面磁粉检验报告和水压试验后的20%磁粉抽检报告。

（四）现场焊后整体热处理验收

对热处理工艺，保温条件，测温系统及柱脚处理等逐项验收。

三、球罐竣工总验收

球罐安装竣工后，施工单位将竣工图纸及其他技术资料移交给建设单位，建设单位应会同设计、运行管理、消防和劳动部门等有关单位按《球形储罐施工及验收规范》（GBJ 94—86）的规定进行全面的检查验收。

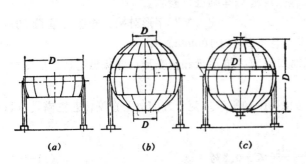

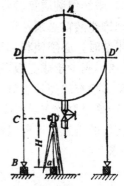

图 11-40　环带及球体椭圆度检查部位
(a) 检查赤道带；(b) 检查极板带；(c) 检查球体

图 11-41　用经纬仪测量球罐外径

232

总验收内容为审查竣工图及各种技术资料文件，现场实物检查测试，以及填写竣工验收表格。

四、球罐外径的测定

（一）赤道线外径的测定

测量赤道线外径可以采用经纬仪与吊锤卷尺相结合的方法，如图11-41所示。

1. 将经纬仪置于下极板中心附近，但与中心距离不能超过500mm。首先选择起始点，决定偏转角 α（α的整倍数应等于90°），然后粗测一下，检查是否有影响视线或定点的障碍。

2. 在仪器三角架的中心位置固定一个水平标记，标记应高出球罐周围地面。测出仪器目镜中心线与标记点 a 的垂直距离 H。

3. 从上极板中心点缓慢地放下带吊锤的卷尺，使之在 D 点与赤道线水平截圆相切。当锤尖与地面 B 点接触时，仪器目镜与划板十字准确地对准锤尺边缘（换测点后，目镜必须对准同一边缘），B 点为第一测点。仪器的水平度盘调整到零位。

4. 读取目镜中心线与 B 点的垂直高度 BC，并调整 BC，使 $BC=H$。作出 B 点的固定标记，此时标记点 B 与 a 在同一水平线上。

5. 从 B 点开始，经纬仪按预定角度 α 偏转，依次按上述方法测量并编号，记录下偏转角度及测量值，如图11-42所示。当仪器转回 B 点时，其刻度盘读数与第一次读数之差不得大于30″，否则应重新定点，重新测量。

6. 依次量取仪器中心标记点 a 至各测量定点的距离 L。

根据各定点的偏转角度 α，以及定点至中心点的距离 L，可按下式计算出赤道线水平截圆第 n 点的外径 D_n。

$$D_n = \frac{\sqrt{L^2_{(n-1)\alpha} + L^2_{(n-1)\alpha+90°}} \cdot \sqrt{L^2_{(n-1)\alpha+90°} + L^2_{(n-1)\alpha+180°}}}{L_{(n-1)\alpha+90°}} \qquad (11\text{-}48)$$

球罐平均外径 D 即为赤道线水平截圆平均外径。

$$D = \frac{\sum\limits_{i=1}^{n} D_i}{N} \qquad (11\text{-}49)$$

式中　D_n——赤道线水平截圆第 n 点的外径；

　　　n——测量外径时的定点序号；

　　　α——测量定点的经纬仪偏转角度；

　　　$L_{(n-1)\alpha}$，$L_{(n-1)\alpha+90°}$，$L_{(n-1)\alpha+180°}$——自第 n 点起经纬仪分别偏转 $(n-1)\alpha$，$(n-1)\alpha+90°$，$(n-1)\alpha+180°$ 角时，仪器中心点 a 至各定点的实测距离。

　　　D——球罐平均外径；

　　　D_i——赤道线水平截圆第 i 点平均外径；

　　　N——确定的测量点数。

（二）垂直截圆外径的测定

可通过测量垂直截圆周长，然后计算出垂直截圆外直径。垂直截圆周长可按下述方法进行测定。

1. 从上极板中心点放钢卷尺带，通过下极板中心绕罐壁一周，将尺带拉紧，使其紧贴罐壁，拉紧力不小于80N。通过尺带交点读数确定垂直截圆周长。外周长测定应不少于三次，每次起点可错开500mm，每次读数差值应在±3mm内，超过测量误差时应重测。外周长取各次的平均值。

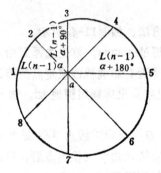

图 11-42　测量球罐外径的定点

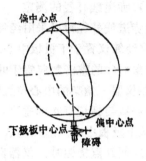

图 11-43　测量垂直截圆周长

2．测量不同方向的周长时，应错开90°。

3．钢卷尺绕罐壁时必须避免扭曲。

4．若上下极板中心点有障碍，可选偏中心点测量，如图11-43所示。

第十二章　螺旋导轨式储气罐的施工

第一节　构造及施工特点

一、储气罐的构造

螺旋导轨式储气罐的构造如图12-1所示。其各部分名称为：1．基础板；2．基础环梁；3．水槽底板；4．阀室；5．垫梁；6．水槽壁柱；7．塔节内立柱；8．水槽；9．第三塔；10．第二塔；11．第一塔（钟罩）；12．水槽导轮；13．水封挂圈；14．水封杯圈；15．加强环（底环）；16．水槽斜梯；17．塔节斜梯；18．栏杆；19．顶环；20．塔节壁板；21．水槽壁板；22．塔节导轮；23．螺旋式导轨；24．人孔；25．第一塔顶架；26．第一塔顶板；27．进气及出气管道；28．进气及出气阀门。

水槽导轮和塔节导轮安装在水槽和塔节的环形顶部平台上，紧贴塔节外壁的螺旋式导轨夹在导轮之间，储存燃气或输出燃气时，随着罐内燃气压力的升高或降低，各塔节按螺旋形上升或下降。各塔节之间利用杯圈和挂圈组成的水封封存罐内燃气不向外泄漏。

储气罐的常用规格以公称容积表示，螺旋导轨式储气罐系列为5000～300000m³。不同规格具有不同的塔节数，其水槽和塔节的高度和直径亦各不相同。不同规格的基本尺寸如表12-1所示。

二、施工特点

螺旋导轨式储气罐的水槽及各塔节均为全焊接的薄钢板结构，直径很大，升起后的总高度很高，而各塔节的间隙却很小，要求升降时各塔节不应发生相互卡阻，罐体的焊接不但应严格控制翘曲变形，而且必须保证气密性。因此，对储气罐安装过程中的一系列主要环节，如放样，部件加工制作，以及总体安装等，都有较高精确度的要求。否则，当燃气一经充入储气罐以后，如因罐体施工质量问题需要停产检修，则必需将罐内的燃气置换为空气后，检修人员才可以安全进入罐内。置换工作不但需要一定的人力和物力，而且还需要有一系列的安全保证技术措施，这更增加了储气罐停产检修的难度。所以螺旋导轨式储气罐的安装与一般钢结构的施工不同，在施工过程中应逐阶段逐环节地检查，逐阶段逐环节地验收，如果上一阶段的

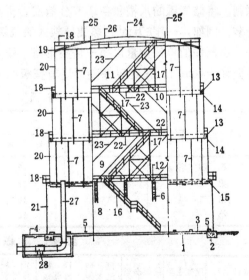

图 12-1　螺旋导轨式储气罐的构造

贮气容积（m³）		直 径 （mm）						高 度 （mm）						总高度（mm）	导轮数（个）	钢材用量（吨）
公称	有效	水槽	一塔	二塔	三塔	四塔	五塔	水槽	一塔	二塔	三塔	四塔	五塔			
5000	4927	22000	20400	21200				8000	7800	7800				23930	10 10	123
10000	10050	26400	23700	24600	25500			8000	7700	7700	7700			30790	8 12 16	226
20000	22000	39000	36400	37300	38200			8000	7700	7700	7700			31700	16 16 20	371
30000	29940	42000	39000	40000	41000			8500	8300	8300	8300			34173	16 24	474
50000	54200	46000	42000	43000	44000	45000		9980	9700	9700	9700	9700		47680	12 16 20 24	663
100000	105800	63848	60006	61006	62006	63006		10000	9400	9400	9400	9400		49928	24 24 36 48	1070
150000	166000	67000	62000	63000	64000	65000		11280	11000	11000	11000	11000	11000	68030	24 24 36 36 48	1372
200000	206750	80000	75000	76000	77000	78000	79000	95000	88750	88750	88750	88750	88750	60425		1852

施工未经检查验收，则不能进行下一阶段施工。只有严格地检查验收，才能保证储气罐施工质量，使其投产后不出问题。

三、施工方法

目前一般均采用小部件拼装施工方法，即按施工吊装能力及尽量减少现场安装焊缝的原则，将储气罐的水槽和各塔节分解成若干小部件在加工厂预制，然后运到现场进行总体安装。例如，一座5万m³的螺旋导轨式储气罐，可分解成如表12-2及表 12-3 所示的小部件。小部件的单件重量以第一塔菱形塔节壁板最重，为23KN。当起重机最大工作回转半径允许为10m时，吊起单件菱形塔节壁板的力矩M为

塔　　节	分 件 数				
	挂 圈	杯 圈	内立柱	导 轨	菱形塔节壁板
第 四 塔	12	12	48	24	24
第 三 塔	12	12	48	24	24
第 二 塔	16	16	32	16	16
第 一 塔	—	12	48	12	12

部件名称	顶架主梁	顶架次梁	顶架三角架	顶板外圈板	顶板中圈板	顶板内圈板	顶板中心板	顶环	斜梯	进出气管	导轮组
分件数	24	24	24	24	16	12	1	1	1	2	72

$$M = 23 \times 10 = 2310 \qquad \text{kN-m}。$$

如施工时选用一台QL_3—16型的轮胎式起重机，其起重幅度为11m时，采用支腿的最小起重量为27KN，即可以吊装全部小部件。

为了提高施工质量，减少偏差，部件加工时，应尽量使用机械整平、调直、刨边以及坡口加工等。小部件的拼装焊接应尽量采用自动焊，并应采取有效措施控制焊接变形。

第二节 部件放样

一、圆弧部件放样

水槽壁板、水槽平台、底环与顶环、各塔节挂圈与杯圈、各塔节菱形壁板、以及斜梯等均为圆弧形部件，分解成小部件加工时，应根据加工图纸用坐标定点法放出圆弧形样板。放样线型必须光滑，并按部件加工图纸尺寸进行校核，样板制作的允许误差不得超过0.5mm。所有部件的放样样板须经过验收后再行下料。

用坐标定点方法画出圆弧线型时，每一个坐标点的x、y值可按图12-2所示及下列各式进行计算。

$$f = r - \sqrt{r^2 - \frac{l^2}{4}} \tag{12-1}$$

$$e = r - f \tag{12-2}$$

$$s = 0.0349\ r\alpha_0 \tag{12-3}$$

$$x = \frac{l}{2} - r\sin\alpha \tag{12-4}$$

$$y = r\cos\alpha - e \tag{12-5}$$

制作圆弧样板时，根据使用方便确定圆弧的弦长l，然后按圆弧形部件的设计半径r求出圆弧对应的圆心角$2\alpha_0$，圆弧样板的拱高f和圆弧对应的圆心与对应弦的垂直距离e，在$0 \leqslant \alpha \leqslant \alpha_0$的范围内确定多个坐标点（$x$，$y$），依次圆滑地连接坐标点，即得样板圆弧。

二、直线形部件放样

水槽壁柱和各塔节内立柱等直线形部件按加工图纸制作样板，其允许误差应在± 0.5mm以内，尤其是安装螺栓孔的位置应与水槽壁板和塔节壁板相互吻合，样板经验收后再行下料。

三、螺旋导轨胎具放样

螺旋导轨的成型，要用胎具作为检查轨形的标准，因此，胎具放样的准确程度对螺旋导轨式储气罐的施工质量具有重要作用。胎具放样可采用几何图解法，也可应用解析法。

（一）几何图解法

采用几何图解法进行胎具放样时，误差较大，影响导轨加工精度。但简单易行。

几何图解法的放样原理如图12-3所示。在塔节上沿导轨所在位置切取一条圆弧线，因导轨底面轴线$\overset{\frown}{MN}$为沿圆周成45°角的螺旋线，故有塔节高$h = \overset{\frown}{MP} = \overset{\frown}{NP}$。导轨截面1-1和3-3对称于2-2，即导轨截面从M点到N点的旋转角为α，α为导轨绕塔节中心轴的旋转角。等分$\overset{\frown}{MP}$，在$\overset{\frown}{MN}$上可得到相对应的等分点a，b，…。自a，b，…作直线MN的垂线即可确定导轨底面中心线各点的拱高。

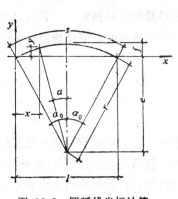

图 12-2　圆弧线坐标计算

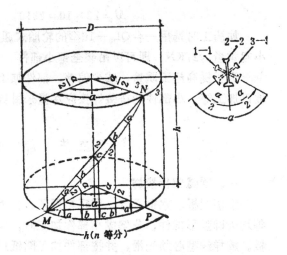

图 12-3　螺旋导轨胎具放样原理图

按图12-3切取的导轨圆弧线依下列顺序展开即可制作导轨胎具。

1. 在塔节水平截圆上 取 圆弧 $\overset{\frown}{08}=h$，如图12-4所示。8 等分弦 长 $\overline{08}$，其等分点为1，2，3，…，8。此处仅系举例说明，实际放样时，等分数应按精确度要求而定，精确度要求越高，等分数越多。

2. 在圆弧 $\overset{\frown}{08}$ 上取 $\overline{01'}=\overline{01}=\overline{1'2'}=\overline{2'3'}=$……等，定出1'、2'、3'、……各点。

3. 按图12-4所示，作 ACD 直角等边三角形，令 $AC=CD=h$，则 AD 即等于螺旋导轨的实际长度。

4. 将 $\overline{08}$ 上的等分点1、2、3、……投影到 $\overline{AD}$ 线上，在 $\overline{AD}$ 上的投影点为①、②、③、……，从投影点引水平线，与1'、2'、3'、……的投影线相交而得1"、2"、3"、……等交点。将这些交点圆滑地连接起来所得的"S"形曲线即为螺旋导轨的中心曲线。

5. 按胎具要求的高度任 意 作 $\overline{EF}\parallel\overline{08}$，则 a、b、c、……等即为胎具面板上①、②、③、……各点位置的高度。

6. 按图12-4的胎具平面和断面的结构进行下料焊接，并按各塔节的导轨螺旋方向加工胎具面板，校核胎具的尺寸及圆弧线型是否与加工图纸相符。验收以后在胎具面板上划出导轨中心曲线及安装螺栓孔位置。

胎具放样时必须注意储气罐的第一塔节（钟罩）与第三塔节的导轨螺旋方向相同，第二塔节与第四塔节的导轨螺旋方向相同，而一、三塔节和二、四塔节的导轨螺旋方向恰好相反。最好每一塔节均制作一个胎具，其形状与尺寸较精确。也可以取一、三两塔节的平均直径作一个胎具，取二、四两塔节的平均直径作一个胎具。

（二）解析法

解析法就是通过对导轨形状的特点进行分析，推导出导轨螺旋中心线各点座标的计算式，根据计算结果制作胎具模板。

1. 计算式推导

如图12-5所示，令导轨弧长 $\overset{\frown}{MN}=S$，对 S 作任意等分，每个等分段长度为 S_i，其对应中心角为 θ_i，S_i 与 θ_i 具有如下关系式

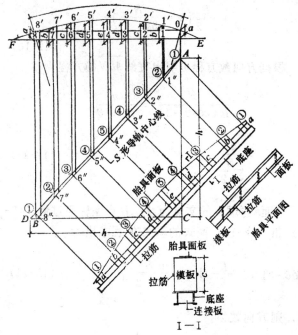

图 12-4 螺旋导轨胎具放样及其构造

图 12-5 导轨的 $M-x'y'z'$ 计算简图

$$\theta_1 = \frac{S_1}{\sqrt{2}\,R} \qquad (12\text{-}6)$$

于是，对 $M-x'$, y', z'座标系，可建立如下关系式

$$\left.\begin{array}{l} x' = R(\cos\theta_1 - 1) \\ y' = R\sin\theta_1 \\ z' = R\theta_1 \end{array}\right\} \qquad (12\text{-}7)$$

根据 (12-6) 和 (12-7) 式，对于导轨最高点 N 的坐标按图11-5可写出

$$N(x'_N,\ y'_N,\ z'_N) = N\left[R(\cos\theta - 1),\ R\sin\theta,\ \frac{S}{\sqrt{2}}\right] \qquad (12\text{-}8)$$

上述式中　　R——塔节半径（导轨底面圆弧半径）；

S——导轨螺旋线总长度；

θ——导轨螺旋线总长度对应的中心角。

导轨中点 Q 的座标为

$$Q(x'_Q,\ y'_Q,\ z'_Q) = Q\left[R\left(\cos\frac{\theta}{2} - 1\right), R\sin\frac{\theta}{2},\ \frac{S}{2\sqrt{2}}\right] \qquad (12\text{-}9)$$

为了建立以 $\overline{MN}$ 为 Y 轴的 $M-XYZ$ 座标系与 $M-x'$, y', z'的关系式，过 Q 点作平面 π 垂直于 $\overline{MN}$，则 $\overline{MN}$ 为平面 π 的法线，$\overline{MN}$ 即为 Y 轴，其方向数就是 N 点座标，如图12-6所示。根据点法式方程可写出平面 π 的方程为

$$R(\cos\theta - 1)\left[x' - R\left(\cos\frac{\theta}{2} - 1\right)\right] + R\sin\theta\left(y' - R\sin\frac{\theta}{2}\right)$$

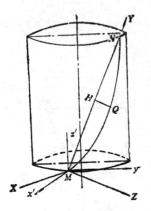

$$+\frac{S}{\sqrt{2}}\left(z'-\frac{S}{2\sqrt{2}}\right)=0$$

$$(12\text{-}10)$$

根据方向数方程可写出直线 $\overrightarrow{MN}$ 的方程为

$$\frac{x'}{R(\cos\theta-1)}=\frac{y'}{R\sin\theta}$$

$$=\frac{z'}{\dfrac{S}{\sqrt{2}}} \tag{12-11}$$

图 12-6 $M-x'y'z'$ 与 $M-XYZ$
座标的关系图

平面 π 与 $\overrightarrow{MN}$ 的交点为 H，H 点座标通过解（12-10）和（12-11）两式的联立方程求出为

$$H[x'_H,\ y'_H,\ z'_H]=H\left(\frac{R}{2}(\cos\theta-1),\ \frac{R}{2}\sin\theta,\ \frac{S}{2\sqrt{2}}\right) \tag{12-12}$$

若规定 Z 轴正方向与 $\overrightarrow{HQ}$ 指向相同，则方向数为

$$\overrightarrow{HQ}=\left[R\left(\cos\frac{\theta}{2}-\frac{1}{2}\cos\theta-\frac{1}{2}\right),\ R\left(\sin\frac{\theta}{2}-\frac{1}{2}\sin\theta\right),\ 0\right] \tag{12-13}$$

将（12-13）式经简化后得

$$\overrightarrow{HQ}=\left[-R\cos\frac{\theta}{2}\left(\cos\frac{\theta}{2}-1\right),\ -R\sin\frac{\theta}{2}\left(\cos\frac{\theta}{2}-1\right),\ 0\right] \tag{12-14}$$

同理，规定 Y 轴正方向与 $\overrightarrow{MN}$ 指向相同，则 Y 轴方向数为

$$\overrightarrow{MN}=\left[2R\left(\cos^2\frac{\theta}{2}-1\right),\ 2R\sin\frac{\theta}{2}\cos\frac{\theta}{2},\ \frac{S}{\sqrt{2}}\right] \tag{12-15}$$

根据右手法则，$\overrightarrow{MN}$ 和 $\overrightarrow{HQ}$ 的矢性积即为 X 轴方向，即

$$\overrightarrow{MN}\times\overrightarrow{HQ}=\left[-\frac{S}{\sqrt{2}}\sin\frac{\theta}{2},\ \frac{S}{\sqrt{2}}\cos\frac{\theta}{2},\ -2R\sin\frac{\theta}{2}\right] \tag{12-16}$$

归纳上述分析，可得出 X、Y、Z 轴在 $M-x'y'z'$ 中的方向数为

$$\begin{cases} X:\left[-\dfrac{S}{\sqrt{2}}\sin\dfrac{\theta}{2},\ \dfrac{S}{\sqrt{2}}\cos\dfrac{\theta}{2},\ -2R\sin\dfrac{\theta}{2}\right] \\[2mm] Y:\left[2R\left(\cos^2\dfrac{\theta}{2}-1\right),\ 2R\sin\dfrac{\theta}{2}\cos\dfrac{\theta}{2},\ \dfrac{S}{\sqrt{2}}\right] \\[2mm] Z:\left[-R\cos\dfrac{\theta}{2}\left(\cos\dfrac{\theta}{2}-1\right),\ -R\sin\dfrac{\theta}{2}\left(\cos\dfrac{\theta}{2}-1\right),\ 0\right] \end{cases} \tag{12-17}$$

其模量值分别为：

$$
\begin{cases}
|X| = \sqrt{\dfrac{S^2}{2}\sin^2\dfrac{\theta}{2} + \dfrac{S^2}{2}\cos^2\dfrac{\theta}{2} + 4R^2\sin^2\dfrac{\theta}{2}} \\[4pt]
\quad\ = \sqrt{\dfrac{S^2}{2} + 4R^2\sin^2\dfrac{\theta}{2}} \\[4pt]
|Y| = \sqrt{4R^2\left(\cos^2\dfrac{\theta}{2} - 1\right)^2 + 4R^2\sin^2\dfrac{\theta}{2}\cos^2\dfrac{\theta}{2} + \dfrac{S^2}{2}} \\[4pt]
\quad\ = \sqrt{\dfrac{S^2}{2} + 4R^2\sin^2\dfrac{\theta}{2}} \\[4pt]
|Z| = \sqrt{R^2\cos^2\dfrac{\theta}{2}\left(\cos\dfrac{\theta}{2} - 1\right)^2 + R^2\sin^2\dfrac{\theta}{2}\left(\cos\dfrac{\theta}{2} - 1\right)^2} \\[4pt]
\quad\ = R\left(1 - \cos\dfrac{\theta}{2}\right)
\end{cases}
\tag{12-18}
$$

最后，我们得到 $M-XYZ$ 和 $M-x'y'z'$ 的关系表达式为

$$
\begin{pmatrix} X \\ Y \\ Z \end{pmatrix}
=
\begin{pmatrix}
\dfrac{-\dfrac{S}{\sqrt{2}}\sin\dfrac{\theta}{2}}{\sqrt{\dfrac{S^2}{2}+4R^2\sin^2\dfrac{\theta}{2}}}, &
\dfrac{\dfrac{S}{\sqrt{2}}\cos\dfrac{\theta}{2}}{\sqrt{\dfrac{S^2}{2}+4R^2\sin^2\dfrac{\theta}{2}}}, &
\dfrac{-2R\sin\dfrac{\theta}{2}}{\sqrt{\dfrac{S^2}{2}+4R^2\sin^2\dfrac{\theta}{2}}} \\[14pt]
\dfrac{2R\left(\cos^2\dfrac{\theta}{2}-1\right)}{\sqrt{\dfrac{S^2}{2}+4R^2\sin^2\dfrac{\theta}{2}}}, &
\dfrac{2R\sin\dfrac{\theta}{2}\cos\dfrac{\theta}{2}}{\sqrt{\dfrac{S^2}{2}+4R^2\sin^2\dfrac{\theta}{2}}}, &
\dfrac{\dfrac{S}{\sqrt{2}}}{\sqrt{\dfrac{S^2}{2}+4R^2\sin^2\dfrac{\theta}{2}}} \\[14pt]
\cos\dfrac{\theta}{2}, & \sin\dfrac{\theta}{2}, & 0
\end{pmatrix}
\begin{pmatrix} x' \\ y' \\ z' \end{pmatrix}
\tag{12-19}
$$

2．应用举例

用解析法计算表12-1中50000m³储气罐第四塔节的导轨胎具尺寸。

由表12-1查出，第四塔节的半径 $R=22.5$m，高 $h=9.7$m，则导轨螺旋中心 线 总长为

$$
S = \sqrt{2}\,h = \sqrt{2} \times 9.7 \approx 14.0\text{m}
$$

S 对应的旋转角为

$$
\theta = \frac{S}{\sqrt{2}\,R} = \frac{14}{\sqrt{2}\times 22.5} = 0.44 \quad \text{弧度}
$$

将 R、S、θ 代入 (12-19) 式中得

$$
\begin{pmatrix} X \\ Y \\ Z \end{pmatrix}
=
\begin{pmatrix}
-0.15493, & 0.69285, & -0.70424 \\
-0.15368, & 0.68727, & 0.70996 \\
0.97590, & 0.21822, & 0
\end{pmatrix}
\begin{pmatrix} x' \\ y' \\ z' \end{pmatrix}
\tag{12-20}
$$

将 S 等分作10段，分别代入 (12-6) 和 (12-7) 式求出10组的 x'，y' 和 z' 值，再分别代入 (12-20) 式，即可求出导轨螺旋中心线各等分点的座标 X、Y 和 Z。计算结果如 表12-4所示。

将表12-4中的数据绘成图，可得导轨螺旋中心线对 YX 平面及 YZ 平面的投影曲线，如图12-7所示。

分段号	各 等 分 点 座 标 （m）							
	S_i	θ_i	x'	y'	z'	X	Y	Z
1	1.4	0.0440	−0.0218	0.9896	0.9899	−0.0081	1.3863	0.1947
2	2.8	0.0880	−0.0871	1.9773	1.9799	−0.0108	2.7780	0.3465
3	4.2	0.1320	−0.1957	2.9612	2.9698	−0.0095	4.1737	0.4552
4	5.6	0.1760	−0.3475	3.9433	3.9598	−0.0054	5.5721	0.5205
5	7.0	0.2200	−0.5423	4.9099	4.9497	0	6.9719	0.5423
6	8.4	0.2640	−0.7795	5.8709	5.9397	0.0054	8.3717	0.5205
7	9.8	0.3080	−1.0587	6.8206	6.9296	0.0095	9.7701	0.4552
8	11.2	0.3520	−1.3794	7.7571	7.9196	0.0108	11.1658	0.3465
9	12.6	0.3960	−1.7411	8.6785	8.9095	0.0081	12.5575	0.1947
10	14.0	0.4400	−2.1429	9.5832	9.8995	0	13.9438	0

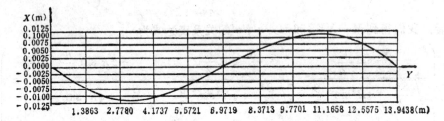

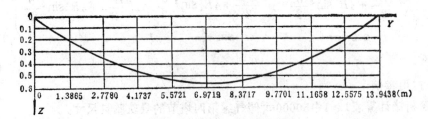

图 12-7　导轨螺旋中心线 S 对 YX 平面及 YZ 平面的投影曲线图

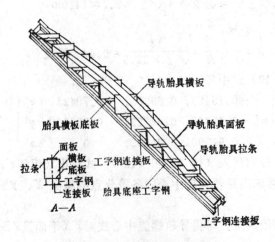

图 12-8　导轨胎具示意图

将该中心线对YZ平面投影的曲线加上一定高度，确定胎具横板不同高度的相应间距，再将该横板与导轨胎具中心线按45°角设置，然后安装面板，并将该中心线在XY平面上的投影曲线座标绘于面板上，即构成导轨螺旋中心线。图12-8所示为导轨胎具示意图。

第三节　部件加工制作

一、挂圈、杯圈、顶环和底环的制作

塔节的挂圈与杯圈组成相邻搭接的水封环。结构上挂圈及杯圈是塔节构造中的主要骨架，对保证塔节圆弧线型准确、塔节在升降过程中的导轮与导轨吻合，以及储气罐的气密性具有重要作用。因此，必须保证挂圈与杯圈的制作质量。

顶环与底环分别为钟罩顶部与最下层塔节底部的主要骨架。

挂圈与杯圈一般由槽钢和圈板组对焊接而成，而顶环和底环则采用型钢，如顶环可采用角钢，底环可采用工字钢。其制作一般可按下述步骤进行。

（一）型钢加工

因为挂圈、杯圈、顶环和底环均属圆弧形部件，所以，采用的槽钢、角钢和工字钢等均需进行弯曲加工。弯曲加工主要采用冷弯方法，根据具体条件选用相应设备，例如三轴辊筒车床、水压机、油压机或横撑机等。冷弯加工先初步成型，然后用胎模弯制成准确的圆弧形，并用圆弧形样板进行检查。槽钢冷弯成型时，应在翼缘之间设置加固块，以防止冷弯时翼缘产生变形，同时还须在槽钢腹板两侧加压，以限制腹板在平面外产生弯曲。冷弯应置于胎膜上进行，图12-9为利用压力机冷弯槽钢时的示意图。

（二）圈板加工

先在挂圈板及杯圈板的分段小部件上钻出安装螺栓孔，然后在部件两端焊接边缘上按施工图纸进行坡口加工，最后将圈板轧成圆弧形。当圈板厚度不超过8mm时，只需在部件的两端各600mm范围内轧圆弧，当厚度在10mm以上时，应在分段部件全长范围内轧圆弧。

（三）组装

组装时先在工作平台上放置一块平直的厚钢板（厚度为30～40mm）。在厚钢板上放

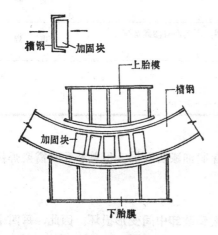

图 12-9　槽钢冷弯示意图

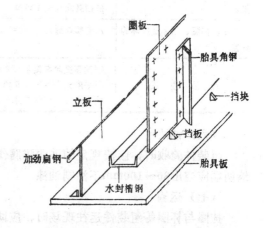

图 12-10　挂圈（杯圈）组装示意图

出挂圈或杯圈槽钢，以及圈板的圆弧线，用简易的胎具将已经冷弯成形的槽钢及圈板按放出的圆弧线定位并稳固好，然后用螺栓组装，如图12-10所示。

（四）焊接

组装完毕并经过用圆弧形样板检验合格后，将组装件从胎具上取出，在平台上放平开始施焊。焊缝的施焊采用逆向反焊法，即由两名焊工同时从组装件的中央向两端施焊，以控制焊接变形。各部位焊缝的组装焊接尺寸如图12-11所示。若出现焊接变形，应将组装件放在平台上，按画好的圆弧线型用火工校正，**直至符合线型要求。**

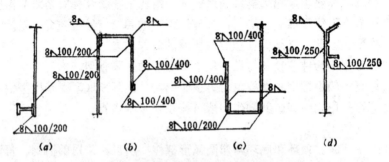

图 12-11 挂圈、杯圈、顶环及底环的组装焊接尺寸
(a)底环；(b)挂圈；(c)杯圈；(d)顶环

（五）验收

组装件焊接并校正完毕，应按表12-5的验收标准进行验收。

挂圈、杯圈、顶环和底环的制作验收标准　　　　　　表 12-5

验 收 内 容	验 收 标 准	提交验收工种
钢平台画线	线型符合图纸要求 线条清晰	放 样 工
型钢加工	圆度允许偏差≤2mm 不平度允许偏差≤3mm	火 工
挂圈、杯圈、顶环及底环的组装	构件位置正确无误 搭接缝间隙＜1mm	装 配 工
挂圈、杯圈、顶环及底环的焊接	凡连续焊缝处必须涂煤油试漏，不允许有渗漏情况。	电 焊 工
最 后 校 正	型钢圆度允许偏差＜2mm 不平度允许偏差＜5mm 槽口间隙允许偏差为+10mm～-5mm	火 工

（六）油漆

组装件验收时，应按规定的油漆防腐作法涂刷油漆**防腐层**。但总装配时需要焊接的焊缝两端应空出80～100mm不涂刷油漆。

（七）运输

挂圈与杯圈等组装件运往现场时，应防止运输装卸中间变形损坏，因此，每四个组装件捆扎成一个运输件，周边用小角钢焊成方框作为防护扎紧，如图12-12所示。每 一 个 捆

244

扎件的重量应控制在40～65kN之间。

二、螺旋导轨的制作

螺旋导轨一般用轻型钢轨加工制作，加工过程可按如下步骤进行。

（一）胎具的组装及焊接

按图12-8所示将胎具底座（工字钢或槽钢）用连接板焊接成整体，再用火工纠正焊接变形，然后将底座固定（点焊）在工作平台上，或用角钢打桩将底座固定在地面上，在底座上画出横板定位线，按定位线逐块焊接横板。横板焊定后，需重新测定横板高度，割去余量，将横板两侧焊上拉条（扁钢或元钢），再将面板焊在横板上。最后在面板上画出导轨中心曲线及螺栓孔位置。

（二）导轨加工

导轨加工可分两步进行。首先将钢轨初步加工成形，然后矫正外形至符合胎具线型。

初步成形一般采用冷弯成型。例如，可用大型三辊卷板机，将直轨以45°斜角送入卷板机内反复滚轧，便可轧成基本符合胎具的线型；也可采用2000kN千斤顶，将直轨放入胎具内分段顶圆。然后，再将导轨放在胎具面板上进行线型校正。凡导轨在两个方向上弯曲程度不符合线型的部位，均作出标记，再利用千斤顶、大搬子或横撑机在导轨的标记部位矫形，直至完全符合胎具线型。

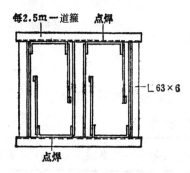

图 12-12 挂圈、杯圈运输时的捆扎件

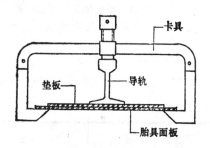

图 12-13 焊接导轨的固定卡具

（三）导轨焊接

导轨焊接包括接头焊接及导轨与垫板的焊接。

接头可用手工电弧焊对接。焊接前对导轨顶部用碳弧气刨坡口，对导轨腹部及底部可用割矩坡口。接头坡口完成后，将导轨垫板用螺栓固定在胎具面板上，再将导轨放在垫板上，按放样线型将导轨找正，然后用卡具压紧导轨，以防止焊接变形，如图12-13所示。焊接之前应在接头两侧各150mm范围内均匀加热至300℃。焊接完成后应在导轨加热的两侧用干石棉粉覆盖使之缓慢冷却。焊接各部位的先后顺序可按图12-14所示进行。焊接完毕，焊缝表面应加工磨光。

导轨与垫板的焊接需在导轨接头焊接完成后进行。先焊接头较短的一侧，后焊接较长的一侧，全部采用搭接焊。

（四）导轨及垫板钻孔

导轨垫板上的安装螺栓孔应在垫板与导轨焊接前钻好。

导轨两端与水封上、下圈板的连接螺栓孔，应在导轨与垫板全部焊接完毕并经过校正验收后进行钻孔。钻孔时，导轨垫板朝上放置，用样板一端对准导轨垫板上的安装螺栓孔，另一端对准导轨中心线，将样板上的连接螺栓孔冲在导轨上，再行钻孔。图12-15所示为导轨部件图。

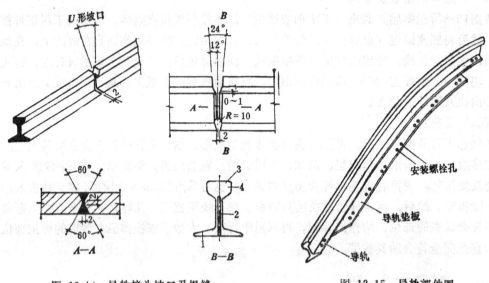

图 12-14　导轨接头坡口及焊缝　　　　　图 12-15　导轨部件图
1、2、3、4—焊接顺序

（五）导轨制作验收

导轨制作过程中及制作完毕应按表12-6所示的验收标准进行验收。

导 轨 制 作 验 收 标 准　　　　　　　　　　　　　　表 12-6

验 收 项 目	验 收 标 准	提交验收工种
导 轨 胎 具	1.胎具横板水平线允许误差±1mm 2.胎具面板中心线（S形）允许误差±2mm 3.胎具面板线型要求光滑、准确	装 配 工
导 轨 加 工	1.导轨本体垂直度（左右倾斜）允许误差±2mm 2.导轨与胎具面板之间的间隙≤2mm 3.导轨冷却后，不允许有加工裂纹	火 工
导 轨 装 配	1.接头坡口表面铁锈应清除干净 2.接头两侧间隙<1mm	装 配 工
导 轨 焊 接	1.不允许有裂纹、弧坑、咬边等焊接缺陷 2.焊缝表面应打磨光滑	电 焊 工

（六）导轨运输

制作完毕的导轨部件在存放与运输过程中，为防止变形，应对同一塔节的导轨进行编号，然后按编号分组捆扎。捆扎时，导轨平列排放在带有螺栓孔的型钢上（一般为角钢或槽钢），导轨顶部放置相应数量型钢，上、下型钢用螺栓连接紧固，导轨被牢牢夹在其中。

246

三、水槽壁柱及塔节内立柱的制作

水槽壁柱一般由槽钢及连接板组成。塔节内立柱一般由角钢组成，钟罩内立柱经常采用工字钢。制作时，工字钢、槽钢或角钢下料后先进行初步调直，然后放到工作平台上焊接成组合件。若有焊接变形，可在平台上进行二次调直。最后在组合件上按样板冲眼，钻出安装螺栓孔。外形尺寸检查合格后，除锈，涂刷油漆防腐，按塔节进行编号及分组捆扎。

四、塔节菱形壁板制作

两根导轨之间的塔节板呈菱形，故塔节板均按菱形板制作。菱形壁板一般均用薄钢板（厚度 3～4 mm）拼焊而成，高度约 6～7 m，宽度约 4～6 m。钢板在下料前必须整平调直，然后在工作平台上按图纸尺寸放样下料，拼接施焊。根据施工条件，可以对接焊，也可以搭接焊。当采用搭接焊时，壁板外表面通常用逆向反焊法焊通长焊缝，内表面可用断续焊缝。焊接后应对焊缝变形进行矫正，所有焊缝必须作煤油渗漏试验。然后按图纸划线，确定螺栓孔位置并进行钻孔。最后涂刷油漆防腐并编号分组。

五、顶架制作

制作钟罩顶架时，可将顶架分成若干榀组装件，每一榀组装件由主梁、次梁、横梁及三角架等构件组成，如图12-16所示。除组装件外，还有一个中心环。组装件的各种构件按放样下料，弯曲，然后在胎具上组对焊接。经过验收后除锈、涂刷防锈漆。

六、钟罩顶板及水槽底板制作

钟罩顶板及水槽底板一般都是先拼接成大块板，然后再运至现场安装。大块板的拼装尺寸应在方便装卸运输的条件下，以尽量减少现场安装焊缝为原则。

大块板的拼接可用对接，也可用搭接，全部拼对焊接应在工作平台上进行，以保证板的平直。拼接焊缝须涂煤油试漏。

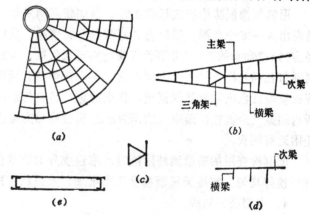

图 12-16　顶架组装件

(a) 顶架组装；　(b) 主、次架组装件；　(c) 三角架部件；
(d) 次梁部件；　(e) 中心环部件

第四节　储气罐的安装

储气罐的安装按水槽、塔节、塔顶和导轮的顺序依次进行。

一、水槽的安装

水槽安装的顺序应是先底板，后壁板、最后安装垫梁。

（一）水槽底板安装

1．基础验收

水槽底板安装前，必须先验收储气罐的基础。基础环梁外径的误差应在 +50mm～-30mm 之间，环梁表面应平整，水平度允许误差为 ±5mm，坡度和标高应符合设计图要求。基础板表面铺的砂子应干燥，砂子最大粒径以不超过4mm为宜。

2．大块底板吊装

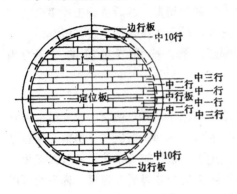

图 12-17 底板安装顺序

基础验收合格后，即可吊装大块底板。首先吊装中心定位板，然后以定位板为中心对称地吊装中行板，再以中行板为对称轴，对称吊装其两侧的中一行、中二行、中三行、……，如图 12-17 所示。边吊装边焊接，当边板以内的全部中幅板焊接完毕，应切去外围环周的余量，最后吊装环周的边行板。

3．水槽底板安装验收标准

水槽底板的现场安装焊缝质量，应进行渗漏性检查，检查方法有抽真空试漏法和氨气渗漏法

抽真空试漏法是在底板焊缝表面刷上肥皂水，将真空箱压在焊缝上，真空箱与真空泵之间用胶管连接，当真空度达到26kPa时进行检查，如没有发现气泡由焊缝表面泄出即为合格。

用氨气渗漏法检查底板焊缝时，沿底板环周用粘土将底板与基础空隙封严，但需对称地留出 4～6 个孔洞，用以检查氨气的分布情况。底板中心及其周围均匀地开 3～5 个直径为13～20mm的孔，并用钢管或胶管接至氨气瓶，向底板下通入氨气，当用试纸在底板环周预留孔洞处检查氨气分布均匀后，即可在焊缝表面涂刷酚酞酒精溶液进行检查，若焊缝表面呈现红色表示有氨气漏出，作出标记，待氨气放净后补焊。焊缝缺陷的修补必须在底板内的氨气全部被压缩空气吹净并经分析合格后方可进行。底板下通入氨气期间，绝对禁止附近有明火。

配制检查用的酚酞酒精溶液时，溶液成分的重量百分比为：酚酞 4％，酒精40％，水 56％搅拌均匀。寒冷天气酒精量适当增加，水量相应减少。

4．水槽底板划线

水槽底板安装验收后，划出中心线、圆周线及圆周等分线。中心线是通过底板圆心的两条相互垂直线，是校准水槽壁板和各塔节圆心的标准。圆周线是安装水槽壁板的标准线，圆周线的直径为水槽壁板的内径。划圆周线时，要考虑储气罐基础中心的拱高度，以及水槽壁板焊接时的收缩余量（一般按10mm计算），因此，圆周线半径为

$$R = \sqrt{r^2 + h^2} + 10 \qquad (12-21)$$

式中　R ——圆周线半径（mm）；

　　　r ——水槽底部壁板内壁圆周的半径（mm）；

　　　h ——底板中心与圆周线处的高差平均值（mm）。

圆周等分线是按水槽壁柱的数量及位置，在已划好的圆周线上确定等分点，以便按划定的等分点安装水槽壁柱。

（二）水槽壁板安装

水槽壁板用钢板按环带组装焊接而成，第一带与底板焊接，最后一带与水槽平台连接。

水槽壁板安装有两种方法，即正装法和倒装法。正装法是一直沿用的方法。近年来，广泛采用倒装法，与正装法相比，具有安装速度快，质量易保证等优点。

1．正装法

采用正装法安装水槽壁板时，安装顺序自下而上，即首先安装第一带，然后依次安装第二带、第三带、……，最后安装水槽平台。按正装法设计水槽壁板时，壁板的竖向及横向拼接一般都采用对接。若起重机械吊装能力许可时，可以将上下相邻壁板带预先在地面上焊好，然后吊起安装，这样可以减少高空的焊接工作量，加快安装速度。预先在地面上拼接成大块的壁板，安装前应放在胎具上轧制成符合要求的圆弧线型，然后用临时支撑加固（图12-18），防止吊装时变形。

为了避免因焊接收缩而半径减小，每一带壁板最后闭合的两块板，在下料时要预留余量（约200mm）。图12-19为环带围合时的安装顺序，一般从直径的两端开始，同时朝四个方向顺序进行安装。

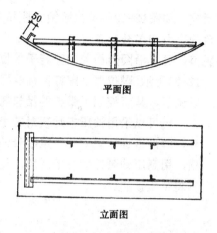

平面图

立面图

图 12-18　水槽大块壁板吊装时的加固支撑

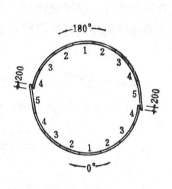

图 12-19　水槽壁板安装顺序
1、2、3、4、5—安装顺序号

为了使水槽壁板焊接后保持竖向垂直，安装每一带壁板时，应使其上端略向外偏移，保持约1/1000的倾斜度。吊装时必须反复测量壁板的垂直度，发现问题随时纠正。纠正达到要求后的壁板应临时加以固定，纠正和临时固定的方法如图12-20所示。

安装水槽壁板时，除保证其垂直度外，还应保证其上口环周的水平度。为此，在安装第一带壁板前，首先需测量底板圆周线处的水平度，如有局部不平处，可在底板下填薄钢板找平，每一带壁板安装后，其上口环上不允许有凹凸不平现象。

2．倒装法

用倒装法安装水槽壁板的顺序是自上而下，即首先按底板上划出的圆周线，安装和焊接最上一带的壁板及水槽平台，然后借助于沿圆周均匀布置的起吊装置同时起吊，将已焊好的壁板吊起。吊起的高度为相邻带壁板的高度，再将吊起带壁板与相邻带壁板组对焊接，然后再吊起，依次反复进行到第一带板与水槽底板焊接完毕，如图12-21所示。每一带壁板在起吊前，其全部竖向焊缝均应涂煤油检查渗漏，并进行圆弧度的测定及纠正。

采用倒装法安装水槽壁板时，全部焊接均可在地面上进行，不需要搭设脚手架，起吊用的立柱支架有利于壁板稳固及保持圆弧度。

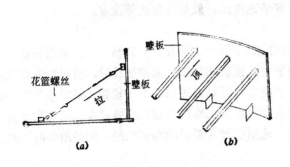

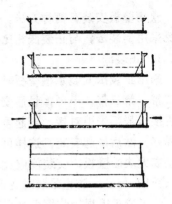

图 12-20　水槽壁板垂直度纠正及临时固定
(a) 垂直度纠正；(b) 临时固定

图 12-21　倒装法安装示意图

简易的起吊装置由手拉葫芦和槽钢立柱组成，如图12-22所示。槽钢立柱和手拉葫芦的数量及其起重力，应按全部水槽壁板及平台的重力均匀分配。

为了确保带板环缝对接准确，防止吊装脱节，可以沿圆周均匀设置若干限位器，如图12-23所示。限位器上螺杆两端的螺母距离可以调节，从而控制了带板的吊起高度。

也可以采用油压千斤顶对带板进行顶升，即沿带板环周安装一定数量的油压千斤顶，用高压油泵控制各千斤顶，使之同步顶升将带板顶起。

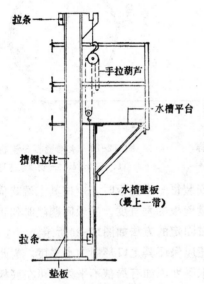

拉条

手拉葫芦

水槽平台

槽钢立柱

水槽壁板
（最上一带）

拉条

垫板

图 12-22　倒装法起吊装置

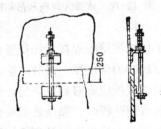

图 12-23　带板提升限位器

壁板焊接后，应沿水槽壁的环周，测出安装导轮处各点壁板的垂直度偏差不得大于 $\frac{1}{1000}$，壁板上口的水平度，偏差应<±10mm。水槽直径的偏差不得大于±10mm。

（三）垫梁安装

水槽注水试验后，在水槽底板上划出垫梁位置线，按位置线将垫梁就位放好，然后对全圆周上的垫梁上表面作水平度测量，水平高差应小于±2mm。误差过大时可在垫梁下垫薄钢板找平，找平后将垫梁焊接在底板上，并在垫梁上表面划出各塔节的位置线。

二、塔节的安装

塔节安装顺序一般由外向内进行，即先安装与水槽壁相邻的塔节，然后依次向内安装其他各塔节，最后安装钟罩。各塔节的安装程序基本相同。

（一）杯圈安装

首先按底板垫梁上划好的塔节位置线，将预制的杯圈组装件按编号次序排放就位，排放时应从设计基准线开始。由于组装件的加工制作总会存在误差，所以吊装就位前应将全周的组装件周长再实测一次。为了尽量减少误差可以将全周四等分，使每等分内的杯圈组装件的总弧长大致相等。全周杯圈组装件就位后用螺栓连接成整体，测定其垂直度及圆度，边测定边纠正，最后焊接成整体。

垂直度及圆度的纠正方法按图12-24进行。杯圈全周的水平度测量可把杯圈板上安装菱形壁板的螺栓孔作为测点，杯圈椭圆度及中心线的偏差可把安装内立柱的点作为测点，杯圈焊接完毕须用充水试漏方法检查，充水要满，充水时杯圈外表面必须保持干燥，所有焊缝均不允许有渗漏。

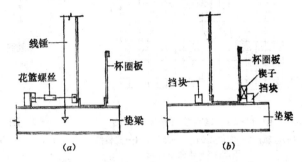

图 12-24 杯圈安装垂直度及圆度的纠正
(a) 杯圈垂直度测量及纠正； (b) 杯圈调正圆度

（二）壁板、内立柱、导轨和挂圈的安装

杯圈安装经验收后，可以开始壁板、内立柱、导轨和挂圈的安装，这些部件的安装可按内立柱→导轨→内立柱→菱形壁板→挂圈的顺序进行，如图12-25所示。

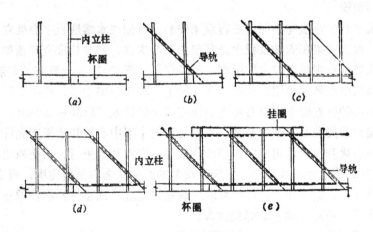

图 12-25 塔节安装顺序

吊装内立柱时，如设计的塔节内附加配重，则需预先将配重块放到内立柱上。

螺旋导轨在安装前，应根据设计位置在壁板或立柱上准确地标出导轨螺旋线的找正点，并将找正点引至导轨下翼缘及垫板旁侧，如图12-26所示。第一根螺旋线应按设计校正基线位置和螺旋升角，并依此线为基准校正圆周上其他各螺旋线间距。吊装第一根导轨时，最好略向上提高100～150mm，以示基准，待最后一块菱形板安装后再降至设计位置。

挂圈的安装方法与杯圈相同，吊装后的挂圈按图12-27所示方法纠正其圆度和垂直度的偏差。纠正合格后将挂圈组合件接口焊好，然后将菱形壁板与挂圈、杯圈点焊固定，最后与导轨焊接成整体。

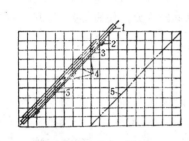

图 12-26 螺旋导轨安装找正图
1—导轨；2—定位角钢；3—垫板；4—安装找
正点；5—轨面中心线

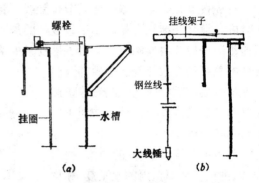

图 12-27 挂圈安装垂直度及圆度的纠正
(a) 挂圈圆度纠正；(b) 挂圈垂直度纠正

（三）塔节安装整体验收

每个塔节安装完毕都应按验收标准进行复测，内立柱中心点的塔节直径偏差不得超过 ± 10mm；导轨中点$\left(\text{塔节的}\frac{1}{2}\text{高度处}\right)$垂直度允许偏差$\pm 15$mm；挂圈上表面的水平允许偏差为$\pm 4$mm；螺栓孔周边焊口须涂煤油试漏。

三、塔顶安装

（一）顶架安装

钟罩壁板安装并焊接完毕即可进行顶架安装。首先在水槽底板中心处立好安装顶架用的施工支架。施工支架在安装过程中是顶架的中心支承，起着校准全部顶架中心的重要作用。因此，支架构造应具有较大的刚度，不易变形。图12-28为一般施工支架的构造。安装时，首先将顶架中心环（顶圈）放在施工支架上，找正顶架中心，即中心环的圆心应该位于水槽底板中心的垂直线上。中心环上表面应高出设计标高150～200mm，作为安装完毕撤去施工支架后顶架中心下垂的余量。当中心环的十字中心线和水平度允许偏差符合要求后，开始吊装主梁及次梁的组装件。组装件的吊装应对称地进行，防止重力偏向一侧而发生事故，图12-29所示为吊装顺序。主梁及次梁的组装件全部吊装完毕，再吊装三角架及次梁部件。吊装时，组装件与各部件暂时用螺栓固定连接成整体，在钟罩顶环圆度校正至符合验收标准后，再对顶架安装焊缝施焊。

（二）顶板安装

顶板的吊装顺序如图12-30所示，即边板→中三行板→中二行板→……中心盖板。吊装与边板相邻的中三行板时，留出最后一块暂时不盖，作为施工人员进出孔洞，待塔节及进出气管安装全部结束再盖。

四、导轮安装

导轮安装前，应将各塔节调整至不受外加荷载作用的自由状态。导轮安装顺序一般是先外塔后内塔，逐塔进行。同一塔的导轮组，应在每天温度变化不大的时间内定位校准完毕。

导轮定位前，须校对各塔节上所有螺旋导轨对储气罐中心的偏差，用铅垂线在每根导轨的上、中、下三点测量检查，根据检查结果，调整导轮安装位置。

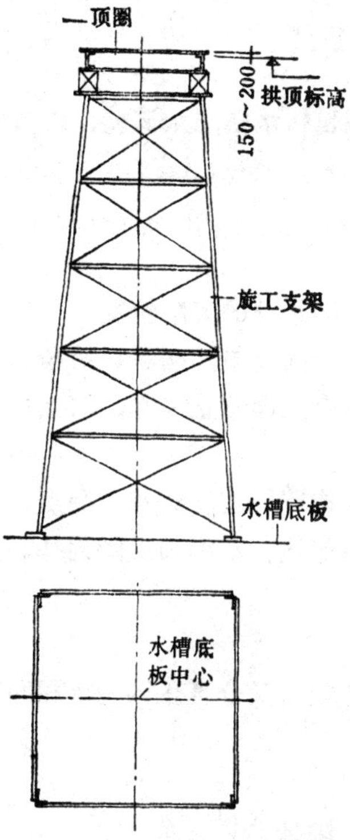

图 12-28 顶架安装用的施工支架

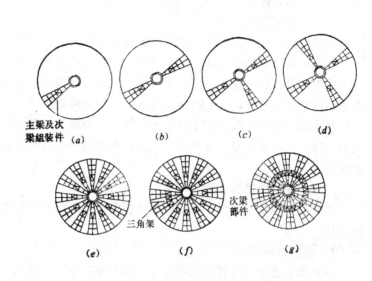

图 12-29 顶架安装顺序

导轮安装时，其轮轴应调整到两侧均有串量的中间位置。轮缘凹槽和导轨的接触面应有3～5mm的间隙，导轮的径向位置应保证导轨升降时任何一点均能顺利通过导轮。而导轮的轮槽中心线则略偏离圆弧切线方向，以利于导轨上升，如图12-31所示。

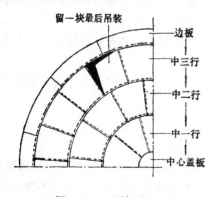

图 12-30 顶板安装顺序

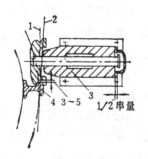

图 12-31 螺旋导轨导轮安装

1—导轮轮槽中心线；2—圆弧切线；
3—导轮架；4—导轨

导轮轴和导轮的焊接固定应在安装前进行。导轮找正后可将底座点焊固定在水槽和各塔节的平台上。

第五节　储气罐的总体试验与交工

螺旋导轨式储气罐完成安装后应进行总体试验，总体试验包括水槽注水试验，塔节气密性试验和快速升降试验，试验合格后方允许交工验收。

一、总体试验

（一）水槽注水试验

水槽注水试验是为了检查水槽壁板是否有漏水处，观察水槽基础的沉陷情况。

注水前应仔细检查水封、立柱等部位，将一切妨碍塔节升降的点固焊瘤予以铲净，清除水槽内所有杂物。注水时应认真检查水槽壁板，如发现漏水应立即停止注水，将水位降至缺陷以下进行补焊，然后再继续注水，直至水槽溢水口。

注水试验时间一般不少于24小时，注水试验期间，应沿水槽壁周边设6～8个测点，对基础沉降进行观察测量，如发现有沉降应继续观测，直至沉降停止。不均匀沉降的基础倾斜度应小于0.0025。

（二）塔节气密性试验

塔节气密性试验是为了判定塔节壁板和钟罩顶板的密封性能。又分直接试验法和间接试验法。

1. 直接试验法

直接试验法通过直接观测接缝是否漏气来判定贮气罐的气密性。

试验前应检查储气罐进出口阀门关闭时的严密性，在钟罩顶板的人孔盖上安装一个U形玻璃管水柱压力计，将储气罐与空气压缩机（或鼓风机）用管子接通。

储气罐充气后应经常注意压力计的指示数，记录每一个塔节升起和下降后的罐内压力，同时要密切注视各塔节上升状况。如塔节上升过程中压力突然升高，说明导轮与导轨之间摩擦阻力过大或者发生卡轨，应立即停止充气，检查并调整导轮及导轨，消除故障后继续充气试验。当塔节水封杯圈靠近水封挂圈时，应减速上升，检查杯圈内有无妨碍扣合的杂物，并沿环周多处观察杯圈进入挂圈的情况，即时消除故障。

在塔节上升过程中，用肥皂水检查壁板焊缝；当钟罩上升至设计高度后，用肥皂水检查钟罩顶板，发现漏气处随即补焊。

试验合格后，开启顶部放散阀，使塔节缓慢下降，在升降过程中应检查导轨与导轮的接触情况，对配合不良处即时加以调整。

2. 间接试验法

间接试验法通过测算泄漏量来判定储气罐的气密性。

充入储气罐内的空气量达90%的储气容积时，稳压24小时后再开始测定。试验时间7×24小时，每天必须至少测定一次。参数的测定应在微风时大气温度变化不大的情况进行，如遇暴风雨或温度波动较大的天气，测定工作应顺延。每次测定后，按(12-22)式将储气罐内的空气容积换算成标准状态时的容积，试验时间内储气罐的允许泄漏量不得超过初始标准容积的2%。

$$V_N = V_t \frac{273(B + P - W)}{(273 + t)B_0} \tag{12-22}$$

式中　V_N —— 测定时，储气罐内空气的标准容积（Nm³）；

　　　B —— 储气罐高度中部测定的大气压（Pa）；

　　　P —— 储气罐内的测定压力（Pa）；

　　　W —— 储气罐内饱和水蒸汽的分压力（Pa）；

　　　t —— 储气罐内的空气平均温度；

　　　B_0 —— 标准大气压力，$B_0 = 101325$ Pa；

　　　V_t —— 测定时的储气罐有效几何容积，可按下式计算

$$V_t = \frac{\pi}{4}(D^2 H + D_1^2 H_1 + \cdots + D_n^2 H_n) + \pi h^2 \left(R - \frac{h}{3} \right) \tag{12-23}$$

　　　D —— 钟罩内径（m）；

　　　H —— 钟罩圆柱部分的有效高度（m）；

$D_1, \cdots, D_n$ —— 各塔节的内径（m）；

$H_1, \cdots, H_n$ —— 各塔节的有效高度（m）；

　　　h —— 钟罩圆顶的高度（m）；

　　　R —— 钟罩圆顶的半径（m）。

间接试验法可以直接确定储气罐运行过程中的泄漏量，但测定工作复杂，所以国内一般采用直接试验法。

（三）塔节的快速升降试验

储气罐气密性试验合格后，应进行快速升降试验1～2次。升降速度一般为0.9～1.5m/min。如供气设备能力不足无法实现快速上升时，则应进行快速下降试验。快速升降试验时发现的卡阻障碍应彻底消除。

二、交工验收

储气罐总体试验合格后，安装单位可以组织交工验收，并提供下列交工文件。

（一）钢材、配件和焊接材料的合格证书；

（二）罐体结构的组装记录；

（三）水槽底板严密性试验记录；

（四）水槽壁板焊缝的无损探伤记录；

（五）储气罐总体试验记录；

（六）储气罐防腐记录；

（七）基础沉陷观测记录；

（八）设计变更文件。

第十三章 定额和概(预)算

第一节 工程项目划分和预算文件

建设预算文件是由一系列填制完整的表格和文字说明组成，是按照建设预算的编制方法，在基本建设工程划分项目的基础上，通过逐一计算各项费用，层层汇总编制而成的。

一、基本建设工程的项目划分

每项基本建设工程，就其实物形态来说都由许多部分组成。为了便于编制各种基本建设预算文件，必需将每项基本建设工程进行项目划分。

（一）建设项目

每项基本建设工程就是一项建设项目。建设项目一般是指有计划任务书和总体设计，经济上实行统一核算，行政上具有独立组织形式的建设单位。例如建设一个制气厂或一个输配系统（企业），都可以分别看作一个建设项目。一个建设项目可以划分为若干单项工程，也可能只有一个单项工程。

（二）单项工程（或称工程项目）

单项工程是指在一个建设单位中具有独立的设计文件，竣工后可以独立发挥生产能力或效益的工程。例如：新建一个制气厂，这一建设项目可按制气车间、辅助生产车间、办公室、宿舍等分为若干单项工程。单项工程仍是一个复杂的综合体，为了便于估价，需要进一步划分为若干单位工程。

（三）单位工程

单位工程是指具有独立施工条件的工程。每项单项工程一般按单位工程分别发包给施工安装企业进行施工。每项单项工程可划分为若干单位工程。例如，一个燃气储配站为一项单项工程，其单位工程有：

1. 土建工程，包括房屋及构筑物的各种结构工程和装饰工程等。

2. 燃气贮罐金属结构工程。

3. 燃气机械设备及安装工程。

4. 电气设备及安装工程。

5. 锅炉房设备安装工程。

6. 特殊构筑物工程，如设备基础，烟囱、循环水池等。

7. 其他单位工程，如道路、绿化、站内外管道工程等等。

单位工程的具体项目，根据单项工程规模具体确定。每个单位工程仍是一个较大的综合体。为了便于估价，还需进一步划分为若干分部工程。

（四）分部工程

分部工程是单位工程的组成部分。如一般管道工程按照工程的不同结构、不同材料和不同施工方法可划分为下列若干分部工程：土石方工程、砖石工程、混凝土及钢筋混凝土工程、管道焊接安装防腐保温工程、配件安装工程、顶管工程等。

在分部工程中影响工料消耗量大小的因素还很多。例如：同样是管道焊接安装，因管径不同，所用材料及其规格也不一样，其人工和材料的消耗量差别很大。因此，需要将每个分部工程进一步划分为若干分项工程。

（五）分项工程

分项工程是用适当的计量单位表示的单位施工安装产品，是将每个分部工程按工程的不同规格、不同材料和不同施工方法等因素划分的。它是编制建设预算最基本的计算单位。例如：将管道焊接安装工程划分为每mϕ219×6埋地焊接钢管安装，每mϕ273×7埋地焊接钢管安装等等。

二、建设预算文件的组成

建设预算文件包括建设项目总概算，单项工程综合概（预）算，单位工程概（预）算，其他工程和费用概算。

（一）单位工程概（预）算

单位工程概（预）算是确定每一单位工程所需建设费用的文件。即计算一般土建工程，管道工程、特殊构筑物工程、电气照明工程，燃气设备及安装工程、电气设备及安装工程等单位工程的概（预）算造价的文件。

（二）其他工程和费用概算

其他工程和费用概算是确定一切未包括在单位工程概（预）算内，但与整个建设工程有关的一些费用的文件。这些费用有：建设单位管理费，征用土地及迁移补偿费、勘察设计费等。均需单独编制概算列入总概算。如不编制总概算，则列入综合概算。

（三）综合概（预）算

综合概（预）算是确定某一单项工程所需建设费用的综合文件。它是根据某一单项工程内各个单位工程概（预）算汇编而成的。如果不编总概算，在综合概算中还要包括其他工程和费用概算。

（四）总概算

总概算是确定某一建设项目从筹建到竣工验收全部建设费用的总文件。它是根据某一建设项目内各个单项工程综合概算以及其他工程和费用概算汇编而成的。总概算的全部建设费用可分为两大部分。

第一部分为工程费用，包括：

1．主要生产的单项工程综合概算；

2．辅助生产的单项工程综合概算；

3．公用设施的单项工程综合概算；

4．服务性单项工程综合概算；

5．生活福利单项工程综合概算；

6．厂外单项工程综合概算。

第二部分为其他工程费用概算。

在第一、二部分费用合计后，还要列出"预备费"和"回收金额"。

材料预算价格表和单位估价表是编制建设预算的基础资料。材料预算价格计算表是确定某种施工安装工程材料预算价格的一种计算表。单位估价表是确定施工安装工程中每一分项工程或每一结构构件的单价的一种计算表。为了简化建设预算的编制，目前大多数地区编制了地区材料预算价格和地区单位估计表。因此，凡是利用地区材料预算价格和地区单位估价表编制的建设预算，这些地区材料预算价格和地区单位价格表不是该建设预算文件的组成部分。

建设预算文件的组成并不完全一样，它和工程的大小、工程的性质、用途以及工程所在地区有关。例如，一些小规模工程只有一个单项工程，只需要编制综合概算而不需要编制总概算。

三、基本建设工程建设费用的构成

基本建设工程建设费用，按其投资构成可分为：

（一）建筑工程费用

建筑工程费用包括各种厂房、仓库、住宅、宿舍等建筑物和铁路、公路等构筑物的建筑工程；各种管道，电力和电信导线的敷设工程；设备基础，各种工业炉砌筑、金属结构等工程；场地准备，厂区管理，植树绿化等费用。

（二）设备安装工程费用

设备安装工程费用包括各种需要安装的机械设备的装配、装置工程，与设备相连的工作台、梯子等装设工程，附属于被安装设备的管线敷设工程，为安装设备绝缘、保温和油漆等工程和为测定设备安装工程质量对每个设备进行试车的费用等。

（三）设备购置费用

设备购置费用包括一切需要安装与不需要安装的设备购置费用。需要安装的设备是指必须将其整体或个别部分装配起来，安装在设备基础、支座或支架上才能使用的设备，如燃气压缩机等。不需要安装的设备是指不必固定在一定位置或支架上就可以使用的各种设备，如汽车、移动式空气压缩机等。

（四）工具、器具及生产用具购置费用

工具、器具及生产用具购置费用是指车间、实验室等所应配备的达到固定资产标准的各种工具、器具、仪器、生产用具等的购置费。

（五）其它费用

其它费用包括上述费用以外的各种费用。例如：建设单位管理费、征用土地及迁移补偿费、勘察设计费、科学研究试验费、生产职工培训费等等。这些费用多数属于非生产性支出。

按投资构成划分为以上五类费用，便于计算各类费用占总投资的比例。在工业建设中应尽量扩大设备及安装工程费用所占的比例，增加生产能力，提高投资经济效益。

第二节 工 程 定 额

由国家或其授权单位制定的生产一定计量单位的合格工程产品所需要的人工、材料、施工机械台班的消耗数量叫做工程定额（简称定额）。

定额的制定是在认真研究建筑安装生产过程客观规律的基础上，自觉遵守价值规律的要求，实事求是地用科学方法确定的，所以说定额是基本建设中一项重要的技术经济法

规。它的各项指标反映了国家允许施工企业在完成施工任务中，工日、材料、施工机械台班消耗量的限度，这种限度最终决定国家或建设单位能够为建设工程向施工企业提供多少物质和建设资金。可见定额体现了国家、建设单位和施工企业之间的一种经济关系。国家和建设单位按定额的规定，为建设工程提供必要的人力、物力和资金；施工企业则根据施工图的要求，在定额范围内，通过自己的施工活动，按质、按量地完成施工任务。

一、定额的种类

按使用性质区分有施工技术定额、预算定额、概算定额和工程单位估价指标。上述各种定额统称为技术定额。

（一）施工技术定额

施工技术定额是编制施工作业计划、进行工料分析和向施工队组下达任务及班组经济核算的依据。它包括劳动定额、材料消耗定额和机械设备利用定额。利用施工技术定额可计算出不同工程项目的劳动力、材料和机械的需要量。

1．劳动定额

劳动定额是指完成单位工程量的过程中所消耗的劳动数量，它规定了完成各项生产任务的劳动消耗，这种消耗可以表现为时间，也可以表现为劳动量。因此，劳动定额按其用途分为时间定额，产量定额。时间定额是指完成单位工程量所消耗的时间。例如，在室外煤气管道埋地安装中，$\phi219 \times 6$焊接钢管，每安装1m所需要的时间为1.3小时。这种用小时做为时间定额的单位，比较繁琐，不易计算，因此，一般表示时间定额的单位是工日，每个工日定为 8 小时，所以$\phi219 \times 6$钢管每 m 时间定额为0.163工日。

产量定额是指每个工日所完成的工程数量。例如焊接钢管埋地 安装$\phi219 \times 6$产量定额为6.1m。

2．材料消耗定额

是指在节约与合理使用材料的情况下，生产单位合格产品应消耗的材料数量。如安装$\phi159 \times 5$的钢管时，用氧气直切一个管口的材料消耗定额为：氧气$0.081m^3$，电石0.135kg。又如$\phi159 \times 5$钢管用沥青玻璃布加强绝缘时每m的材料消耗定额为：石油沥青2.951kg，滑石粉0.494kg，汽油0.144kg，玻璃布$0.777m^2$，木柴1.48kg，砂纸0.50张，碎布0.005kg。

在工程成本中，材料费用占较大的比例。因此合理地使用材料和节约材料是经济建设的重要经营管理原则之一。

材料消耗定额包括净用量，不可避免的废料量及损失量。净用量就是在不计废料和损耗的情况下，为完成单位产品所直接需要的材料数量。废料量是由于加工和精选后剩下的不能直接使用的材料量，废料量应该把不可避免的废料和可以避免的废料区别开。损失量是材料在贮存、加工、运输当中的一些损耗。所以，材料消耗定额＝净用量＋不可避免损失量＋不可避免废料量。例如，安装$\phi219 \times 6$钢管100m，应提供102m。

3．机械设备利用定额

机械设备利用定额分机械产量定额和机械时间定额两种。如容量为400升的 自 由下落式混凝土搅拌机，每一台班可搅拌混凝土$14m^3$。其产量 定额为$14m^3$/台 班。时间定额为0.715台班/10^3m。

施工机械是由单个工人或工人小组操纵的，机械定额中包括了劳动力需要量。

（二）预算定额

一般情况下，施工定额赋以货币的表现形式，即为预算定额。

预算定额是计算分项工程人工、材料、机械台班消耗的标准，其中规定了完成各分项工程的全部工作内容。例如，在室外钢煤气管道埋地安装中，它的工作内容包括管道及管件的焊接、安装、除锈、分段试压等。因此预算定额规定，$\phi 219 \times 6$ 钢管埋地安装每 m 人工费1.18元，材料费40.58元，机械费1.07元。预算定额总价为三项费用之和。

预算定额是设计部门编制工程设计预算，确定工程投资，进行设计方案技术经济比较的重要依据，是施工部门编制施工预算，工程进度计划、以及与建设单位进行竣工结算（决算）的重要依据；是对建设项目进行审批和银行对施工部门拨款、监督的重要依据。

预算定额的分类比较细，主要应用于施工图设计阶段。

预算定额由总说明、总目录、分部工程说明、工程量计算方法、项目表、附注等组成。在总说明中，概述编制预算定额的目的，依据、适用范围和定额水平的确定。

分部工程说明介绍分部工程的主要项目。一般以章为单位，把一些工程性质近似，材料基本相同的部分归纳在一起。例如：管道安装工程就可以把钢管、铸铁管和塑料管等列为一章。

分部工程要说明各工程项目组成、工程内容。如室内煤气管道丝扣连接安装的工作内容包括搬运、除堵、断管、套丝、调直、管道及管件安装等。

项目表列出各分项工程的总价、人工费、材料费、机械费。

使用预算定额编制施工预算，必须认真学习总说明、分部工程说明，对分项工程定额项目所包括的内容、计量单位、计算方法要严格遵守。

与预算定额配套使用的还有地区材料预算价目表。由于地区不同，材料在运输过程所发生的费用也不同。各地区必须制定本地区的材料价格，作为编制当地工程预算的统一材料价格。

（三）概算定额

也是一种既包括劳动力和技术资源消耗，又列出工程造价的定额。但是，概算定额标定的工程对象规模比预算定额要大，例如 $\phi 219 \times 6$ 加强绝缘钢管埋地铺设每 m 人工费4.25元，材料费56.89元，机械费7.52元，概算单价69.16元，其工作内容包括安装、除锈，沥青玻璃布加强绝缘，检漏管安装、管道总试压，集中防腐运输等。

概算定额是在预算定额的基础上，根据单位工程中所含的分部工程量所占比例，以已建工程的实际投资作为标定依据，综合编制而成。具有经验标定的性质。

概算定额一般在工程设计的方案阶段或初步设计阶段使用，初步对工程所需投资和劳动量、主要材料量等确立形象概念，以便初步确定工程的经济效益和建设的可行性。也可作为方案阶段或初步设计阶段技术经济比较的基础资料。

（四）工程单位估价指标

其标定规模一般以单位工程为对象，例如 $DN200$ 钢管埋地敷设，其单位估价指标为10.49万元/km其中土建1.71万元/km，管道安装5.07万元/km，其他费用3.71万元/km。

二、定额的作用

在社会主义经济建设中，技术定额具有重要的意义。没有技术定额，便无法进行计划经济。

技术定额是促进劳动生产率不断提高的因素之一。技术定额在发现、总结、推广先进生产经验方面具有重要的作用。是社会主义按劳分配的主要依据。在施工安装过程中定额有如下具体作用。

1．向工人班组签发施工任务单和限额领料单时，根据定额和工程量确定需要的劳动量和材料量；

2．编制施工进度计划时，根据定额和工程量确定完成工程的总用工数，而根据总用工数和工地拥有劳动力和机具数量确定工程的施工工期，或者根据定额和工地拥有劳动力和机具数量，确定在年度、季度或月度内可以完成的工程量；

3．编制各项业务计划时，根据定额和工程量，确定劳动力计划、材料供应计划、机械设备供应计划、能源供应计划、财务计划等；

4．进行工程的技术和经济的结算，确定增产节约的成果、提前完成计划的成果、经济盈亏的成果等；

5．编制工程预算确定工程造价；

6．编制工程的技术经济方案和进行方案比较；

三、定额的编制

（一）编制条件

定额主要由基本建设的主管部门，如城市建设局、市政工程局、建筑工程局等设立专门职能机构编制。据此，又有市政工程定额和建筑安装工程定额之分。

由于我国各地自然、经济和技术情况不同，例如，施工地区的环境差异、工人操作水平差异、机械化、工厂化施工程度差异、材料供应和材料质量差异、施工组织管理水平差异，各地经济发展程度差异等等，编制定额时要照顾到各地的具体情况。由各地方基本建设主管部门编制定额的优点是可做到符合当地的实际情况，保证定额的可用性。定额对劳动生产率提高的推动作用，首先在一个地区、一个部门内实现。

标定定额时首先要确定标定对象的范围，如工序、分项工程和分部工程等。其次，应该确定正常施工条件。

正常施工条件包括下述各种因素：具有相当技术熟练程度的先进的工人；先进的施工方法和机械化工具；合理的劳动组织；工作内容；合理的施工现场布置；适宜的气候条件等等。正常施工条件的基本要求是它的合理性和应具有的先进性。

确定正常施工条件时，当然无法完全如实地反映施工实际中各种复杂因素，因此正常施工条件不宜规定得太具体，应该有较大的适用范围。正常施工条件必须以实际已经产生的工作条件为依据。一般说来，根据数个已经产生先进定额的施工条件加以必要的综合，以确定正常施工条件是合理的。

（二）定额的测定方法

测定定额的方法有时间测定法、统计法和经验法等。

1．时间测定法　是对施工中各种操作和辅助工作所消耗时间进行测定，是测定定额的主要方法。时间测定法又可分为测时法，写实记录法和工作日写实法。

测时法是测定施工过程中完成各个工序操作所需要的时间，每个工序的时间消耗总和，即为定额指标。这种方法只测定施工过程中定时重复操作所需时间，没有计算实际施工时的辅助工作时间和休息时间。

写实记录法测定施工过程中各个循环操作和非循环操作的工作时间、必要的准备时间和损失的工作时间，是各种测时法中最常用的方法，能够满足技术定额标定的各项要求。

工作日写实法是把一个工作日中各种时间的消耗都记录下来，包含工作时间、不可避免的中断时间、休息时间、可以避免的中断时间等。这种方法是最实际地对定额进行标定。但是，对测定的结果要进行分析，不应把可以避免的中断时间包含在定额中。

2．统计法　是根据已有的定额数据和统计报表进行整理分析，然后标定出新的定额。

3．经验法，召开具有实践经验的工程技术人员座谈会，通过讨论总结经验，对原有定额重新标定。

第三节　施工图预（概）算

燃气工程造价的预算有两种，一种是在初步设计阶段或施工图设计阶段由设计单位编制的，作为对工程项目投资额的控制，称为设计概算。另一种是在施工设计图完成后，施工单位负责编制，主要作为确定工程造价用的，称为施工图预（概）算。施工图预（概）算是施工单位企业管理、经济核算、降低成本的依据，也是拨付工程价款，工程结算的重要依据文件。

施工图预（概）算是施工单位在开工前根据施工图计算确定的工程量，结合施工组织设计和现行制度，安装定额，价格及取费标准编制而成，经过建设单位的审定及当地建设银行的确认方能生效。制度、定额、价格、取费标准都是由国家制定的法令性文件。

一、工程造价的费用组成

不同地区，不同时期，组成工程造价的费用名称和费用分类方法各不相同。通常，工程造价（概算）由直接费、间接费（施工管理费）和其他费用三部分组成。

（一）直接费

指直接用于工程上的各项费用的总和。概（预）算定额内的人工费、材料费和施工机械台班费都属直接费。此外，还有中小机械、大型机械调转费、冬雨季施工费、远郊材料运输增加费、施工因素增加费和材料二次搬运费等，这类直接费统称为其它直接费，其它直接费也执行定额标准。

（二）间接费

指为组织和管理施工所消耗的人力、物力以货币形式表现的费用，间接费不属于某一分部或分项工程，而与施工机构和产品有关。根据费用发生的范围，又可分为企业管理费和施工项目管理费。企业管理费是指施工企业经营管理层对企业核算及工程项目的经营和管理所发生的各项费用，施工项目管理费是指单位工程现场管理层及施工作业层组织生产施工项目过程中所发生的各项费用。企业管理费和施工项目管理费的内容一般均相同，仅有发生在不同管理层的区别。

1．工作人员工资　是指施工企业的政治、行政、技术、试验、警卫、消防、炊事和勤务人员的基本工资、辅助工资和各种补贴费。

2．工作人员工资附加费　根据政府有关部门规定的标准，按职工工资总额计提的职工福利基金和工会经费。

3．办公费　是指行政管理办公用的文具纸张、微型计算机、软盘、印刷、邮电通讯、书报、会议、水电和取暖等一切办公费用。

4．差旅交通费　指职工因公出差的旅差费、住勤补助费、误餐补助费、上下班交通费、工地转移费、交通工具油料、养路费等。

5．固定资产使用费　指企业单位使用的属于固定资产的房屋、设备、仪器等计提的折旧费、大修、维修和租赁等费用。

6．工具、用具使用费　指生产和行政部门使用的不属于固定资产的工具、器具、家具、交通工具和检验、试验、测绘、消防用具等的购置、摊消和维修等费用。

7．劳动保护费　指按国家有关部门规定的标准发放的劳动保护用品购置费、修理费、保健费、防暑降温费、技术安全设施费、浴用及饮水燃料费等。

8．职工教育经费　指按财政部规定标准计取的在职工作人员的教育经费。

9．党委宣传费　指按财政部门规定提取的经费。

10．税金　指按规定应缴纳的房产税、土地使用税、车船使用税和印花税等。

11．其它费用　指上述项目以外的其它必要费用支出，如定额编制经费、工程投标费、财产保险费、民兵训练费、业务招待费、上交主管单位的管理费、绿化费、执行社会义务等费用。

间接费的内容不是固定不变的，是政府部门结合某时期的当地情况具体制定的。间接费的取费基数也不相同。例如，对室内燃气系统安装工程一般以施工图预算中的人工费为基数，室外燃气管道施工属于市政工程，一般以直接费为基数。

（三）其它费用（独立费）

是指为进行工程施工需要而发生的既不包括在工程直接费内，也不包括在间接费用范围内，需单独计算的其它工程费用。

1．临时设施费　指施工所必需的生产和生活用临时设施费用。如临时性房屋、道路、水电管线等均属临时设施，这些临时设施的搭设、维修、摊消和拆除，以及按规定缴纳的临时用地费，临时建设工程费等各项费用均属临时设施费，临时设施费由施工企业包干使用，按专用基金核算管理。

2．劳动保险基金　指施工企业由职工福利基金支出以外的，按劳保条例及有关规定的离退休人员的费用，退职人员退职金、职工死亡丧葬费、抚恤费和六个月以上的病假人员工资，以及按照上述职工工资总额提取的工资附加费等属于劳动保险基金范围的支出。此外，按照规定向有关部门交纳的劳动保险统筹基金、退休养老基金和待业保险基金等均属劳动保险基金。

3．计划利润　是指实行施工企业经管管理自主权后，实行企业独立经济核算，自负盈亏，财政自理，组织正常经营生产和企业发展所需要的费用，主要用于发展生产和职工集体福利事业，以及企业简单扩大再生产的投资等。

4．技术装备　指施工企业为提高施工机具装备水平而购置的施工机械设备等的费用。

5．流动资金贷款利息　指对流动资金实行信贷的施工企业向建设单位收取贷款利息，费率标准按主管部门规定计取。

6．税金　指按国家规定应计入工程造价的营业税。城市建设维护税及教育费附加等。

间接费和其它费用的内容，以及取费标准由所在地政府部门制定，不同地区或同一地区的不同时期其内容和取费标准也不相同，不同性质企业按不同规定标准取费，计取时要参照工程所在地区的标准执行。表13-1所示为某市城乡建设委员会1992年颁布的《建设工程间接费及其它费用定额》中关于燃气工程造价的费用组成,该市一级企业执行此规定时,必须使用该市1992年颁布的《建设工程概算定额》来计算概(预)算书中的直接费。

某市燃气工程造价的费用组成　　　　　　　表 13-1

费 用 项 目	费　率　(%)	
	市政燃气管道(φ800以内)工程	室内燃气系统安装
一. 直接费		
① 人工费	按1992年《市政工程概算定额》	按1992年《建筑安装工程概算定额》
② 材料费		
③ 机械费		
④ 小 计	①+②+③	①+②+③
⑤ 其它直接费	按 定 额	按 定 额
⑥ 合 计	④+⑤	④+⑤
二. 间接费		
⑦ 企业管理费	⑥×3.0%	①×32%
⑧ 施工项目管理费	⑥×4.5%	①×48%
三. 其它费用		
⑨ 临时设施费	⑥×2.5%	①×14%
⑩ 流动资金贷款利息	⑥×1.29%	(⑥+⑦+⑧)×1.2%
⑪ 劳动保险基金	⑥×2.15%	①×18%
⑫ 计划利润	⑥×4.49%	①×28%
⑬ 技术装备费	⑥×3.37%	①×22%
⑭ 税 金	⑥×3.82%	(⑥+⑦+⑧+⑩+⑫)×3.37%
工程造价	⑥+⑦+⑧+⑨+⑩+⑪+⑫+⑬+⑭	

工程费用作如上划分是十分必要的,因为直接费构成工程实体的生产性支出,直接费与工程量的大小成比例增加。间接费用中的大多数费用属于非生产性支出,其增长与工程数量不成比例增加。因此,将直接费用和间接费用分别列出,有利于在保证工程质量的前提下尽可能地减少间接费用的支出,降低工程预算成本,扩大积累,增加利润和税金。

二、编制方法

(一)编制程序

施工图预(概)算编制工作的一般程序如图13-1所示。

编制前,要详细审阅设计图纸(包括安装说明书和通用标准图)及其他施工技术资料(施工组织设计或施工方案,各种操作技术标准等)。对国家预(概)算定额的内容和使用方法应充分了解,在此基础上计算分项工程量。分项工程量的计算要符合预(概)算定额所确定的规则,要检查施工设计图与实际是否相符。要参照施工组织设计或施工方案所确定的施工方法进行计算。分项工程量的项目齐全,数据准确是编制预(概)算的关键。

在计算间接费和其它费用时,要注意地区性与时间性,采用适时适地的定额版本。

(二)工程量计算

施工图预(概)算是按单位工程进行编制的,燃气工程按单位工程划分时项目繁多而复杂。下面仅就室外燃气管道工程和用户工程的工程量计算作些扼要说明。

1.室外燃气管道工程

室外燃气管道的预(概)算编制使用市政工程概算定额,该定额将室外燃气管道工程

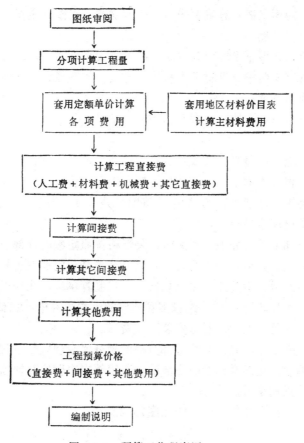

图 13-1　预算工作程序图

划分为七项分部工程。

（1）土方工程按不同管径和槽深分成若干项目（分项工程）。

（2）基底处理按砂石级配、灰土和混凝土等不同处理方法分成不同项目。

（3）施工排水按不同管径和不同水头分项。

（4）管道铺设按不同管材、不同防腐等级和不同管径分项。

（5）过街沟工程分成盖板安装、砖墙砌筑和钢筋绑扎三个分项。

（6）闸门、闸门井及凝水器制作安装，闸门和闸门井分为单管单闸井、三通单闸井、三通双闸井和双管双闸井四种类型，每一类按不同管径分项；凝水器制作安装分为高压、中压和低压三类，每一类按管径分项。

（7）顶管工程按企口混凝土加固管作套管的管径和槽深分项。

对上述七项分部工程的每一项均分别制订了相应的工程量计算规则。例如：

① 计算管道沟槽的土方、管道铺设、降水及其他直接费的工程量时，其长度均按设计桩号的长度以延长米计算，不扣除闸门及其他附件所占长度。

② 同一管径的沟槽按50m为一计算段。

③ 管道铺设，当管道纵向坡度大于5‰时，按实际长度计算。

④ 顶管穿越障碍物、铁路等，其顶管长度不足20m时按20米计算，等等。

2．用户安装工程

用户安装工程的预（概）算编制采用《建筑安装工程概算定额》。该定额将用户安装工程划分为下列分部工程。

（1）燃气引入管根据不同引入方式，按管径大小分项，以个为单位进行计算；

（2）燃气管道安装根据管材种类和连接方式，按管径大小分项，以延长米计算、不扣除阀门和管件所占长度；

（3）阀门（包括点火棒）根据阀门类别和型号、公称直径大小分项，以个为单位进行计算；

（4）燃具根据不同型号，按规格分项，以个为单位计算。

（5）燃气表根据不同型号，按规格分项，以台（块）为单位计算。

（6）炉灶砌筑按标准图砌筑。炒菜灶按图号分项以米为单位；蒸锅灶按锅直径分项，以台为单位；烤炉以座为单位进行计算。

在计算各项分部工程的分项工程量时，要严格按照定额的分部分项依据进行划分。例如，管道铺设，首先要分清是什么管材，然后要分清是架空铺设还是埋地铺设。若是埋地则需分清管道绝缘类型。最后按分项（规格）采用概算单价。在采用该项定额单价时，要明确其工程内容，例如$DN200$加强绝缘钢管铺设的工程内容中，包括"检漏管安装"，则施工图概算书中不应再出现"检漏管安装"项费用。

总之，进行工程量计算时，工程分部分项的划分要合理，应以定额为依据进行划分，不能有重复项和漏项。定额项目选用要准确。若定额本中确实有缺项，需编制补充定额，报主管部门批准后正式采用。

施工图预（概）算表格的一般形式如图13-2所示。

表 13-2

工程施工　　　　算书

定额编号	工程项目	单　位	工程数量	单　价　（元）			预　算　价　值　（元）			
				人工费	材料费	机械费	人工费	材料费	机械费	合计

第四节　综合概（预）算及总概算

一、综合概（预）算的编制

（一）意义和作用

综合概（预）算是确定单项工程所需建设费用的综合文件。它包括单项工程的全部建设费用，是根据单项工程的各个单位工程概（预）算及其他工程和费用概算（当不编总概算，只编综合概（预）算时才列此项费用）汇总编制的。

综合概算是编制基本建设计划的依据；是选择经济合理设计方案的依据；是实行投资包干和签订施工合同的依据；是办理基本建设拨款或贷款的依据；是建设单位申请材料和

设备订货的依据，也是编制总概算的基础文件。

综合预算是实行工程招标投标和办理工程价款结算的依据。如果按综合概算包干时，综合概算也是办理工程价款结算的依据。

（二）综合概（预）算的内容

综合概（预）算，一般包括综合概（预）算表及其所附的单位工程概（预）算表。如果不编总概算，对外单独提出时，还要附上编制说明。

对各个单位工程概（预）算进行汇总时一般将工程或费用名称归纳为以下三项：

（1）建筑工程　是指一般土建工程、给排水工程、采暖通风工程、管道工程和电气照明工程等。

（2）设备及其安装工程　是指机械设备及其安装工程、电气设备及其安装工程。

（3）其他工程和费用　是指包括工具、器具及生产用具购置费在内的其他工程和费用。

每个单项工程的综合概（预）算表究竟包括哪些单位工程和费用，应根据工程的设计规模、设计要求及建设条件等各方面的因素综合确定。

上述每一项目均按本章第一节所述的"基本建设工程费用的构成"进行划分。

（三）综合概（预）算表

综合概（预）算表是国家主管部门规定的统一表格，如表13-3所示。除按规定准确详细填写"工程或费用名称"和"概算价值"两大项目外，还必须计算"技术经济指标"，为设计方案进行技术经济分析提供可靠数据；为以后的设计、计划和编制概算积累技术经济资料。

"工程或费用名称"和概（预）算价值必须按费用构成分别填入相应栏内，其作用是：

（1）各栏汇总后，便于编制总概算；

（2）可以计算各项费用占总投资的百分比，分析投资效果；

（3）为了满足计划、统计和财务各方面的需要。

计算"技术经济指标"所选用的计量单位，应能反映该单项工程的特点并具有代表性，如建筑面积以"m^2"为单位、储配站以"m^3"为单位，液化石油气灌瓶厂以"吨"为单位等等。

二、其他工程和费用概算的编制

其他工程和费用概算是确定属于整个建设工程所必须的而又独立于单项工程以外的建设费用的文件。这些费用，当编总概算时列入总概算内，如果不编总概算时，则直接列入该单项工程综合概（预）算内。

在基本建设开始施工前要进行建设场地准备工作。如征用土地，迁移建设场地上的居民旧有建筑物和坟墓，要成立专门机构办理筹建事宜。工程竣工后要进行清理。这些建设费用都是为整个建设工程服务的，一般不计入单项工程费用中，因此，称为其他工程和费用。

其他工程和费用概算，是分别不同费用项目，根据工程需要情况和有关数据按国务院、省、市、自治区主管部门规定的费用指标等资料进行编制的。

燃气工程建设项目经常可能支付的各项其他工程费如下所述。

（一）建设单位管理费

建设单位管理费系指建设单位管理机构为进行建设项目的筹建，建设，联合试运转和交工验收前的生产准备工作所发生的管理费用。费用内容有：工作人员工资、工资附加费、差旅交通费、办公费、工具用具使用费、固定资产使用费、劳动保护费、零星固定资产购置费、招募生产工人费、技术图书资料费、合同公证费、工程质量监督检测费、完工清理费、建设单位的临时设施费和其他管理费用性质的开支。

（二）征用土地及迁移补偿费

1．征用土地费　征用土地费是指建设单位根据工程需要，经有关单位批准基本建设用地的数量，在征用时支付的费用。包括厂房、铁路、公路、生活区及活动场所等用地。

2．迁移补偿费　是指建设场地原有房屋、坟墓、青苗、树木和居民等拆除和迁移所支付的费用。

（三）勘察设计费

勘察设计费是指委托外单位进行勘察设计或自行勘察设计的勘察设计费，以及为本建设项目进行可行性研究而支付的费用。

（四）科学研究试验费

科学研究试验费是指为本建设项目设计或施工过程中提供或验证设计基础资料进行必要的研究试验所需的费用。

（五）供电补贴费

供电补贴费是指按照国家规定建设项目应交付的供电工程补贴费、施工临时用电补贴费。

（六）施工机构迁移费

施工机构迁移费是指施工机构根据建设任务的需要，经有关部门成建制地（指公司或公司所属工程处、工区）由原驻地迁移到另一地区所发生的一次性搬迁费用。费用内容有：职工及随同家属的差旅费、调迁期间的工资、施工机械、设备、工具、用具和周转性材料的搬运费。

（七）工具、器具和生产家具购置费

工具、器具和生产家具购置费是指新建项目或扩建项目初步设计规定所必须购置，但又不够固定资产标准的设备、仪器、工具、模具、器具、生产家具的费用。

（八）办公和生活用家具购置费

办公和生活用家具购置费是指为保证新建项目正常生产和管理所必须购置的办公和生活用家具的费用。包括：办公室、会议室、食堂、单身宿舍和设计规定必须建设的托儿所、卫生所、招待所、中小学校、理发室、浴室、阅览室等的家具、用具的购置费。

（九）生产职工培训费

生产职工培训费是指新建企业或新增生产工艺过程的扩建企业自行培训或委托其他厂矿培训技术人员、工人和管理人员所支出的费用，生产单位为参加施工、设备安装、调试以熟悉工艺流程、机器性能等需要提前进厂人员所支出的费用。费用内容有：培训人员工资、工资附加费、差旅交通费、实习费、劳动保护费等。

（十）联合试车费

联合试车费是指新建企业或新增加生产工艺过程的扩建企业，在交工验收时，按照设计规定的工程质量标准，进行车间的负荷或无负荷联合试运转所发生的费用和收入。

（十一）国外设计与技术资料费用

国外设计与技术资料费用是指从国外进口技术或成套设备项目的设计和购置基本建设使用的技术资料费用。

（十二）出国联络费

出国联络费是指为本工程项目派出的人员到国外进行设计联络和设备材料检验所需的旅费、生活费和服装费。

（十三）外国技术人员生活、接待费

外国技术人员生活、接待费是指应聘来华的外国工程技术人员的工资、生活补贴、旅费、医药费等生活费和接待费。

（十四）进口设备、材料检验费

进口设备、材料检验费是进口设备、材料检验所需的人工费、材料费和机械使用费。

（十五）国外培训人员费

国外培训人员费是指委托国外代为培训技术人员、工人、管理人员和实习生的费用。费用内容有：差旅费、生活费、国内工资和服装费等。

（十六）专利和技术保密费

专利和技术保密费是指按照合同规定支付给外商专利技术和技术保密费。

（十七）进口成套设备项目延期付款利息

进口成套设备项目延期付款利息是指采取延期付款办法进口成套设备所支付给外商的延期付款利息。

（十八）建筑安装工程保险费

建筑安装工程保险费是指从国外引进成套设备建设项目在工程建成投产前，建设单位向保险公司投保建筑工程险或安装工程险后缴付的保险费。

（十九）预备费

预备费是指在初步设计和概算中难以预料的工程费用。其中包括实行按施工图预算加系数包干的预算包干费用。

三、总概算的编制

总概算是确定一个建设项目从筹建到竣工验收的全部建设费用的总文件，是根据各个单项工程综合概算以及其他工程和费用概算汇总编制而成的。

总概算是编制基本建设计划的依据；是考核设计经济合理性的依据，它和建设期内的贷款利息构成固定资产价值，因而也是考核基本建设项目投资效益的主要依据。

（一）总概算的内容

总概算文件中一般应包括：编制说明、总概算表及其所附的综合概算表、单位工程概算表，以及其他工程和费用概算表。

1．编制说明

（1）工程概况　说明工程建设地址、名称、产品、规模及厂外工程的主要情况等。

（2）编制依据　说明上级机关的指示和规定、设计文件、概算定额、概算指标、材料预算价格、设备预算价格及费用指标等各项编制依据。

（3）编制范围　说明包括了哪些工程和费用和没有包括哪些工程和费用（由外单位设计的工程项目）。

（4）编制方法　说明编制概算时，采用概算定额还是采用概算指标。

（5）投资分析　说明各项工程和费用占总投资的比例，以及各个费用构成占总投资的比例，并且和设计任务书的控制数字相对比，分析其投资效果。

（6）主要设备和材料数量　说明主要机械设备、电气设备及建筑安装主要材料（钢材、木材、水泥等）的数量。

2．总概算表的内容

为了考核建设项目的投资效果，总概算表中的项目，按工程性质划分为两大部分。

第一部分　工程项目费用，其中包括：

（1）主要生产工程项目　主要生产工程项目根据建设项目性质和设计要求来确定。例如制气厂的主要生产项目是造气和脱硫车间。

（2）辅助生产工程项目　辅助生产工程项目是为了维持正常生产新建的辅助生产项目，如机修车间、配电间、木工车间、实验室等。

（3）公用设施工程项目　属于整个建设项目的给水排水、供电、供汽、电讯和总图运输工程。

（4）服务性工程　服务性工程包括厂部办公室、消防车库、汽车库等。

（5）生活福利工程　生活福利工程包括宿舍、住宅、食堂、幼儿园、子弟学校等。

（6）厂外工程　厂外工程包括厂外铁路专用线、供电线路、供水排水管道等。

第二部分：其他工程和费用项目（内容同前述）。

在第一、二部分项目的费用合计后，列出"预备费"项目，在总概算表的末尾列出"回收金额"项目。

总概算表中项目的多少取决于建设项目的用途、性质、规模及所在地区。总概算表的内容和综合概（预）算表相同。

（二）总概算的编制方法

编制总概算，在设计单位内部有两种分工形式。一种是由各专业设计室设计人员提供设计文件，由概算专业人员编制整个总概算，另一种是由各专业设计人员编制单位工程概算或单项工程综合概算，然后由概算专业人员汇总编制总概算和做投资分析。设计人员对

综 合 概 算 表　　　　　　　　　　　　　　　表 13-3

建设项目：

工程名称：燃气储配站工程　　　　　　　　　　　　　　概算价值　567.73万元

序号	工程或费用 名　　称	概　算　价　值　（万元）						技术经济指标			占投资额 %
		建筑工程费	安装工程费	设备购置费	工具器具生产用具购置费	其他费用	合　计	单　位	数　量	指　标	
1	2	3	4	5	6	7	8	9	10	11	12
1C	总图工程	57.38	10.17	18.96			86.51				15.24
2A	储气罐一座	40.00	1.94	349.94			391.88	万m³	5.00	78.38	69.03
3A	加压机车间	6.65	3.80	35.00			45.45	m²	302	220	8.0
4B	锅炉房	4.92	1.01	6.80			12.73	m²	204.00	240.00	2.24
5B	油泵房	3.77	0.28				4.05	m²	110.00	340.00	0.71
6B	消防泵房	1.01	0.02				1.03	m³	30.00	340.00	0.18
7B	变配电室	4.67	2.22	19.19			26.08	m²	194.00	240.00	4.59
	合　计	118.40	19.14	429.89			567.73				100

设计熟悉，在设计基础上再编概算较为方便。因此应大量推广第二种分工方式。

如果一个建设项目由几个设计单位共同设计时，由主体设计单位负责拟订概算编制原则并汇编总概算，其它设计单位负责编制所承担设计的工程概算。

总概算是据据建设项目内各个单项工程综合概算及其他工程和费用概算等基础文件，采用国家主管部门统一规定的表格进行编制的。表13-4是某燃气储配站的总概算表，该表把燃气储配站看作一个建设项目，把一期工程（工程项目见表13-3）和二期工程看作单项工程。表中其他费用按有关主管部门规定计取，或按实际调查情况列出。

总 概 算 表　　　　　　　　　　　　　表 13-4

建设项目名称　　储配站工程　　　　　　　总概算价值　1360.17万元

技术经济指标　136.02万元/万标m³

序号	工程或费用名称	概算价值（万元）						技术经济指标			占投资额
		建筑工程费	安装工程费	设备购置费	工具器具及生产用具购置费	其他费用	合计	单位	数量	指标	%
1	2	3	4	5	6	7	8	9	10	11	12
一	工程项目费用										
1	一期工程	118.40	19.44	429.89			567.73	万标m³	5	113.55	41.74
2	二期工程	68.59	1.73	356.81			427.13	万标m³	5	85.43	31.40
	小　计						994.86				73.14
二	其他费用										
1	建设单位管理费					11.74	11.74				0.86
2	征地费					245.00	245.00				18.01
3	勘察设计费					16.50	16.50				1.21
4	工器具和备品备件				11.80		11.80				0.86
5	办公和生活家俱				0.82		0.82				0.06
6	职工培训					3.00	3.00				0.22
7	联合试车					7.87	7.87				0.58
	小　计				12.62	284.11	296.73				21.80
	一、二合计	186.99	21.17	786.70	16.62	284.11	1291.59				95
	预备金5％					68.58	68.58				5
	总　计	186.99	21.17	786.70	12.62	352.69	1360.17	万标m³	10	136.02	100

第十四章　施工企业管理与施工组织设计

第一节　施 工 企 业 管 理

施工企业管理按职能分为计划、技术、质量、财务、劳动、设备和安全等方面的管理，本节主要讨论前三项管理。

一、计划管理

（一）计划管理的任务和要求

施工企业的计划管理，就是对施工企业在编制和贯彻执行施工生产计划过程中产生的问题，按照经济发展规律和国家制定的经济法令、方针、政策进行预测、组织、协调和安排。施工计划管理的主要任务，就是根据国家指令性和指导性计划以及市场需求，结合施工企业的具体条件，经过科学的预测和综合平衡，采取最合理、最有效的措施，充分挖掘和发挥人力、物力、财力及机械设备的潜力，不断改善经营管理，组织均衡施工，保证施工企业在完成国家任务和有关经济合同中取得最大的经济效益和社会效益。

施工生产计划是企业进行生产和经济活动的重要依据。施工企业的一切经济活动都应在计划指导下有组织、有节奏地进行。施工企业的施工计划，从建设单位提供勘察设计图纸进行施工准备开始，直到工程竣工投产，交付使用，包含广泛的内容，如施工条件的调查、施工计划的编制、平衡、贯彻、监督、检查、统计以及各项计划指标的测定、计算等，构成计划管理的全部内容。

施工生产计划有远景计划，近期计划和作业计划之分。不同阶段的计划，不同的计划对象所起的作用不一样，管理方法和内容也不一样。但是，所有的计划都必须有明确的数量要求和时间要求，规定一定期限内应该保质保量地完成各项技术经济指标。

在计划管理中必须抓好计划编制，综合平衡，执行检查三个环节。

编制施工生产计划是施工企业组织均衡施工的关键，要贯彻保重点，保投产的原则。计划指标的制定要经调查研究，并符合客观经济规律。编制月旬作业计划，必须做到设计图纸、施工方案、材料设备、施工机具、预制构件和劳动力六落实。

综合平衡时要全面考虑企业内、外部条件，人和物的因素，充分挖掘潜力，进行积极的平衡，组织好施工现场、后勤供应及施工全过程的均衡施工。

执行检查是为了保证计划的实现和有节奏的进行施工，每个企业都要加强生产调度工作，健全调度机构，及时调整薄弱环节，及时了解和切实解决施工中出现的各种问题，使施工计划真正起到全面组织施工活动的作用。

（二）编制施工计划的原则

在编制施工计划时，应遵循以下原则。

1. 掌握并善于利用客观经济规律，根据生产发展的要求，全面贯彻"建设有中国社会主义特色"的方针和原则；

2．在任务安排上，要在施工为了使用的前提下，尽量满足使用的需要，工程排队时要保重点工程，保工程质量，保竣工投产；

3．根据生产工艺要求或生活需要，在安排主要项目的同时，必须统筹安排与之配套的辅助设施，确保投产使用；

4．安排计划时，要注意材料、人力、机械设备等条件，使其充分发挥作用，做到连续性和均衡性施工；

5．计划指标要具体，要有针对性，做到长计划、短安排，年、季计划和月、旬作业计划要环环扣紧，避免计划之间脱节；

6．要在调查研究的基础上，用科学的态度，实事求是，通盘考虑，综合平衡，合理安排，不留缺口。

（三）施工计划的种类和内容

施工企业计划主要包括长期计划、年度计划、季度计划、月旬施工作业计划等，如图14-1所示。

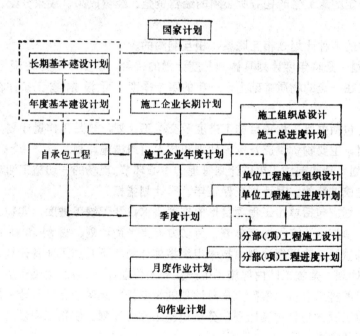

图 14-1 施工企业的计划体系

1．长期计划 是表明若干年度内企业发展方向和经营方针的计划。实际上是一个时期的长远规划，是根据国民经济发展规律和国家远景发展计划的需要而制订的。主要是施工企业的发展规模；先进科学技术的开发与推广；人材培养等。

2．年度施工计划 也叫做年度施工财务计划，是施工生产、技术和财务工作的综合计划。年度计划的重点应该是国家项目，或已有承包合同，符合国家规定的其它资金渠道的项目。

年度施工计划，应包括以下一些主要内容：

（1）施工安装工程计划　是年度计划的核心。其主要作用是确定计划期内的工程项目、开工及竣工日期、形象进度部位、实物工程量、施工安装工作量等主要技术经济指标。使企业的人力、物力、财力得到充分的利用，保证工程按质、按量，如期交付投产使用。

（2）机械化施工计划　是反映计划期内机械化施工水平和设备利用状况的计划。其主要内容为确定施工期内各工种工程所需的施工机械，有计划、有步骤地提高机械化施工程度，提高机械利用率和完好率。

（3）劳动工资计划　是反映计划期内劳动生产率、职工人数和工资水平的计划。

（4）物资供应计划　是企业为完成年度施工安装工程计划而编制的主要材料、予制件加工和大型工具的供应计划。可根据工程量按材料消耗定额确定。

（5）技术组织措施计划　该计划是保证企业实现主要经济技术指标，全面完成施工任务的有力手段。其主要内容为确保重点工程，完成竣工项目，实现均衡施工，不断提高施工技术水平的措施；确保工程质量，革新生产工艺，改善劳动组织，提高生产效率，节约原材料，降低工程成本，实现安全生产，搞好现场施工管理等方面的技术组织措施。

（6）财务成本计划　是以货币量反映企业经济活动的综合计划。它反映企业在一定时期内，完成一定的施工生产任务所必须的经营资金、经营成果、成果分配、以及工程款划拨关系。

年度计划中的各种计划是相互联系，相互制约的。

3．季度计划　是将年度计划具体到月度计划的桥梁。季度计划要保证年度计划的完成，但又要建立在一定的物质基础上，一年的四个季度，可根据施工条件在项目上互相调剂。

季度计划应包括主要工程项目施工进度及交竣工计划，分月工作量计划，劳动生产率及降低成本计划，主要物资供应及运输计划和技术组织措施计划。

4．月度计划　是基层施工单位计划管理的中心环节。现场的一切施工活动，都是围绕保证月计划的完成进行的。月计划应保证年、季计划指标。

月度作业计划应包括单位工程项目形象进度要求，开工竣工进度，实物工程量，施工安装工程量，各项技术经济指标汇总表，劳动力需要平衡计划，材料和预制件需要量计划，大型施工机械及运输平衡计划，技术组织措施计划和下月施工准备计划。

5．旬作业计划　是施工队内部施工生产活动的作业计划。它的主要作用是施工队内部组织，协调班组的施工活动，实际上是月计划的短安排，起保证完成月计划的作用。其内容主要为：单位工程的旬日进度计划、分班组施工作业计划、实物工程量。

（四）施工任务书

施工任务书是向班组下达作业计划的主要文件，也是企业实行定额管理，贯彻按劳分配，开展劳动竞赛和组织班组经济核算的主要依据。通过施工任务书可以把生产计划、技术、质量、安全、降低成本等各种技术经济指标分解为小组指标，并将其落实到班组和个人，使企业各项指标的完成同班组和个人的日常工作和物质利益紧密地连在一起。

施工任务书由施工员（工长）会同有关业务人员根据批准的作业计划、施工预算、材料消耗定额和国家统一制定的劳动定额进行签发和验收。施工任务书及时而又准确地反映了班组工时利用和定额完成情况，因此是计划统计部门进行工程统计的原始凭证。

施工任务书一般包括下列内容：

1．工程项目，工程数量，劳动定额，计划工数，开、完工日期，质量及安全要求；

2．小组记工单——班组考勤的记录，也是班组分配计件工资或奖金的根据；

3．限额领料卡——规定班组完成任务所必须的材料限额，是班组领退材料的凭证。

二、技术管理

（一）技术管理概念

施工企业的技术管理，就是对企业中的各项技术活动过程和技术工作的各种要素进行科学管理的总称。

1．各项技术活动过程

（1）施工技术准备工作 指的是图纸会审、编制施工组织设计、技术交底、技术检验等过程。

（2）施工过程中的技术工作 指的是质量技术检查、技术核定、技术措施、技术处理、技术标准和规程等的实施。

（3）技术开发工作 科学研究、技术改造、技术革新、技术培训、新技术实验等。

2．技术工作的各种要素

属于技术管理工作的依据，即技术管理工作的基础工作。一般指技术人材、技术装备、技术情报、技术文件、技术资料、技术档案、技术标准规程和技术责任制等。

技术管理强调对技术工作的管理，即运用管理的职能（计划、组织、指挥、协调和控制等）去促进技术工作的开展，并非指技术工作本身。

施工活动是在一定技术要求和技术标准控制下进行的。施工成果好坏虽然在较大程度上取决于企业的科技水平和装备水平，然而这种水平能否完全发挥出来，则与技术管理密切相关，所以，技术管理是施工企业管理的重要组成部分。

（二）技术管理的任务和要求

技术管理的主要任务是正确贯彻国家的技术政策和主管部门有关技术工作的指示和决定，科学地组织各项技术工作，建立良好的技术工作秩序，保证施工生产过程符合技术经济规律的要求，促进企业生产技术不断发展与更新，使技术与经济达到辨证的统一。最终达到施工周期短，工程质量好和工程成本低的目的。

为完成上述任务，要求技术管理人员按科学技术的规律办事，认真贯彻国家的技术政策，重视技术工作的经济效益。

（三）施工企业技术管理机构

1．技术管理机构

施工企业一般为三级管理系统，即以总工程师为首的企业技术管理工作系统，如图14-2所示。总工程师、主任工程师和技术队长分别在公司经理、工区（工程处）主任和施工队长的直接领导下进行工作。公司一级的技术管理机构是直接对总工程师负责的职能机构。工区（工程处）主任工程师和施工队的技术队长分别由其所属的技术管理机构和技术人员（及工

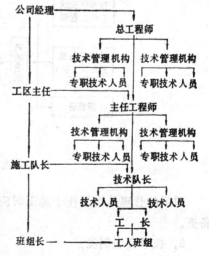

图 14-2 施工企业技术管理工作系统图

275

长）协助工作。

总工程师、主任工程师和技术队长的责任制，构成了企业的技术领导责任制。公司和工区（工程处）的技术管理机构职责，构成了技术管理机构责任制。还有各级技术管理人员责任制和工人技术责任制。工人技术责任制是工人岗位责任制的组成部分。上述各级责任制组成了企业的技术责任制。

建立技术责任制，应使各级技术人员有一定权限，并让他们充分发挥积极性和创造性，完成各自担负的技术任务，认真履行自己的职责。企业各级领导应把企业的技术管理工作和其他各项管理工作有机地结合，既完成生产任务又不断提高技术管理水平。

2．各级技术管理机构的主要职责

（1）做好各级经常性的技术业务工作；

（2）总结推广先进技术和先进经验；

（3）为顺利施工创造技术条件；

（4）向各级领导提供技术分析资料、技术情报、技术咨询、技术建议方案和技术措施，便于领导决策；

（5）检查下面技术人员对技术标准、制度、规程等的贯彻执行情况。

（四）技术管理制度

技术管理制度的作用就是要把企业的技术工作科学地组织起来，保证技术工作有目的、有计划、有条理地进行，从而完成技术管理任务，所以是施工企业技术管理的一项重要的基础工作。其内容主要有以下几项。

1．图纸会审和管理制度

审查图纸之前必须熟悉图纸，以便准确无误地了解和掌握设计意图，正确地指导施工。图纸会审的目的在于发现并更正图纸中的差错，对不明确的设计意图进行补充，对难于施工的设计内容进行协商更正。图纸会审流程如图14-3所示。

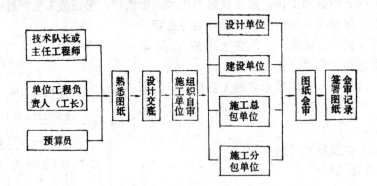

图 14-3　图纸会审流程

图纸的管理是为了便于施工时应用，评定工程质量时作为依据，以及竣工后妥善归档备查。

2．技术交底制度

要使设计图纸变为实际的工程，必须让每个参与施工的人了解图纸要求、施工方法、技术措施，做到人人胸中有数，目标明确。因此必须逐级进行不同要求的技术交底。

276

3．施工组织设计制度

每项工程开工前必须作出施工组织设计（或施工方案），以指导施工的全过程，正确处理人、物、空间、时间、施工工艺、质量与数量、专业与协作等施工要素及其相互间的关系，以便取得最大经济效益。

4．材料（设备）检验制度

材料（设备）检验制度是对施工用材料、配件、设备的质量、性能进行试验和检验，对有关设备进行调整和试运转，把问题消灭在施工之前，为创造优质工程提供先决条件。

5．工程质量检查和验收制度

必须按照有关质量标准逐项检查操作质量和产品质量，根据燃气工程特点分别对隐蔽工程、分部工程、分项工程和竣工工程进行验收评定，从施工准备到竣工验收的各个环节保证工程质量。

6．工程技术档案制度

一个工程项目从施工准备到竣工验收的整个施工过程中，要有合乎要求的技术档案，这样才能全面鉴定工程质量，为以后扩建和维修提供资料。技术档案应设专人管理。

7．技术责任制

建立技术责任制有利于加强技术领导，明确职责，从而保证配合有力、功过分明，充分调动有关人员搞好技术管理工作的积极性。

8．技术复核及审批制度

对重要的或影响全工程的技术问题要进行复核，避免发生重大差错而影响工程质量和使用。复核内容视工程情况而定，一般为管线的座标和标高，厂（站）中建筑物或构筑物的位置和基础，设备基础等。审批内容为合理化建议，技术措施和技术革新方案等。

三、质量管理

工程质量管理是指施工企业从施工准备到工程竣工交付使用的全过程中，为保证和提高工程质量所进行的各项组织管理工作。

（一）检查质量管理

是指单纯靠检查发现缺陷，陶汰废品的质量管理方法，这是一种被动的质量管理方法，属于事后检查。施工阶段的检查质量管理工作有以下内容：

1．对施工所用的材料进行清点检验。

2．对安装的设备进行开箱检验。

3．按照有关规范、标准和施工图的相应要求进行工程质量监督和检查。

4．及时处理工程质量事故。

5．做好工程质量评定工作。

质量监督检查应贯彻"专职检查和群众检查相结合，以专职检查为主"的方针。在搞好班组自检、互检的同时，专职检查机构和人员必须从施工准备到竣工验收的各个环节进行严格检查。

（二）统计质量管理

是指从"预防缺陷"的概念出发，除加强检查外还要对检查结果采用数理统计理论，发现下阶段可能出现的缺陷，并进行预防的质量管理方法。质量控制图就是统计质量管理方法的一种工具。它是反映施工生产工序随时间变化而发生质量波动的一种状态图形。

从施工生产过程各个阶段的质量波动规律来看，一般有两种情况。第一种是正常状态即在生产中因原材料性能的不均匀性，测量时的微小误差，操作者在技术上的微小差异等正常因素引起的质量波动，这种波动被视为正常波动。这时的生产工序被视为处于管理状态（或称稳定状态）；第二种是被动状态即生产中可以避免的因素，例如混凝土配合比的错误，钢管焊接时用错了焊条等等。这些异常因素对工程质量影响很大，因而造成了质量波动状态。我们研究的目标是查找这些异常因素，并准备排除这些异常因素，使质量只受正常因素影响，让质量波动呈正态分布，达到质量控制的目的。质量控制图的基本格式如图14-4所示。控制图的作用是通过图形分析，发现问题，采取措施，以达到维持生产过程中的工序稳定，预防不合格品的发生。

在质量管理中，可用以下两个标准判断生产状态是否稳定。

1. 控制图上的点全部排列在控制上下限之间，其规则符合下列要求时，可认为生产中未出现异常因素。

（1）连续25个点以上处于控制界限内；

（2）连续35个点中，仅有一点超出控制界限；

（3）连续150个点中，仅有二点超出控制界限；

2. 即使点子全部进入控制界限，当这些点的排列出现了"链"、"同侧"、"趋势"、"同期性"、"接近控制线"等情况时，均视为"异常"现象。

（1）出现"链"点子连续出现在中心线一侧的现象称为"链"。其长度用链内所含点数多少衡量（图14-5）。

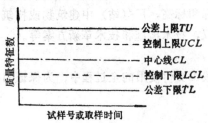
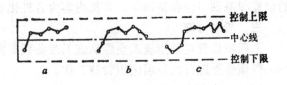

图 14-4　质量控制图基本格式　　　　　图 14-5　出现"链"

① 当出现5点链时，应注意工序的发展；

② 当出现6点链时，应调查出现原因；

③ 当出现7点链时，应判断有异常需处理。

（2）多次出现同侧点，在中心线的同侧多次出现下列情况，已不属于管理状态（图14-6）。

① 在连续的11点中，至少有10点；

② 在连续的14点中，至少有12点；

③ 在连续的17点中，至少有14点；

④ 在连续的20点中，至少有16点。

（3）出现点连续上升与下降的"趋势"连续7点上升或下降，就应判断生产工序有异常因素（图14-7）。

（4）出现"周期性"变动，点子排列都在控制界线内，也要认为生产工序存在异常

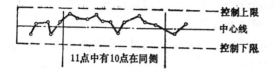

图 14-6　多次出现同侧

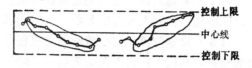

图 14-7　出现"趋势"

因素（图14-8）。

（5）出现点的排列"接近控制界限"。当连续3点中有2点（可以不连续）或连续7点中有3点（不连续）在2σ线和控制界限内时，视为有异常因素（图14-9）。

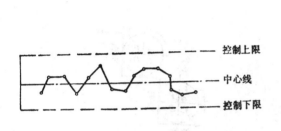

图 14-8　出现周期性

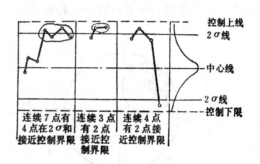

图 14-9　点排列接近控制界限

（三）全面质量管理

1．概念和特点

全面质量管理是检查质量管理和统计质量管理的深化和发展，施工企业全面质量管理的概念是：制定施工企业管理的方针目标，动员施工企业的各部门和全体职工，综合应用管理技术和专业技术，建立质量保证体系，对施工全过程实行控制，不断创造全优工程，实现施工企业不断提高的管理目标。

全面质量管理是一门综合管理科学，它与上述传统质量管理有如下明显区别。

（1）把以事和物为中心的传统管理变为以人为中心的管理，强调人的积极性、素质和工作质量；

（2）把以监督为主的管理变为群众性的民主管理，提出全企业、全过程及全员管理；

（3）把以管结果为主的事后管理变为管因素的事先预防管理和中间控制管理；

（4）把以经验为主的管理，变为采用数理统计和整理语言资料等工具的科学管理。

2．PDCA循环

全面质量管理活动可划分为四个阶段，即计划（P），实施（D），检查（C）和处理（A）。

（1）计划阶段　提出计划期内，工程的各项指标，使全体职工对提高工程质量有一个明确的方向和目标。

计划内容一般包括质量指标和技术组织措施。编制时要查找过去质量指标完成情况，施工过程中分部分项质量通病，然后针对施工中的薄弱环节和质量通病，提出优质工程指标和实现指标的技术措施。

（2）实施阶段　把所制定的计划贯彻到群众当中去执行，向负责施工的班组交指标、交措施，做到人人心中有数，分工明确，责任清楚。

（3）检查阶段　这个阶段的主要任务是组织和协调有关部门对计划执行结果进行必要的检查和测试，找出存在的问题，及时纠正解决。

（4）处理阶段　根据检查结果做出相应处理。未解决的要为下次计划提供内容。

四个阶段周而复始地工作下去，即形成PDCA循环。PDCA循环，包括由企业、施工队、工人小组直到个人操作，互相制约，互相推动，互相保证，也就是大循环中还有各级小循环，如图14-10所示。

在每一个循环之后，工程质量在现有的基础上提高一步，形成前进——总结——提高——再前进——再总结——再提高的不断前进提高过程。如图14-11所示。

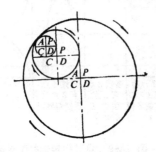

图 14-10　PDCA循环

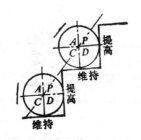

图 14-11　循环的提高过程

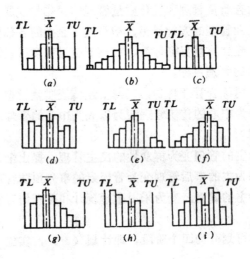

图 14-12　直方图类型

（a）正常型；（b）超差型：散差大，出现废品，应停止生产，进行整顿；（c）显集型：过于集中有浪费；（d）锯齿型：分组不当，重新分组；（e）孤岛型：有异常因素影响，应查找原因；（f）左而缓坡型：对上限控制不严，对下限控制太严，应予调整；（g）右边缓坡型：对上限控制太严，对下限控制不严；（h）绝壁型：数据收集不当有虚假现象；（i）双峰型：分类不当，或未分类，应按分层法重新分

280

3. 几种主要方法

（1）数理统计方法是指对质量特征值进行数理统计和数据分析用的方法。例如，调查表、排列图、直方图以及质量控制图等，这是以数据为依据进行科学管理的标志。

直方图是常用的一种统计方法，根据直方图的形状，可以观察施工质量状态，了解施工中的质量趋势，判断是否有异常现象，以便分析原因，采取措施。直方图形状一般有九种，如图14-12所示。

排列图是在质量管理中查找主次因素的一种工具。如图14-13所示，左边的纵坐标表示各种影响质量因素出现的次（频）数，右边纵坐标表示累计频率，横坐标表示影响质量的各种因素，按其影响程度的大小，由左向右依次排列。此外还有一条表示各种影响质量因素的累计百分数曲线（又称作巴雷特曲线）。表14-1为钢管固定口全位置焊接质量在射线探伤后，不合格项目频率统计计算表。

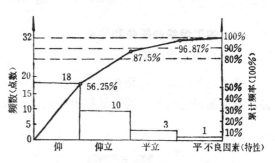

图 14-13　不合格次数排列图

A区：累计频率在0～80%范围，此区域内因素为主要因素；B区：累计频率在80～90%范围，此区域内因素为一般因素；C区：累计频率在90～100%范围，此区域内的因素为次要因素

不合格项目频率统计计算表　　　　表 14-1

项　次	测 试 项 目	探伤次数	不合格次数	频　　率（%）	累计频率（%）
1	仰 焊 位 置	196	18	56.25	56.25
2	仰立焊位置	795	10	31.25	87.50
3	平立焊位置	681	3	9.37	96.875
4	平 焊 位 置	18	1	3.125	100
	合　　　计	1690	32	100	

（2）整理语言资料方法是研究各种因素的内在联系，研究决策方案的各种构思和预见，进行可行性和可靠性的论证方法。例如，因果分析图（又称特性要因图）。把影响质量问题的多种原因按照影响程度的大小次序分别用主干、大枝、中枝和小枝图形表示出来，即构成因果分析图。图14-4所示为混凝土强度不足因果分析图。一般影响工程质量的

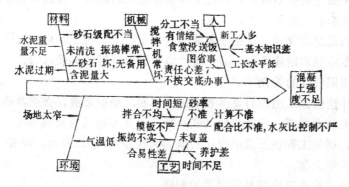

图 14-14　混凝土强度不足因果分析图

因素可以归纳成人、工艺、材料、机械和环境五个方面。但为了找到具体因素，则需从大原因找出中原因和小原因来，以便判定解决质量问题的具体措施。

第二节　施工组织设计

一、施工组织的任务和要求

（一）施工组织的任务

施工组织的任务就是要贯彻各项计划，合理安排施工生产，使设计意图变为实际产品。施工组织应将投入施工过程中的人力、资金、材料、机械和时间等因素，在整个施工过程中，按照客观的经济、技术规律，做出合理的科学的安排，使整个工程在施工中取得相对的最优效果。

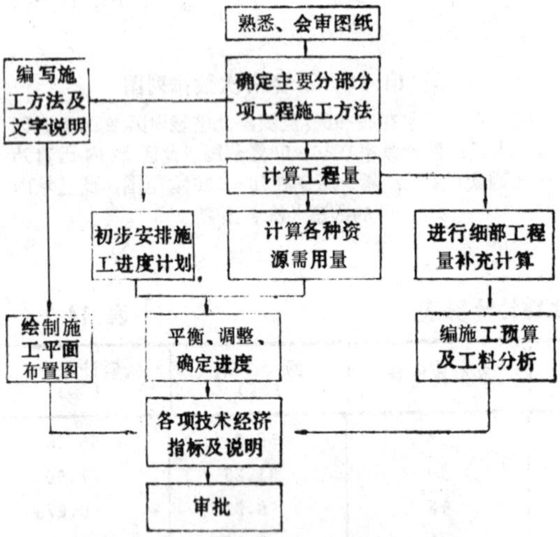

（二）施工组织的具体要求

1．落实施工任务，签订承包合同，争创优质工程；

2．充分做好施工前的准备工作；

3．正确进行工程排队，保证及时配套投产使用；

4．按照不同工程特点，合理确定施工顺序；

5．尽量保持全年施工的均衡性和连续性；

6．争取采用先进施工技术和用统筹方法组织平行流水和立体交叉作业；

图 14-15　编制施工组织设计流程

7．尽量提高预制装配程度；

8．尽量提高施工的机械化水平；

9．合理组织物资供应及运输。

二、施工组织设计

施工组织设计是全面规划和部署拟建工程全部施工活动的一份技术文件。

（一）施工组织设计的分类

燃气工程的施工组织设计，根据任务情况基本上可分为施工组织总设计，施工组织设计，施工方案及专项技术措施几种。其主要内容和适用范围详见表14-2。

（二）施工组织设计的编制

施工组织设计按照施工组织的具体要求进行编制。编制之前，必须具备设计文件，建设计划文件，有关技术规范、定额和预（概）算，以及实地调查资料等各项基本依据。

一般情况下，燃气工程施工组织设计的编制流程如图14-15所示。编制过程中要贯彻党和国家的有关方针政策。

（三）编制施工组织设计需着重说明的问题

1．工程概况或工程特点　要着重说明位置、结构、面积、投资、要求、进度及主要工

分类	施工组织总设计	施工组织设计	施 工 方 案	专项技术措施
适用范围	制气厂，储配站和灌瓶厂等大中型项目，有两个以上单位同时施工	小型安装项目，如球罐安装，湿式气柜施工，长输管道施工等	结构简单的单位工程或经常施工的项目，如顶管，河底穿越，小区燃气用户安装	新工艺，新材料，地上及地下特殊处理，有特殊要求的分项工程
编制与审批	以公司为主编制，上级主管部门组织协调，报上级领导单位审批	公司或工程处组织编制，报上级主管领导审批	施工队负责编制，报公司或工程处审批，备案	工程负责人编制，施工队审批，报工程处备案
主要内容	1.工程总进度计划和单位工程进度计划 2.主要专业工程的施工方法 3.分年度的构件、半成品、主要材料、施工机械、劳动计划 4.附属企业项目及产品方案 5.交通、防洪、排水措施 6.水、电、热等动力供应方法 7.施工总平面图 8.各专业工种的分工与配合 9.各种暂设工程数量 10.技术安全、冬雨季施工措施	1.工程概况 2.主要分项工程综合进度计划 3.施工部署和配合协作关系 4.主要施工方法和技术措施 5.主要材料、半成品、设备、施工机具计划 6.各工种劳动力计划 7.施工平面布置图 8.施工准备工作 9.技术安全，冬雨季施工措施	1.工程特点 2.施工进度计划 3.主要施工方法和技术措施 4.施工平面布置图 5.材料、机具需用计划 6.各工种劳动力计划	1.工程特点 2.施工方法，技术措施及操作要求 3.工序搭接及工种协作配合 4.工期要求 5.特殊材料和机具需要量计划

种工程量、总分包业务划分及协作配合原则。

2．施工进度计划 要着重表达各个建筑物（或各个施工过程）的施工顺序，施工延续时间及开始和结束的日期。可采用横道图或网络图方法来编制施工进度计划，但网络图能更形象、更简捷地表达各个施工过程相互联系，相互制约的关系。

3．施工方法 重点放在关键项目上。如何分段、分片、分层，如何统筹交叉作业，主导工序的施工和衔接，主要分部分项工程的工厂化、机械化施工程度，针对性的技术措施，新工艺、新结构的施工要点，加工预制品的制作，所采用的机械型号及季节性施工的特点，特殊质量要求和初次施工的项目等。

4．各项资源计划 重点明确各工种工人的人数和劳力需要量；分规格、品种、数量的材料需用量；部件型号，规格、尺寸，需用量及分批进场日期；机械名称，型号、技术规格，需用台数和进场日期。

5．施工总平面图 全场性的施工总平面图和分片（段）的施工平面图。施工平面图要着重表明地上和地下已有的房屋、构筑物及其设施的位置和尺寸，地上和地下拟建的房屋、构筑物及其设施的位置和尺寸，为施工服务的一切临时性设施的布置，取土及弃土的场地，各种材料、部件的堆放位置，各种施工机械的位置以及道路布置等。

第三节 网络施工进度计划的编制

网络由带有简短文字说明和数字的箭杆与节点组成，用以表示一项工程中各个工序的名称、编号、预计延续时间、资源需要量，以及各工序之间的逻辑关系。按绘制形式来说，网络可以分为单代号和双代号两大类。按每个工序所需延续时间的肯定与否，网络又可分为肯定型与概率型两种。施工进度计划多用双代号肯定型网络。

一、双代号网络图的基本符号

双代号网络图是由若干表示工序的箭线（带箭头的实线）和节点（圆圈）所组成的，其中每一道工序都是用一根箭线和两个节点来表示，每个节点都加以编号，箭线前后两个节点的编号代表该箭线所表示的工序，"双代号"的名称即由此而来。

（一）箭线

1．在双代号网络图中，一条箭线是表示一道工序（又称工作、作业、活动），也可用来表示一项分部工程，甚至某一构筑物的全部施工过程。

2．一道工序都要占用一定的时间，一般地讲都要消耗一定的资源（如劳动力、材料、机具设备等）。因此，凡是占用一定时间的过程，都应作为一道工序来看待。例如，混凝土养护，这是由于技术上的需要而引起的间歇等待时间，在网络图中也应用一条箭线来表示。

3．在无时标的网络图中，箭线的长短并不反映该工序占用时间的长短。原则上，箭线的形状怎么画都行，可以是水平直线，也可以画成折线、曲线或斜线，但是不得中断。在同一张网络图上，箭线的画法要求统一，图面要求整齐醒目，最好都画成水平直线或带水平直线的折线。

4．箭线所指的方向表示工序进行的方向，箭线的箭尾表示该工序的开始，箭头表示该工序的结束，一条箭线表示工序的全部内容。工序名称应标注在箭线水平部分的上方，工序的持续时间（也称作业时间）则标注在下方，如图14-16所示。

5．两道工序前后连续施工时，代表两道工序的箭线也前后连续画下去。工程施工时还经常出现平行工序，平行工序其箭线也平行绘制，如图14-17所示。就某工序而言，紧靠其前面的工序叫紧前工序，紧靠其后面的工序叫紧后工序，与之平行的叫做平行工序，该工序本身则可叫"本工序"。

图 14-16 工序名称和持续时间标注法　　　　图 14-17 工序的关系

6．在双代号网络图中，除有表示工序的实箭线外，还有一种带箭头的虚线称为虚箭线，它表示一个虚工序。虚工序是虚拟的，工程中实际并不存在，因此它没有工序名称，不占用时间，不消耗资源，它的主要作用是在网络图中解决工序之间的逻辑连接关系。

（二）节点

1．节点就是网络图中两道工序之间的交接点，用圆表示。双代号网络图中的节点一般是表示前一道工序的结束，同时也表示后一道工序的开始。

2．箭线尾部的节点称箭尾节点，箭线头部的节点称箭头节点，前者又称开始节点，后者又称结束节点。

3．节点仅为前后两道工序交接之点，只是一个"瞬间"，它既不消耗时间也不消耗资源。

4．在网络图中可能有许多箭线通向某节点，这些箭线就称为"内向工序"（内向箭线）；也可能有许多箭线由某节点出发，这些箭线称为"外向工序"（外向箭线）。

5．网络图中第一个节点叫起点节点，它意味着一项工程或任务的开始；最后一个节点叫终点节点，它意味着一项工程或任务的完成。网络图中的其它节点称为中间节点。任何一个中间节点既是紧前工序的结束节点，又是本工序的开始节点。

二、双代号网络图的绘制方法

（一）双代号网络图各种逻辑关系的正确表示方法

在表示施工计划的网络图中，根据施工工艺和施工组织的要求，应正确反映各道工序之间的相互依赖和相互制约的关系，这也是网络图与横道图的最大不同之点。各工序间的逻辑关系是否表示正确，是网络图能否反映工程实际情况的关键。如果逻辑关系错了，网络图中各种时间参数的计算就会发生错误，关键线路和工程的总工期也将发生错误。

要画出一个正确地反映工程逻辑关系的网络图，首先就要搞清楚各道工序之间的逻辑关系，也就是要具体解决每个工序的下面三个问题：

1．该工序必须在哪些工序之前进行？或者说该工序有哪些紧后工序。

2．该工序必须在哪些工序之后进行？或者说该工序有哪些紧前工序。

3．该工序可以与哪些工序平行进行？或者说该工序有哪些平行工序。

在网络图中，各工序之间在逻辑上的关系是变化多端的，只有逐步地按工序的先后次序把代表各工序的箭线连接起来，才能绘制成一张正确的网络图。

（二）虚箭线在双代号网络图中的应用

如前所述，虚箭线不是一道正式的工序，而是在绘制网络图时根据逻辑关系的需要而增设的。虚箭线的作用主要是帮助正确表达各工序间的关系，避免逻辑错误，也用来防止发生代号混乱的现象。

1．虚箭线在工序逻辑连接方面的应用

绘制网络图时经常会遇到图14-18中的情况，A工序结束后可同时进行B、D两道工序，C工序结束后进行D工序。从这四道工序的逻辑关系可以看出，A完成后其紧后工序为B，C完成后其紧后工序为D，但D又为A的紧后工序，为了把A、D两道工序紧前紧后的关系连接起来，这时就需要引入虚箭线。因虚箭线的持续时间是零，虽然A、D间隔有一条虚箭线，又有两个节点，但二者的关系仍是在A工序完成后，D工序才可以开始。

2．虚箭线在工序逻辑"断路"方面的应用

绘制双代号网络图时，最容易产生的错误是把本来不应发生逻辑关系的工序联系起来，使网络图发生逻辑上的错误，这时就必须使用虚箭线在图上加以处理，以隔断不应有的工序联系。用虚箭线隔断网络图中无逻辑关系的各项工序的方法称为"断路法"。产生错误的地方总是在同时有多条内向和外向箭线的节点处，画图时应特别注意，只有一条内向或外向箭线的地方是不会出错的。

例如，绘制钢管道防腐工程的网络图，防腐工程共四道工序，即除锈、刷底漆、涂缠沥青玻璃布和质量检验，分两段施工，如绘制成图14-19的形式那就错了。因为第二施工段的除锈（即除锈2）与第一施工段的涂层沥青玻璃布（涂层1）没有逻辑上的关系（图中用粗线表示）。同样第二施工段刷底漆（底漆2）与第一施工段质量检查（检验1）也不存在逻辑上的关系（图中用双线表示）。但是，在图14-19中却都发生了关系，这是网络图中的原则性错误，它将会导致以后计算中的一系列错误。上述情况如要避免，必须运用断路法，增加虚箭线来加以分隔，使涂层1仅为底漆1的紧后工序，而与除锈2断路，使检验1仅为涂层1的紧后工序，而与底漆2断路，正确的网络图应如图14-20所示。这种断路法在组织分段流水作业的网络图中使用很多，十分重要。

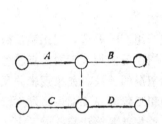

图 14-18　虚箭线的应用之一

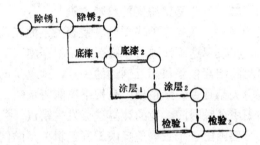

图 14-19　逻辑关系错误

3．两道或两道以上的工序同时开始和同时完成时，必须引进虚工序

图14-21(a)中，A、B两道工序的箭线共用①、②两个节点，①-②代号既表示A工序又可表示B工序，代号混乱。而图14-21(b)中，引进了虚工序，即图中的②-③，这样①-②表示A工序，①-③表示B工序，两道工序共用一个双代号的现象就消除了。

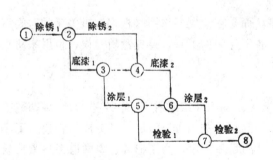

图 14-20　虚箭线的应用之二：正确表达逻辑关系

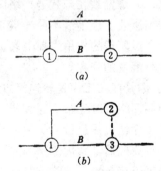

图 14-21　虚箭线的应用之三
(a)错误；(b)正确

4．虚箭线在不同工程的工序之间互相有联系时的应用

在不同工程之间，若施工过程中某些工序间有联系时，也可引用虚箭线来表示工序的关系。例如在两条单独的作业线（两项工程）施工中，绘制网络图时，把两条作业线分别排列在两条水平线上，如果两条作业线上某些工序要利用同一台机械或某一工人班组进行施工时，这些联系就应用虚箭线来表示，如图14-22所示。

不同工程之间的联系，往往是由于劳动力或机具设备上的转移而发生的，在多项工程同时施工时，这种现象常会出现。

可以看出，在绘制双代号网络图时，虚箭线的应用是非常重要的，但应用又要恰如其分，不得滥用，因为每增加一条虚箭线，一般就要相应地增加节点，这样不仅使图面繁杂增加绘图工作量，而且还要增加时间参数计算的工作量。因此，虚箭线的数量应以必不可少为限度，多余的必须全数删除。此外，还应注意在增加虚箭线后，要全面检查一下有关工序的逻辑关系是否出现新的错误，不要只顾局部，顾此失彼。

（三）绘制双代号网络图的基本规则

绘制双代号网络图时，要正确地表示工序之间的逻辑关系和遵循有关绘图的基本规则，否则，就不能正确反映工程的工序流程和进行时间计算。绘制双代号网络图一般必须遵循以下一些基本规则：

1．按工序本身的逻辑顺序连接箭线

绘制网络图之前，要正确确定施工程序，明确各工序之间的衔接关系。根据施工的先后次序逐步把代表各道工序的箭线连接起来，绘制成网络图。

2．网络图中不允许出现循环线路。

3．在网络图中不允许出现代号相同的箭线。

网络图中每一条箭线都各有一个开始节点和结束节点的代号，号码不得重复，一道工序只能有唯一的代号。

4．在一个网络图中，一般只允许有一个起点节点和一个终点节点。

在一个网络图中，除起点节点外不允许再出现没有内向箭线的节点，除终点节点外一般不允许出现没有外向箭线的节点（除多目标网络图外）。如果出现这种现象可采用虚箭线进行逻辑连接，最好是去掉多余的起点或终点。

5．在网络图中不允许出现有双向箭头或无箭头的线段。

用于表示工程计划的网络图是一种有向图，是沿着箭头指引的方向前进的，因此，一条箭线只能有一个箭头，不允许出现有双向箭头的箭线，也不允许出现无箭头的线段。

6．在一个网络图中，应尽量避免使用反向箭线，如图14-23中的虚箭线。因为反向箭线容易发生错误，可能会造成循环线路。在时标网络图中是绝不允许的。

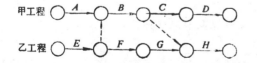

图 14-22　虚箭线的应用之四

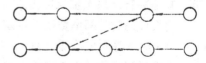

图 14-23　避免反向箭线

（四）网络图的编号

按照各道工序的逻辑顺序将网络图绘成之后，即可进行节点编号。节点编号的目的是赋于每道工序一个代号，并便于对网络图进行时间参数的计算。当采用电子计算机来进行计算时，工序代号是绝对必要的。

1. 网络图的节点编号规则

（1）一条箭线的箭头节点编号"j"，应大于箭尾节点"i"，即$i < j$。编号时应从小到大，箭头节点编号必须在其前面的所有箭尾节点都已编号之后进行。如图14-24中，为要给节点③编号，就必须先给①、②节点编号。如果在节点①编号后就给节点③编号为②，即原来节点②就只能编为③，这样就会出现③→②，即$i > j$，以后在进行计算时就很容易出现错误。

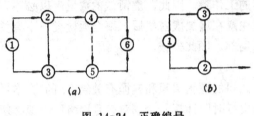

图 14-24　正确编号

(a)正确；　(b)错误

（2）在一个网络计划中所有的节点不能出现重复的编号。有时考虑到可能在网络中会增添或改动某些工序，故在节点编号时可预先留出备用的节点号，即采用不连续编号的方法，避免以后由于中间增加一道或几道工序而改动整个网络图的节点编号。

2. 网络图节点编号的方法

一般编号方法有两种，即水平编号法和垂直编号法。

（1）水平编号法

水平编号法就是从起点节点开始由上到下逐行编号，每行则自左到右按顺序编制，如图14-25所示。

（2）垂直编号法

垂直编号法就是从起点节点开始自左到右逐列编号，每列则根据编号规则的要求或自上而下，或自下而上。或先上下后中间，或先中间后上下，如图14-26所示。

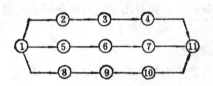

图 14-25　水平编号法

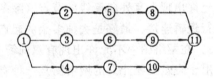

图 14-26　垂直编号法

三、网络计划的时间参数计算

计算网络计划的时间参数，是确定机动时间和关键线路的基础，是确定计划工期的依据，又是进行计划调整与优化的前提。

网络计划的时间参数既可以按工序计算，又可以按节点计算。

（一）工序时间参数计算

工序时间参数是以工序为对象进行计算，包括最早开工时间和最早完工时间，最迟开工时间和最迟完工时间。实际工作中一般只计算最早和最迟开工时间，因为有了工序的开工时间就可以一眼看出它的完工时间。此外，还要计算工序总时差和自由时差。

为简化计算，网络计划时间参数中的开工和完工时间都以时间单位的终了时刻为准。如第3天开工即指第3天终了（下班）时刻开工，实际是第4天才开工，第二周完工即第二周终了时完工。

网络计划时间参数计算的基础是工序的作业持续时间。

计算工序时间参数方法有图上计算法、表格计算法和利用电子计算机的电算法。下面介绍图上计算法。

1．工序的最早开工时间

工序的最早开工时间，也叫最早可能开工时间，用 ES 表示。它是指一个工序 在 具备了一定条件后可以开工的最早时间。在工作程序上它要等紧前工序完成以后方能开工。

计算工序最早开工时间应从起点节点开始，顺箭线方向逐项进行计算，直到终点节点为止。必须先计算紧前工序，然后才能计算本工序。整个计算是一个加法过程。

凡与起点节点相联系的工序，都是首先开始进行的工序，所以它们的最早开工时间都是零。

所有其它工序的最早开工时间的计算方法是：将其所有紧前工序的最早开工时间分别与各该工序的作业持续时间相加，然后再从这些相加的和数中选取一个最大的数，这就是本工序的最早开工时间。如果用公式来表达就是

$$ES_{ij} = \max\{ES_{hi} + t_{hi}\} \tag{14-1}$$

式中　ES_{ij}──本工序的最早开工时间；

　　ES_{hi}──紧前工序的最早开工时间；

　　t_{hi}──紧前工序的作业持续时间；

　　$\max$──从大括号的各和数中取最大值。

总工期是将所有与终点节点相联系的工序分别求出最早开工时间与持续时间之和，其最大值即为本计划的总工期。

工序的最早完工时间就是其最早开工时间与持续时间之和，一般用 EF 表示。所以，本工序的最早开工时间也就是紧前各工序最早完工时间的最大值，故 公 式 (14-1) 也 可 改写成

$$ES_{ij} = \max\{ES_{hi} + t_{hi}\} = \max[EF_{hi}] \tag{14-2}$$

式中　EF_{hi}──紧前工序的最早完工时间。

2．工序的最迟开工时间

工序的最迟开工时间，也叫最迟必须开工时间，用 LS 表示。它是指一个工 序 在不影响工程按总工期完成的条件下最迟必须完工的时间，它必须在紧后工序开工之前完成。

计算工序的最迟开工时间应从终点节点逆箭线方向向起点节点逐项进行计算。必须先计算紧后工序，然后才能计算本工序。整个计算是一个减法过程。

总工期是与终点节点相连的各最后工序的最迟完工时间。如有规定的总工期我们就按照规定的工期计算。否则就按所求出的计划总工期计算。

所有其它工序的最迟开工时间的计算方法是：将各紧后工序最迟开工时间的最小值减去本工序的作业持续时间，所得的差数就是本工序的最迟开工时间。其表达公式为

$$LS_{ij} = \min[LS_{jk}] - t_{ij} \tag{14-3}$$

式中　LS_{ij}──本工序最迟开工时间；

　　LS_{jk}──紧后工序的最迟开工时间；

　　t_{ij}──本工序的持续时间；

　　$\min$──表示从 LS_{jk} 的各值中取最小值。

各紧后工序最迟开工时间的最小值，其实就是本工序的最迟完工时间（LF_{ij}），所以本工序的最迟开工时间也可用本工序的最迟完工时间减持续时间求得。其表达公式为

$$LS_{ij} = LF_{ij} - t_{ij} \qquad (14-4)$$

3. 工序的时差

工序的总时差是指一个工序所拥有的机动时间的极限值，用 TF 表示。一个工序的活动范围要受其紧前紧后工序的约束，它的极限活动范围是从其最早开工时间到最迟完工时间这段时间中，从中扣除本身作业必须占用的时间之后的所余时间。其表达式为

$$TF_{ij} = LF_{ij} - ES_{ij} - t_{ij} \qquad (14-5)$$
或
$$TF_{ij} = (LF_{ij} - t_{ij}) - ES_{ij} = LS_{ij} - ES_{ij} \qquad (14-6)$$
式中 TF_{ij}——本工序的总时差。

它可以推迟开工或提前完工，如可能，它可以断续施工或延长其作业时间以节约人力或设备。

工序的自由时差是总时差的一部分，以 FF 表示，是指一个工序在不影响紧后工序最早开工时间开工的条件下可以机动灵活使用的时间。这时工序活动的时间范围被限制在本工序最早开工时间与其紧后工序的最早开工时间之间，从这段时间扣除本身的作业时间之后，剩余的时间就是自由时差，即

$$FF_{ij} = \min(ES_{jk}) - ES_{ij} - t_{ij} \qquad (14-7)$$
或
$$FF_{ij} = \min(ES_{jk}) - (ES_{ij} + t_{ij}) = ES_{jk} - EF_{ij} \qquad (14-8)$$
式中 FF_{ij}——本工序的自由时差；

ES_{jk}——紧后工序的最早开工时间；

EF_{ij}——本工序的最早完工时间。

因为自由时差是总时差的构成部分，总时差为零的工序，其自由时差也必为零。一般情况下，自由时差也只可能存在于有多条内向箭线的节点之前的工序之中。

（二）节点时间参数计算

节点时间参数是以节点为对象进行计算。节点是工序的连接点，表示前工序的完成和后工序的开始，所以节点时间是工序延续时间的开始或完成时刻的瞬间。节点时间参数只有两个，即节点最早时间和节点最迟时间。

1. 节点最早时间

在双代号网络计划中，节点最早时间也就是该节点后各工序统一的最早开工时间，即

$$ET_i = ES_{jk} = \max \{ ES_{ij} + t_{ij} \} \qquad (14-9)$$
$$ET_j = \max \{ ET_i + t_{ij} \} \qquad (14-10)$$

式中，ET_i 与 ET_j 分别为 i 节点与 j 节点的最早时间。

起点节点的最早时间为零。节点最早时间应从起点节点开始顺箭线方向逐一算至终点节点为止。终点节点的最早时间就是网络计划的总工期。

其他节点的最早时间是用紧前各节点的最早时间分别与相应工序的持续时间相加之和的最大值。

节点最早时间却不一定等于该节点前各工序的最早完工时间，因为这些工序最早开工时间既不相同，各自的持续时间即使一样，作为相加之和的最早完工时间当然也就很可能彼此各异，除非该节点前只有一个唯一的工序。

2．节点最迟时间

在双代号网络计划中，节点最迟时间就是该节点前各工序统一的最迟完工时间，即

$$LT_i = LF_{hi} = \min\{LF_{ij} - t_{ij}\} \qquad (14-11)$$

换用节点表示，则

$$LT_i = \min\{LT_j - t_{ij}\} \qquad (14-12)$$

式中　LT_i 与 LT_j 分别为 i 节点与 j 节点的最迟时间

节点最迟时间应从终点节点开始逆箭线方向算至起点节点为止。终点节点的最迟时间一般就是计划工期，如另有规定则应取规定工期。

其它节点的最迟时间是用紧后各节点的最迟时间减去各该节点前相应工序的持续时间，然后再从各差值中取最小值。

节点最迟时间却不一定等于该节点后各工序的最迟开工时间，因为这些工序的最迟完工时间可能不同，而各工序的延续时间又各异，前者减去后者之差就不一定相等，除非该节点后仅有一个工序。

3．工序时差计算

按节点计算时间参数时，也须同时计算工序的时差，包括总时差和自由时差。在计算时只能利用两个节点时间。我们已经知道，节点最早时间就是其紧后工序的最早开工时间，节点最迟时间就是其紧前工序的最迟完工时间，这样我们也就知道了任何工序的最早开工时间和最迟完工时间，于是仍然可以按照公式（14-5）进行计算，改用节点表示，即

$$TF_{ij} = LT_j - ET_i - t_{ij} \qquad (14-13)$$

将公式（14-7）改用节点表示的自由时差计算公式为

$$FF_{ij} = ET_j - ET_i - t_{ij} \qquad (14-14)$$

（三）关键线路的确定

1．关键线路的概念

所谓线路，是指网络图中顺箭线方向由起点至终点的一系列节点与箭线组成的通路。在一个网络计划中，一般都存在许多条线路，（也有一条线路的网络图）。每条线路都包括若干个工序，这些工序的作业延续时间之和就是这条线路的长度，即线路的总延续时间。

任何一个网络计划中必至少有一条最长的线路，称之为关键线路。为了醒目，在网络图中通常都用双线（或粗线、红线等）标出关键线路。凡在关键线路上的各工序称为关键工序，凡在关键线路上的节点则称作关键节点。关键工序的最早开工时间和最迟开工时间是相同的，不存在任何时差。关键节点的最早时间和最迟时间也是相同的。

网络计划中除了关键线路之外的，都称为非关键线路，其中存在时差的工序就是非关键工序。需要注意的是非关键线路并非全由非关键工序组成，在任何线路中，只要有一个非关键工序存在，它的总长度就会小于关键线路，它就是非关键线路。凡不在关键线路上节点都是非关键节点。

2．关键线路的作用

关键线路的总长度决定了网络计划的总工期，在关键线路上，没有任何机动余地，线路上任何工序延长或缩短工期，都会影响总工期。

非关键线路上的非关键工序，因为存在时差，总有一定的机动时间可供调节使用，在机动时间内可把人力、物资调剂到关键线路上去。保证关键工序按期完成。

计划网络中计算时间参数的目的之一是找出计划中的关键线路。找出了关键线路也就抓住了工程进度计划的主要矛盾，使工程管理人员在生产的组织和管理工作中做到心中有数，以便于合理地调配人力和物资，避免盲目赶工，保证工程有条不紊地进行。

3. 确定关键线路的方法

（1）最长线路法，即
$$T = MAX(\Sigma t_{ij}) \tag{14-15}$$

在网络计划时间参数未计算之前，可以根据各工序的延续时间 t_{ij}，按箭线方向计算出从起点至终点各条线路的长度，从中找出最长的线路。

（2）关键工序法，即 $ES_{ij} = LS_{ij}$（或 $TF_{ij} = 0$）

（3）关键节点法，即 $ET_i = LT_i$，且相邻两关键节点中应满足 $ET_i + t_{ij} \geqslant ET_j$（或 $LT_i + t_{ij} \leqslant LT_j$）

四、网络施工进度计划举例

某段燃气管道施工可划分为开挖沟槽、排管修口、焊接试压、防腐绝缘和沟槽回填五道工序，每道工序按其工程量，劳动定额及施工人数确定施工所需天数，再将五道工序的施工流程绘制成网络图，如图14-27所示。由图可知，完成此段燃气管道施工任务共需18天，164工日。

图 14-27　燃气管道施工流程网络图

倘若采用横线图表达施工进度计划，则可按表14-3所示的形式。

基础施工进度计划横线图　　　　　　　　表 14-3

施工工序	工程量	单位	人数（人/天）	施工进度（天）																	
				1	2	3	4	5	6	7	8	9	10	11	12	13	14	15	16	17	18	19
挖沟	360	m³	10																			
排管	180	m	6																			
焊接	180	m	8																			
防腐	180	m	12																			
回填	360	m³	6																			

上述工程如果分成两段施工，施工流程和每天施工人数仍然不变，其施工流程网络图如图14-28所示。

通过对图14-28的分析，即可进行网络图的时间参数计算，现将各工序的时间参数举例计算如下。

1. 工序最早开工时间 ES

以⑧→⑨工序为例，根据（14
-1）式有

①→②→③→④→⑧　　　6 天

①→②→③→⑦→⑧　　　5 天

①→②→⑦→⑧　　　　　7 天

因此，$ES_{8-9} = 7$ 天

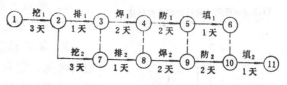

图 14-28　两段施工的流程网络图

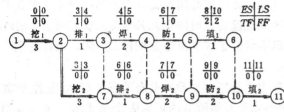

图 14-29　双代号网络计划工序时间参数计算

依此类推，依次将各工序的最早开工时间 ES_{ij} 算出，并标注在图14-29中。由图可知，分两段施工时，施工所需时间为 12 天（总工期）

2．工序的最迟开工时间 LS

以④→⑤为例，根据（14-3）式有：④→⑤的紧后工序为⑤→⑥和⑤---＞⑨→⑩，而 $LS_{5-6} = 10$，$LS_{9-10} = 9$，则

$$LS_{4-5} = LS_{9-10} - t_{4-5} = 9 - 2 = 7。$$

依此类推，依次将各工序的最迟开工时间 LS_{ij} 算出，并标注在图14-29中。

3．工序的总时差 TF

依据（14-6）式，$TF_{ij} = LS_{ij} - ES_{ij}$，可从图14-29直接算出。

4．自由时差 FF

以③→④工序为例，依据（14-7）式，③→④的紧后工序为④→⑤和④---＞⑧→⑨，而 $ES_{4-5} = 6$，$ES_{8-9} = 7$，则

$$FF_{3-4} = ES_{4-5} - ES_{3-4} - t_{3-4} = 6 - 4 - 2 = 0$$

根据关键线路的确定方法（关键工序法）可知，此工程的关键线路为

①⟹②⟹⑦⟹⑧⟹⑨⟹⑩⟹⑪

从上述举例可知，在劳动力消耗量不变的条件下，采用多段施工法，增加平行工序的数量，可以大大缩短工程的总工期。而多段施工法的施工进度计划更需要采用网络图的形式来表示，用横线图的形式表达很容易产生工序之间逻辑衔接的混乱。

第四节　概率型网络施工进度计划

概率型网络属于非肯定型网络，这种网络计算方法适用于不可预知因素较多的、过去未做过的新的工程和复杂的工程，其工序间的逻辑关系和工序延续时间往往受到各种随机变化条件的影响而不能确定。

一、概率型网络时间分析的特点

（一）三种时间估计值

非肯定型网络计划中部分或全部工序的延续时间事先不能确定，过去是凭经验，估计一个完成日期，但有无把握，心中无数。如果网络中这样的工序很多，甚至全部都是，那么分析结果可能与实际情况相差甚远。为了克服这种缺点，概率型网络根据经验，把工序的延续时间作为随机变量，应用概率统计理论，估计出下面三种完成时间。

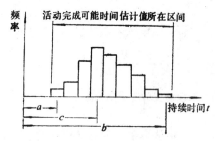

图 14-30　时间估计值的频率分析

1．最短工作时间a——即在最有利的工作条件下完成该工序的最短必要时间，因此也称乐观时间。

2．最可能完成时间c——是在正常工作条件下需要用的时间。它是在同样条件下，多次进行某一工序时，完成机会最多的估计时间。

3．最长工作时间b——它出现于最不利的工作条件下，一般认为，这时间包括施工开始阶段由于配合不好造成的进度拖延时间以及其他窝工现象所浪费的时间，但不包括非常事故造成的停工时间，也称悲观时间。

以上三种时间估计值，是某一随机过程出现频率（次数）分布的三个有代表性的数值，如图14-30所示。这种频率分布的主要特点是其他所有的可能估计值均位于a和b两边界之间。

概率型网络将工序的延续时间t视为一连续型的随机变量，即虽然不能事先确定T值，但可根据它的某种规律求出t取某个数值出现的概率。

（二）期望平均值m和方差σ^2

网络计划中每个工序虽然已经估计出其a、b、c三种时间，但无法进行计算。因此，利用概率论中期望值的概念，要由a、b、c三值和它的分布求出工序的期望平均值m，并据以进行网络计划的时间计算。求m值可用加权平均法。

假定c发生的可能性两倍于a，也两倍于b，则用加权平均方法求出

$$(a,c)\text{之间的平均值}m_{a,c}=\frac{a+2c}{3},\qquad(14\text{-}16)$$

$$(c,b)\text{之间的平均值}m_{c,b}=\frac{2c+b}{3},\qquad(14\text{-}17)$$

故期望平均值

$$m=\frac{1}{2}\left(\frac{a+2c}{3}+\frac{2c+b}{3}\right)=\frac{a+4c+b}{6}\qquad(14\text{-}18)$$

已知每个工序的m值，就可象一般双代号肯定型网络计划一样，进行时间参数计算。

当$a=b=c$时，工序的延续时间是固定的，如果网络计划中全部工序都是如此，网络就是一般双代号肯定型网络计划。所以我们说，一般双代号网络计划是概率型网络计划的一个特例。

用加权平均法可知期望平均值与第一次平均值之差值各为

$$\frac{a+4c+b}{6}-\frac{a+2c}{3}\text{和}\frac{a+4c+b}{6}-\frac{2c+b}{3},$$

为避免差值正负抵消，可以将差值平方和的平均值定义为方差，并用σ^2表示，则

$$\sigma^2=\frac{1}{2}\left[\left(\frac{a+4c+b}{6}-\frac{a+2c}{3}\right)^2+\left(\frac{a+4c+b}{6}-\frac{2c+b}{3}\right)^2\right]$$

$$\sigma^2=\left(\frac{b-a}{6}\right)^2\qquad(14\text{-}19)$$

294

有时也用均方差（标准离差）σ，即

$$\sigma = + \sqrt{\sigma^2} = \frac{b-a}{6} \qquad (14\text{-}20)$$

由（14-20）式可见，均方差只与a和b有关，且为时间段$(b-a)$的六分之一。

方差σ^2之值衡量出现频率分布的离散性。σ^2值小时，离散性小；反之，则大。

二、时间计算

1. 节点的最早时间ET和最迟时间LT及其方差的计算

根据式（14-18）求得各工序的平均延续时间m后，即可按一般双代号网络计划方法确定节点的最早时间ET和最迟时间LT

$$\left.\begin{array}{l}
\text{最早时间} \quad ET_j = \max\{ET_i + t_{ij}\} \\
\qquad \text{（由起点节点顺推计算）} \\
\text{最迟时间} \quad LT_i = \min\{LT_j - t_{ij}\} \\
\qquad \text{（由终点节点逆推计算）。}
\end{array}\right\} \qquad (14\text{-}21)$$

式中 ET_j——节点j的最早时间；

       ET_i——节点j的紧前节点i的最早时间；

       t_{ij}——工序ij的延续时间 $t_{ij} = m_{ij}$；

       LT_i——节点i的最迟时间；

       LT_j——节点i的紧后节点j的最迟时间。

由于各个工序的延续时间t_{ij}都是期望值，故节点的ET和LT也都是随机变量，用（14-21）式求出的也是期望值。

根据概率统计定理："若干相互独立随机变量的和的方差等于各该随机变量本身方差的和"，可求得ET及LT的方差

顺推计算时 $\qquad\qquad \sigma^2(ET_j) = \sigma^2(ET_i) + \sigma^2(m_{ij}) \qquad (14\text{-}22)$

逆推计算时 $\qquad\qquad \sigma^2(LT_i) = \sigma^2(LT_j) + \sigma^2(m_{ij}) \qquad (14\text{-}23)$

逆推计算中，终点节点作为计算的开始点，它的方差取为0；顺推计算则由起点节点计算，它的方差也取为0。

2. 时差的计算

概率型网络属于事件节点网络，分析及计算均以节点为基准。节点的移动范围称为节点的时差（松弛时间），用SL表示。

节点i的时差SL_i就是节点i的最迟时间LT_i与最早时间ET_i之差。即

$$SL_i = LT_i - ET_i \qquad (14\text{-}24)$$

时差SL_i也是一个期望值，SL_i值的可靠性由其方差确定。时差SL_i的方差按下式计算：

$$\sigma^2(SL_i) = \sigma^2(ET_i) + \sigma^2(LT_i) \qquad (14\text{-}25)$$

关键节点的$SL=0$，关键节点依其顺序关系和箭杆组成关键线路，这一点与肯定型网络类似。不同之处在于概率型网络的时差是一个正态分布随机变量，计算所得的SL值是一个期望值，因此可以根据SL及其方差$\sigma^2(SL)$估计节点完成时间的概率。设Z为节点完成时间的概率度（保证率系数），则有

$$Z = \frac{+SL}{\sigma} = \frac{LT - ET}{\sqrt{\sigma^2(ET) + \sigma^2(LT)}} \qquad (14\text{-}26)$$

根据Z值，即可从正态分布数值表求出节点完成时间的概率P，两节点拖延工期的概率$P_n = 1 - P$。

3. 保证节点在规定期限完成的概率

有时某一节点的完成期限在作网络计划以前已有规定。如燃气管道穿越河流施工必须在洪峰到来以前完成。对于这种情况，必须求出该节点完成的最早期限ET与规定期限PT之间的关系。当$PT > ET$时，自然易于保证按期或提前完成；如$PT < ET$，则需要估计保证该节点在规定期限完成的概率P。

为求保证节点i在PT_i期限内完成的概率，可先按下式求出Z_i：

$$Z_i = \frac{PT_i - ET_i}{\sigma(ET_i)} \qquad (14\text{-}27)$$

然后根据Z_i查表确定P之值。

同理，如工程最终期限PT_i已事先确定，则可计算保证规定最终期限的概率。

三、概率型统筹网络的工程应用举例

设某燃气管道采用复壁管型式穿越中型河流，燃气管道为$\phi529 \times 10$，套管为$\phi720 \times 10$，穿越长度300m，两岸设两座江边阀室。工程由某工程队来承担，该队配套工种30人，另配备民工50人，机械设备基本满足需要。确定工期为30天。

施工方案确定采用水中筑坝截流、抽水、挖沟、岸上预制管段、拉管进沟就位等方法进行施工，土方和其他土建工程由人工和机械相结合，抽水，垂直和水平运输均由机械完成。管子在防腐厂防腐，现场补口。

施工方法为筑坝、管段组装和江边阀室施工同时开始，分三个小组齐头并进。

（一）工程分解

对施工管理而言，工序不宜太粗也不宜太细。工序的粗和细决定了网络图的简单或复杂。根据经验和已经确定的施工方案，穿越工程可分解为十四道工序。

1. 准备工作　人员分工、设备就位，器材拉运。
2. 测量放线　现场放线，钉桩定位、定标高。
3. 筑坝　河中筑土坝截流。
4. 抽水　用水泵将两坝中间的水抽干。
5. 挖沟　沿管道轴线，挖出管沟。
6. 场地平整　管段预制场地平整等。
7. 组装焊接　燃气管道和套管摆开、对口、组装焊接、探伤、补口。
8. 管段试压　焊接封头，灌水试压，压缩空气试验。
9. 阀室土建　江边阀室、固定墩等土建施工。
10. 阀门安装　阀室的阀门，管线，弯头等安装。
11. 拉管过河　预制好的管段下到沟里，牵引过河就位。
12. 管线碰头　阀室管线与干线碰头。
13. 防腐保温　阀室的阀门、管线刷漆、保温。
14. 回填　管线、阀室等所有土方回填，恢复地貌。

（二）工序分析

对本工程十四道工序分析结果，列出各工序逻辑关系分析表（表14-4）。

工序逻辑关系分析表   表 14-4

工序名称	紧 前 工 序	紧 后 工 序	平 行 工 序
准备工作		测量放线，场地平整，阀室土建	
测量放线	准备工作	筑坝	场地平整，阀室土建
筑坝	测量防线	抽水	
抽水	筑坝	抽水挖沟	
挖沟	抽水	拉管过河	抽水
场地平整	准备工作	组装焊接	测量放线，阀室土建
组装焊接	场地平整	管段试压	
管线碰头	阀门安装	防腐保温	
管段试压	组装焊接	拉管过河	
拉管过河	挖沟，管段试压、抽水	回填	
阀室土建	准备工作	阀门安装	测量放线，场地平整过
阀门安装	阀室土建	管线碰头	
防腐保温	管线碰头	回填	
回填	拉管过河 防腐保温		

（三）绘制网络图

根据各工序之间的逻辑关系，遵循绘制双代号网络图基本规则绘制本工程的网络图。绘制的方法可用顺推法，即从第一道工序开始，根据其紧后工序和平行工序，顺序绘制，直到最后一道工序为止。所绘制的网络图就是工程施工流程图。（图14-31）

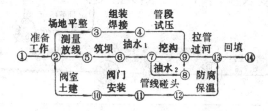

图 14-31　穿越工程流程网络图

（四）时间参数计算

1．工序延续时间 m_{ij}

此类工程没有确切的定额可供参考，可以根据经验估计三种时间。假定本工程由各方人员共同分析研究，确定的作业时间如表14-5所示。并将期望平均值标入图14-32中。

2．节点的最早时间，最迟时间和时差

根据（14-21）式和（14-24）式，通过图上计算法，直接把计算结果填入图14-32相应的节点圆圈中。

3．关键线路

由图14-28可知，从起点①顺箭线至终点⑭共有 4 条线路，应用关键节点法很快确定本工程的关键线路是：

①→②→⑤→⑥→⑦→⑨→⑬→⑭

工序名称	节点编号		三种时间估计			$m = \dfrac{a+4c+b}{6}$
	i	j	a	c	b	
准备工作	1	2	1	2	3	2
测量放线	2	5	1	1.5	2	1.5
场地平整	2	3	1	1.5	2	1.5
阀池土建	2	10	6	7	8	7
筑 坝	5	6	8	10	12	10
组装焊接	3	4	5	6	7	6
阀门安装	10	11	3	5.6	5	4.3
抽 水 1	6	7	2.5	3	4	3.1
管段试压	4	9	3.5	4	5	4.1
管线碰头	11	12	2	3.5	4	3.3
抽 水 2	7	8	5	6	7.5	6.1
挖 沟	7	9	6	6.5	7	6.5
拉管过河	9	13	1	1.5	2.5	1.6
防腐保温	12	13	1.5	2	2.5	2
回 填	13	14	3	4	5	4

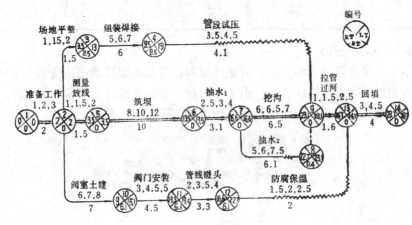

工作天数	1	2	3	4	5	6	7	8	9	10	11	12	13	14	15
日历天数	八月15	16	17	18	19	20	21	22	23	24	25	26	27	28	29
工作天数	16	17	18	19	20	21	22	23	24	25	26	27	28		
日历天数	30	31	九月1	2	3	4	5	6	7	8	9	10	11		

图 14-32　穿越工程施工进度网络计划图

这条关键线路在图14-32中用双线表示。

因为关键线路上各工序作业时间总和就是该工程总工期（MK），因此本工程总工期是：

$$MK = 2 + 1.5 + 10 + 3.1 + 6.5 + 1.6 + 4 = 28.7 \text{（天）}$$

（五）综合分析

本工程网络图关键线路由准备工作、测量放线、筑坝、抽水、挖沟、拉管过河、回填等八个工序所组成。这是通过一系列的工作找出来的（也和经验一致）。知道了工程的关键所在，就可以在施工指挥中紧紧抓住这些关键工序，保证总工期。而其它非关键工序都有宽裕时间，也可以设法加以利用。

本穿越工程确定30天完成，而网络计划安排的总工期是28.7天，满足目标要求。能按期完成的可能性如何？如果要求完成的可能性达到99%，则工程的工期应多少天？

我们先把关键工序的有关数据列于表14-6于是

关 键 工 序 的 数 据

表 14-6

关键工序名称	a	b	m	$\delta^2 = \left(\dfrac{b-a}{6}\right)^2$
准备工作	1	3	2	4/36
测量放线	1	2	1.5	1/36
筑　坝	8	12	10	16/36
抽 水 1	2.5	4	3.1	2.25/36
挖　沟	6	7	6.5	1/36
拉管过河	1	2.5	1.6	2.25/36
回　填	3	5	4	4/36

$$\sigma^2 = \sum_1^n \delta^2 = \frac{1}{36}(4 + 1 + 16 + 2.25 + 1 + 2.25 + 4) = 0.85$$

又　规定工期 $PT = 30$ 网络计划安排工期 $ET = 28.7$

所以

$$Z = \frac{PT - ET}{\sqrt{\sigma^2}} = \frac{30 - 28.7}{\sqrt{0.85}} = 1.41$$

查正态分布数值表得 $P = 0.92$，即本工程30天完成的概率为92%。

若本工程完成的概率要求达到99.9%，则 $Z = 3.0$，于是 $PT = ET + Z \cdot \sigma = 28.7 + 3 \times \sqrt{0.85} = 31.46$

即要求工程完成的可能性达到99.9%需要总工期31.5天。

以上分析计算表明，根据工期30天要求而安排的网络计划是适用的，只要在施工中避免指挥上的失误，按时完成的把握是大的。

倘若按网络图及赋予的时间值计算结果，工期比目标日期长，不能满足要求，那就需要加强力量，在某些关键工序上适当缩短作业时间，重新计算，直到符合要求为止。

主要参考文献

1．王锡春等．涂装技术（第一册）北京：化学工业出版社，1988

2．杨文柱．重型设备吊装工艺与计算．北京：中国建筑工业出版社，1984

3．王嘉麟等．球形储罐建造技术．北京：中国建筑工业出版社，1990

4．杨冬生等．基本建设预算．武汉：华中工学院出版社，1986

5．翁开庆．低压湿式贮气罐设计与施工．北京：中国建筑工业出版社，1981

6．任涌盛．防腐涂料的耐候性及其经济比较．煤气与热力，1991，（3）

7．姚估添，毛鹤汉．储气罐新型防腐涂料的研制．煤气与热力，1988,(2)

8．顾顺符，潘秉勤．管道工程安装手册．北京：中国建筑工业出版社，1989

9．卢忠政．建筑企业管理学．成都：四川科学技术出版社，1987

10．北京统筹法研究会．统筹法与施工计划管理。北京：中国建筑工业出版社，1984

11．徐鼎文等．给排水工程施工．北京：中国建筑工业出版社，1987

12．湖南大学等院校．建筑材料．北京：中国建筑工业出版社，1985

13．П.П勃洛达夫金著．冯亮译．埋设管线．北京：石油工业出版社，1980

14．席德粹等．城市燃气管网设计与施工．上海：上海科技出版社，1986

15．郑安涛等．调压工艺学．上海：上海科学技术出版社，1991

16．トレーニングヤンター．ガス本支管工事，1978

17．ペイプライン実務調査会．ペイプライン敷設とペイプライン輸送の計測、安全性、施工．1971

18．日本瓦斯协会．都市ガス工業．供給编．1981

19．哈尔滨建筑工程学院等院校．燃气输配．第二版．北京：中国建筑工业出版社，1988

20．Ernest Holmes．Handbook of Industral pipe work Engineering．Mcgraw-Hill Book company，1976

21．江正荣，朱国良．简明施工计算手册．北京：中国建筑工业出版社，1989

22．编写组．炼油厂设备检修手册．北京：石油工业出版社，1981

23．编写组．炼油厂设备检修手册．北京：石油工业出版社，1981

24．刘耀华主编．施工技术及组织（建筑设备）．北京：中国建筑工业出版社，1988